"十二五"职业教育国家规划教材

经全国职业教育教材审定委员会审定

河北省职业教育精品在线课程

电工与电子技术项目化教程

第 **4** 版

沈　翊　马智浩　主　编

李　策　李文超　胡　洋　副主编

赵夫辰　主　审

U0359812

化学工业出版社

·北京·

内 容 简 介

本书是根据国家双高建设的课程建设要求编写，是"十二五"职业教育国家规划教材，也是河北省职业教育精品在线课程、河北省省级精品课、教育部高职高专自动化类专业教学指导委员会精品课程的配套教材。加强课程思政教育，通过课程实现育人的理念和实践，该书由具有丰富教学经验的教师与企业技术人员校企合作开发，书中链接微课、动画等二维码，帮助学习者利用各种时间进行碎片化学习。

本教材突出电工电子技术课程的实践性和实用性特点，着重以元器件的检测、典型电路分析和实用电路实现为主线，全书采用项目引领、任务驱动的编写方式，内容编排力求简洁明快、深入浅出；根据教学组织环节划分了学习导航、知识点、技能点、任务描述、任务分析、相关知识、任务实施等板块，并穿插安排了练习与思考、知识提示、知识技能、知识链接等各种教学活动，以便教师在使用时能够科学有效地组织教学。

本书可作为高等职业教育非电类专业教材，也可供普通高校电类专业及职业大学、职工大学相关专业使用，并可供有关工程技术人员自学参考。

图书在版编目（CIP）数据

电工与电子技术项目化教程/沈翃，马智浩主编 . —4 版 . —北京：化学工业出版社，2022.11（2024.2重印）

"十二五"职业教育国家规划教材　河北省职业教育精品在线课程

ISBN 978-7-122-42111-1

Ⅰ.①电…　Ⅱ.①沈…②马…　Ⅲ.①电工技术-职业教育-教材②电子技术-职业教育-教材　Ⅳ.①TM②TN

中国版本图书馆 CIP 数据核字（2022）第 162470 号

责任编辑：廉　静　张双进　　　　　　　装帧设计：王晓宇
责任校对：张茜越

出版发行：化学工业出版社（北京市东城区青年湖南街 13 号　邮政编码 100011）
印　　装：河北鑫兆源印刷有限公司
787mm×1092mm　1/16　印张 19¾　字数 491 千字　2024 年 2 月北京第 4 版第 2 次印刷

购书咨询：010-64518888　　　　　　　售后服务：010-64518899
网　　址：http://www.cip.com.cn

本书为"十二五"职业教育国家规划教材，也是河北省职业教育精品在线课程、河北省省级精品课、教育部高职高专自动化类专业教学指导委员会精品课程的配套教材。本次修订主要是为了适应高职高专教育人才培养模式和教学内容体系改革的需要。本教材一直将立德树人、工匠精神与知识传授深度融合，在传授知识的同时，"润物无声"地进行价值引领和思政教育，为不断推进课程思政建设、提高育人能力和效果做出积极的努力，加强课程思政，通过课程实现育人的理念和实践，思政主线：爱劳动、有担当、强自信、精匠心；思政要素：爱岗敬业、踏实肯干、吃苦耐劳、精益求精、追求卓越、大胆探索、甘于奉献。课程思政主要是教学过程中渗透培养学生爱岗敬业、踏实肯干、工匠精神、刻苦钻研等优良品质和良好习惯，课程思政做到润物细无声，有效融入而不是叠加。教材中主要体现每个项目里学习目标中的思政目标及课程思政元素、网络课程 PPT 及授课视频，教材在教学中能够文理交融（课程思政），通过教材中的哲思语录、科学家简介，运用人文思想去诠释某些工科理论和现象，展现事理之间的相通性，体现人类探索知识的轨迹、凝练知识的智慧、应用知识的历程，丰富学生的人文情怀。

教材修订后以"项目引导、任务驱动、教学做一体化"的原则编写，项目课程的特色贯穿始终，注重项目设置的实用性、可行性和科学性，充分调动学生学习的积极性和主动性，让学生在做中学和学中做，教、学、做合一。同时，结合电工与电子技术课程作为非电类各专业的技术基础课程的公共服务特性，按照突出能力体系兼顾课程知识体系的原则，组织编写组全体成员重新修订了电工与电子技术教材的体系结构和内容，将教材体系整合为八个项目、四十四个具体的学习任务。全书主要内容包括：直流电路的分析与应用、正弦交流电路的分析与应用、磁路与铁芯线圈电路的分析与应用、异步电动机及其控制电路的分析与应用、半导体二极管和整流电路的分析与测试、半导体三极管和基本放大电路的分析与测试、集成运算放大电路的分析与测试、基本数字电路的分析与测试。

本书第四版与前三版相比，主要有以下特点。

1. 体现校企合作、工学结合的教学模式，符合教学改革的发展方向，满足行业需求、符合行业标准。

以职业能力培养为重点，与行业企业合作进行教材的开发与设计，充分体现职业性、实践性和开放性的要求。编者队伍中积极引进生产企业第一线的高级工程师参加编写和审稿，电工电子的基本知识和技能符合现场维修电工职业标准和岗位的基本要求，结合现场的生产实际，特别是体现操作规程的基本知识，使教材的职业性强，教材的内容更贴近行业需求，有利于培养符合需求、适销对路的人才，把电工与电子技术的理论、实训和技能训练融为一体。该教材先器件，后电路，再应用，最后是技能训练，符合职业教育教学的发展规律和教学改革的总体要求。

2. 围绕培养学生的职业能力设计教材的知识、能力、素质，项目引导、任务驱动、教学做一体化。

以任务描述、任务分析、相关知识、任务实施为主线，将知识点、技能点和素质能力融入实际项目中，每个项目又分若干工作任务，为理论学习提供坚实载体，真正实现项目导向、任务驱动，学习任务又可分为几个学习情境，循序渐进地引导学生进入各个学习环节，让学生感觉到学习的乐趣，增强了学习的目标性和趣味性，每个项目理论与实践并举，能够促进学生的求知欲和学习的主动性。并穿插安排练习与思考、知识提示、知识技能、知识链接等各种教学活动，以便教师在使用时能够科学有效地组织教学。

3. 符合高职学生的学习特点和认知规律，在学生认知的基础上逐步向工艺和操作的规范化、标准化上靠近，突显高职教育的内涵。

内容的选取以"技能的渐进和适度循环反复"为指导思想，由简单到复杂，难度逐步提高。设计项目时，首先是一个相对简单的学习任务，后面是逐渐复杂的学习任务，后面的项目与前面的项目，有一部分技能点是相同的，技能掌握在不断循环、不断反复的过程中，得到提高和强化，通过逐渐复杂的学习、工作任务，可以不断提高学生的学习能力，在教师教学过程中后面的课题会减少指导的成分，增加学生独立完成任务的成分，强化学生制订工作计划的能力与创新能力。

4. 注重工程能力的培养，逐步实现零距离上岗。

本教材在修订时，注意适当融入实际电工电子技术方面的工程案例分析与实施内容，强化工程观点，培养学生的解决实际工程同题的能力。本书讲解深入浅出，将知识点、技能点和素质能力紧密结合。注重培养学生的工程应用能力和解决生产现场实际问题的能力。本书从应用的角度介绍典型电工电子线路的工作原理与实用技术，强化对学生职业技能的培养和训练，符合高职高专学生就业的工作需求，逐步实现零距离上岗。

5. 教材与课程网站相结合。

丰富的配套数字教学资源辅助学习，其中部分资源还添加二维码标识，读者可以通过手机等移动终端方便地扫码观看。可采用线上与线下结合的教学方法，将课堂教学与网上资源进行有机整合，便于实现翻转课堂教学与学习。可使用移动学习 App 工具开展混合式教学，以课堂互动性，参与感为重点，贯穿课前、课中、课后的学习。本书配套大量的教学资源，包括教学课件、微课、动画、仿真、习题与测试题答案、技能操作视频、教学大纲和授课计划等，在书中相应知识点处都有对应的资源标注。

本书由沈翃、马智浩担任主编，李策、李文超、胡洋担任副主编。参加编写的人员有安建良、解景浦、董建昭、梁向东、李明卉。编写人员分工：主编沈翃编写项目一、统编全书及网络课程的整体规划、设计及主讲，主编马智浩编写项目三、网络课程实训、仿真和动画，副主编李策编写项目八、网络课程实训、仿真内容，副主编李文超编写项目六、主讲及网络课程随堂测试题，副主编胡洋编写项目七、主讲，参编解景浦编写项目二、网络课程思考与讨论、3 套测试题，参编董建昭编写项目八，参编梁向东编写项目四、主讲，参编李明卉编写项目五、主讲，参编安建良负责课程思政元素的设计与融入。

全书由河北师范大学赵夫辰担任主审。

本书配套数字教学资源齐全，可登录"智慧职教 MOOC 学院"申请加入"电工电子应用技术"课程学习或浏览"河北工业职业技术学院"官方网站进行查询和学习。

限于编者的水平有限，书中难免有不妥之处，教材编写组全体成员诚恳欢迎广大读者和专家提出批评和改进意见，以便进一步完善和提高。

编　者
2022 年 10 月

本书经全国职业教育教材审定委员会审定，被评为"十二五"职业教育国家规划教材。

随着高职高专教育的蓬勃发展以及教育部高职高专教育教学改革的要求，"电工与电子技术"课程的教学与教材改革也在不断深入和优化，探索基于工作过程的项目引领、任务驱动，已经成为共识。教材修订后以"项目引导、任务驱动、教学做一体化"的原则编写，项目课程的特色贯穿始终，注重项目设置的实用性、可行性和科学性，充分调动学生学习的积极性和主动性，让学生在做中学和学中做，教、学、做合一。同时，结合电工与电子技术课程作为非电类各专业的技术基础课程的公共服务特性，按照突出能力体系兼顾课程知识体系的原则，组织编写组全体成员重新修订了电工与电子技术教材的体系结构和内容，将教材体系整合为八个项目、四十四个具体的学习任务。

全书主要内容包括：直流电路的分析与应用、正弦交流电路的分析与应用、磁路与铁心线圈电路的分析与应用、异步电动机及其控制电路的分析与应用、半导体二极管和整流电路的分析与测试、半导体三极管和基本放大电路的分析与测试、集成运算放大电路的分析与测试、基本数字电路的分析与测试。结合 21 世纪的职业教育，以素质教育为核心，文理渗透、启发诱导，注重实践能力和创新能力的培养，全面推进"双语"教学，本教材突出特点：一、增加专业英语含量；二、突出以"路"为主。

本书第三版与前两版相比，主要有以下特点。

1. 体现校企合作、工学结合的教学模式，符合教学改革的发展方向，满足行业需求、符合行业标准。以职业能力培养为重点，与行业企业合作进行教材的开发与设计，充分体现职业性、实践性和开放性的要求。编者队伍中积极引进生产企业第一线的高级工程师参加编写和审稿，电工电子的基本知识和技能符合现场维修电工职业标准和岗位的基本要求，结合现场的生产实际，特别是体现操作规程的基本知识，使教材的职业性强，教材的内容更贴近行业需求，有利于培养符合需求、适销对路的人才，把电工与电子技术的理论、实训和技能训练融为一体。该教材先器件，后电路，再应用，最后是技能训练，符合职业教育教学的发展规律和教学改革的总体要求。

2. 围绕培养学生的职业能力设计教材的知识、能力、素质，项目引导、任务驱动、教学做一体化。以任务描述、任务分析、相关知识、任务实施为主线，将知识点、技能点融入实际项目中，每个项目又分若干工作任务，为理论学习提供坚实载体，真正实现项目导向、任务驱动，学习任务又可分为几个学习情境，循序渐进地引导学生进入各个学习环节，让学生感觉到学习的乐趣，增强了学习的目标性和趣味性。每个项目理论与实践并举，能够促进学生的求知欲和学习的主动性。并穿插安排练习与思考、知识提示、知识技能、知识链接等各种教学活动，以便教师在使用时能够科学有效地组织教学。

3. 符合高职学生的学习特点和认知规律，在学生认知的基础上逐步向工艺和操作的规范化、标准化上靠近，突显高职教育的内涵。内容的选取以"技能的渐进和适度循环反复"为指导思想，由简单到复杂，难度逐步提高。设计项目时，首先是一个相对简单的学习任务，后面是逐渐复杂的学习任务，后面的项目与前面的项目，有一部分技能点是相同的，技能掌握在不断循环、不断反复的过程中，得到提高和强化。通过逐渐复杂的学习、工作任务，可以不断提高学生的学习能力，在教师教学过程中后面的课题会减少指导的成分，增加学生独立完成任务的成分，强化学生制订工作计划的能力与创新能力。

4. 注重工程能力的培养，逐步实现零距离上岗。本教材在修订时，注意适当融入实际电工电子技术方面的工程案例分析与实施内容，强化工程观点，培养学生的解决实际工程问题的能力。本书讲解深入浅出，将知识点和技能点紧密结合，注重培养学生的工程应用能力和解决生产现场实际问题的能力。本书从应用的角度介绍典型电工电子线路的工作原理与实用技术，强化对学生职业技能的培养和训练，符合高职高专学生就业的工作需求，逐步实现零距离上岗。

本书由沈翀担任主编，副主编有赵素英、马智浩。参加编写的人员有李策、解景浦、董建昭、李忠波。编写人员分工如下：主编沈翀编写项目一并统编全书，副主编赵素英编写项目三，副主编马智浩编写项目六、项目七，参编李策编写项目二，参编解景浦编写项目八，参编董建昭编写项目五，参编李忠波编写项目四。

全书由河北师范大学赵夫辰主审。

本书配套数字教学资源齐全，可浏览"河北工业职业技术学院"官方网站进行查询和学习。

限于编者的水平有限，书中难免有不妥之处，教材编写组全体成员诚恳欢迎广大读者和专家提出批评和改进意见，以便进一步完善和提高。

编　者
2015 年 1 月

目录

科学家简介

瓦特（James Watt，詹姆斯·瓦特，1736年1月19日～1819年8月19日），英国皇家学会院士，爱丁堡皇家学会院士，是苏格兰著名的发明家和机械工程师。1776年制造出第一台有实用价值的蒸汽机，以后又经过一系列重大改进，使之成为"万能的原动机"，在工业上得到广泛应用。他发展出马力的概念以及以他名字命名的功的国际标准单位——瓦特，瓦特是国际单位制中功率和辐射通量的计量单位。

瓦特生于英国格拉斯哥。他对当时已出现的蒸汽机原始雏形作了一系列的重大改进，发明了单缸单动式和单缸双动式蒸汽机，提高了蒸汽机的热效率和运行可靠性，对当时社会生产力的发展作出了杰出贡献。他改良了蒸汽机，发明了气压表、气动锤。美国人富尔顿发明了用瓦特蒸汽机作动力的轮船；英国人史蒂芬逊发明了用瓦特蒸汽机作动力的火车。蒸汽机车加快了19世纪的运输速度：蒸汽机→蒸汽轮机→发电机，蒸汽机为第二次工业革命即电力发展铺平了道路。在瓦特的讣告中，对他发明的蒸汽机有这样的赞颂："它武装了人类，使虚弱无力的双手变得力大无穷，健全了人类的大脑以处理一切难题。它为机械动力在未来创造奇迹打下了坚实的基础，将有助并报偿后代的劳动。"

欧姆（Georg Simon Ohm，乔治·西蒙·欧姆1787年5月16日～1854年7月7日），一个天才的研究者，是德国物理学家，最主要的贡献是通过实验发现了电流公式，后来被称为欧姆定律。为纪念其重要贡献，人们将其名字作为电阻单位。欧姆的名字也被用于其他物理及相关技术内容中，比如"欧姆接触""欧姆杀菌""欧姆表"等。

欧姆生于德国埃尔兰根城，1826年，欧姆发现了电学上的一个重要定律——欧姆定律，这是他最大的贡献。这个定律在我们今天看来很简单，然而它的发现过程却并非如一般人想象的那么简单。欧姆为此付出了十分艰巨的劳动。在那个年代，人们对电流强度、电压、电阻等概念都还不大清楚，特别是电阻的概念还没有，当然也就根本谈不上对它们进行精确测量了；况且欧姆本人在他的研究过程中，也几乎没有机会跟他那个时代的物理学家进行接触，他的这一发现是独立进行的。欧姆独创地运用库仑的方法制造了电流扭力秤，用来测量电流强度，引入和定义了电动势、电流强度和电阻的精确概念。1826年，他把研究成果写成题目为《金属导电定律的测定》的论文，发表在德国《化学和物理学杂志》上。欧姆在1827年出版的《动力电路的数学研究》一书中，从理论上推导了欧姆定律，此外他对声学也有贡献。欧姆定律及其公式的发现，给电学的计算带来了很大的方便。1841年，英国皇家学会授予他科普利金质奖章，并且宣称欧姆定律是"在精密实验领域中最突出的发现"，他得到了应有的荣誉。1854年，欧姆在德国曼纳希逝世。十年之后英国科学促进会为了纪念他，决定用欧姆的名字作为电阻单位的名称。

项目一
直流电路的分析与应用

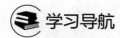 学习导航

学习目标	☆知识目标：①理解电路模型、电流、电压及参考方向的概念 ②理解电阻、电容及电感元件上电压与电流的定量关系 ③理解电路中电阻的连接规律和欧姆定律 ④理解电路的工作状态及其特点 ⑤理解电源的特点及输出的电压与电流的关系 ⑥理解基尔霍夫定律的应用方法 ⑦理解叠加定理的应用方法 ⑧理解戴维南定理的应用方法 ⑨理解直流电路中各点电位的分析方法 ⑩理解直流电压表、直流电流表的测量原理 ☆技能目标：①掌握欧姆定律的应用计算方法 ②掌握电压源、电流源的等效变换方法 ③熟练掌握基尔霍夫定律分析计算电路的应用方法 ④熟练掌握叠加定理分析计算电路的应用方法 ⑤掌握戴维南定理分析计算电路的方法 ⑥熟练掌握直流电路中电位的计算方法 ⑦掌握直流电流、直流电压和直流电位的测量方法 ☆思政目标：①培养学生自主学习的习惯 ②培养学生勤于思考、做事认真的良好作风 ③培养学生团队合作精神，具备与人沟通和协调的能力
知识点	☆电路与电路模型 ☆电路中的基本物理量：电流、电压、功率与能量 ☆电阻、电容、电感元件及其 VCR 特性 ☆电压源与电流源 ☆基尔霍夫定律的概念与应用 ☆叠加定理 ☆戴维南定理
难点与重点	☆关联参考方向与非关联参考方向的分析 ☆KCL 与 KVL 方程的应用 ☆电路中各点电位的计算 ☆选用合适的电路分析方法分析和计算电路
学习方法	☆理解概念 ☆掌握电流、电压及参考方向的概念 ☆理解概念和各种方法分析电路的步骤 ☆通过做练习题掌握各种方法分析计算电路

电路是电工技术和电子技术的基础，它是为学习后面的电子电路、电机电路以及控制与测量电路打基础的。

本项目主要讨论电路的基本物理量、电路的基本定律（基尔霍夫定律、戴维南定理、叠加定理等）以及应用它们来分析与计算各种直流电路的方法，电路的工作状态和电路中电位的计算等。本项目所述定律和分析方法，虽是在直流电路中提出，但辅以适当的数学工具，也适用于正弦交流电路以及其他各种线性电路。

任务一　电路及电路中的物理量

知识点

◎ 电路的概念和基本组成。

◎ 电路中各物理量的概念。

◎ 电功与电功率的定义及计算。

技能点

思政要素

◎ 认识电路和电路中的元器件。

◎ 会测量电路中的基本物理量。

◎ 掌握电功与电功率的分析和计算。

 任务描述

在日常生活中，有各种各样的电路，它们的作用各不相同，每个电路都有它特定的功能。如常见的一些家用电器，开启这些电器时必须先接通电源，即把电网与这些用电设备用一定的方式连接起来，形成电流通路。如图 1-1 所示的电路是一个最简单的直流电路，它由两节干电池、一个小灯泡、一个开关（switch）和连接导线（手电筒金属壳体）组成。当开关闭合时，灯泡发光，灯泡发光时耗费多少电能？如何计算它耗能的多少？当开关断开时，灯泡熄灭。请根据电路基本知识解释这一现象。

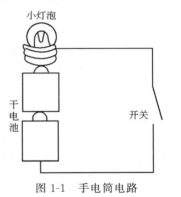

图 1-1　手电筒电路

 任务分析

要解释这一现象，就要了解电路的组成和工作状态，运用电压、电流、电阻等基本物理量对电路中各元件的工作状况进行定量分析；灯泡消耗电能的多少，即由电能转换为光能和热能的多少和速度决定。本任务的目的就是分析电路的组成与连接，介绍描述电路的基本物理量及它们的相互关系；主要分析描述负载消耗电能的多少和快慢的物理量，即电功和电功率。

 相关知识

一、电路的组成及作用

电路（electric circuit，简称 circuit）也叫网络（network），是电流所通过的路径。它是由若干电气器件（electrical device）按一定方式连接起来组成的总体。

如图 1-1 所示的简单实际电路，当开关闭合时电池、导线（conductor）

电路分析的
基本知识

和灯泡构成电流通路，电路中有电流流动，灯泡发光；当开关断开时，切断了电流流通的路径，电路中没有电流，灯泡熄灭。不同功能的电路组成各不相同，但由这个简单电路可以看出，作为一个完整电路，一般由以下三个基本部分组成。

1. 电源（electric source）——将非电能转换成电能的装置

例如，干电池和蓄电池是将化学能转化成电能，而发电机是将热能、水能或原子能等转换成电能。所以电源是电路中的能量来源，是推动电流流动的源泉，在它的内部进行着由非电能到电能的转换。

2. 负载（load）——将电能转换成非电能的装置

例如电灯是将电能转换成光能，电炉是将电能转换成热能，电动机是将电能转换成机械能等。所以负载是电路中的受电器，是取用电能的装置，在它的内部进行着由电能到非电能的转换。

3. 中间环节——把电源与负载连接起来的部分

中间环节是把电源与负载连接起来的部分，起传递和控制电能的作用。

上述电路常用于电力及一般用电系统中，称为电力电路。

电路的另一种作用是信号（signal）的处理。输入的信号叫作激励（excitation），输出的信号叫响应（response）。中间部分便是对信号进行处理的一些器件。例如扩音机的输入（激励）是声的电信号，通过晶体管组成的放大器输出（响应）便是放大了声的电信号，实现了放大功能，这类电路称为信号电路或电子电路。

此外，在电工学中对于一个完整的电路（又称全电路），通常把电源内部的那段电路称为内电路；而把电源外部的那段电路称为外电路。

二、电路的主要物理量

1. 电流

电流（electric current）是一种物理现象，是带电粒子（电荷）（electric charge）有规则的定向运动形成的。电流的实际方向习惯上指正电荷运动的方向，电流的大小常用单位时间内通过导体横截面的电荷量来表示，即

$$i = \frac{\mathrm{d}q}{\mathrm{d}t} \tag{1-1}$$

单位为 A（安培，ampere），有时也会用到 kA、mA，它表示 1s（秒）内通过横截面的电荷为 1C（库仑，Coulomb），简称库。大写字母 I 表示不随时间变化的电流即直流电流，$I = Q/t$，如图 1-2(a) 所示，小写字母 i 表示随时间变化的电流，称为变动电流（direct current）。其中一个周期内电流的平均值为零的变动电流则称为交变电流，如图 1-2（b）所示。

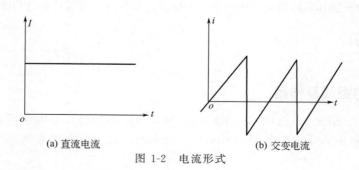

(a) 直流电流　　　　　　(b) 交变电流

图 1-2　电流形式

电流的方向是客观存在的，但实际方向有时难以确定，因此引入"参考方向"（reference direction）这一概念。

电流的参考方向，即电流的假定正方向（positive direction），可任意选定。当然，所选的电流参考方向不一定就是电流的实际方向。当电流的参考方向与实际方向一致时，电流为正值（$I>0$）；当电流的参考方向与实际方向相反时，电流为负值（$I<0$）。这样，在选定的电流参考方向下，根据电流的正负，就可以确定电流的实际方向，如图 1-3 所示。

在分析电路时，首先要假定电流的参考方向，并以此为准去分析计算，最后从答案的正负值来确定电流的实际方向。本书电路图上所标出的电流方向都是指参考方向。

2. 电压与电动势

带电粒子在电场中运动必然要做功。在图 1-4 中，a 和 b 是电源的两个电极，a 是正极（positive pole），b 是负极（negative pole），a 带正电，b 带负电，因此在电极 a、b 之间产生电场，其方向由 a 指向 b。如果用导体（连线和负载）将 a 和 b 连接起来，则在此电场作用下，正电荷就要从电极 a 经连接导体流向 b（其实是导体中的自由电子在电场的作用下从 b 流向 a，两者是等效的）。这就是电场力对电荷做了功。为了衡量电场力对电荷做功的能力，引入电压（voltage）这一物理量。a、b 两点间的电压 U_{ab} 在数值上等于电场力把单位正电荷从 a 点移到 b 点所做的功。

即
$$U_{ab}=\frac{A}{Q}（对直流来说）\tag{1-2}$$

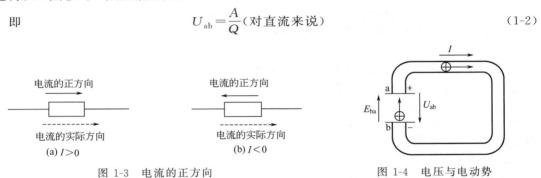

图 1-3　电流的正方向

图 1-4　电压与电动势

在电场内两点间的电压也常称为两点间的电位差（electric potential difference），即
$$U_{ab}=V_a-V_b\tag{1-3}$$

式中　V_a——a 点的电位；

　　　V_b——b 点的电位。

在法定计量单位中，电压的单位是 V（伏特，volt），简称伏。电压的方向规定为由高电位点指向低电位点。但在分析时，也需选取电压的参考方向，当电压的参考方向与实际方向一致时，电压为正（$U>0$）；相反时，电压为负（$U<0$）。电压的参考方向可用箭头表示，也可用正（＋）、负（－）极性表示，如图 1-5 所示。

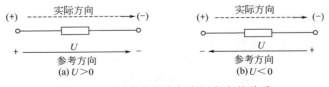

图 1-5　电压参考方向与实际方向的关系

在图 1-6(a) 中，电压的参考方向选作由 a 指向 b，则 $U=U_{ab}$，$U_{ab}=2V$；而在图 1-6

（b）中，电压的参考方向选作由 b 指向 a，则 $U'=U_{ba}=-U_{ab}=-2V$。由此可见，不管参考方向如何选取，同样说明了 a 点的电位高于 b 点的电位。

对于无源元件（电阻、电感或电容）上的电压和电流参考方向的假定，原则上是任意的，但为了方便起见，常采用元件上的电压与通过其中的电流取一致的参考方向，即称为关联参考方向（associated reference direction）。如在图 1-7 中，图（a）所示的 U 与 I 参考方向一致，则其电压与电流的关系是 $U=RI$；而图（b）所示的 U 与 I 参考方向不一致，则电压与电流的关系是 $U=R(-I)=-RI$。可见在列写电压与电流的关系式时，式中的正负号由它们的参考方向是否一致来决定。

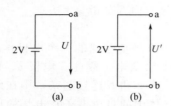

图 1-6　不同的电压参考方向

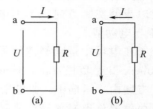

图 1-7　U 与 I 参考方向的选择

在如图 1-4 所示的电路中，为了维持电流不断地在连接导体中流通，并保持恒定，则必须使 a、b 间的电压 U_{ab} 保持恒定，也就是要使电极 b 上所增加的正电荷经过另一路径流向电极 a。但由于电场力的作用，电极 b 上的正电荷不能逆电场而上，因此必须有另一种力能克服电场力而使电极 b 上的正电荷流向电极 a。电源就能产生这种力，称它为电源力。例如在发电机中，当导体在磁场中运动时，导体内便出现这种电源力；在电池中，电源力存在于电极与电解液的接触处。用电动势（electromotive force，简称 emf）这个物理量衡量电源力对电荷做功的能力。电源的电动势 E_{ba} 在数值上等于电源力把单位正电荷从电源的低电位端 b 经电源内部（也是导体）移到高电位端 a 所做的功，也就是单位正电荷从 b 点（低电位）移到 a 点（高电位）所获得的电能。在电源力的作用下，电源不断地把其他形式的能量转换为电能，电动势的单位也是 V。

3. 电能和电功率

在如图 1-8 所示的直流电路中，a、b 两点的电压为 U，电路中的电流为 I，则由电压定义可知，在 t 时间内，电场力所做的功为

$$A=UQ=UIt \tag{1-4}$$

这就是电阻元件在 t 时间内所消耗（或吸收）的电能（electric energy），即

$$W=UIt=I^2Rt=\frac{U^2}{R}t \tag{1-5}$$

单位时间内消耗的电能称为电功率（简称功率，power），即

$$P=W/t=UI=I^2R=U^2/R \tag{1-6}$$

至于元件是消耗电能还是提供电能，则要视电压与电流的实际方向而定。

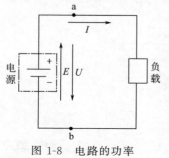

图 1-8　电路的功率

在电压和电流取关联参考方向时：$P=UI$。

在电压和电流取非关联参考方向时：$P=-UI$。

在此规定下，若算得 $P>0$，说明 U、I 实际方向与参考方向一致，即有电流从元件的高电位端流入、低电位端流出，说明元件消耗电能，为吸收功率；若算得 $P<0$，则说明 U、I 实际方向与参考方向相反，即有电流从元件的低电位端流入、高电位端流出，说明元件向外提供电能，为输出功率（power），如图 1-9 所示。

总之：$P>0$ 说明元件消耗电能，为吸收功率；$P<0$ 说明元件向外提供电能，为输出功率。

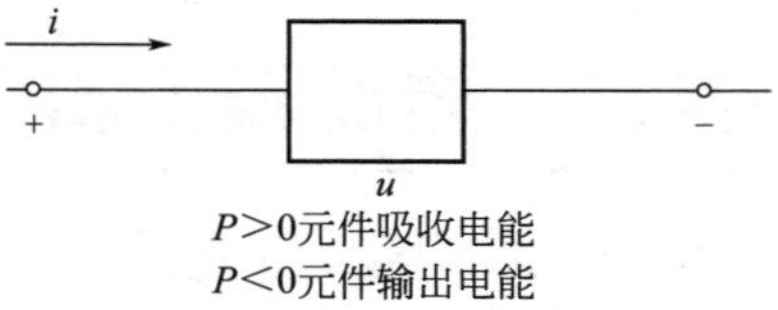

图 1-9　吸收功率与输出功率

在我国法定计量单位中，能量的单位是 J（焦耳），简称焦；功率的单位是 W（瓦特），简称瓦。有时电能的单位可用 kW・h（千瓦时）表示，1kW・h 就是指 1kW 功率的设备，使用 1h 所消耗的电能。如 100W 的灯泡，工作 10h，其消耗的电能就是 1kW・h。1kW・h 俗称 1 度电。$1\text{kW}\cdot\text{h}=1000\text{W}\times3600\text{s}=3.6\times10^6\text{J}$。

任务实施

如图 1-10 所示电路。已知 $U_1=14\text{V}$，$I_1=2\text{A}$，$U_2=10\text{V}$，$I_2=1\text{A}$，$U_3=-4\text{V}$，$I_4=-1\text{A}$，求各方框电路中的功率，并说明是负载还是电源。

解　由于方框 1 两端的电压与通过其的电流为非关联方向，所以

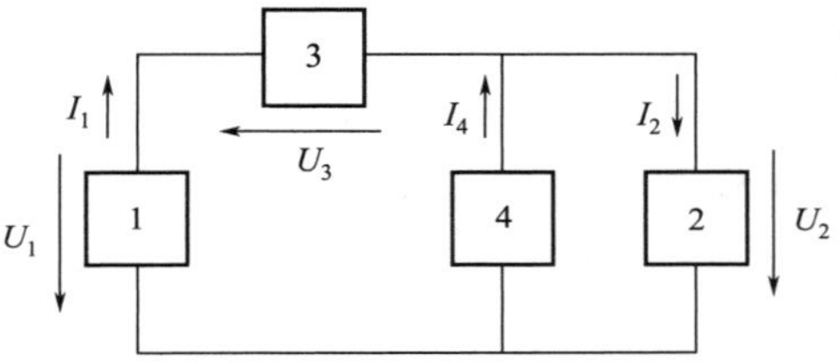

图 1-10　电路图

$$P_1=-U_1I_1=-14\text{V}\times2\text{A}=-28\text{W}$$

$$P_2=U_2\times I_2=10\text{V}\times1\text{A}=10\text{W}$$

$$P_3=-U_3\times I_1=-(-4)\text{V}\times2\text{A}=8\text{W}$$

$$P_4=-U_2\times I_4=-10\text{V}\times(-1)\text{A}=10\text{W}$$

由于 $P_1<0$，说明方框 1 发出功率，是电源；P_2、P_3、P_4 均大于 0，说明方框 2、3、4 吸收功率，是负载。

在一个完整的电路中，负载吸收的功率总和等于电源发出功率的总和，或 $\sum P=0$，这反映了电路中的能量守恒。

如上例中，$\sum P=-28+10+8+10=0$。

练习与思考一

1. 电流、电压和电动势的实际方向是如何规定的？什么叫正方向？为什么要规定正方向？
2. 在图 1-11(a) 中，$I=-5\text{A}$，$R=10\Omega$，试问 a、b 两点的电位哪点高？试求 U_{ab}。
3. 在图 1-11(b) 中，$I=5\text{A}$，$R=10\Omega$，$E=2\text{V}$，试求电压 U_{ab}。
4. 在图 1-11(c) 中，若 $I=-5\text{A}$，$R=10\Omega$，$E=2\text{V}$，试求电压 U_{ab}。
5. 在图 1-11 所示的三个电路中，哪个电路从外电路吸取功率？哪个电路向外电路送出功率？吸取或送出的功率是多少？
6. 试确定图 1-12 中，电压、电流的实际方向。

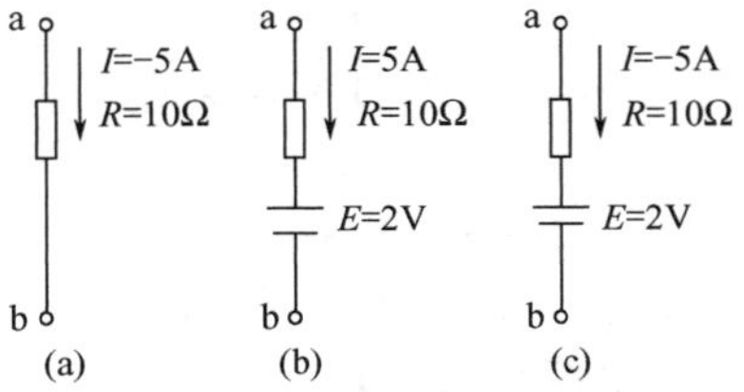

图 1-11　电路（一）

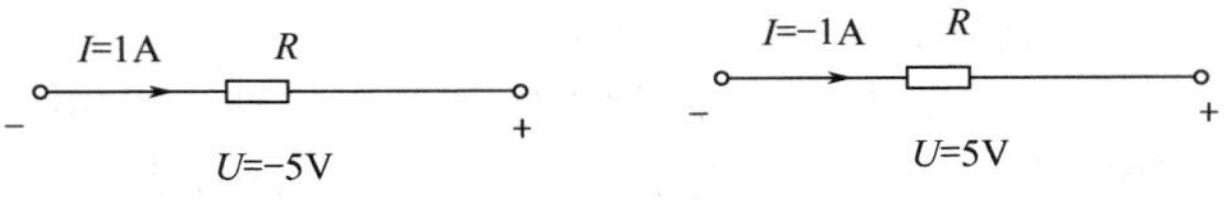

图 1-12　电路（二）

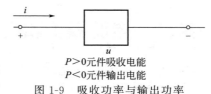

任务二　电路模型和理想电路元件

思政要素

知识点

◎ 电路模型。

◎ 欧姆定律和伏安特性。

◎ 储能元件电感和电容。

技能点

◎ 会运用欧姆定律计算电路的电压、电流和电阻。

◎ 会计算储能元件所储存的能量。

◎ 掌握电感与电容元件的伏安关系。

 任务描述

实际电路中元件虽然种类繁多，但在电磁现象方面却有共同之处。有的元件主要消耗电能，如各种电阻器、电灯、电烙铁、电炉等；有的元件主要储存磁场能量，如各种电感线圈；有的元件主要储存电场能量，如各种类型的电容器；有的元件和设备主要供给电能，如电池和发电机。怎样认识常见的理想电路元件及这些元件在电路中的特点？

 任务分析

为了便于对电路进行分析和计算，常把实际的元件加以近似化、理想化，在一定的条件下忽略其次要性质，用足以表征其主要特征的"模型"来表示，即用理想元件来表示。从电路分析的角度来看，对一个元件感兴趣的并非是其内部结构，而是其外部特性，即该元件两端的电压与通过该元件的电流之间的关系，这个关系称为电压电流关系，也叫伏安特性。

 相关知识

一、电路模型

实际电路是由实际的电路元件和连接线组成的。实际的电路元件，其电磁性质较为复杂，为了简化电路分析的过程，往往只考虑其主要性质，而忽略其次要性质，即实现了实际电路元件的理想化。

把实际的电气元件看作为电源、电阻、电感与电容等有限几种理想的电路元件（circuit element），用这些元件构成物理模型，进行数学上的分析，或者说建立数学模型。用理想元件构成电路的物理模型（model）叫电路模型（circuit model），用特定的符号代表元件连接成的图形叫电路图（circuit diagram）。

具有两个与外部连接端钮的理想元件叫二端电路元件（two-terminal circuit element）。没有说明具体性质的二端电路元件用方框符号表示［见图 1-13(a)］。图 1-13 则是常用的几种理想电路元件的符号，其中图（b）为电阻元件，图（c）为电感元件，图（d）为电容元件，图（e）、图（g）分别为理想电压源和理想电流源，图（f）则是电池的符号。

图 1-14 是一个最简单的手电筒电路（以后简称为电路）。它由一个电池作为电源，负载是一个电阻元件，中间是一个控制电路接通或断开的开关。

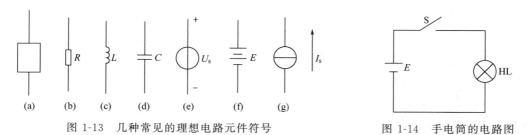

图 1-13 几种常见的理想电路元件符号   图 1-14 手电筒的电路图

二、理想电路元件

1. 电阻元件

电阻（resistance）是表示物体对电流起阻碍作用的参数，用 R 表示。实验表明：在一定的温度下，金属导体的电阻由它的长度、截面积及材料决定，其计算公式为

$$R = \frac{\rho l}{S} \tag{1-7}$$

式中 l——导体的长度，m；

S——导体的截面积，m^2；

ρ——导体材料的电阻率（resistivity），$\Omega \cdot m$。

电阻 R 的单位为 Ω（欧姆，ohm），大阻值的电阻用 $k\Omega$（千欧）和 $M\Omega$（兆欧）表示，它们之间的关系是

$$1k\Omega = 10^3\,\Omega \quad 1M\Omega = 10^6\,\Omega$$

只具有电阻的二端元件称为电阻元件，也简称为电阻。故"电阻"这一名词有时指电阻元件，有时指元件的参数。实际中有两种用电设备可看作电阻元件，一种本身就是电阻器（resistor），如电子电路中用的各种电阻及实验室用的标准电阻、滑线变阻器（rheostat）等；另一种是从理论上可抽象为电阻元件的设备，它们借电阻发热而达到应用的目的，如电炉、电烙铁等。

电阻的倒数称为电导（conductance），是表征材料导电能力的一个参数，用符号 G 表示

$$G = \frac{1}{R} \tag{1-8}$$

电导的单位是 S（西门子，siemens），简称西。

电阻率的倒数叫电导率（conductivity），用符号 γ 表示，单位是 S/m（西/米），则

$$G = \frac{\gamma S}{l} \tag{1-9}$$

$$\gamma = \frac{1}{\rho} \tag{1-10}$$

表 1-1 为常用金属材料的电阻率和电阻温度系数。

由表 1-1 可知，银的电阻率最小，导电性能最好，但它的价格昂贵，仅用于制造接触器、继电器的触头等。铜和铝的电阻率很小，使用最为广泛。铜的导电性比铝好些，但铝资源丰富、价格低、质量轻，目前电力系统的架空线、变压器、电动机等都尽量采用铝线，以铝代铜。

表 1-1　常用金属材料的电阻率及电阻温度系数

用　途	材料名称	20℃时的电阻率 $\rho/(\Omega \cdot m)$	20℃时的电阻温度系数 $\alpha/(1/℃)$
导电材料	银	0.0165×10^{-6}	0.0038
	铜	0.0175×10^{-6}	0.0040
	铝	0.0283×10^{-6}	0.0042
电阻材料	锰铜	0.42×10^{-6}	0.000005
	康铜	0.49×10^{-6}	0.000005
	铂	0.105×10^{-6}	0.00389
	镍铬	1.08×10^{-6}	0.00013
	铁铝铬	1.35×10^{-6}	0.00005
	碳	1.0×10^{-6}	-0.0005

一般金属导体的电阻会随温度升高而增大。电阻与温度的关系用下式表示

$$R_2 = R_1[1 + \alpha(t_2 - t_1)] \tag{1-11}$$

式中　R_1，R_2——温度 t_1 和 t_2 时的电阻值；

　　　　α——金属材料的电阻温度系数（temperature coefficient of resistance），它等于温度每变化 1℃ 时电阻增大的百分数，单位是 1/℃。

不同金属材料的电阻温度系数不同：康铜和锰铜的电阻温度系数很小，常用来制造精密电阻如用锰铜制作直流电工仪表中的分压器、分流器等。镍铬合金不但电阻率高，且能长期承受高温，常用于制造各种电热器的发热电阻丝。

欧姆定律与电阻元件的伏安特性如下。

图 1-15 所示是一段电阻电路。1826 年德国科学家欧姆（George Simon Ohm）通过实验总结出：电阻中的电流与加在电阻两端的电压成正比，而与电阻阻值成反比，即

$$I = \frac{U}{R} \tag{1-12}$$

式(1-12) 称为欧姆定律。式中，U 的单位为 V，R 的单位为 Ω，I 的单位为 A。

凡遵循欧姆定律的电阻称为线性电阻（linear resistance）。线性电阻的阻值只与导体的材料和尺寸有关，而与通过导体的电流（或两端的电压）大小无关。本书如无特别强调，涉及的电阻均为线性电阻。

电阻端电压 U 和流过它的电流 I 的关系曲线称为电阻的伏安特性（volt-ampere characteristic），线性电阻的伏安特性，是一条通过原点的直线，如图 1-16 所示。

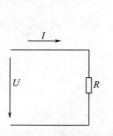
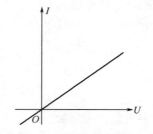
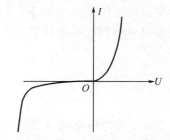

图 1-15　一段电阻电路图　　图 1-16　线性电阻伏安特性　　图 1-17　晶体二极管伏安特性

不遵循欧姆定律的电阻，叫非线性电阻。非线性电阻的伏安特性是一条曲线，即 U、I 不是正比关系。图 1-17 为晶体二极管的伏安特性。白炽灯灯丝、避雷器的砂砾陶也都是非

线性电阻。

2. 电感元件

电感元件是反映电流周围存在磁场，储存磁场能量这一物理现象的理想电路元件，相当于一个电阻为零的线圈。

根据电磁感应定律，电流 i 通过电感元件 L 时，将在线圈周围产生磁场。当电流 i 变化时，磁场也随之变化，并在线圈中产生自感电动势 e_L（self-induced e. m. f.），如图 1-18 所示。在各电量的参考方向一致的情况下

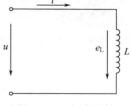

图 1-18　电感元件

$$e_L = -L \frac{\mathrm{d}i}{\mathrm{d}t}$$

故
$$u = -e_L = L \frac{\mathrm{d}i}{\mathrm{d}t} \tag{1-13}$$

式(1-13) 表明电感元件两端的电压，与它的电流对时间的变化率成正比。比例常数 L 称为电感（inductance），是表征电感元件特性的参数。当 u 的单位为 V，i 的单位为 A 时，L 的法定计量单位为 H（亨利），简称亨，较小的计量单位有 mH（毫亨）、μH（微亨）。习惯上常把电感元件称为电感器（inductor），故"电感"这个名词既表示电路元件，又表示元件的参数。

由式(1-13) 可知，当 L 中流过稳定的直流电流 I，因 $\mathrm{d}I/\mathrm{d}t=0$，故 $u=0$，这时电感元件相当于短路，这是因为直流电流 I 产生的磁场是恒定不变的，不会在线圈中产生自感电动势，$e_L=0$。

从式(1-13) 还可看到，电感元件中的电流 i 不能跃变。因为如果 i 跃变，$\mathrm{d}i/\mathrm{d}t$ 为无穷大，电压 u 也应为无穷大，而这实际上是不可能的。当 u、i 参考方向一致时，电感元件的功率

$$p = ui = Li \frac{\mathrm{d}i}{\mathrm{d}t} \tag{1-14}$$

在 t 时刻电感元件中储存的磁场能量为

$$w_L = \int_0^t p \, \mathrm{d}t = \int_0^t ui \, \mathrm{d}t = \int_0^i Li \, \mathrm{d}i = \frac{1}{2} Li^2 \tag{1-15}$$

当电流为直流 I 时

$$W_L = \frac{1}{2} LI^2 \tag{1-16}$$

电感与电容元件

式中，W_L（w_L）的单位是 J。

式(1-16) 说明：电感元件在某时刻储存的磁场能量与该时刻流过元件的电流的平方成正比。电感元件不消耗能量，是一种具有储存磁场能量的元件。

在工程上，各种实际的电感线圈如荧光灯上用的镇流器、电子线路中的扼流线圈等，当忽略其线圈导线的电阻及匝间电容时，便可认为它们是只具有储存磁场能量特性的电感元件。

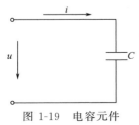

图 1-19　电容元件

3. 电容元件

电容元件是反映存储电荷产生电场、储存电场能量这一物理现象的理想电路元件。在图 1-19 中，电容器（capacitor）C 是由绝缘非常良好的两块金属极板构成。当在电容元件两端施加电压时，两块极板上将出现等量的异性电荷，并在两极板间形成电场。电容器极板上所存储的电量 q，与外加电压 u 成正比，即

$$q = Cu \tag{1-17}$$

电容充放电过程

式中，比例常数 C 称为电容（capacitance），是表征电容元件特性的参数。当电压的单位为 V，电量的单位为 C，则电容的法定计量单位为 F（法拉），较小的计量单位为 μF（微法）（microfarad），或 pF（皮法）。电容元件简称电容，"电容"这个名词既表示电路元件，又表示元件的参数。

当电压 u 和电流 i 的参考方向一致时

$$i = \frac{\mathrm{d}q}{\mathrm{d}t} = C\,\frac{\mathrm{d}u}{\mathrm{d}t} \tag{1-18}$$

式（1-18）表明，只有当电容元件两端的电压发生变化时，电路中才有电流流过，电压变化越快，电流也越大。当电容元件两端施加直流电压 U，因 $\mathrm{d}U/\mathrm{d}t = 0$，故电流 $i = 0$，因此电容元件对于直流稳态电路相当于断路，即电容有隔断直流的作用。

从式（1-18）还可看出，电容两端的电压不能跃变，因为如果电压跃变，$\mathrm{d}u/\mathrm{d}t$ 为无穷大，电流 i 也为无穷大，对实际电容器来说，这当然是不可能的。

在 u、i 参考方向一致时，电容元件的功率

$$p = ui = Cu\,\frac{\mathrm{d}u}{\mathrm{d}t} \tag{1-19}$$

在 t 时刻电容元件储存的电场能量为

$$w_{\mathrm{C}} = \int_0^t p\,\mathrm{d}t = \int_0^t ui\,\mathrm{d}t = \int_0^u Cu\,\mathrm{d}u = \frac{1}{2}Cu^2 \tag{1-20}$$

当电压为直流电压 U 时

$$W_{\mathrm{C}} = \frac{1}{2}CU^2 \tag{1-21}$$

式中，$W_{\mathrm{C}}(w_{\mathrm{C}})$ 的单位是 J。

式（1-21）说明：电容元件在某时刻储存的电场能量与元件在该时刻所承受的电压的平方成正比。故电容元件不消耗能量，是一种具有储存电场能量的元件。

在工程上，各种实际的电容器常以空气、云母、绝缘纸、陶瓷等材料作为极板间的绝缘介质当忽略其漏电电阻和引线电感时，便可认为它是只具有储存电场能量特性的电容元件。

✳ 任务实施

电容 C 两端电压 u_{C} 与流过的电流 i_{C} 的参考方向如图 1-20（a）所示，i_{C} 的波形如图 1-21（b）所示，已知 $u_{\mathrm{C}}(0) = 0$。试求 $u_{\mathrm{C}}(t)$ 并画出其波形。

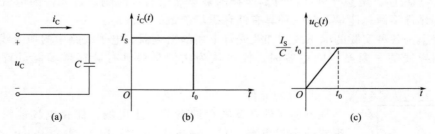

图 1-20 电路（三）

解 由图 1-20（b）波形可知 $i_{\mathrm{C}}(t)$ 的表达式为

$$i_C(t) = \begin{cases} I_S & 0 \leqslant t \leqslant t_0 \\ 0 & t > t_0 \end{cases}$$

根据公式可得

$$u_C = \frac{1}{C}\int_{-\infty}^{t} i_C(\tau)\mathrm{d}\tau = \frac{1}{C}\left[\int_{-\infty}^{0} i_C(\tau)\mathrm{d}\tau + \int_{0}^{t} i_C(\tau)\mathrm{d}\tau\right]$$

$$= u_C(0) + \frac{1}{C}\int_{0}^{t} i_C(\tau)\mathrm{d}\tau = \frac{1}{C}\int_{0}^{t} i_C(\tau)\mathrm{d}\tau$$

当 $0 \leqslant t \leqslant t_0$ 时，有

$$u_C(t) = \frac{1}{C}\int_{0}^{t} i_C\mathrm{d}\tau = \frac{1}{C}\int_{0}^{t} I_S\mathrm{d}\tau = \frac{I_S}{C}t$$

且当 $t = t_0$ 时，有

$$u_C(t_0) = \frac{I_S}{C}t_0$$

当 $t > t_0$ 时，有

$$u_C(t) = \frac{1}{C}\int_{0}^{t} i_C(\tau)\mathrm{d}t = \frac{1}{C}\int_{0}^{t} i_C(\tau)\mathrm{d}\tau + \frac{1}{C}\int_{0}^{t} i_C(\tau)\mathrm{d}\tau$$

$$= u_C(t_0) + \frac{1}{C}\int_{0}^{t} i_C(\tau)\mathrm{d}\tau = \frac{I_S}{C}t_0$$

可得出电容电压的表达式为

$$u_C(t) = \begin{cases} \dfrac{I_S}{C}t & 0 \leqslant t \leqslant t_0 \\ \dfrac{I_S}{C}t_0 & t \geqslant t_0 \end{cases}$$

根据 $u_C(t)$ 的表达式可画出其波形如图 1-20(c) 所示。

练习与思考二

1. 有人说当电感元件两端电压为零时，电感中的电流也必定是零，这种说法对吗？为什么？

2. 如果理想电路元件 R、L、C 的两端电压 u 和电流 i 的参考方向选得不一致，你能写出这三种元件的电压、电流关系的表达式吗？

任务三　电路的工作状态

知识点

◎ 电路的三种工作状态。

◎ 电源的外特性。

◎ 负载的额定值。

思政要素

技能点

◎ 会运用全电路欧姆定律分析和计算电路中的电压、电流和电阻。

◎ 会分析电源的外特性。

◎ 掌握额定值的内涵。

任务描述

如图 1-21 所示电路中开关有三个位置，当开关在这三个不同位置时，试分析电源和电阻上的电压、电流会如何变化。

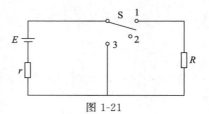

图 1-21

任务分析

要解释这一现象，就要了解电路的工作状态，运用电压、电流、电阻等基本物理量对电路中各元件的工作状况进行定量分析。1827 年德国物理学家欧姆通过大量的实验，总结出了电阻元件上电压、电流与电阻三者之间关系的规律，即欧姆定律。欧姆定律提供了分析负载电阻上电流、电压和电阻关系的理论依据。

相关知识

一、电路的状态

电路在工作时，可能处于空载（no-load）、短路和负载三种状态。下面分别讨论每种状态的特点。

1. 空载状态

空载状态又称断路或开路（open circuit）状态，如图 1-22 所示，它是电路的一个极端运行状态，当开关断开或连接导线折断，就会发生这种状态。电路空载时，外电路所呈现的电阻可视为无穷大，故电路具有下列特征。

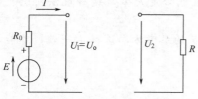

图 1-22 电路的空载状态

① 电路中的电流为零，即 $I=0$。

② 电源的端电压等于电源的电动势，即

$$U_1 = E - R_0 I \approx E$$

此电压称空载电压或开路电压，用 U_o 表示。由此可以得出测量电源电动势的方法。

③ 电源的输出功率 P_1 和负载所吸收的功率 P_2 均为零。这是因为电源对外不输出电流，故 $P_1 = U_1 I = 0$，$P_2 = U_2 I = 0$。

2. 短路状态

当电源的两输出端钮由于某种原因（如电源线绝缘损坏，操作不慎等）相接触时，会造成电源被直接短路（short circuit）的情况，如图 1-23 所示，它是电路的另一种极端运行状态。当电源直接短路时，外电路所呈现的电阻可视为零，故电路具有下列特征。

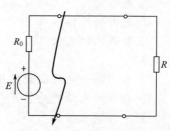

图 1-23 电路的短路状态

① 电源中的电流最大，输出电流为零。此时电源中的电流为

$$I_s = \frac{E}{R_0} \qquad (1-22)$$

此电流称为短路电流（short circuit current）。在一般供电系统中，电源的内电阻 R_0 很小，故短路电流 I_s 很大。但对外电路无电流输出，即 $I = 0$。

电路分析的
基本计算

② 电源和负载的端电压均为零，即

$$U_1 = E - R_0 I_s = 0$$
$$U_2 = 0$$

而
$$E = R_0 I_s$$

上式表明电源的电动势全部降落在电源的内阻上，因而无输出电压。

③ 电源的输出功率 P_1 和负载所吸收的功率 P_2 均为零，这时电源电动势所发出的功率全部消耗在内阻上。这是因为电源对外电路既不输出电

全电路欧姆定律

压，也不输出电流，故 $P_1 = U_1 I = 0$，$P_2 = U_2 I = 0$。而这时电动势所发出的功率为

$$P_E = E I_s = E^2 / R_0 = I_s^2 R_0 \qquad (1-23)$$

全部消耗在内阻上，这就使电源的温度迅速上升，有可能导致烧毁电源及其他电气设备，甚至引起火灾，或由于短路电流产生强大的电磁力而造成机械上的损坏。电源的短路通常是一严重事故，应力求防止，为此在实用电路中必须有短路保护（short-circuit protection）装置，熔断器是最常用的短路保护电器。但是，有时为了满足电路工作的某种需要，可以将局部电路（如某一电路元件或某一仪表等）短路（称为短接）或按技术要求对电源设备进行短路实验，这些是属于正常现象。

3. 负载状态

电路的以上两种状态都是极端状态，而负载状态则是一般的有载工作状态，如图 1-24 所示。此时电路有下列特征。

① 电路中的电流为

$$I = \frac{E}{R_0 + R} \qquad (1-24)$$

当 E、R_0 一定时，电流由负载电阻 R 的大小决定，这个规律称为全电路欧姆定律。

② 电源的端电压为

$$U_1 = E - R_0 I \qquad (1-25)$$

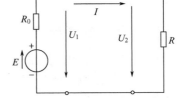

图 1-24　电路的负载状态

电源的端电压总是小于电源的电动势。这是因为电源的电动势减去内阻压降 $R_0 I$ 后，才是电源的输出电压 U_1。

若忽略线路上的压降，则负载的端电压 U_2 等于电源的端电压 U_1。

③ 电源的输出功率为

$$P_1 = U_1 I = (E - R_0 I) I = EI - R_0 I^2 \qquad (1-26)$$

式(1-26)表明，电源电动势发出的功率 EI 减去内阻上的消耗功率 $R_0 I^2$，才是供给外电路的功率。显然，负载所吸取的功率为

$$P_2 = U_2 I = U_1 I = P_1 \text{❶}$$

---

❶ 在这里没有计及连接导线的电阻 R_1，若计及 R_1 时，负载端电压 U_2 为电源端电压减去线路上的压降；而负载吸收的功率 P_2 为电源的输出功率减去线上的损耗。

二、电源的外特性

如图 1-25 所示为电源的工作电路，若电动势为 E，内阻为 R_0，则其端电压 U 与电流 I 的关系为：

$$U=E-U_{R0}=E-R_0I，\text{其中 } I=\frac{E}{R_0+R}$$

对于给定的电源，E 和 R_0 是不变的，所以 U 与 I 之间是一种线性关系，在直角坐标系中，以电源的端电压为纵坐标，电流为横坐标，画出电源的端电压和电流的关系曲线，称为电源的外特性曲线，如图 1-26 所示。

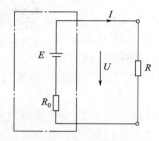

图 1-25　电源的工作电路

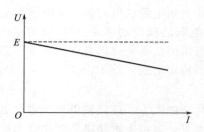

图 1-26　电源的外特性曲线

图中电源的端电压随电流的增加而减小。所以，外电阻增加时电流减小，端电压上升；外电阻减小时电流增加，端电压下降。

电源的端电压还与内阻有关。外电阻不变时，内电阻增大，端电压减小；内电阻减小，端电压增大。内电阻为零时，端电压等于电动势，不随电流的变化而变化。此时的电源称为理想电源，其外特性曲线是一条平行于电流轴的直线，如图 1-26 中的虚线所示。

三、负载的额定值

电流通过任何用电器时，用电器会发热，这种现象称为电流的热效应。它不仅消耗电能，而且会使用电器的温度上升加速绝缘材料的老化，严重时会发生事故。怎样才能保证设备不发生故障呢？

必须着重指出，在实际电路中，每一电路元件在工作时都有一定的使用限额，这种限额值称为额定值（rated value）。额定值是制造厂综合考虑可靠性、经济性及使用寿命等因素而制定的，它是使用者使用该元件的依据。如灯泡电压 220V、功率 100W，电压和功率（rated power）的数值就是它的额定值，告诉使用者该灯泡在 220V 电压下工作是正常的，其消耗的功率是 100W，由计算尚可求得该灯泡在 220V 电压下，通过它的电流为 $I=P/U=10/220=0.455A$（额定电流）；该灯泡的电阻为 $R=U/I=220/0.455=484\Omega$。当在超过额定值很多的状态下工作时，会使元件损伤，影响寿命，甚至烧毁；当在低于额定值很多的状态下工作时，不能发挥元件的潜力，不能使它正常工作甚至造成设备的损坏，如电压过低时，灯泡发光不足，电动机不能拖动生产机械正常运转。因此，电路元件在其额定值工作时是最经济的，既保证能可靠工作，又保证有足够的使用寿命。额定值用带有下标"N"的字母来表示。如额定电压（rated voltage）和额定电流（rated current）分别用 U_N 和 I_N 表示。

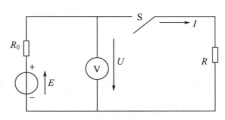

图 1-27　测量电源电动势及内阻的电路图

![任务实施]　**任务实施**

如图 1-27 所示的电路可供测量电源的电动势 E 和内阻 R_0。若开关 S 打开时电压表的读数为 6V，开关 S 闭合时电压表的读数为 5.8V，负载电阻 $R=10\Omega$。试求电动势 E 和内阻 R_0。（电压表的内阻可视为无限大）。

解　设电压 U、电流 I 的参考方向如图 1-27 所示。当开关 S 断开时

$$U=E-R_0I=E$$

所以此时电压表的读数，即为电源的电动势，$E=6$V

当开关 S 闭合时，电路中的电流

$$I=\frac{U}{R}=\frac{5.8}{10}=0.58\text{A}$$

故内阻

$$R_0=\frac{E-U}{I}=\frac{6-5.8}{0.58}=0.345\Omega$$

![练习与思考]　**练习与思考三**

1. 有一 220V、3kW 的电炉，接在 220V 的电源上，每天用 4h，试问一个月（按 30 天）用电多少？

2. 额定值为 1W、10Ω 的电阻器，使用时其端电压和通过的电流不得超过多少？

3. 有 110V、60W 及 110V、40W 的白炽灯灯泡各一个，能否将它们串接到 220V 电源上？

4. 有一个 220V、1000W 的电阻炉，如将其电阻丝的长度减少一半再接入电源，问此时该电炉的电阻、电流及功率是多少？

任务四　分析简单电阻电路

知识点

◎ 电阻串联的特点。

◎ 电阻并联的特点。

◎ 混联电路的分析方法。

技能点

◎ 会计算简单直流电路的等效电阻。

◎ 会分析计算简单的串、并联电路。

◎ 会分析计算混联电路。

![任务描述]　**任务描述**

前面学习了一个电源向一个电阻供电的简单电路。但在实际电路中，常用一个电源向多个电阻供电的电路，这些电阻在电路中按一定的方法连接起来。电阻的接法不同，电阻上的

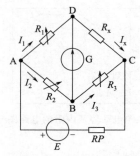

图 1-28　惠斯顿电桥

电压和电流的数值也不相同。如图 1-28 所示的电桥电路是一种特殊的混联电路，在生产和测量技术中应用十分广泛，那么它的测量原理是怎样的？

 任务分析

　　要分析电桥电路的工作过程，就要了解电阻的连接方式，在工程技术中，电阻的实际连接方式是多种多样的，最常见的有电阻的串联、并联以及串并联的组合即电阻的混联。不同接法的电路计算方法也不相同。当有多个电阻接入电路后，首先要区分它们的连接关系，求出等效电阻，然后计算各电阻中的电压和电流。

 相关知识

一、电阻的串联

　　几个电阻一个接一个无分叉地顺序相连，叫电阻的串联（series connection）。如图 1-29 所示为三个电阻的串联电路。

　　电阻串联电路的特点如下。

① 通过各电阻的电流相同。

② 几个电阻串联可用一个等效电阻（equivalent resistance）来替代，等效电阻 R 等于各电阻之和，即

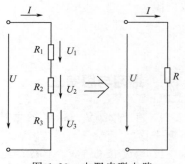

图 1-29　电阻串联电路

$$R = R_1 + R_2 + R_3 \tag{1-27}$$

③ 总电压等于各电阻电压之和，即

$$U = U_1 + U_2 + U_3 \tag{1-28}$$

④ 每个电阻的端电压与总电压的关系可表示为

$$\left. \begin{array}{l} U_1 = IR_1 = \dfrac{R_1}{R}U \\[2mm] U_2 = IR_2 = \dfrac{R_2}{R}U \\[2mm] U_3 = IR_3 = \dfrac{R_3}{R}U \end{array} \right\} \tag{1-29}$$

　　式(1-29)称为串联电路的分压公式。显然，电阻值越大，分配到的电压越高。

　　电阻串联应用较多。如在电工测量中使用电阻串联的分压作用扩大电压表的量程；在电子电路中，常用串联电阻组成分压器以分取部分信号电压。

　　【例 1-1】　今有一万用表如图 1-30 所示，表头额定电流（又称为表头灵敏度，是指表头指针从标度尺零点偏转到满标度时所通过的电流）$I_a = 50\mu\text{A}$，电阻 $R_a = 3\text{k}\Omega$，问能否直接用来测量 $U = 10\text{V}$ 的电压？若不能，应串联多大阻值的电阻？

　　解　① 表头能承受的电压

$$U_a = I_a R_a = 50 \times 10^{-6} \times 3 \times 10^3 = 0.15\text{V}$$

若将 10V 电压直接接入，表头会因电流超过允许值而烧坏。

② 在表头中串联电阻 R_b，如图 1-30 所示。

$$U_b = U - U_a = 10 - 0.15 = 9.85\text{V}$$

因为电表满度偏转时，电流为 $I_a = 50\mu\text{A}$，所以

$$R_b = \frac{U_b}{I_a} = \frac{9.85}{50 \times 10^{-6}} = 197\text{k}\Omega$$

二、电阻的并联

若干电阻首尾连接在两个端点之间，使每个电阻承受同一电压，叫电阻的并联（parallel connection）。如图 1-31 所示电路是由三个电阻并联而成的。

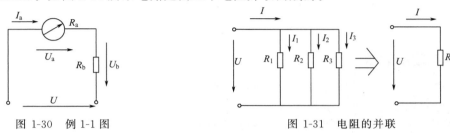

图 1-30 例 1-1 图 　　　　　　　　　　图 1-31 电阻的并联

电阻并联电路的特点如下。

① 各电阻的端电压相同。

② 几个电阻并联，也可用一个等效电阻代替，等效电阻的倒数等于各电阻的倒数之和，即

$$\frac{1}{R} = \frac{1}{R_1} + \frac{1}{R_2} + \frac{1}{R_3} \tag{1-30}$$

令 $G = \dfrac{1}{R}$，则有 $\qquad\qquad G = G_1 + G_2 + G_3$

G 称为电导，其单位为 S（西门子）。可见，并联电路的总电导等于各电导之和。当只有两个电阻并联时，用下式求等效电阻较简单，即

$$R = \frac{R_1 R_2}{R_1 + R_2}$$

③ 总电流等于各电阻电流之和，即

$$I = I_1 + I_2 + I_3 \tag{1-31}$$

④ 各个电阻中的电流与总电流的关系可用下式表示

$$\left.\begin{aligned} I_1 &= \frac{R}{R_1} I \\ I_2 &= \frac{R}{R_2} I \\ I_3 &= \frac{R}{R_3} I \end{aligned}\right\} \tag{1-32}$$

式（1-32）称为并联电路的分流公式。显然，电阻越小，分配到的电流越大。

当只有两个电阻并联时，各电阻电流分别为

$$\left.\begin{aligned} I_1 &= \frac{U}{R_1} = \frac{R_2}{R_1 + R_2} I \\ I_2 &= \frac{U}{R_2} = \frac{R_1}{R_1 + R_2} I \end{aligned}\right\} \tag{1-33}$$

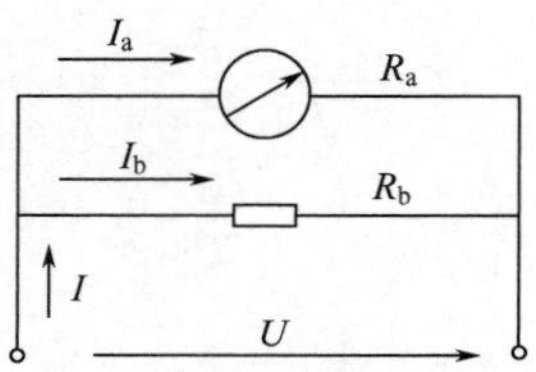

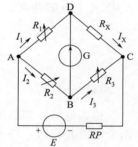

电阻并联应用也很多，如电炉、电灯等都是并联接入电路的。在电工测量中使用电阻并联的分流作用，能扩大电流表的量程。

【例 1-2】 仍用例 1-1 中那只表头，$I_a = 0.05\text{mA}$，$R_a = 3\text{k}\Omega$。现欲测 $I = 10\text{mA}$ 的电流，应并接多大的电阻？

解　设表头并联电阻为 R_b，由图 1-32 可知

$$I_b = I - I_a = 10 - 0.05 = 9.95\text{mA}$$

分流电阻 R_b 上承受的电压 U_b 等于表头承受的电压 U_a，即

$$U_b = U_a = I_a R_a = 50 \times 10^{-6} \times 3 \times 10^3 = 0.15\text{V}$$

故

$$R_b = \frac{0.15}{9.95 \times 10^{-3}} = 15.07\Omega$$

图 1-32　例 1-2 图

三、电阻的混联

既有电阻串联又有电阻并联的连接方式，叫电阻的混联。

分析电阻混联电路的一般步骤如下。

① 计算各串联和并联部分的等效电阻，再计算总的等效电阻；

② 由总电压除以总等效电阻得总电流；

③ 根据串联电阻的分压关系和并联电阻的分流关系，逐步计算各元件上的电压、电流以及功率。

✪ 任务实施

直流电桥是一种比较式测量仪表，它可以用来测量电阻，还可测量温度、压力等非电量。

直流电桥分单臂电桥（惠斯顿电桥）和双臂电桥（凯尔文电桥或汤姆森电桥）。单臂电桥用来精密测量中等阻值范围（1～106Ω）的电阻，双臂电桥主要用来测量 1Ω 以下的小阻值电阻。

惠斯顿电桥电路如图 1-33 所示，R_1、R_2、R_3 为可调标准电阻，R_X 为被测电阻，在 B、D 两点间接入检流计 G，称为检流计支路，也称为桥支路。上述四个电阻各称为电桥的一个臂。

图 1-33　惠斯顿电桥电路

当调节标准电阻 R_1、R_2、R_3 使检流计 G 指零，即桥支路的电流 $I_G = 0$ 时，称电桥平衡，此时，B、D 两点电位相等，即

$$V_B = V_D$$

于是有

$$U_{AD} = U_{AB} \qquad 即 \qquad R_1 I_1 = R_2 I_2$$
$$U_{DC} = U_{BC} \qquad 即 \qquad R_X I_X = R_3 I_3$$

将上面两式相除得

$$\frac{R_1 I_1}{R_X I_X} = \frac{R_2 I_2}{R_3 I_3}$$

电桥平衡时，$I_G = 0$，所以 $I_1 = I_X$，$I_2 = I_3$。

上式为

$$\frac{R_1}{R_X} = \frac{R_2}{R_3}$$

所以，被测电阻 R_X 由下式确定

$$R_X = \frac{R_1}{R_2} R_3 \tag{1-34}$$

通常将 R_1、R_2 制成比率臂电阻，将这两只电阻做在一起，用一个转换开关来调整 R_1/R_2

之值，一般有 $\times 0.001$，$\times 0.01$，$\times 0.1$，$\times 1$，$\times 10$，$\times 100$，$\times 1000$ 七挡。而 R_3 则为读数臂电阻，一般只有 9×1，9×10，9×100，9×1000 四个读数盘。

由于电桥是在平衡状态下进行测量，被测量由式(1-34)确定，故只要可调标准电阻足够准确，就可使测量达到很高精度，国产直流电桥一般将准确度分为 0.02、0.05、0.1、0.2、1.0、1.5、2.0 七个等级，常用直流单臂电桥的型号规格如表 1-2 所示。

表 1-2　常用直流单臂电桥的型号规格

名　称	型　号	测量范围/Ω	准确度等级
携带式单臂电桥	QJ23	$1\sim 9999000$	0.2
单臂电桥	QJ24	$10^{-3}\sim 9999000$	0.1
单臂电桥	QJ30	$1\sim 10^8$	0.05

如果桥支路上有电流通过，即 B、D 两点电位不相等，这时的电桥称为不平衡电桥，或者说，电桥处于失衡状态。电桥的失衡状态也有着广泛的应用。

 练习与思考四

1. 如图 1-34 所示电路为一双量程电压表。求串联电阻 R_1 和 R_2 的阻值。

2. 有一直流电源，其内阻 $R_0 = 1.2\Omega$，测得端电压为 230V，输出电流为 5A。求电源电动势、电源供给的功率、负载获得的功率和电源内阻损耗的功率。

3. 如图 1-35 所示的供电线路，铜导线长 $l = 914.286$m、截面积 $S = 16$mm^2，电源电压 $U_1 = 230$V，线路电流 $I = 15$A。求：①输电线电阻；②输电线上的电压降；③负载端电压；④电源输出的功率；⑤负载获得的功率。

4. 教室里有四盏 40W 电灯，由于大家注意节约用电，每天晚自习使用 3h 人走灯熄。某宿舍只有一盏 25W 电灯，由于不注意节约用电，通宵长明，每天使用 18h，问教室和宿舍每天各消耗多少电能？

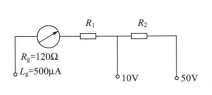

图 1-34　双量程电压表电路

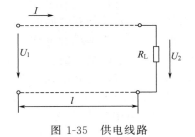

图 1-35　供电线路

任务五　基尔霍夫定律

知识点

　　◎ 复杂电路的基本术语。

　　◎ 基尔霍夫定律。

　　◎ 支路电流法。

技能点

　　◎ 能识别电路中的支路、节点和网孔数。

思政要素

◎ 会列节点电流方程和回路电压方程。

◎ 会用支路电流法求解各支路电流。

任务描述

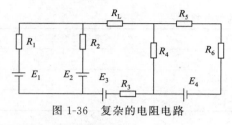

图 1-36　复杂的电阻电路

在前面学的电路中，介绍了能用串、并联关系进行简化的电阻电路的相关知识。但是，在实际电路中，有很多是不能利用上述办法化简的，如图 1-36 所示，各元件的连接既不是串联，也不是并联，通常把这种电路称为复杂电路。本任务将介绍复杂电路的分析和计算方法。

任务分析

分析复杂电路的基本思路是对电路中的连接点和回路进行分析，找出规律，并进行计算。基尔霍夫发现对节点可列出电流方程，对回路可列出电压方程，通过这些方程可以对电路进行分析和计算，称为基尔霍夫定律。本任务重点学习运用基尔霍夫定律分析计算复杂电路，即用支路电流法求解各支路电流。

相关知识

一、复杂电路的常用术语

前面介绍了一些电路元件的伏安特性，在电路中各元件上的电压电流必须满足各自的伏安特性，如线性电阻元件必须满足 $U = IR$；实际电压源必须满足 $U = U_s - IR$ 等。

但是，任何电路都是由若干元件连接而成的，各元件上的电压电流除满足各自的伏安特性外还需满足由于元件相互之间的连接而形成的制约关系，概括这种制约关系的便是基尔霍夫定律。基尔霍夫定律是线性电路、非线性电路都遵循的共同规律。一般的电路分析方法都是建立在基尔霍夫定律之上的。基尔霍夫定律包括基尔霍夫电流定律与基尔霍夫电压定律。在具体叙述定律之前，先介绍几个常用的术语。

① 支路（branch）。一段无分叉的电路称为一条支路，同一条支路中的电流处处相等。如图 1-37 所示，共有三条支路。

② 节点（node）。三条或三条以上支路的连接点称为节点。在图 1-37 中共有两个节点，即节点 a、b。

③ 回路（loop）。电路中任一闭合路径称为回路。如图 1-37 中有三个回路：adbca、aR_Lbda、aR_Lbca。其中 adbca 和 aR_Lbda 只含一个孔眼，称为网孔。网孔是一种特殊的回路。

二、基尔霍夫定律

一般的电路分析方法都是建立在基尔霍夫定律之上的。基尔霍夫定律包括基尔霍夫电流定律与基尔霍夫电压定律。

1. 基尔霍夫电流定律

基尔霍夫电流定律（KCL，kirchhoff's current law）用于确定电路中任一节点上支路电流之间的相互关系，简称 KCL。该定律的内容是：任一瞬间，对于电路中的任一节点，流

入节点的电流总和等于流出节点的电流总和。即

$$\sum I_{入} = \sum I_{出} \tag{1-35}$$

例如，对于图 1-37 电路中的节点 a 有

$$I_1 + I_2 = I_3$$

如果规定流入节点的电流为正，流出节点的电流为负（也可作相反的规定），则将基尔霍夫电流定律写成一般形式

$$\sum I = 0 \tag{1-36}$$

式（1-36）表明，在电路的任一节点上各支路电流的代数和恒等于零。

【例 1-3】 图 1-38 表示某复杂电路的一个节点 A，已知 $I_1 = 4\mathrm{A}$，$I_2 = 2\mathrm{A}$，$I_3 = -3\mathrm{A}$，试求 I_4。

解　由图示正方向，根据 KCL，得

$$I_1 - I_2 - I_3 + I_4 = 0$$
$$I_4 = -I_1 + I_2 + I_3 = -4 + 2 - 3 = -5\mathrm{A}$$

基尔霍夫电流定律可推广到包含几个节点的任一假设的闭合面（称为广义节点），即在任一瞬时，对于电路中的任一闭合面，电流的代数和恒等于零。如图 1-39 中，闭合面将 R_1、R_2、R_3 包围在里面，根据 KCL 可得

$$I_A + I_B + I_C = 0$$

如果已知

$$I_A = 2\mathrm{A}, \quad I_B = 3\mathrm{A}$$

则可得

$$I_C = -5\mathrm{A}$$

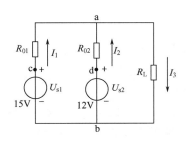

图 1-37　电路示例图

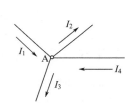

图 1-38　复杂电路节点示意图

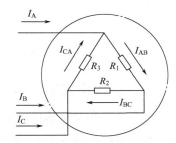

图 1-39　KCL 的推广

2. 基尔霍夫电压定律

基尔霍夫电压定律（KVL，Kirchhoff's voltage law）用于确定任一闭合回路中各元件的电压和电动势之间的关系，简称 KVL。KVL 的内容是：在任一瞬间，沿电路中的任一回路绕行一周，回路中所有电动势的代数和等于各电阻上电压降的代数和，即

$$\sum E = \sum (IR) \tag{1-37}$$

式中，电动势的正方向与回路绕行方向一致时，取正号，否则取负号；电阻中电流的正方向与回路绕行方向一致时，电阻电压降取正号，否则取负号。

对于图 1-37 电路中的 adbca 回路（按顺时针方向绕行）有

$$U_{s1} - U_{s2} = I_1 R_{02} - I_2 R_{02}$$

如果规定沿回路绕行方向的电位升为正，电位降为负（也可作相反的规定），则可将基尔霍夫电压定律改写成一般形式

$$\sum U = 0 \tag{1-38}$$

即任一时刻沿任一回路绕行一周，电压降的代数和恒等于零。KVL 不仅适用于闭合电路，也可推广应用于不闭合的开口回路。如图 1-40 所示的电路 AB 两点间无支路相连，但可设

其间电压为 U_{AB}，从而形成一个假想的闭合回路 AOBA，根据 KVL 可得

$$U_{AB}=U_A-U_B$$

【例 1-4】 如图 1-41 所示电路，已知 $U_{s1}=6V$，$U_{s2}=2V$，$U_{s3}=2V$，$R_{01}=0.2\Omega$，$R_{02}=0.1\Omega$，$R_1=2.3\Omega$，$R_2=1.4\Omega$。求回路电流 I 和电压 U_{ab}。

解 设回路沿顺时针方向绕行，根据 KVL，有

$$-U_{s1}+U_{s2}-U_{s3}=IR_{01}+IR_{02}+IR_1+IR_2=I(R_{01}+R_{02}+R_1+R_2)$$

$$I=\frac{-U_{s1}+U_{s2}-U_{s3}}{R_{01}+R_{02}+R_1+R_2}=\frac{-6+2-2}{0.2+0.1+2.3+1.4}$$

$$=-1.5A$$

$$U_{ab}=-U_{s2}+IR_{02}+U_{s3}+IR_2=-2-1.5\times0.1+2-1.5\times1.4$$

$$=-2.25V$$

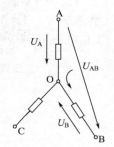

图 1-40 不闭合的开口回路

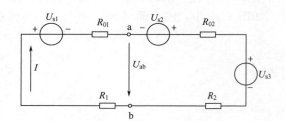

图 1-41 闭合回路电路图

三、支路电流法（基尔霍夫定律在电路分析计算中的应用）

电路的结构多种多样，那些不能用串、并联等效变换化简成单一回路再进行计算的电路称为复杂电路。如图 1-42 所示电桥电路和具有两个以上含源支路的电路都是复杂电路。

分析计算复杂电路，不能单用欧姆定律，一般的分析计算方法是应用基尔霍夫定律列电路方程组求解。按方程中未知量选取的不同，这类方法又分为支路电流法、回路电流法、节点电位法等，其中最直接、最基本的是支路电流法（branch current method）。

支路电流法是以支路电流作为未知量，直接应用基尔霍夫两个定律，列出所需要的方程，而后联立解出各未知的支路电流。现在以如图 1-43 所示电路为例说明支路电流法解题的具体步骤。

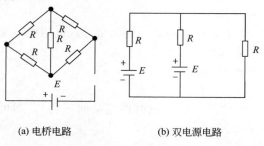

(a) 电桥电路　　　　(b) 双电源电路

图 1-42 复杂电路示例

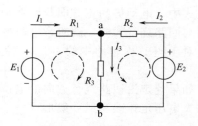

图 1-43 支路电流法

设图中各电动势及电阻均为已知，电路的支路数 $b=3$，节点数 $n=2$，因有三个支路

电流未知数，故应列出三个独立方程联立求解，电路中电动势和电流的参考方向如图所示。

首先应用基尔霍夫电流定律对节点 a 和 b 分别列出

$$I_1 + I_2 - I_3 = 0 \tag{1-39}$$

$$-I_1 - I_2 + I_3 = 0 \tag{1-40}$$

式(1-40) 即为式(1-39)，若选式(1-39) 是独立方程，则式(1-40) 就不是独立方程。显然具有 n 个节点的电路，应用基尔霍夫电流定律，只能列出（$n-1$）个独立方程。然后应用基尔霍夫电压定律列出 $[b-(n-1)]$ 个独立的回路电压方程。这样，一共有 b 个独立方程，可解出 b 个未知的支路电流。

在应用基尔霍夫电压定律列方程时，为保证方程的独立性，通常可取网孔回路来列写方程。在如图 1-43 所示电路中有三个回路，现对左边回路列写方程

$$R_1 I_1 + R_3 I_3 = E_1 \tag{1-41}$$

对右边的回路可列出

$$R_2 I_2 + R_3 I_3 = E_2 \tag{1-42}$$

这样联立求解式(1-39)～式(1-42) 就可求得未知的支路电流 I_1、I_2 和 I_3。

综上所述，用支路电流法求解电路的步骤如下。

① 判断电路的支路数 b 和节点数 n；

② 标出支路电流的参考方向；

③ 用基尔霍夫电流定律对独立节点列出（$n-1$）个电流方程；

④ 标出电压的参考方向和回路的绕行方向，按基尔霍夫电压定律，列出 $b-(n-1)$ 个独立的电压方程；

⑤ 解联立方程组，求得各支路电流，如 I 为负值时，说明 I 的实际方向与参考方向相反；

⑥ 检验计算结果。

支路电流法的缺点在于当电路支路数较多时，未知数多，需求解的联立方程式也较多，计算过程烦琐。

✖ 任务实施

在图 1-43 中已知 $E_1 = 90V$，$E_2 = 60V$，$R_1 = 6\Omega$，$R_2 = 12\Omega$，$R_3 = 36\Omega$，试用支路电流法，求各支路电流。

解 在电路图上标出支路电流的参考方向，应用基尔霍夫定律列出方程

$$I_1 + I_2 - I_3 = 0$$

$$R_1 I_1 + R_3 I_3 = E_1$$

$$R_2 I_2 + R_3 I_3 = E_2$$

代入已知数得

$$I_1 + I_2 - I_3 = 0$$

$$6I_1 + 36I_3 = 90$$

$$12I_2 + 36I_3 = 60$$

解方程可得 $I_1 = 3A$；$I_2 = -1A$；$I_3 = 2A$

I_2 是负值，说明电阻 R_2 上的电流的实际方向与所选参考方向相反。

需要指出的是：前面应用基尔霍夫定律分析、计算的电路都是直流电阻电路。但基尔霍夫定律同样适用于任何变化的电压和电流，以及用其他元件所构成的电路。

 练习与思考五

1. 试对如图 1-44 所示电路列出求解各支路电流所需的方程（电流的参考方向可自行选定）。
2. 如图 1-45 所示电路中，已知 $I_B = 10A$，$I_C = 2A$，求 I_A。

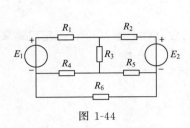

图 1-44

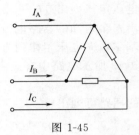

图 1-45

任务六　电压源和电流源

知识点
◎ 常用电源的特点。
◎ 电源的伏安特性。
◎ 电压源和电流源的等效互换。

技能点
◎ 常用电压源的简化。
◎ 常用电流源的简化。
◎ 会用电源的等效互换分析计算电路。

思政要素

 任务描述

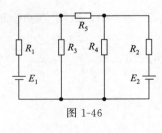

图 1-46

电源是电路的主要元件之一，是电路中电能的来源。电源的种类较多，按其特性可分为两大类，即电压源（如干电池、蓄电瓶、发电机等）和电流源（如光电源、串励直流发电机），有时还需要电压源和电流源的等效互换，应用电源等效变换的知识，还可以进行电路分析计算，如图 1-46 所示电路，已知 $E_1 = 45V$，$E_2 = 48V$，电阻 $R_1 = 5\Omega$，$R_2 = 3\Omega$，$R_3 = 20\Omega$，$R_4 = 42\Omega$，$R_5 = 2\Omega$，求通过 R_5 支路的电流 I_5。

 任务分析

每种电源都有它的特性，工作中常应用这些特性对电压源和电流源进行等效变换。电路中几个串联的电压源可以等效为一个电压源，几个并联的电流源也可以等效为一个电流源。在既有电流源又有电压源的电路中，通过电源的等效变换，将多个电源等效为一个电源，再进行分析计算就会变得简单。

相关知识

一、电压源

1. 理想电压源

理想电压源（ideal voltage source）简称为电压源（voltage source），对外有两个端钮，其图形符号如图 1-47(a) 的点划线框。对于直流理想电压源，有如下两个特点。

① 其端电压为一恒定的常数：$U=U_s$；

② 流过电源的电流只决定于外接负载 R。

直流理想电压源的伏安特性是一条与电流轴平行的直线，如图 1-47(b) 所示。实验室广泛使用的晶体管直流稳压电源便可近似地看作理想电压源。

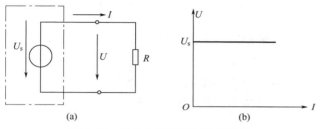

图 1-47 理想电压源及其伏安特性

电压源和电流源—视频

2. 实际电压源

实际电压源总有一定内阻（internal resistance），其端电压会随电流的上升而有所下降，如发电机、蓄电池和干电池等就是如此。这可用一个理想电压源与一电阻 R_0 的串联组合来表示，如图 1-48(a) 所示的点划线框所示。由图可得

$$U=U_s-IR_0 \tag{1-43}$$

式(1-43) 为实际电压源的伏安方程，由此可画出如图 1-48(b) 所示的伏安特性。从图可知，当输出电流 I 上升时，特性略向下倾斜，这是由于 R_0 上的电压降增大所致。实际电压源的内阻 R_0 一般很小，因此 R_0 上的电压降也是很小的。显然，当 $R_0 \to 0$ 时，实际电压源即成为理想电压源。理想电压源与实际电压源均不允许短路（short circuit），否则短路电流 (U_s/R_0) 很大，会将电源烧坏。

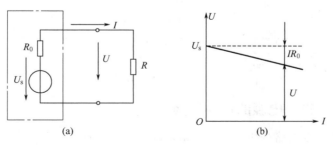

图 1-48 实际电压源及其伏安特性

二、电流源

1. 理想电流源

理想电流源（ideal current source）简称为电流源（current source），对外也有两个端

钮，其图形符号如图 1-49(a) 所示的点划线框所示。直流理想电流源也具有两个基本特点。

① 其电流是个恒定不变的常数：$I = I_s$；

② 其端电压只决定于外接负载电阻 R。

直流电流源的伏安特性是一条与电压轴平行的直线，如图 1-49(b) 所示。如光电池在一定的光线照射下能对外提供恒定的电流，光照不变，其电流不变，故可看作是理想电流源的实例。

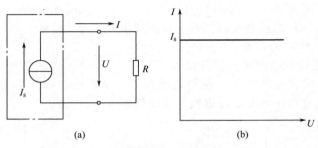

图 1-49　理想电流源及其伏安特性

2. 实际电流源

实际的电流源当向外提供电流时，内部总有一定的损耗，这说明实际电流源存在内阻。这种实际的电流源可用一理想电流源与一电阻 R_0 的并联组合来代替，如图 1-50(a) 所示的点划线框，从图可知

$$I = I_s - \frac{U}{R_0} \tag{1-44}$$

或
$$U = I_s R_0 - I R_0 \tag{1-45}$$

如图 1-50(b) 所示为实际电流源的伏安特性。显然，随 U 上升，I 将有所减小。这是因为 U 上升，意味着 R 增大，R_0 的分流作用加强。实际电流源的内阻 R_0 一般很大，即 $R_0 \gg R$，流过 R_0 的电流是很小的。显然，当 $R_0 \to \infty$ 时，实际电流源即成为理想电流源。理想电流源与实际电流源均不允许开路，否则端电压将会很大（$U = I_s R_0$），而使电源损坏。

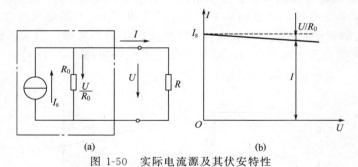

图 1-50　实际电流源及其伏安特性

三、电源的等效变换

电源等效变换

在电路分析（circuit analysis）中，有时为了简便，要将电流源与电阻的并联组合用电压源与电阻的串联组合来等效代替；或者反过来，将电压源与电阻的串联组合用电流源与电阻的并联组合等效代替。所谓等效，就是用一个电源代替另一个电源时，要保证电源两个端钮上的电压 U 和电源流向外电路的电流 I 不变，即不改变负载上的电压和电流，如图 1-51 所示，要保证 $U = U'$、$I = I'$。

对于电压源与电阻的串联组合有

$$U = U_s - IR_0$$

对于电流源与电阻的并联组合有

$$U' = I_s R_0' - I' R_0'$$

当 $U = U'$，$I = I'$ 时，比较以上两式可得

$$R_0 = R_0' \qquad\qquad (1\text{-}46)$$

$$U_s = I_s R_0 \qquad\qquad (1\text{-}47)$$

式(1-46) 与式(1-47) 称为电源等效变换的条件。

进行等效变换时必须注意以下几个问题。

① 等效变换时，两种电源的内阻 R_0 相同，并注意 U_s 和 I_s 的方向，I_s 的箭头指向为 U_s 的正极。变换前后，在外电路产生相同的电流，负载上得到相同的电压。

② 单纯的理想电压源和理想电流源的外特性不一致，不能进行等效变换。

③ 变换后的电路只是对外电路等效，而电源内部并不等效。如在图 1-51(a) 中，当负载未接入时，$I = 0$，R_0 不消耗功率；等效变换成图 1-51(b) 后，负载未接入时，R_0 有功率消耗。

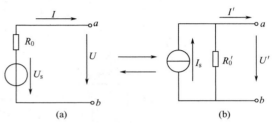

图 1-51 电源的等效互换

【例 1-5】 电路如图 1-52 所示。

① 把图 1-52(a) 电源的电压源形式变换成电流源形式；

② 验证该电源的两种形式对于外电路来说作用是完全一致的。

解 ① 根据等效变换条件可得

$$R_0' = R_0 = 5\Omega$$

$$I_s = \frac{U_s}{R_0'} = \frac{10}{5} = 2A$$

由 U_s 的参考方向可知，电流源 I_s 的箭头方向应向上，图 1-52(a) 的等效电流源模型如图 1-52(b) 所示。

② 若在图 1-52(a) 和图 1-52(b) 的 a、b 两端接上相同的负载电阻 $R = 20\Omega$。则对于图 (a) 电压源电路

负载电流 $\quad I = \dfrac{U_s}{R_0 + R} = \dfrac{10}{5 + 20} = 0.4A$

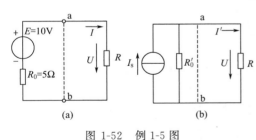

图 1-52 例 1-5 图

负载电压 $\qquad\qquad U = IR = 0.4 \times 20 = 8V$

对于图 (b) 电流源电路

负载电流 $\qquad I' = \dfrac{R_0'}{R_0' + R} I_s = \dfrac{5}{5 + 20} \times 2 = 0.4A$

负载电压 $\qquad U' = I'R = 0.4 \times 20 = 8V$

通过计算可以看到，电源进行等效变换前后，对于负载（外电路）来说，电流、电压完全相同但对于电源内部（内电路）电流却是不等效的，如图 1-52(a) 中通过内阻 R_0 的电流为 0.4A，而图 1-52(b) 中通过内阻 R'_0 的电流是 1.6A。

✷ 任务实施

试用电源等效变换的方法，计算图 1-53 电路中 2Ω 电阻中的电流 I。

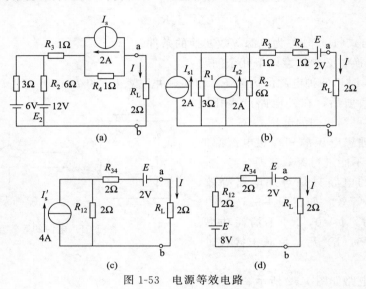

图 1-53　电源等效电路

解　①将图 1-53(a) 中的两个电压源与电阻的串联变换为等效的电流源与电阻的并联

$$I_{s1} = E_1 / R_1 = 6/3 \mathrm{A} = 2\mathrm{A}$$

$$I_{s2} = E_2 / R_2 = 12/6 \mathrm{A} = 2\mathrm{A}$$

将电流源与电阻并联变换为等效的电压源与电阻串联

$$E' = I_s R_4 = 2 \times 1 \mathrm{V} = 2\mathrm{V}$$

如图 1-53(b) 所示。

② 将图 1-53(b) 两个电流源合并

$$I'_s = I_{s1} + I_{s2} = 2 + 2\mathrm{A} = 4\mathrm{A}$$

$$R_{12} = \frac{R_1 R_2}{R_1 + R_2} = \frac{3 \times 6}{3 + 6} \Omega = 2\Omega$$

$$R_{34} = R_3 + R_4 = 1 + 1 \Omega = 2\Omega$$

如图 1-53(c) 所示。

③ 将图 1-53(c) 中的电流源与电阻并联再变换为电压源与电阻串联；$E'' = I'_s R_{12} = 4 \times 2\mathrm{V} = 8\mathrm{V}$，如图 1-53(d) 所示。

④ 由图 1-53(d) 可得出

$$I = \frac{E'' - E'}{R_{12} + R_{34} + R_L} = \frac{8 - 2}{2 + 2 + 2} \mathrm{A} = 1\mathrm{A}$$

知识链接

受控源（controlled source）

在前面讨论的电路中，电压源的电压和电流源的电流都是不受外电路影响和控制的独立量，因此称它们为独立电源。

受控（电）源又称为"非独立"电源。受控电压源的电压或受控电流源的电流与独立电压源的电压或独立电流源的电流有所不同，后者是独立量，前者是受某部分电压或电流控制。电子线路中晶体管的集电极电流受基极电流控制，运算放大器的输出电压受输入电压控制，所以，这类器件的电路模型中要用到受控源。

受控电压源或受控电流源因控制量是电压或电流可分为：电压控制电压源（VCVS：voltage controlled voltage source）、电压控制电流源（VCCS：voltage controlled current source）、电流控制电压源（CCVS：current controlled voltage source）和电流控制电流源（CCCS：current controlled current source）。这 4 种受控源的图形符号如图 1-54 所示。

为了与独立电源相区别，用菱形符号表示其电源部分。图中的 U_1 和 I_1 分别表示控制电压和控制电流，μ、r、g、β 分别表示有关的控制系数，其中，μ 和 β 是无量纲的量，r 和 g 分别具有电阻和电导的量纲。这些系数为常数时，被控制量和控制量成正比，这种受控源为线性受控源。

当受控源的电源是理想电压源或理想电流源，控制量为电压并且从控制端看进去相当于开路，或控制量为电流并且从控制端看进去相当于短路时，各类受控源就变成了理想受控源，如图 1-54 所示。

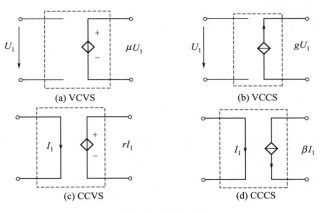

图 1-54　受控电源

独立电源是电路中的"输入"，它表示外界对电路的作用，电路中的电压和电流是由于独立电源所起的"激励"作用产生的。受控源则不同，它是用来反映电路中某处的电压或电流能控制另一处的电压或电流这一现象，或表示一处的电路变量与另一处变量之间的一种耦合关系。在求解具有受控源的电路时，可以把受控电压（电流）源作为电压（电流）源处理，但必须注意前者的电压（电流）是取决于控制量的。

 练习与思考六

1. 把图 1-55 中的电压源变换为电流源，电流源变换为电压源。

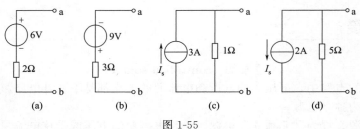

图 1-55

2. 在图 1-56 所示的两个电路中，①R_1 是不是电源的内阻？②R_2 中的电流 I_2 及其两端的电压 U_2 各等于多少？③改变 R_1 的阻值，对 I_2 和 U_2 有无影响？④理想电压源中的电流 I 和理想电流源两端的电压 U 各等于多少？⑤改变 R_1 的阻值，对 I 和 U 有无影响？

3. 在图 1-57 所示的两个电路中，①负载电阻 R_L 中的电流 I 及其两端的电压 U 各为多少？②试分析功率平衡关系。

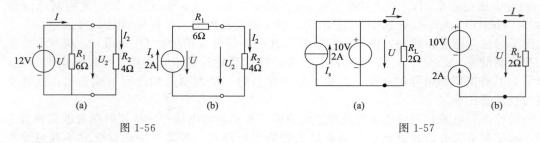

图 1-56   图 1-57

任务七　叠加定理

知识点

◎ 叠加定理。

◎ 理想电压源被短路，即电动势为零。

◎ 理想电流源被开路，即电流源为无穷大。

技能点

◎ 叠加定理适用于分析线性电路中的电流和电压。

◎ 叠加定理是反映电路中理想电源所产生的响应。

◎ 叠加时要注意原电路和分解成各单个激励电路中的参考方向。

思政要素

任务描述

在电路的学习中，常会遇到电路中各电气元件的参数都已知，求各负载上电流的问题。如图 1-58 所示电路，有三个负载，各电动势和电阻值已知，试求出三个负载电流。

任务分析

无论多复杂的电路，也都是由电源和负载组成的。叠加定理是分析线性电路的最基本的方法之一，用于多个电源在负载上所产生的响应，它是线性电路的一个重要性质和基本特征。

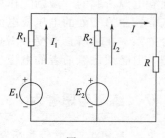

图 1-58

🌐 相关知识

一、叠加定理

叠加定理（superposition theorem）是线性电路（linear circuit）❶普遍适用的基本定理。内容可叙述如下。

在线性电路中，有多个激励（电压源或电流源）共同作用时，在任一支路所产生的响应（电压或电流），等于这些激励分别单独作用时，在该支路所产生响应的代数和。在应用叠加定理时，应保持电路的结构不变。在考虑某一激励单独作用时，要假设其他激励都不存在。即理想电压源被短路，电动势为零；理想电流源开路（open circuit），电流为零。但是如果电源有内阻则都应保留在原处。

二、叠加定理的证明

以两电源并联供电的电路为例（任务五中的"任务实施"），来说明叠加定理的正确性，如图 1-59 所示。由叠加定理可知电路中的 E_1 和 E_2 共同作用，在各电路中所产生的电流 I_1、I_2、I 应为 E_1 单独作用在各支路中所产生的电流 I_1'、I_2'、I' 和 E_2 单独作用在各相应支路中所产生的电流 I_1''、I_2''、I'' 的代数和。也就是说图 1-59（a）的电路可视为图 1-59（b）和图 1-59（c）电路的叠加。图 1-59（b）是考虑 E_1 单独作用时的情况，此时 $E_2=0$，即将 E_2 所在处短接，但该支路的电阻（包括电源内阻）R_2 应保留在原处；图 1-59（c）是考虑 E_2 单独作用时的情况，此时 E_1 所在处被短路 R_1 保留在原处。

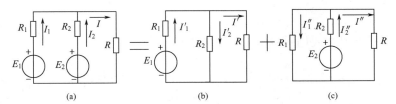

图 1-59　叠加定理示例

由图 1-59（b）可得

$$I_1' = \frac{E_1}{R_1 + \dfrac{R_2 R}{R_2 + R}} = \frac{90}{6 + \dfrac{12 \times 36}{12 + 36}} = 6\text{A}$$

$$I_2' = \frac{R}{R_2 + R} I_1' = \frac{36}{12 + 36} \times 6 = 4.5\text{A}$$

$$I' = I_1' - I_2' = 6 - 4.5 = 1.5\text{A}$$

叠加定理

由图 1-59（c）可得

$$I_2'' = \frac{E_2}{R_2 + \dfrac{R_1 R}{R_1 + R}} = \frac{60}{12 + \dfrac{6 \times 36}{6 + 36}} = 3.5\text{A}$$

---

❶　在电路的元件中，不含有电源的元件称为无源元件。若无源元件的参数不随它的端电压和通过的电流而变化，则这种元件称为线性元件。以电阻为例，若服从欧姆定律 $U = RI$，则 $R = U/I =$ 常数，这种电阻就称为线性电阻。由线性元件组成的电路称为线性电路。本书不加特殊说明时所指的电路都是线性电路。

$$I_1'' = \frac{R}{R_1+R}I_2'' = \frac{36}{6+36} \times 3.5 = 3A$$

$$I'' = I_2'' - I_1'' = 3.5 - 3 = 0.5A$$

图 1-59（a）的电路可视为图 1-59（b）和图 1-59（c）两电路的叠加，于是各支路的电流为上列两组相应电流的代数和，由图 1-59 所示各电流的参考方向，考虑正、负号的关系可得

$$I_1 = I_1' - I_1'' = 6 - 3 = 3A$$

$$I_2 = I_2'' - I_2' = 3.5 - 4.5 = -1A$$

$$I = I' + I'' = 1.5 + 0.5 = 2A$$

这与任务五中"任务实施"用支路电流法的求解结果完全相同。

三、叠加定理的适用范围

使用叠加定理时需注意以下几点。

① 叠加定理只适用于分析线性电路中的电流和电压，而线性电路中的功率或能量是与电流、电压成平方关系。如例题中负载所吸收的功率为 $P = I^2R = (I' + I)^2R$，显然 $P \neq I'^2R + I''^2R$。故叠加定理不适用于分析功率或能量。

② 叠加定理是反映电路中理想电源（理想电压源或理想电流源）所产生的响应，而不是实际电源所产生的响应，所以实际电源的内阻必须保留在原处。

③ 叠加时要注意原电路和分解成各单个激励电路图中各电压和电流的参考方向。以原电路中电压和电流的参考方向为准，分电压和分电流的参考方向与其一致时取正号，不一致时取负号。

✳ 任务实施

试用叠加原理求图 1-60（a）所示电路中的电流 I 及电压 U。

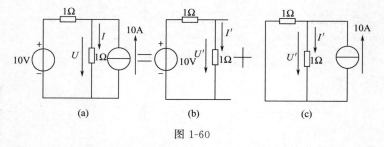

图 1-60

解　先求理想电压源单独作用时所产生的电流 I' 和电压 U' 此时将理想电流源所在支路开路，如图 1-60（b）所示。由欧姆定律可得

$$I' = \frac{10}{1+1} = 5A$$

$$U' = 1 \times 5 = 5V$$

再求理想电流源单独作用时所产生的电流 I'' 和电压 U''。此时将理想电压源所在处短路，如图 1-60（c）所示。由分流公式可得

$$I'' = \frac{1}{1+1} \times 10 = 5A$$

$$U'' = 1 \times 5 = 5V$$

将图 1-60（a）与图 1-60（b）叠加可得

$$I = I' + I'' = 5 + 5 = 10\text{A}$$
$$U = U' + U'' = 5 + 5 = 10\text{V}$$

 练习与思考七

1. 叠加定理为什么不适用于非线性电路？

2. 两个理想电压源并联或两个理想电流源串联时，叠加定理是否适用？

3. 利用叠加定理可否说明在单电源电路中各处的电压和电流随电源电压或电流成比例变化？

任务八 等效电源定理

知识点

◎ 二端网络的概念。

◎ 戴维南定理。

◎ 戴维南定理的应用。

技能点

◎ 会分析二端网络的开路电压和输入电阻。

◎ 会计算有源二端网络的等效电源。

◎ 会用戴维南定理分析计算电路。

思政要素　　　等效电源定理

 任务描述

分析与计算电路要用欧姆定律和基尔霍夫等定律，但根据实际需要，电路的结构形式是很多的，往往由于电路复杂，计算过程极为复杂。因此，要根据电路的结构特点寻找分析与计算的简便方法，如图 1-61 所示电路中，求 R 上的电压和电流。

 任务分析

在有些情况下，只需要计算一个复杂电路中某一支路的电流，如果用前面几个任务所述的方法来计算时，必然会引出一些不需要的电流来。为了使

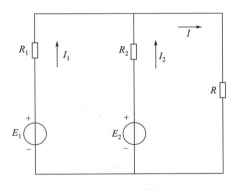

图 1-61　电路图

计算简便些，能不能将电路简化为一个电源给一个负载供电，再用欧姆定律求出其负载电流呢？用等效电源定理就可以解决这个问题。

 相关知识

一、二端网络

为了阐述等效电源定理，先解释几个基本概念。

网络（network）：在讨论电路普遍规律时，常把含元件比较多或者比较复杂的电路称

为网络。

二端网络（two-termina network）：凡是具有两个端钮的部分电路，不管它是简单电路还是复杂电路，都称之为二端网络。

无源二端网络和有源二端网络：内部不含电源的二端网络称为无源二端网络；内部含有电源的二端网络称为有源二端网络。

如果只需计算复杂电路中的一条支路时，可以将这条支路划出（如图 1-62 所示中的 ab 支路，其中电阻为 R_L），而把其余部分看作一个有源二端网络（active two-terminal network）（如图 1-62 所示中的方框部分）。所谓有源二端网络，就是具有两个出线端的部分电路，其中含有电源。有源二端网络可以是简单的或任意复杂的电路。但是不论它的繁简程度如何，它对所要计算的这条支路而言，仅相当于一个电源；因为它对这条支路供给电能。因此，这个有源二端网络一定可以化简为一个等效电源。经这种等效变换后，ab 支路中的电流 I 及其两端的电压 U 没有变动。

二、戴维南定理

将有源二端网络化简为等效电源的方法，称为等效电源定理（equivalent source theorem）。

任何一个有源二端线性网络都可以化简为一个具有电动势 E 的理想电压源和内阻 R_0 串联的等效电源（见图 1-63）。等效电源的电动势 E 就是有源二端网络的开路电压（open-circuit voltage）U_0，即将负载断开时 a、b 两端之间的电压。等效电源的内阻 R_0 等于有源二端网络中所有电源均除去（将各个理想电压源短路，即其电动势为零；将各个理想电流源开路，即其电流为零）后所得到的无源二端网络（passive two-terminal network）a、b 两端之间的等效电阻。这也常称为戴维南定理（Thevenin's theorem）。

戴维南定理

如图 1-63(b) 所示的等效电路是一个最简单的电路，其中电流可由下式计算

$$I = \frac{E}{R_0 + R_L}$$

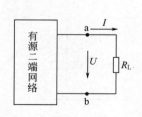

图 1-62　有源二端网络

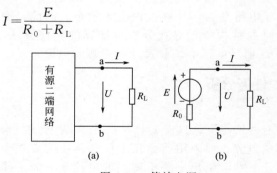

(a)　　　　　　(b)

图 1-63　等效电源

等效电源的电动势和内阻可通过实验或计算得出。

戴维南定理
综合实训

三、戴维南定理的应用

应用戴维南定理的解题步骤如下。

① 将所求变量所在的支路（待求支路）与电路的其他部分断开，形成一个或几个二端网络。

② 求二端网络的开路电压 U_0。（注意设该电压的参考方向）。

③ 将二端网络中的所有电压源用短路代替、电流源用断路代替，得到无源二端网络，求二端网络端钮的等效电阻 R_0。

④ 画出戴维南等效电路，并与待求支路相连，得到一个无分支闭合电路，再求变量电流或电压。

【例 1-6】 用戴维南定理计算图 1-43 中的支路电流 I_3。已知：$E_1 = 90\text{V}$，$E_2 = 60\text{V}$，$R_1 = 6\Omega$，$R_2 = 12\Omega$，$R_3 = 36\Omega$。

解 图 1-64 的电路可化为图 1-65 所示的等效电路。

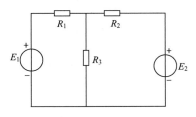

图 1-64 例 1-6 图

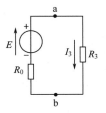

图 1-65 图 1-64 所示电路的等效电路

等效电源的电动势 E 可由图 1-66(a) 求得

$$I = \frac{E_1 - E_2}{R_1 + R_2} = \frac{90 - 60}{6 + 12} = 1.67\text{A}$$

于是

$$E = U_0 = E_1 - IR_1 = 90 - 1.67 \times 6 = 80\text{V}$$

或

$$E = U_0 = E_2 + IR_2 = 60 + 1.67 \times 12 = 80\text{V}$$

等效电源的内阻 R_0 可由图 1-66(b) 求得。对 a、b 两端，R_1 和 R_2 是并联的，因此

$$R_0 = \frac{R_1 R_2}{R_1 + R_2} = \frac{6 \times 12}{6 + 12} = 4\Omega$$

在电子电路中，电源的内阻也称为输出电阻。

而后由图 1-65 求出

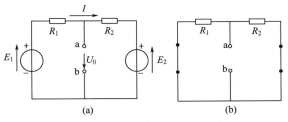

图 1-66 计算等效电源的 E 和 R_0 的电路

$$I_3 = \frac{E}{R_0 + R_3} = \frac{80}{4 + 36} = 2\text{A}$$

✿ 任务实施

用戴维南定理计算图 1-67 中的电流 I_G。已知：$E = 12V$，$R_1 = R_2 = 5\Omega$，$R_3 = 10\Omega$，$R_4 = 5\Omega$，$R_G = 10\Omega$。

解 图 1-67 的电路可化为图 1-68 所示的等效电路。

等效电源的电动势 E' 可由图 1-69(a) 求得：

$$I' = \frac{E}{R_1 + R_2} = \frac{12}{5 + 5} = 1.2\text{A}$$

$$I'' = \frac{E}{R_3 + R_4} = \frac{12}{10 + 5} = 0.8\text{A}$$

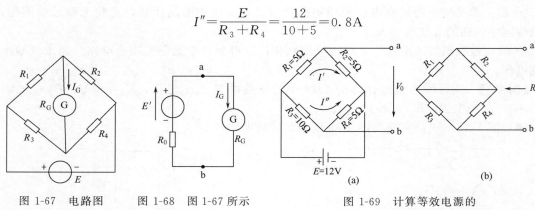

图 1-67　电路图　　图 1-68　图 1-67 所示　　图 1-69　计算等效电源的
　　　　　　　　　　　　电路的等效电路　　　　　　　　　E' 的 R_0 的电路

于是　　　　　　　$E' = V_0 = I'' R_3 - I' R_1 = 0.8 \times 10 - 1.2 \times 5 = 2\text{V}$
或　　　　　　　　$E' = V_0 = I' R_2 - I'' R_4 = 1.2 \times 5 - 0.8 \times 5 = 2\text{V}$

等效电源的内阻 R_0 可由图 1-69(b) 求得

$$R_0 = \frac{R_1 R_2}{R_1 + R_2} + \frac{R_3 R_4}{R_3 + R_4} = \frac{5 \times 5}{5 + 5} + \frac{10 \times 5}{10 + 5} = 2.5 + 3.3 = 5.8\Omega$$

而后由图 1-68 求出

$$I_G = \frac{E'}{R_0 + R_G} = \frac{2}{5.8 + 10} = \frac{2}{15.8} = 0.126\text{A}$$

显然，比用支路电流法求解简便得多。

若要通过电桥对角线支路的电流为零（$I_G = 0$），则需 $U_G = 0$，即

$$U_G = \frac{E}{R_1 + R_2} \times R_2 - \frac{E}{R_3 + R_4} \times R_4 = 0$$

于是有

$$R_2 R_3 = R_1 R_4$$

这就是电桥平衡的条件。利用电桥平衡的原理，当三个桥臂的电阻为已知时，则可准确地求出第四桥臂的电阻。

　知识链接

诺顿定理

线性含源二端网络，除了用电压源与电阻串联的模型等效代替外，还可以用一个电流源 I_S 与电阻（内阻）R_S 并联的等效电路代替，这个结论称为诺顿定理（Norton's theorem），其等效电路称为诺顿等效电路，如图 1-70 所示。

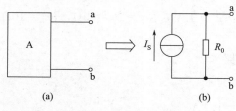

图 1-70　诺顿定理

戴维南等效电路与诺顿等效电路，可以通过电源模型之间的等效变换得到。

戴维南定理与诺顿定理统称为等效电源定理，应用等效电源定理进行解题的方法，称为等效电源法。该方法适用于分析计算电路中某一支路的电流、电压的情况。使用时应特别注意等效变换的等效性，否则计算结果是错误的。

练习与思考八

应用戴维南定理将如图 1-71 所示各电路化为等效电压源。

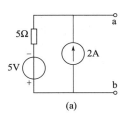

(a)

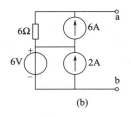

(b)

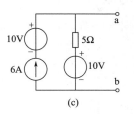

(c)

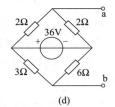

(d)

图 1-71

任务九　电路中电位的概念及计算

知识点
　　◎ 电路中电位的概念。
　　◎ 电路中电位的计算。
　　◎ 电路的简化。

技能点
　　◎ 理解等电位点的含义。
　　◎ 会计算电路中的电位。
　　◎ 掌握习惯电路和简化电路的转化。

仿真：电压与电位测量

 任务描述

　　在电路分析中，经常用到电位（potential）这一物理量。有时根据电路中某些点电位的高低直接来分析电路的工作状态。例如在图 1-72 所示电路中，要判断二极管中有无电流，就必须知道二极管两端点的电位，只有当阳极（a 点）的电位比阴极（b 点）的电位高某一数值（导通电压通常为 0.3V 或 0.7V）时，二极管才能导通，电路中才有电流流过；反之，当 b 点电位高于 a 点时，二极管就截止，电路中就没有电流流过。

图 1-72　含有晶体二极管的电路

 任务分析

　　在分析电子电路时，经常要应用电位（electric potential）这个概念，利用电路中一些点的电位来分析电路工作情况的这种电位分析方法是十分有用的，它可以使所讨论的问题简化。

相关知识

一、电路中电位的概念

在电路中，电位不同，电荷就要移动，形成电流，且电流总是从高电位流向低电位。这是因为它们之间有电位差，电位差即电压。但是知道了电路中某两点之间的电位差（电压），还不能确定该点的电位。所谓某点的电位，即电场力将单位正电荷从该点移到参考点所做的功。

二、电路中电位的计算

为了确定电路中各点的电位，则必须在电路中选取一个参考点即参考电位。它们之间的关系如下。

① 认定参考点的电位 $V_O=0$，比该点高的电位为正，比该点低的电位为负。如图 1-73(a) 所示的电路中，选取 O 点为参考点，则 A 点的电位为正，B 点的电位为负。

② 其他各点的电位，即为该点与参考点之间的电位差（电压）。如图 1-73(a) 中 A、B 两点的电位分别为

$$V_A=V_A-V_O=U_{AO}=1V$$
$$V_B=V_B-V_O=U_{BO}=-1V$$

这就是说，当电位参考点选取后，电路中的任意一点都具有确定的电位（电位的单值性）。

③ 参考点选取不同，则电路中各点的电位也不同，但任意两点的电位差（电压）不变。如选取 B 点为参考点，如图 1-73(b) 所示，则 $V_B=0$，$V_A=V_A-V_B=U_{AB}=2V$；如选取 A 点为参考点，如图 1-73(c) 所示，则 $V_A=0$，$V_B=V_B-V_A=U_{BA}=-U_{AB}=-2V$。但 A、B 两点之间的电压为定值（$U_{AB}=2V$）。

④ 在研究同一电路系统中，只能选取一个电位参考点。

三、电路的简化

电位的引出，给电路分析带来方便。如某电路有 4 个节点，任意两个节点之间都有电压，当用电压来讨论问题时，就会涉及 6 个不同的电压值。然而改用电位来讨论问题时，选取其中一个节点为参考点，则只需讨论其余 3 个节点的电位就可以了。因此，在电子线路中，往往不再把电源画出，而改用电位标出。图 1-74 是电路的一般画法与电子线路的习惯画法示例以资对照。在电路分析时，电位相同的各点可用短路线联通。

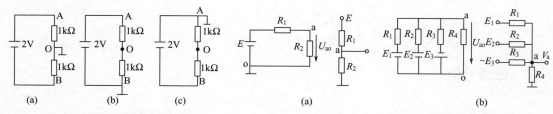

图 1-73　电位的计算示例　　　　图 1-74　电路的一般画法与电子线路的习惯画法

电位参考点的选取原则上是任意的，但在实用中常选大地为参考点，有些设备的机壳是

接地（earthing，grounding）的（在电路图中用符号表示），故凡与机壳相连的各点，均是零电位点；有些设备的机壳不接地，但电路中有很多支路汇结于一个公共点，为了便于分析，可选该公共点为参考点（用符号表示）。

【例1-7】　试计算图1-75(a)所示电路中b点的电位V_b。

解　图1-75(a)的电路，按一般画法如图（b）所示。故电路中的电流

$$I=\frac{V_a-V_c}{R_1+R_2}=\frac{9-(-6)}{100+50}=\frac{15}{150}=0.1\text{mA}$$

电阻R_1上的压降　　　　　$U_{ab}=R_1I=100\times0.1=10\text{V}$

所以b点的电位　　　　　$V_b=V_a-R_1I=9-10=-1\text{V}$

或　　　　　　　　　　$V_b=V_c+R_2I=-6+50\times0.1=-1\text{V}$

计算表明，当选取电位参考点后，电路中的各点都具有确定的电位，与计算的路径无关。

【例1-8】　如图1-76所示的晶体三极管电路，若$E=12\text{V}$，$R_c=3\text{k}\Omega$，$I_c=3\text{mA}$，试求a点与c点相对于e点的电位。

解　根据题意可选取e点为参考点，则$V_e=0$，a点的电位比e点高出电源的电动势E，即

$$V_a=U_{ae}=E=12\text{V}$$

而　　　　　　　　$V_c=U_{ce}=E-R_cI_c=12-3\times3=3\text{V}$

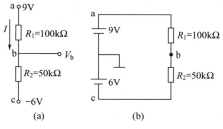

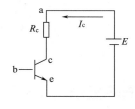

图1-75　例1-7图　　　　　　　　　　　　图1-76　例1-8图

✵任务实施

如图1-77(a)所示电路，当开关断开与接通时，求a点的电位。

解　电路中所有接地点实际上都是连在一起的。

（1）当开关S断开时，电路化简成1-77(b)所示，电流I的参考方向选定，如图（b）所示。

$$I=\frac{U_{S1}+U_{S2}}{R_1+R_2+R_3}=\frac{15+6}{(2+15+51)\times10^3}=0.31\times10^{-3}\text{A}=0.31\text{mA}$$

$$V_A=IR_2+IR_3-U_{S2}=I(R_2+R_3)-U_{S2}$$
$$=0.31\times10^{-3}\times66\times10^3-6=14.46\text{V}$$

（2）当开关合上时，电路化简为图1-77(c)所示。电流I'参考方向选定如图1-77(c)所示。

$$I'=\frac{U_{S2}}{R_2+R_3}=\frac{6}{(15+51)\times10^3}=0.091\times10^{-3}\text{A}=0.091\text{mA}$$

$$V_a'=I'(R_2+R_3)-U_{S2}=0.091\times10^{-3}\times66\times10^3-6=0\text{V}$$

也可直接看出a点已接地，所以$V_a'=0$。此时开关S支路中有电流，电路中一些点的电位与开关断开时不同。

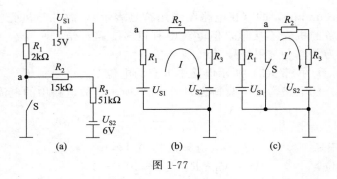

图 1-77

 练习与思考九

1. 将图 1-78 所示电路的电源画出，并标出电位参考点。
2. 将图 1-79 画成用电位表示的电路图。

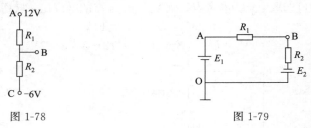

图 1-78　　　　　　　　　　　　　　　　图 1-79

 知识提示

① 电路是电流流通的路径。一般电路都由电源、负载及有关的中间环节组成。本书介绍的大都是用来实现能量转换、传输、分配的强电电路。还有一类传送处理信号的弱电电路，将在工业电子学中介绍。

② 电路的基本物理量是电流和电压（电动势）。除非是十分简单的电路，电流、电压的实际方向较难确定，故在分析电路时，事先要假设电流、电压的正方向。若将电流与电压的正方向设为一致，则称为关联正方向。本书一般采用关联正方向。

功率是电路中一个非常重要的物理量。直流电路的功率计算公式为 $P=UI$。当 U、I 的方向关联时，$P>0$，说明电路吸收功率；$P<0$，说明电路发出功率。注意，电源有时也可能吸收功率，如蓄电池充电。电阻元件的功率公式还可写成 $P=UI=I^2R=U^2/R$。

③ 电路工作时可能处于三种不同的状态，即开路、负载（通路）和短路状态。短路状态属于严重的事故，故一般电路都装有短路保护装置。

各种电气设备或元件的电压、电流、功率等都有规定的使用限额，即额定值。实际使用时一般不允许超过额定值。

④ 线性电阻元件的伏安方程就是欧姆定律：$U=IR$。使用该式时注意：I、U 方向必须关联。

简单的电阻电路可用串并联方法求解。几个电阻串联，其总电阻为各串联电阻之和，各电阻上的电压与总电压的关系满足分压公式。几个电阻并联，其总电导等于各电导之和，各电阻上的电流与总电流的关系满足分流公式。

⑤ 实际电源可用两种电源元件等效。实际电压源的伏安方程为：$U=U_s-IR_0$；实际电

流源的伏安方程为：$I=I_s-U/R_0$。利用电源的等效变换可简化电路计算。

理想电压源与理想电流源的伏安方程分别为：$U=U_s$、$I=I_s$，它们不能等效变换。

⑥ 基尔霍夫定律与元件的伏安方程是电路中的电压、电流必须满足的两种约束关系，这两种约束关系是列写电路方程的基本依据。本项目介绍了五种元件的伏安方程。两种电源元件的伏安方程已如上所述，还有 R、L、C 三种负载元件的伏安方程。

基尔霍夫电流定律（KCL）反映了同一节点上各支路电流的关系，其方程的一般形式为：$\sum i=0$；若是直流则写为：$\sum I=0$（规定流进节点为正，流出节点为负；或反之）。

基尔霍夫电压定律（KVL）反映了同一回路中各段电压的关系，其方程的一般形式为：$\sum u=0$，若是直流则写为 $\sum U=0$。（规定与绕向相同的电压降取正，与绕向相反的电压降取负；或反之）。

⑦ 支路电流法、戴维南定理是分析电路的常用方法。支路电流法是基尔霍夫定律的直接应用，用来求各支路电流。支路电流法的关键是如何用基尔霍夫定律列写独立节点和网孔的方程。注意，n 个节点只有 $(n-1)$ 个是独立的。

戴维南定理是分析有源二端线性网络、求取某支路电流的有效方法。戴维南定理有两个参数，即开路电压 U_0 与等效内阻 R_0。注意求 U_0 与 R_0 时，均要将待求支路断开。

叠加定理说明了线性电路的叠加性这一重要的性质。即当电路中有几个电源作用时，各支路或各元件的电压、电流等于各电源单独作用时在该支路或元件上产生的电压、电流的叠加。

电位的概念在工业电子学中应用较多，电位随参考点的不同而不同，两点间电压则与参考点的选择无关。

⑧ 电阻是耗能元件，电感、电容则是储能元件。

电容上的电压与电流是微分关系：$i_C=C\dfrac{\mathrm{d}u_c}{\mathrm{d}t}$。

电容上的电场能量：$W_C=\dfrac{1}{2}Cu^2$。

电感 L 上的电压与电流也是微分关系：$u=L\dfrac{\mathrm{d}i_L}{\mathrm{d}t}$。

电感上的磁场能量：$W_L=\dfrac{1}{2}Li^2$。

 知识技能

1-1　如图 1-80(a)、(b) 所示为蓄电池供电或充电的电路模型，其中 R 为限流电阻。试求：

① 端电压 U；

② 该支路是发出电功率还是吸收电功率？供电或用电的功率为多少？

1-2　一只 100Ω、1W 的碳膜电阻，最大允许电压和最大允许电流各为多少？

1-3　一只 1kΩ、10W 的电阻，允许流过的最大电流是多少？若把它接到 220V 的电源上，能否正常工作？

1-4　为了测量电源的电动势 E 和内阻 R_0，采用了图 1-81 实验电路。图中 R 是一个阻值适当的电阻，安培表的内阻为零，电压表的电阻为无限大。当开关 S 断开时，电压表的读数为 6V；S 闭合时，电流表的读数为 0.58A，电压表的读数为 5.8V。试求 E 和 R_0。

1-5　将如图 1-82 所示电路化为理想电流源与电阻的并联组合。

1-6　电路如图 1-83 所示。试用下列方法求 R_4 中的电流。

① 叠加原理。

② 电源的等效变换。

③ 戴维南定理。

1-7　电路如图 1-84 所示，求电流 I_2、I_4、I_5。

1-8　若将图 1-83 的数据改为：$R_2 = 4\Omega$，$R_4 = 3\Omega$，$I_1 = 2A$，$I_2 = 2A$，$I_3 = -8A$。求 I_4、I_5 和 E。

1-9　如图 1-84 所示为一电桥电路，试用戴维南定理求通过对角线 bd 支路的电流 I；若 R_1、R_2、R_3 的数值不变，R_4 可调，当 R_4 等于何值时，通过对角线 bd 支路的电流为零。

1-10　电路如图 1-85 所示。试计算 a、b 两点间的电压 U_{ab}。

1-11　电路如图 1-86 所示。试求 A 点和 B 点的电位 V_A 和 V_B。

1-12　试用一等效电压源来代替如图 1-87 中所示的各有源二端网络。

1-13　电路如图 1-88 所示。试求 A、B 两点的电位 V_A 和 V_B 以及 A、B 之间的电压 U_{AB}。

1-14　在图 1-89 电路中，当开关 S 断开和闭合时，试分别求 A、B 两点的电位 V_A、V_B。

1-15　试用一等效电阻来代替如图 1-90 中所示的各无源二端网络。在图 1-90（c）中，分别求 S 打开与闭合两种情况下的等效电阻。

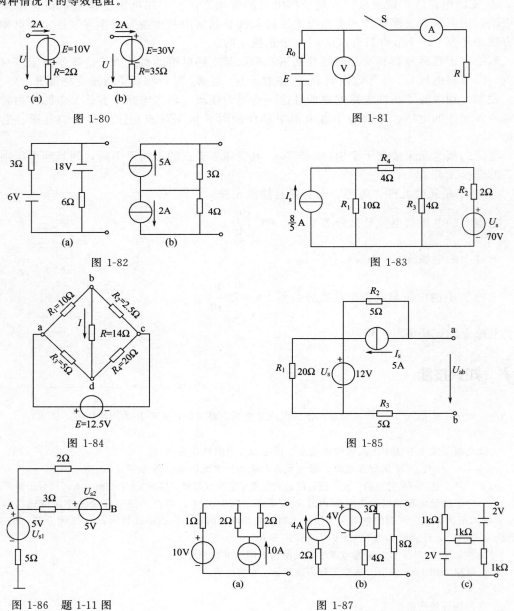

图 1-80

图 1-81

图 1-82

图 1-83

图 1-84

图 1-85

图 1-86　题 1-11 图

图 1-87

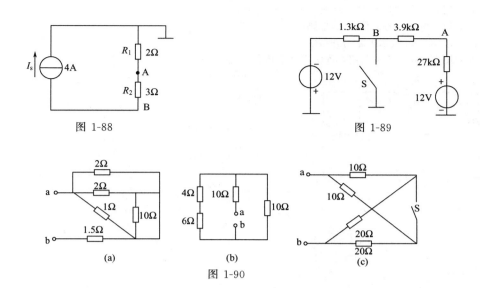

图 1-88　　　　　　　　　　图 1-89

图 1-90

1-16　试用戴维南定理求图 1-91 所示电路中通过 10Ω 电阻的电流 I。

1-17　在图 1-92 电路中，已知 $I=6A$。试求 I_1、I_2。

1-18　电路如图 1-93 所示。试按图示正方向，用支路电流法列出方程组。

1-19　电路如图 1-94 所示。已知 $U_{s1}=230V$，$R_1=0.5\Omega$，$U_{s2}=226V$，$R_2=0.3\Omega$，$R_3=5.5\Omega$。试用支路电流法求各支路电流。

1-20　电路如图 1-95 所示。设 $U_s=10V$，$I_s=2A$，$R_1=R_2=R_3=5\Omega$。用叠加定理求各支路电流。

1-21　在图 1-96 电路中，若将理想电压源 U_{s2} 拿走，并将 b、c 两点短接，这时 $I'_{ab}=-0.28A$。求接入 U_{s2} 后的电流 I_{ab}。

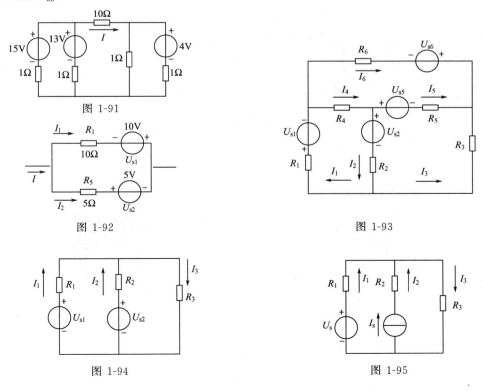

图 1-91

图 1-92

图 1-93

图 1-94　　　　　　　　　　图 1-95

1-22　用叠加定理计算图 1-97 电路中 A 点的电位 V_A。

1-23　用戴维南定理求图 1-98 电路中流过 R_L 的电流。

1-24　求图 1-99 所示电路的开路电压 U_{ab}。

1-25　图 1-100 所示电路用戴维宁定理求负载电流 I。

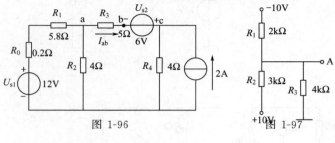

图 1-96

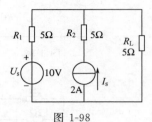

图 1-97

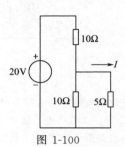

图 1-98

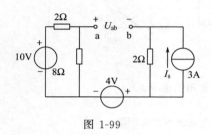

图 1-99

图 1-100

1-26　图 1-101 所示电路，已知 $U = 2V$，求电阻 R。

1-27　列出图 1-102 所示电路的支路电流方程。

1-28　计算图 1-103 中的电压 U。

1-29　用戴维宁定理，计算如图 1-104 所示电路中的电流 I。

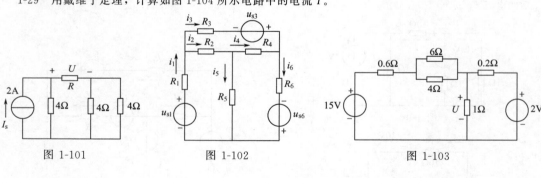

图 1-101　　　　图 1-102　　　　图 1-103

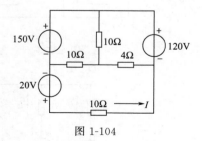

图 1-104

项目一（知识技能）：部分参考答案

科学家简介

伏特（Count Alessandro Giuseppe Antonio Anastasio Volta，亚历山德罗·朱塞佩·安东尼奥·安纳塔西欧·伏特伯爵，1745 年 2 月 18 日～1827 年 3 月 5 日），意大利物理学家，因在 1800 年发明伏打电堆而著名，后来他受封为伯爵。为了纪念他，人们将电动势单位取名伏特。

伏特出生于意大利科莫一个富有的天主教家庭里。十九岁时他写了一首关于化学发现的六韵步的拉丁文小诗。伏特对静电的了解至少可以和当时最好的电学家媲美，他应用他的理论制造各种有独创性的仪器，用现代的话来讲，要点在于他对电量、电量或张力（如他自己所命名的）、电容以及关系式 $Q=CV$ 都有了明确的了解。电堆能产生连续的电流，它的强度的数量级比从静电起电机能得到的电流大，因此开始了一场真正的科学革命。阿拉果在 1831 年写的一篇文章中谈到了对它的一些赞美："……这种由不同金属中间用一些液体隔开而构成的电堆，就它所产生的奇异效果而言，乃是人类发明的最神奇的仪器。"在 1831 年，电流还没有什么重要的实际应用。伏特的兴趣并不只限于电学，他通过观察马焦雷湖附近沼泽地冒出的气泡，发现了沼气。他把对化学和电学的兴趣结合起来，制成了一种称为气体燃化的仪器，可以用电火花点燃一个封闭容器内的气体。

安培（André-Marie Ampère，安德烈·玛丽·安培，1775 年 1 月 20 日～1836 年 6 月 10 日），法国物理学家建立了电动力学（现在叫作电磁学）。他发现了一系列的重要定律、定理，推动了电磁学的迅速发展。1827 年他首先推导出了电动力学的基本公式，建立了电动力学的基本理论，成为电动力学的创始人。电流的国际单位安培即以他的姓氏命名。

安培生于法国里昂一个富商家庭。他对数学最着迷，13 岁就发表第一篇数学论文，论述了螺旋线。他曾研究过概率论和积分偏微分方程，显示出他在数学方面奇特的才能。他还做过化学研究，几乎与 H. 戴维同时认识到元素氯和碘；比 A. 阿伏伽德罗晚 3 年推导出阿伏伽德罗定律，论证过恒温下体积和压强之间的关系，还试图寻找各种元素的分类和排列顺序关系。他是法国科学院、英国伦敦皇家学会、柏林、斯德哥尔摩等科学院的院士。安培将他的研究综合在《电动力学现象的数学理论》一书中，成为电磁学史上一部重要的经典论著。安培还是发展测电技术的第一人，他用自动转动的磁针制成测量电流的仪器，以后经过改进称电流计。安培以独特的、透彻的分析，论述带电导线的磁效应，因此称他是电动力学的先创者，是当之无愧的。麦克斯韦称赞安培的工作是"科学上最光辉的成就之一"，还把安培誉为"电学中的牛顿"。安培奖：法国电气公司于 1975 年为纪念物理家安培（1775～1836）诞生 200 周年而设立的，每年授奖一次，奖励一位或几位在纯粹数学、应用数学或物理学领域中研究成果突出的法国科学家。

项目二
正弦交流电路的分析与应用

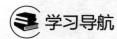 学习导航

学习目标	☆知识目标：①理解正弦交流电的基本概念与基本物理量 ②理解正弦量的表示方法 ③理解纯电阻、电感和电容交流电路的特点与计算方法 ④理解电阻、电感、电容串联交流电路的分析计算方法 ⑤理解相量形式的基尔霍夫定律 ⑥理解功率因数的提高 ⑦理解串联谐振电路的分析计算方法 ⑧理解三相交流电路的基本概念 ⑨理解三相交流电源的概念与表示方法 ⑩理解三相交流电路的特点与计算方法
	☆技能目标：①掌握正弦量的表示方法 ②掌握正弦交流电路的分析计算方法 ③熟练掌握串联谐振电路的应用与计算方法 ④熟练掌握无功功率补偿的应用与计算方法 ⑤熟练掌握日光灯电路的安装与接线方法 ⑥掌握日光灯电路的测试方法 ⑦掌握三相交流电路的分析计算方法 ⑧熟练掌握三相交流电路的安装与测试方法
	☆思政目标：①培养学生认真的学习态度 ②培养学生严谨细致的工作作风 ③培养学生分析问题和解决问题的能力
知识点	☆正弦量三要素的意义 ☆复数的基本概念及正弦量的相量表示法 ☆电阻、电感、电容元件上电压与电流的相量关系 ☆多阻抗的串联与并联 ☆三相电源与三相负载、平衡负载功率的计算
难点与重点	☆电阻、电感、电容元件上电压与电流的相量关系 ☆多阻抗串联与并联的分析与计算 ☆三相电源与三相负载的分析与计算
学习方法	☆理解概念 ☆掌握相量形式的基尔霍夫定律 ☆掌握三相电源与三相负载的星形与三角形连接方法 ☆多做习题

　　本项目介绍正弦交流电的基本概念及其表示方法，从单一参数电路出发，讨论交流电路中电压和电流的关系（大小和相位）及功率问题，然后分析 RLC 串联电路，简述一般电路的分析方法，并对电路的谐振和功率因数的提高作扼要的阐述，同时还介绍三相电路的基本概念和分析计算方法。本项目是电工技术课程的重要组成部分。

　　值得指出的是，在将直流电路的基本定律和分析方法扩展到交流电路时，必然有着它自己的特殊表达形式，这是学习本项目时需特别注意的。

任务一　正弦交流电的基本概念

知识点

◎ 正弦交流电的瞬时值、最大值与有效值。

◎ 正弦交流电的周期、频率和角频率。

◎ 正弦交流电的相位、初相位与相位差。

技能点

◎ 会计算交流电的瞬时值、最大值与有效值。

◎ 会分析正弦量的三要素。

◎ 会分析计算相位和相位差。

思政要素　　　正弦交流电的
　　　　　　　基本概念

 任务描述

在第一个项目讨论的电路中，电流和电压的大小、方向均不随时间变化，这样的电流、电压称为直流电，直流电路中的电动势、电压和电流是不随时间改变的，若把电流（或电动势、电压）每一瞬时的数值（瞬时值）与时间的关系用曲线来表示，这种曲线称为波形图。直流的波形则是一条与时间轴平行的直线，如图 2-1 所示。在人们的日常生活中，还广泛使用交流电，那么交流电具有哪些特点？如何描述它呢？

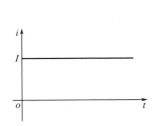

图 2-1　直流波形

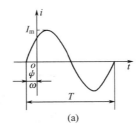

图 2-2　正弦交流电

正弦交流电的基本概念

 任务分析

要分析交流电，首先明确正弦交流电的电流（或电动势、电压）是随时间按正弦规律变化的，如图 2-2(a) 所示。在不加特殊说明时，今后所说的交流电都是指正弦交流电（sinusoidal alternating current），有时也简称交流（ac 或 AC）。本项目的任务，就是借助正弦函数的知识，描述和分析正弦交流电的变化规律，找到它的特征要素。

 相关知识

一、周期和频率

交流电变化一周所需的时间称为周期（period），用 T 表示，单位为 s（秒）。交流电在 1s 内变化的周数称为频率（frequency），用 f 表示，单位为 Hz（赫）。频率与周期的关系是

$$f = \frac{1}{T} \tag{2-1}$$

　　交流电在任一瞬间的值称为瞬时值（instantaneous value），用小写字母来表示，如 e、u 和 i 分别表示电动势、电压和电流的瞬时值。交流电瞬时值中的最大数值称为最大值（maximum value）或幅值（amplitude value）。电动势、电压和电流的最大值分别用 E_m、U_m 和 I_m 表示。

　　对于如图 2-2(a) 所示的正弦交流电，其数学表达式为

$$i = I_m \sin(\omega t + \varphi_i) \tag{2-2}$$

式中　i——正弦电流的瞬时值；

　　　I_m——正弦电流的最大值；

　　　t——时间，s；

　　　ω——称为正弦电流的角频率（angular frequency），rad/s（弧度/秒）。

　　画交流电波形图时，横坐标可用 t 表示，也可用 ωt 表示，如图 2-2（a）和（b）所示。正弦交流电变化一个周期相当于正弦函数变化 2π 弧度，故

$$\omega = \frac{2\pi}{T} \tag{2-3}$$

　　式(2-1) 和式(2-3) 说明，频率、周期、角频率三个量都是说明正弦交流电变化快慢的同一物理实质的。三个量中只要知道一个，其他两个量即可求出。例如中国工业和照明用电的频率 $f = 50\text{Hz}$（称为工频），其周期为 $T = 1/50 = 0.02\text{s}$，角频率 $\omega = 2\pi/T = 2\pi f = 314\text{rad/s}$。

二、相位和相位差

　　正弦交流电表达式 $i = I_m \sin(\omega t + \varphi_i)$ 中 $(\omega t + \varphi_i)$ 是正弦交流电随时间变化的（电）角度，称为该正弦交流电的相位角（phase angle），简称相位（phase），单位是（rad）弧度，为了方便起见也可用度。在 $t = 0$ 时的相位称为初相，式(2-2) 中的 φ_i 就是该正弦交流电的初相（initial phase），其值与计时起点有关。这就是说，知道了正弦交流电的最大值、频率和初相就可以完全确定该正弦量，即可以用数字表达式或用波形将它表示出来。因此，最大值、频率和初相称为正弦交流电的三要素。

　　【例 2-1】　某正弦电压的最大值 $U_m = 310\text{V}$，初相 $\varphi_u = 30°$；某正弦电流的最大值 $I_m = 141\text{A}$，初相 $\varphi_i = -60°$。它们的频率均为 50Hz。试分别写出电压和电流的瞬时值表达式。并画出它们的波形。

　　解　电压的瞬时值表达式为

$$\begin{aligned}
u &= U_m \sin(\omega t + \varphi_u) \\
&= 310\sin(2\pi f t + \varphi_u) \\
&= 310\sin(314t + 30°)\text{V}
\end{aligned}$$

电流的瞬时值表达式为

$$i = I_m \sin(\omega t + \varphi_i) = 14.1\sin(314t - 60°)\text{A}$$

电压和电流波形如图 2-3 所示。

　　【例 2-2】　试求上题中电压 u 和电流 i 在 $t = 1/300\text{s}$ 时的瞬时值。

　　解

$$\begin{aligned}
u &= 310\sin(2\pi \times 50t + 30°) \\
&= 310\sin(2\pi \times 50 \times 1/300 + 30°) \\
&= 310\sin(\pi/3 + 30°) \\
&= 310\sin 90° = 310\text{V}
\end{aligned}$$

$$i = 14.1\sin(2\pi \times 50 \times 1/300 - 60°)$$
$$= 14.1\sin0° = 0$$

计算表明，在 $t = 1/300\text{s}$ 瞬时，电压 u 达到最大值 $U_m = 310\text{V}$，而电流 i 到零点。如图 2-3 所示的波形图也同样说明了这一点。

两个同频率正弦量相位之差称为相位差，以 φ 表示。上例中电压与电流的相位差为

$$\varphi = (\omega t + \varphi_u) - (\omega t + \varphi_i) = \varphi_u - \varphi_i \qquad (2\text{-}4)$$

其数值为

$$\varphi = 30° - (-60°) = 90°$$

即两个同频率正弦量的相位差等于它们的初相差。

若 $\varphi > 0$，表明 $\varphi_u > \varphi_i$，则 u 比 i 先达到最大值也先到零点，称 u 超前于 i 一个相位角 φ，或者说 i 滞后于 u 一个相位角 φ。

若 $\varphi = 0$，表明 $\varphi_u = \varphi_i$，则 u 与 i 同时达到最大值也同时到零点，称它们是同相位，简称同相，如图 2-4(a) 所示。

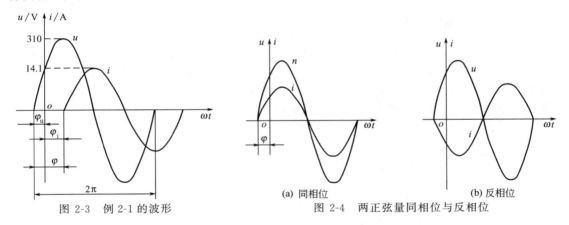

图 2-3　例 2-1 的波形　　　　图 2-4　两正弦量同相位与反相位

若 $\varphi = \pm 180°$，则称它们的相位相反，简称反相（inverse phase），如图 2-4(b)所示。

若 $\varphi < 0$，表明 $\varphi_u < \varphi_i$，则 u 滞后于 i（或 i 超前于 u）一个相位角 φ。

据上所述，两个同频率的正弦量计时起点（$t = 0$）不同时，则它们的相位和初相位不同，但它们之间的相位差不变。在交流电路中，常常需研究多个同频率正弦量之间的关系，为了方便起见，以选取其中某一正弦量作为参考，称为参考正弦量。令参考正弦量的初相 $\varphi = 0$，其他各正弦量的初相即为该正弦量与参考正弦量的相位差（或初相差）。例如图 2-3 所示的 u 和 i，当选 i 为参考量，即令 i 的初相 $\varphi_i = 0$，则 u 的初相为 $\varphi_u = 90° - 0° = 90°$。这时电流和电压的表达式分别为

$$i = 14.1\sin\omega t$$
$$u = 310\sin(\omega t + 90°)$$

当选取 u 为参考正弦量时，即令 u 的初相 $\varphi_u = 0$，则 i 的初相式 $\varphi_i = -90° - 0° = -90°$。这时电压和电流的表达式分别为

$$u = 310\sin\omega t$$
$$i = 14.1\sin(\omega t - 90°)$$

【例 2-3】　已知正弦电压 u 和电流 i_1、i_2 的瞬时值表达式为

$$u = 310\sin(\omega t - 45°)$$
$$i_1 = 14.1\sin(\omega t - 30°)$$
$$i_2 = 28.2\sin(\omega t + 45°)$$

试以电压 u 为参考量重新写出电压 u 和电流 i_1、i_2 的瞬时值表达式。

解　若以电压 u 为参考量，则电压 u 的表达式为

$$u = 310\sin\omega t$$

由于 i_1 与 u 的相位差为

$$\varphi_1 = \varphi_{i1} - \varphi_u = -30° - (-45°) = 15°$$

故电流 i_1 的瞬时值表达式为

$$i_1 = 14.1\sin(\omega t + 15°)$$

由于 i_2 与 u 的相位差为

$$\varphi_2 = \varphi_{i2} - \varphi_u = 45° - (-45°) = 90°$$

故电流 i_2 的瞬时值表达式为

$$i_2 = 28.2\sin(\omega t + 90°)$$

交流电的瞬时值是随时间而变的，因此不便用它来表示正弦量的大小。在电工技术中，通常所说的交流电的电压或电流的数值，都是指它们的有效值。

三、交流电的有效值

交流电的有效值（effective value）是根据电流的热效应原理来规定的，即交流电流的有效值是热效应与它相等的直流电流的数值。当某一交流电流 i 通过一电阻 R 在一个周期内所产生的热量，与某一直流电流 I 通过同一电阻在相同时间内产生的热量相等时，则这一直流电流的数值就称为该交流电流的有效值，如图 2-5 所示。

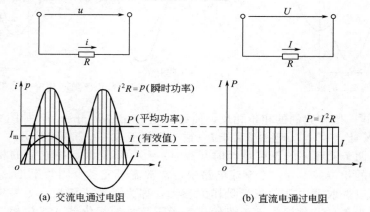

(a) 交流电通过电阻　　　　(b) 直流电通过电阻

图 2-5　交流电的有效值

交流电流 i 在一个周期（T_s）内，通过某一电阻 R 所产生的热量为

$$Q_{ac} = \int_0^T i^2 R\, dt$$

某一直流电流 I 在相同时间（T_s）内通过同一电阻 R 所产生的热量为

$$Q_{dc} = I^2 R T$$

若两者相等，则

$$I^2 R T = \int_0^T i^2 R\, dt \tag{2-5}$$

即

$$I = \sqrt{\frac{1}{T}\int_0^T i^2\, dt}$$

这就是交流电的有效值。

式(2-5) 对于计算任一周期电流的有效值都是适用的,交流电的有效值就是它的方均根值 (root mean square value)。电动势、电压和电流的有效值分别用大写的 E、U、I 表示。对于正弦交流电,则有

$$I = \sqrt{\frac{1}{T}\int_0^T (I_\text{m}\sin\omega t)^2 \text{d}t} = \frac{I_\text{m}}{\sqrt{2}} = 0.707I_\text{m} \tag{2-6}$$

同理有

$$E = \frac{E_\text{m}}{\sqrt{2}} = 0.707E_\text{m} \tag{2-7}$$

$$U = \frac{U_\text{m}}{\sqrt{2}} = 0.707U_\text{m} \tag{2-8}$$

这就是说,正弦交流电的有效值是它最大值的 $1/\sqrt{2}$。通常交流电动机和电器的铭牌上所标的额定电压和额定电流都是指有效值,一般的交流电压表和电流表的读数也是指有效值。

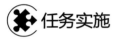

任务实施

设电路中电流 $i = I_\text{m}\sin\left(\omega t + \dfrac{2\pi}{3}\right)$,已知接在电路中的安培表的读数为 1.3A,求 $t = 0$ 时的瞬时值。

解 已知电流有效值 $I = 1.3\text{A}$,故最大值

$$I_\text{m} = \sqrt{2}I = 1.414 \times 1.3 = 1.84\text{A}$$

$t = 0$ 时,电流的瞬时值

$$i_0 = I_\text{m}\sin\frac{2\pi}{3} = 1.84 \times 0.866\text{A}$$

知识链接

非正弦周期电流电路的概念

在实际中,经常遇到的电压、电流并不按正弦规律变化,而是按非正弦周期规律变化。下面将对非正弦周期电流电路 (nonsinusoidal current circuit) 进行简单的分析。

一、非正弦周期电流电路

在电子技术、自动控制以及计算机技术中,大量遇到按非正弦规律变动的电源和信号,如图 2-6(a)、(b) 所示的脉冲波和矩形波。

一个非正弦的周期函数,只要满足狄里赫利条件,就可以分解为傅里叶级数,设给定的周期函数为 $f(t)$,式中,$\omega = 2\pi/T$,T 为 $f(t)$ 的周期,有式

$$f(t) = A_0 + A_{1\text{m}}\sin(\omega t + \varphi_1) + A_{2\text{m}}\sin(2\omega t + \varphi_2) + \cdots$$

$$= A_0 + \sum_{k=1}^{\infty} A_{k\text{m}}\sin(k\omega t + \varphi_k)$$

式中,第一项 A_0 称为恒定分量(或直流分量),

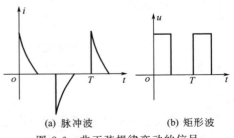

(a) 脉冲波　　　(b) 矩形波

图 2-6 非正弦规律变动的信号

第二项 $A_{1\mathrm{m}}\sin(\omega t + \varphi_1)$ 称为一次谐波（或基波分量），以后各项称为高次谐振。

二、非正弦周期量的有效值

根据求有效值公式 $I = \sqrt{\dfrac{1}{T}\displaystyle\int_0^T i^2 \mathrm{d}t}$，把 $i = I_0 + \displaystyle\sum_{k=1}^{\infty} I_{k\mathrm{m}}\sin(k\omega t + \varphi_k)$　代入，则有

$$I = \sqrt{\frac{1}{T}\int_0^T \left[I_0 + \sum_{k=1}^{\infty} I_{k\mathrm{m}}\sin(k\omega t + \varphi_k) \right]^2 \mathrm{d}t}$$

经过计算，得到非正弦周期电流（nonsinusoidal periodic current）$i(t)$ 的有效值为

$$I = \sqrt{I_0^2 + I_1^2 + I_2^2 + \cdots}$$

同理得
$$U = \sqrt{U_0^2 + U_1^2 + U_2^2 + \cdots}$$

非正弦周期量的有效值，等于直流分量和各次谐波有效值的平方之和再开方。最大值和有效值之间不存在 $\sqrt{2}$ 倍的关系。

　练习与思考一

1. 指出正弦电压 $u = 220\sin(314t + 45°)$ 的最大值、有效值、频率、角频率、周期、相位和初相位各是多少。

2. 正弦电流 $i = 310\sin(\omega t - 3\pi/4)\,\mathrm{A}$，试求 $f = 50\mathrm{Hz}$、$t = 0.5\mathrm{ms}$ 时的瞬时值。

3. 以上两题中的 u 与 i 在相位上能否比较？如果能，哪个超前？它们的相位差是多少？

4. 某电动势 $E = 230\mathrm{V}$，频率 $f = 50\mathrm{Hz}$，初相 $\varphi_i = \pi/3\,\mathrm{rad}$，试写出该电动势的瞬时值表达式。

任务二　正弦量的表示法

知识点
　◎ 正弦量的三要素。
　◎ 正弦量的相量表示法。
　◎ 正弦量的复数表示法。

思政要素

技能点
　◎ 掌握正弦交流电的四种表示形式及其相互转换。
　◎ 掌握正弦交流电的相量图。
　◎ 掌握同频率正弦交流电的合成方法。

任务描述

前面已经介绍，正弦交流电作为正弦量（sinusoid）可以用三角函数式和波形图来表示，如正弦交流电流和电压的表示式

$$i = I_{\mathrm{m}}\sin(\omega t + \varphi_i)$$
和
$$u = U_{\mathrm{m}}\sin(\omega t + \varphi_u)$$

但这种表示方法不便于进行分析运算。如用三角函数式将几个同频率的正弦量进行加减运算时，是相当复杂的，更不用说微分运算了。若用作图法（即画出波形图后，按纵坐标逐

点相加）进行分析，虽然从图形上看起来直观、清晰，但作图不便，结果也不太准确，画图也较麻烦。因此为了便于分析正弦交流电，只需掌握正弦量的三要素，可以用正弦量的另外两种表示方法，现介绍如下。

 任务分析

一个正弦量具有幅值、角频率、初相位三个特征量（三要素），它用三角函数式或正弦波形来表示，但用这两种方法来计算正弦交流电的和或差时，运算过程烦琐，很不方便。因此，在电工技术中，常用相量法表示正弦量，相量表示法的基础是复数，就是用复数表示正弦量。

 相关知识

一、正弦量的相量表示法

设有一正弦量 $i = I_m \sin(\omega t + \varphi_i)$，其相量（phasor）表示法如下：从直角坐标的原点画一有向旋转线段，使其长度等于正弦交流电的最大值（幅值）I_m，它的初始位置与横轴正方向之间的夹角等于正弦交流电的初相位 φ_i，并以正弦量的角频率 ω 做逆时针方向旋转（逆时针旋转时，相位角为正；顺时针旋转时为负）。这样，这个有向旋转线段在任何时刻在纵轴上的投影，就可以表示出该正弦电流（sinusoidal current）在同一时刻的瞬时值，如图 2-7 所示。

图 2-7 的左面为正弦量有向线段相量表示法，右面是它逆时针方向旋转的瞬时投影图，即为正弦量的波形图。这种画法比较烦琐。通常只用初始位置（$t = 0$）的有向线段 I_m（或有效值 I）来表示一个正弦量。为了使这一旋转矢量（rotating vector）与空间矢量（例如力、电场强度等）相区别，将表示随时间而在平面上旋转的这一有向线段，称为相量，并在所标文字符号上方打一"·"号。若表示同频率正弦量的几个相量的整体时，称为相量图（phasor diagram）。利用相量图分析电路，能够清楚地看出各个正弦量的大小和相互间的相位关系。

正弦量的相量表示法

【**例 2-4**】　试用相量图法求解总电流 $i = i_1 + i_2$。已知
$$i_1 = 3\sin\omega t$$
$$i_2 = 4\sin(\omega t + 90°)$$

解　先作 i_1 和 i_2 的幅值相量 $\dot{I}_{1m}$ 和 $\dot{I}_{2m}$，然后以两相量为边作平行四边形，该平行四边形的对角线即为两相量之和（作图时注意比例尺），如图 2-8 所示。

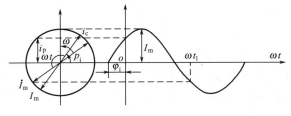

图 2-7　用旋转相量来表示正弦量　　　　图 2-8　例 2-4 图

$$I_{1m} = 3A, \quad \varphi_1 = 0°$$
$$I_{2m} = 4A, \quad \varphi_2 = 90°$$

$$I_m = \sqrt{I_{1m}^2 + I_{2m}^2} = \sqrt{3^2 + 4^2} = 5A$$

$$\varphi = 90° - \tan^{-1}\frac{3}{4} = 90° - 36.9° = 53.1°$$

所以 $$i = 5\sin(\omega t + 53.1°)$$

例 2-4 是利用相量图求和的方法，如果要用相量图求两正弦量之差，只需把相量 $\dot{I}_{2m}$ 的方向转过 $180°$ 成为 $-\dot{I}_{2m}$，然后求出 $\dot{I}_{1m}$ 和 $-\dot{I}_{2m}$ 的合成相量就是了。即两电流之差用相量表示为

$$\dot{I}_m = \dot{I}_{1m} - \dot{I}_{2m} = \dot{I}_{1m} + (-\dot{I}_{2m})$$

由此可知，相量分析法是利用同频率的正弦量，不同频率的正弦量不能用同一相量图求解。相量分析法是利用矢量图的几何关系进行计算的方法，比较简便，各量之间的相位关系一目了然，但比例尺取的不适当时，影响求解的精确度。

最后要指出的是，用有效值表示交流电的大小，是工程上常用的。故画相量图时可直接用有效值画出。它只是最大值的 $1/\sqrt{2}$，例如 $\dot{I} = \dot{I}_1 + \dot{I}_2$。但必须注意的是，它们是几何和而不是算术和。

用相量图分析时，为了画图方便，只要保持各相量之间的相位差就可以了。这样，作图时往往将某一个相量的初相位视作零，即选为参考相量，画在水平线上，而其他相量应依据与参考相量的相位差画出，所以就不需要画 x 和 y 轴坐标了。由于相量图表示同频率正弦量之间的关系，故相量图上不必画相量的旋转角速度 ω。这样的相量既简明又实用，是分析交流电路的主要方法之一，应熟练掌握。

【例 2-5】 已知 $u_1 = 220\sqrt{2}\sin(314t + 30°)$，$u_2 = 220\sqrt{2}\sin(314t + 60°)$。

求 u：$u = u_1 + u_2$。

解 分别用相量的有效值

$$\dot{U}_1 = 220 \angle 30° \text{ V}$$
$$\dot{U}_2 = 220 \angle 60° \text{ V}$$

表示两正弦交流电压的相量值，并注意它们之间的相位差。

$$\varphi = \varphi_1 - \varphi_2 = (314t + 30°) - (314t + 60°) = -30°$$

以 $\dot{U}_1$ 为参考相量，画出相量 $\dot{U}_2$，即 $\dot{U}_1$ 滞后 $\dot{U}_2$ $30°$，如图 2-9 所示。

因为 $\dot{U}_1 O \dot{U}_2$ 为一等腰三角形，故

$$U = 2\cos15° \times U_1 = 2 \times 0.966 \times 220 = 425V$$

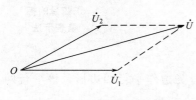

图 2-9 例 2-5 图

由图 2-8 可知 $\dot{U}$ 超前 $\dot{U}_1$ $15°$，所以 $\dot{U}$ 的相位为 $30° + 15° = 45°$，则得

$$u = U_m \sin(\omega t + 45°)$$
$$= 425\sqrt{2}\sin(314t + 45°)$$

正弦交流电的相量法虽能简化加减运算，但在复杂电路中含有几个未知电压和电流的情况下，画出相应的相量图是困难的，且计算也不精确。为此下面介绍正弦量的复数表示法。

二、正弦量的复数表示法

正弦交流电的复数（complex number）法，又称符号法，它是以复数表示相量并作为

运算符号进行代数运算的。这样，该符号不仅能表示正弦量的幅值（或有效值），同时也表示它的初相位，以便使正弦量的运算变换为复数运算，应该指出，和相量法一样，只有同频率的正弦交流电才能用复数法计算，不同频率的正弦交流电不能用复数法。

　　首先，复习一下复数的有关性质，然后将它运用到正弦交流电的运算中去。

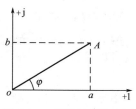

图 2-10　相量的复数表示

　　一个有向线段 A，将其置于复平面内，如果它与横坐标实轴所成的夹角为 φ，如图 2-10 所示，则 A 称为复数，表示为

$$A = a + jb \tag{2-9}$$

　　式(2-9) 中，a 与 b 各为复数 A 在横轴（实轴 R）与纵轴（虚轴 I_m）上的投影。a 是复数 A 的实部（实数部分），jb 中的 b 是复数 A 的虚部（虚数部分），符号 $j = \sqrt{-1}$，叫作虚数单位（它在数学中常用 i 代表，在电工中为了与表示电流的 i 避免混淆，而改用 j）。由图 2-10 可见，复数 A 可用它的模 γ 和幅角 φ 表示，即

$$\gamma = \sqrt{a^2 + b^2}$$

$$\varphi = \tan^{-1} \frac{b}{a}$$

　　因为

$$a = \gamma \cos\varphi$$
$$b = \gamma \sin\varphi \tag{2-10}$$

　　所以

$$A = a + jb = \gamma \cos\varphi + j\gamma \sin\varphi \tag{2-11}$$

叫作复数的三角式，而 $A = a + jb$ 则叫作复数的代数式。

根据欧拉公式 $\cos\varphi + j\sin\varphi = e^{j\varphi}$，可写作

$$A = \gamma e^{j\varphi} \tag{2-12}$$

这是复数的指数形式，通常将 $e^{j\varphi}$ 简记作 $1 \angle \varphi$，这样式(2-12) 可写成

$$A = \gamma \angle \varphi \tag{2-13}$$

式(2-13) 称为复数 A 的极坐标式。

　　综上所述，一个相量的复数可以有四种表示形式，这四种表示形式可以互相变换。

　　前面曾讲过，一个相量可以用来表示正弦量，而复数可以表示相量，故复数也可以表示正弦量。

　　这样用复数表示同频率的交流正弦电流（电压或电动势），只需幅值和初相这两个要素就可以完全确定了，这种方法称为复数法。如果将相量图放在复平面上，则相量图和复数法可以结合应用，这对分析、解决正弦交流电路的问题是很方便的。

　　【例 2-6】　用复数形式表示

$$u = 100\sqrt{2} \sin(\omega t + 30°)$$

　　解　先写出幅值相量

$$\dot{U}_m = 100\sqrt{2} e^{j30°}$$

　　其有效值相量

$$\dot{U} = 100 e^{j30°} = 100 \angle 30° \text{ V}$$

再化为复数代数形式

$$\dot{U}=100(\cos30°+\mathrm{j}\sin30°)$$
$$=50\sqrt{3}+\mathrm{j}50$$

【例 2-7】 将复数电流表示为正弦量的三角函数式。已知 $\dot{I}=10\mathrm{e}^{-\mathrm{j}45°}\mathrm{A}$。

解　$\dot{I}=10\mathrm{e}^{-\mathrm{j}45°}$ 的幅值相量为 $\dot{I}_\mathrm{m}=10\mathrm{e}^{-\mathrm{j}45°}\times\sqrt{2}=10\sqrt{2}\,\mathrm{e}^{-\mathrm{j}45°}$
所以可以写出

$$i=10\sqrt{2}\sin(\omega t-45°)$$

用复数表示正弦量，使正弦量的分析与计算得到简化，的确是比较方便的，在以后的交流电路分析中，常常会遇到相量图和复数法的应用。

✴ 任务实施

求例 2-5 的总电压 u。

解　已知 $u_1=220\sqrt{2}\sin(314t+30°)$
$u_2=220\sqrt{2}\sin(314t+60°)$
先分别写出 u_1、u_2 的有效值相量为

$$\dot{U}_1=220\mathrm{e}^{\mathrm{j}30°}=110\sqrt{3}+\mathrm{j}110$$
$$\dot{U}_2=220\mathrm{e}^{\mathrm{j}60°}=110+\mathrm{j}110\sqrt{3}$$

所以

$$\dot{U}=\dot{U}_1+\dot{U}_2=110\sqrt{3}+\mathrm{j}110+110+\mathrm{j}110\sqrt{3}=110(\sqrt{3}+1)+\mathrm{j}110(1+\sqrt{3})$$
$$=425\angle45°$$
$$u=425\sqrt{2}\sin(314t+45°)$$

用复数表示正弦量，使正弦量的分析与计算得到简化，的确是比较方便的，在以后的交流电路分析中，常常会遇到相量图和复数法的应用。

✎ 练习与思考二

1. 已知相量 $\dot{I}_1=2\sqrt{3}+\mathrm{j}2$，$\dot{I}_2=-2\sqrt{3}-\mathrm{j}2$，$\dot{I}_3=-2\sqrt{3}-\mathrm{j}2$，试把它们化为极坐标式并写成正弦量 i_1、i_2、i_3。

2. 指出下列各式的错误。

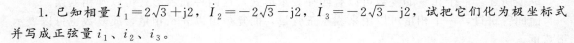

① $i=5\sin(\omega t-30°)=5\mathrm{e}^{-\mathrm{j}30°}$　　② $U=100\mathrm{e}^{\mathrm{j}45°}=100\sqrt{2}\sin(\omega t+45°)$

③ $I=10\angle30°\,\mathrm{A}$　　④ $I=20\mathrm{e}^{20°}\mathrm{A}$

任务三　单一参数电路元件的正弦交流电路

在直流电路中，由于在恒定电压的作用下，电感相当于短路，电容相当于开路，所以只考虑了电阻 R 这一参数。而在交流电路中，由于电压、电流都随时间按正弦规律变化，因此，在分析和计算交流电路时，电阻 R、电感 L 和电容 C 三个参数都必须同时考虑。为方便起见，先分别讨论只有某一个参数的电路，然后再研究较为复杂的电路。

教学情境 1 纯电阻电路

知识点

◎ 矢量图。

◎ 电阻、电流和电压的关系。

◎ 纯电阻电路的功率。

技能点

◎ 会计算纯电阻电路中的电压和电流。

◎ 理解瞬时功率的含义。

◎ 会计算电路中的有功功率。

思政要素　单一参数电路　单一参数电路
　　　　　元件（上）　　元件（下）

 任务描述

日常生活中常用的白炽灯、电烙铁、电熨斗、电炉等，为什么在使用时有的灯亮而有的灯暗，有的电熨斗温度高而有的电熨斗温度低？这其实是由电灯、电熨斗等这类负载的特性决定的，那么这类负载的共性是什么呢？由这类负载所组成的电路又有什么特点？

 任务分析

要解释这一现象，就要了解白炽灯、电烙铁等这些负载消耗的电能，分别转化成热能和光能。这类消耗电能的负载叫作电阻性负载，在理想情况下，称为纯阻性负载，本教学情境就是分析计算纯电阻负载施加正弦交流电后，电路中电流和电压的关系及功率消耗情况。图 2-11(a) 是一个仅有电阻参数的交流电路，电压和电流正方向如图中所示。

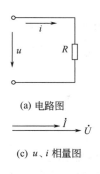

(a) 电路图

(c) u、i 相量图

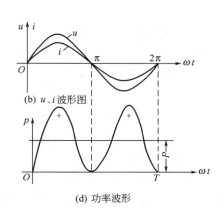

(b) u、i 波形图

(d) 功率波形

图 2-11 电阻元件的交流电图

相关知识

一、纯电阻电路电压和电流的关系

根据欧姆定律，在任一瞬间电阻两端的电压和流经电阻的电流有以下关系

$$i = \frac{u}{R} \tag{2-14}$$

设电源电压为

$$u = U_m \sin\omega t \tag{2-15}$$

将式（2-15）代入式（2-14）得

$$i = \frac{u}{R} = \frac{U_m \sin\omega t}{R} = I_m \sin\omega t \tag{2-16}$$

比较式（2-16）和式（2-15），不难看出，纯电阻交流电路中，电流和电压是同频率的正弦量，它们之间有如下的关系。

① 在数值上，由式（2-16）可得

$$I_m = \frac{U_m}{R} \quad 或 \quad U_m = I_m R \tag{2-17}$$

将式（2-17）等号两边同除以 $\sqrt{2}$，则得有效值之间的关系为

$$I = \frac{U}{R} \quad 或 \quad U = IR \tag{2-18}$$

② 在相位上，设电压初相角为零，得电流初相角也为零，即电流和电压同相位。其电压和电流的波形图及相量图分别如图 2-11(b) 和 (c) 所示。

③ 相量形式。由于外加电压 $u = U_m \sin\omega t$ 的相量为 $\dot{U} = U \angle 0°$，故电流 $i = u/R = U_m \sin\omega t / R = I_m \sin\omega t$ 的相量为

$$\dot{I} = I \angle 0° = \frac{U}{R} \angle 0°$$

或

$$\dot{U} = R\dot{I} \tag{2-19}$$

二、电路的功率

1. 瞬时功率

由于交流电路中的电压和电流是随时间变化的，故电阻所消耗的功率也将随时间的变化而变化。在任意瞬间，电压瞬时值 u 与电流瞬时值 i 的乘积，称为瞬时功率（instantaneous power），用小写字母 p 表示，即

$$\begin{aligned} p = p_R = ui &= U_m I_m \sin^2\omega t \\ &= \frac{1}{2} U_m I_m (1 - \cos 2\omega t) \\ &= UI(1 - \cos 2\omega t) \end{aligned} \tag{2-20}$$

由式（2-20）看出，瞬时功率是随时间变化的，它的曲线如图 2-11(d) 所示。由瞬时功率曲线可以看出，除了过零点，其余时间均为正值。这是因为在纯电阻电路中 u 和 i 同相，它们同时为正或同时为负，故二者相乘（即 p）总为正值，这说明电阻元件在任一瞬间（除过零点）均从电源吸取能量，并将电能转换为其他能。

2. 有功功率

瞬时功率只能说明功率变化的情况，实用意义不大。通常所说电路的功率是指瞬时功率在一周期内的平均值，称为平均功率（average power），用大写字母 P 表示，即

$$P = \frac{1}{T} \int_0^T p\,dt = \frac{1}{T} \int_0^T 2UI\sin^2\omega t\,dt = \frac{1}{T} \int_0^T UI(1 - \cos 2\omega t)\,dt = UI \tag{2-21}$$

平均功率的单位用 W（瓦）或 kW（千瓦）表示，通常各电气设备上所标的功率都是平均功率。由于平均功率是电路实际消耗的功率，故又称为有功功率。

将式(2-18)代入式(2-21)，可得出平均功率的另外两种表达式

$$P=UI=I^2R=U^2/R \tag{2-22}$$

综上所述，当正弦电压和正弦电流用有效值表示时，纯电阻电路的平均功率表示式以及电流电压的关系式，与直流电路具有相同的形式。

�֎ 任务实施

交流电压 $u=311\sin\omega t$ 作用在 $R=220\Omega$ 的两端，试写出通过该电阻的电流瞬时表达式，并计算电阻所消耗的平均功率。

解　电源电压的有效值为

$$U=\frac{U_{\mathrm{m}}}{\sqrt{2}}=\frac{311}{\sqrt{2}}=220\mathrm{V}$$

所以电流的有效值为

$$I=\frac{U}{R}=\frac{220}{220}=1\mathrm{A}$$

由于纯电阻电路中电流和电压同相位，故电路中电流的瞬时表达式为

$$i=\sqrt{2}\sin\omega t$$

或

$$\dot{U}=\frac{311\angle0°}{\sqrt{2}}=220\angle0°$$

$$\dot{I}=\frac{\dot{U}}{R}=\frac{220\angle0°}{220}=1\angle0°$$

故

$$i=1\times\sqrt{2}\sin(\omega t+0°)=\sqrt{2}\sin\omega t$$

电阻消耗的平均功率为

$$P=UI=220\times1=220\mathrm{W}$$

教学情境 2　纯电感电路

知识点
　◎ 感抗。
　◎ 电压、电流和感抗的关系。
　◎ 纯电感电路的功率。

技能点
　◎ 会计算纯电感电路中的电压和电流。
　◎ 理解瞬时功率的含义。
　◎ 会计算电路中的无功功率。

任务描述

大家都知道，日光灯在合上开关后过几秒钟灯管才发光，这是为什么呢？日光灯电路的一个重要组成部分是由多匝导线绕制而成的镇流器，日光灯的启动正是利用了镇流器的线圈的特点。线圈具有什么性质？由线圈所组成的电路又有什么特点？

任务分析

线圈所组成的电路称为感性电路，若线圈的电阻忽略不计，称为纯电感电路（理想情况），图 2-12（a）为仅有电感参数的交流电路。图中箭头所指为电压、电流和自感电动势的正方向。

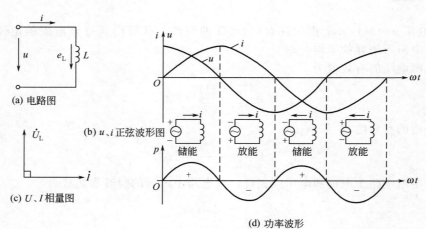

(a) 电路图

(b) u、i 正弦波形图

(c) U、I 相量图

(d) 功率波形

图 2-12　电感元件的交流电图

相关知识

一、纯电感电路中电压和电流的关系

设通过电感线圈的电流为

$$i = I_m \sin\omega t \tag{2-23}$$

则

$$u = L\frac{\mathrm{d}i}{\mathrm{d}t} = L\frac{\mathrm{d}(I_m \sin\omega t)}{\mathrm{d}t} = I_m \omega L\cos\omega t$$

$$= I_m \omega L\sin(\omega t + 90°)$$

$$= U_m \sin(\omega t + 90°) \tag{2-24}$$

比较式（2-23）与式（2-24）可知，纯电感电路中电压与电流是同频率的正弦量，它们之间有如下的关系。

① 在数值上，由式（2-24）可知

$$U_m = I_m \omega L$$

上式等号两边同除以 $\sqrt{2}$，得电压和电流有效值的关系为

$$U = \omega L I \text{ 或 } I = \frac{U}{\omega L} \tag{2-25}$$

可见，当电压一定时，ωL 越大，电路中的电流越小，ωL 具有阻止电流通过的性质，称为电感的电抗，简称为感抗（inductive reactance），用 X_L 表示，即

$$X_L = \omega L = 2\pi f L \tag{2-26}$$

若频率 f 的单位用 Hz（赫）、电感 L 的单位用 H（亨），则感抗 X_L 的单位为 Ω（欧姆）。这样，式（2-25）可写成

$$U = IX_L \quad 或 \quad I = \frac{U}{X_L} \tag{2-27}$$

式(2-27)反映了电感上电压与电流之间的关系,在形式上和直流电路中的欧姆定律相同。但必须指出,感抗与电流的频率成正比,频率越高,感抗越大。而对于直流电流来说,由于它的频率 $f=0$,故 $X_L=0$,即电感对直流没有阻碍作用。纯电感线圈接在直流电路中可视为短路。

应当注意:感抗 X_L 是电压与电流有效值(或最大值)之比,而不是瞬时值之比,即 $X_L \neq u/i$。在电感电路中电压与电流之间成导数关系 $(u = L\,di/dt)$,而不是成正比关系。

② 在相位上,比较式(2-23)和式(2-24)可知,电压超前电流 $90°$,或电流滞后电压 $90°$。其电压和电流的波形图与相量图如图 2-11(b)和(c)所示。

③ 相量表示,由于通过电感元件上的电流 $i = I_m \sin\omega t$ 的相量为 $\dot{I} = I \angle 0°$。则电感元件两端电压为 $u_L = U_{Lm}\sin(\omega t + 90°)$,相量为

$$\dot{U}_L = U_L \angle 90°$$

$$\frac{\dot{U}_L}{\dot{I}} = \frac{U_L \angle 90°}{I \angle 0°} = jX_L$$

故

$$\dot{U}_L = j\dot{I}X_L \tag{2-28}$$

二、电路的功率

1. 瞬时功率

知道了电压和电流的变化规律以及相互关系以后,便可求得瞬时功率

$$\begin{aligned}
p = ui &= U_m I_m \sin(\omega t + 90°)\sin\omega t \\
&= U_m I_m \cos\omega t \sin\omega t \\
&= (U_m I_m / 2)\sin 2\omega t \\
&= UI\sin 2\omega t
\end{aligned} \tag{2-29}$$

由式(2-29)可知,瞬时功率 p 是一个幅值为 UI,并以 2ω 的角频率随时间交变的正弦量,变化曲线如图 2-12(d)所示。比较图 2-12(b)和(c)可以看出:在第一个和第三个 1/4 周期内(u、i 同为正或同为负),$p = ui$ 为正值,表明电感从电源吸取电能,并把电能转变为磁场能量储存于线圈的磁场中,此时线圈相当于负载。在第二个和第四个 1/4 周期内,由于 u 和 i 方向相反,故乘积为负值,这时的电流绝对值在减小,磁场能又被转变为电能送还给电源,此时线圈相当于电源。这就说明电感并不消耗电能,而只与电源往复不断地交换能量。

2. 有功功率

平均功率[有功功率(active power)]为零,即

$$P = \frac{1}{T}\int_0^T p\,dt = \frac{1}{T}\int_0^T UI\sin 2\omega t\,dt = 0 \tag{2-30}$$

虽然纯电感电路的平均功率为零,但电源与电感之间的能量交换始终在进行。

3. 无功功率

为了衡量能量交换情况,把瞬时功率的最大值定义为无功功率(reactive power),用符号 Q_L 表示,即

$$Q_L = U_L I = U_L^2 / X_L = I^2 X_L \qquad (2\text{-}31)$$

无功功率是外部电路与电感元件能量交换的最大速率，它反映了这种交换的规模。其国际单位无功伏安（reactive volt ampere）为 var（乏）或 kvar（千乏）。

必须指出，无功功率中的"无功"的含义是"交换"而不是"无用"。决不能把"无功"理解为"无用"。无功功率在工农业生产中占有很重要的地位。具有电感性质的变压器、电动机等设备都是靠电磁转换工作的。因此，如果没有无功功率，即没有电源和磁场间的能量转换，这些设备就无法工作。

✳ 任务实施

把一个忽略了电阻的线圈接到电压 $u = 220\sqrt{2}\sin(314t + 60°)\text{V}$ 的电源上，线圈的电感 $L = 0.35\text{H}$，试求：①线圈的感抗；②电流的有效值；③电流的瞬时值表达式；④作出电流、电压的相量图；⑤电路的无功功率。

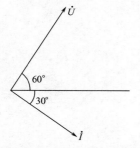

图 2-13　电流、电压相量图

解　由 $u = 220\sqrt{2}\sin(314t + 60°)$

可得 $U_m = 220\sqrt{2}\,\text{V}$；$\omega = 314\text{rad/s}$；$\varphi_u = 60°$

① 线圈的感抗为

$$X_L = \omega L = 314 \times 0.35 = 110\,\Omega$$

② 电压有效值为

$$U = U_m / \sqrt{2} = \frac{220 \times \sqrt{2}}{\sqrt{2}} = 220\text{V}$$

则流过线圈电流的有效值为

$$I = U / X_L = \frac{220}{110} = 2\text{A}$$

③ 纯电感电路中电压超前电流 90°，即

$$\varphi_u - \varphi_i = 90°$$

或

$$\varphi_i = \varphi_u - 90° = 60° - 90° = -30°$$

则电流的瞬时表达式为

$$i = 2\sqrt{2}\sin(314t - 30°)\ \text{A}$$

或

$$\dot{U} = 220\ \angle 60° \qquad X_L = 110\,\Omega$$

$$\dot{I} = \frac{\dot{U}}{jX_L} = \frac{220\ \angle 60°}{110\ \angle 90°} = 2\ \angle -30°$$

故

$$i = 2\sqrt{2}\sin\,(314t - 30°)$$

④ 其相量图如图 2-13 所示。

⑤ 无功功率为

$$Q_L = U_L I = 220 \times 2 = 440\text{var}$$

教学情境 3　纯电容电路

知识点

◎ 容抗。

◎ 电压、电流和容抗的关系。

◎ 纯电容电路的功率。

技能点

◎ 会计算纯电容电路中的电压和电流。

◎ 理解瞬时功率的含义。

◎ 会计算电路中的无功功率。

 任务描述

图 2-14 所示实验电路中，两盏灯泡功率相同，C 为电容器。先接通 6V 直流电源，观察到灯泡 HL_1 正常发光；灯泡 HL_2 瞬间发光，然后逐渐熄灭。再改接 6V 交流电源，观察到两只灯泡都亮，但灯泡 HL_1 要比 HL_2 亮。产生两种不同现象的原因是什么呢？

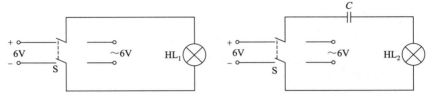

图 2-14　实验电路

 任务分析

第一种现象说明，直流电不能通过电容器；第二种现象说明交流电能"通过"电容器，同时电容器对交流电有阻碍作用。

若把电容直接接于交流电源两端，就构成纯电容电路，如图 2-15(a) 是一个线性电容元件与正弦交流电源连接的电路。电路中的电流 i 和电容两端电压 u 的正方向如图中所示。

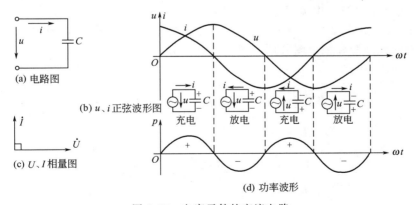

图 2-15　电容元件的交流电路

 相关知识

一、纯电容电路中电压和电流的关系

设电容两端电压为

$$u = U_m \sin\omega t \tag{2-32}$$

则电路中电流

$$i = C\frac{\mathrm{d}u}{\mathrm{d}t} = C\frac{\mathrm{d}(U_m\sin\omega t)}{\mathrm{d}t} = U_m\omega C\cos\omega t$$
$$= U_m\omega C\sin(\omega t + 90°)$$
$$= I_m\sin(\omega t + 90°) \tag{2-33}$$

比较式（2-32）和式（2-33）可知，电压和电流是同频率的正弦量。它们之间存在如下关系。

① 在数值上，由式（2-33）可得

$$I_m = \omega C U_m$$

上式等号两边同除以 $\sqrt{2}$ 得

$$I = \omega C U = \frac{U}{\dfrac{1}{\omega C}} \tag{2-34}$$

令

$$X_C = \frac{1}{\omega C} = \frac{1}{2\pi f C} \tag{2-35}$$

于是式（2-34）便可写成

$$I = \frac{U}{X_C} \qquad 或 \qquad U = IX_C \tag{2-36}$$

式中，X_C 称为电容的电抗，简称容抗（capacitive reactance）。若频率 f 的单位为 Hz（赫），电容 C 的单位为 F（法）时，则容抗的单位为 Ω（欧）。

由式（2-36）可知：电容上电压、电流有效值之间的关系与直流电路的欧姆定律有相同的形式。当电压一定时，容抗 X_C 越大，电流 I 越小，而容抗 X_C 的大小与频率 f 和电容 C 的乘积成反比。这是因为电压一定时，电源频率 f 越高，电路中充放电越频繁，单位时间内电荷的流动量也越大，即电流越大；电容 C 越大，表明电容储存电荷的能力越大，单位时间内电路中充放电移动的电荷量越大，所以电流也就越大。对恒定直流来说，由于 $f=0$，故 $X_C = \infty$，电路中将没有电流通过，故电容接在直流电源上相当于开路。

② 在相位上，由式（2-32）和式（2-33）可知：电流超前电压 90°，或电压滞后电流 90°。其电压、电流的波形图和相量图分别如图 2-15（b）和（c）所示。

③ 相量表示：由于

$$u = U_m\sin\omega t \qquad\qquad \dot{U} = U\ \angle 0°$$

$$i = I_m\sin(\omega t + 90°) \qquad\qquad \dot{I} = I\ \angle 90°$$

$$\frac{\dot{U}}{\dot{I}} = \frac{U\ \angle 0°}{I\ \angle 90°} = \frac{U\ \angle -90°}{I} = -\mathrm{j}X_C$$

故

$$\dot{U} = -\mathrm{j}\dot{I}X_C \tag{2-37}$$

二、电路的功率

1. 瞬时功率

知道了电压和电流的变化规律及相互关系后，便可找出瞬时功率的变化规律，即

$$p = ui = U_m I_m \sin\omega t \sin(\omega t + 90°)$$
$$= U_m I_m \sin\omega t \cos\omega t$$

$$=(U_m I_m/2)\sin 2\omega t$$
$$=UI\sin 2\omega t \tag{2-38}$$

由式(2-38) 可知，p 是一个幅值为 UI，并以 2ω 的角频率随时间交变的正弦量，其变化曲线如图 2-15(d) 所示。

在第一个和第三个 1/4 周期内（u、i 同为正或同为负），$p=ui$ 为正值，表明电容从电源吸取电能量并把它转换成电场能量储存起来，此时电容器相当于负载。在第二个和第四个 1/4 周期内，由于 u 和 i 的方向相反，故其乘积 p 为负值，这是因为在这段时间内 u 的绝对值减小，因此，电场能量又被转换成电能量全部送还给电源，此时电容器相当于电源。

2. 有功功率

电容器并不消耗电能，而只与电源往复不断地交换能量，故平均功率即有功功率为零，即

$$P=\frac{1}{T}\int_0^T p\,dt=\frac{1}{T}\int_0^T UI\sin 2\omega t\,dt=0 \tag{2-39}$$

3. 无功功率

为了表示电容与电源能量转换的多少（吞吐量），把纯电容电路瞬时功率的最大值称为无功功率，用 Q_C 表示，即

$$Q_C=U_C I=I^2 X_C=\frac{U_C^2}{X_C} \tag{2-40}$$

单位也为 var 或 kvar。

任务实施

把一个电容器接到 $u=220\sqrt{2}\sin(314t-60°)$ 的电源上，电容器电容 $C=40\mu F$。试求：①电容器的容抗；②电流的有效值；③电流的瞬时值表达式；④作出电流、电压的相量图；⑤电路的无功功率。

解　由 $u=220\sqrt{2}\sin(314t-60°)$

可得 $U_m=220\sqrt{2}$V；$\omega=314$rad/s；$\varphi_u=-60°$

① 电容的容抗为

$$X_C=\frac{1}{\omega C}=\frac{1}{314\times 40\times 10^{-6}}=80\Omega$$

② 电压的有效值为

$$U=\frac{U_m}{\sqrt{2}}=\frac{220\sqrt{2}}{\sqrt{2}}=220V$$

则电流的有效值为 $I=\frac{U}{X_C}=\frac{220}{80}=2.75A$

③ 在纯电容电路中，电流超前电压 90°，即

$$\varphi_i-\varphi_u=90°$$

或
$$\varphi_i=\varphi_u+90°=-60°+90°=30°$$

则电流瞬时值表达式为

$$i=2.75\sqrt{2}\sin(314t+30°)$$

或

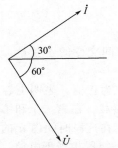

图 2-16　电流、电压相量图

$$\dot{U}=220\ \angle-60°\qquad X_{\mathrm{C}}=80\Omega$$

因为　　$\dot{U}=-\mathrm{j}X_{\mathrm{C}}\dot{I}$　　$\dot{I}=\dfrac{\dot{U}}{-\mathrm{j}X_{\mathrm{C}}}$

$$\dot{I}=\frac{220\ \angle-60°}{-\mathrm{j}80}=2.75\ \angle-60°+90°=2.75\ \angle 30°$$

故　　　　$i=2.75\sqrt{2}\sin(314t+30°)$

④ 电流、电压相量图如图 2-16 所示。

⑤ 无功功率为

$$Q_{\mathrm{C}}=U_{\mathrm{C}}I=220\times2.75=605\mathrm{var}$$

 练习与思考三

1. 在电感元件的正弦分流电路中，下列各式是否正确？

$$u/i=XL,\ \dot{U}/\dot{I}=X_{\mathrm{L}},\ u=L\,\mathrm{d}i/\mathrm{d}t$$
$$U/I=\mathrm{j}\omega L,\ I=U/X_{\mathrm{L}}I=U/\mathrm{j}\omega L$$

2. 电感元件的正弦交流电路，已知 $L=10\mathrm{mH}$，$f=50\mathrm{Hz}$，$\dot{U}=220\ \angle-30°\ \mathrm{V}$，求电流相量 $\dot{I}$，并画出 $\dot{U}$、$\dot{I}$ 的相量图。

3. 电容元件的正弦交流电路，已知 $C=2\mu\mathrm{F}$，$f=50\mathrm{Hz}$，$u=220\sqrt{2}\sin\omega t\ \mathrm{V}$，求电流 i。

4. 如图 2-17 所示正弦交流电路中，已知 $U=100\mathrm{V}$，$R=10\Omega$，$X_{\mathrm{C}}=10\Omega$，你能求得电流表的读数吗？

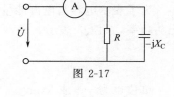

图 2-17

任务四　电阻、电感、电容串联的正弦交流电路

知识点

◎ 复阻抗和电抗。

◎ 正弦交流电路中的各种复合负载及其在实际中的应用。

◎ RLC 串联电路中的电压、阻抗及功率三角形以及它们之间的关系。

技能点

◎ 会计算 RLC 串联电路中的电压、电流、阻抗及功率。

◎ 功率因数的计算。

◎ 掌握视在功率在实际中的含义。

思政要素

 任务描述

由灯泡、电感线圈及电容组成一个 RLC 串联电路，如图 2-18 所示。开关 SA 闭合后接上交流电压，灯泡微亮。这时再断开 SA，灯泡突然变亮，同时可通过交流电流表观察电流的变化。分别测量 R、L、C 两端电压 u_{R}、u_{L}、u_{C}，发现 $u_{\mathrm{R}}+u_{\mathrm{L}}+u_{\mathrm{C}}\neq u$。

这是为什么呢？运用前面所学过的单一参数电路的相关知识不难回答这一问题。

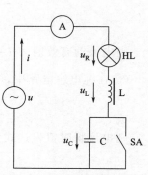

图 2-18　RLC 串联电路

任务分析

前一项目所讨论的单纯负载正弦交流电路只是一般正弦交流电路的特例。在实际中，大多数负载都是由电阻、电感和电容组合构成的。这种由两种或两种以上性质的负载通过一定的连接方式接入电路中的正弦交流电路被称为复合负载正弦交流电路，本项目将讨论这种电路：RL 串联正弦交流电路，主要用途是日光灯电路、负载为变压器和电动机的电路等；RC 串联正弦交流电路，主要用途是阻容耦合放大器、晶闸管电路中的 RC 移相器、RC 振荡器等；RLC 串联正弦交流电路主要用途是串联谐振电路。

相关知识

电阻 R、电感 L 和电容 C 三个元件串联的电路是正弦交流电路中的典型电路，单一参数电路、RL 串联电路和 RC 串联电路都可看成是它的特例。因此本任务所得出的结论更具一般性。

一、电阻、电感、电容串联电路的电压、电流关系

电阻 R、电感 L、电容 C 串联电路如图 2-19（a）所示，图中标出了各电压电流的参考方向，为方便起见，故选电流 i 为参考正弦量，即设

电阻、电感、电容串联
正弦交流电路（上）

$$i = I_m \sin\omega t$$

由上节讨论的结论可知

$$u_R = U_{Rm}\sin\omega t$$
$$u_L = U_{Lm}\sin(\omega t + 90°)$$
$$u_C = U_{Cm}\sin(\omega t - 90°)$$

根据基尔霍夫电压定律可得

$$u = u_R + u_L + u_C$$

三个同频率的正弦量（u_R、u_L、u_C）之和为频率不变的正弦量，即

$$u = U_m\sin(\omega t + \varphi_u)$$

由此可见，电路中的五个电量（i、u、u_R、u_L、u_C）都是同频率的正弦量，这里主要讨论 u、i 的相位关系和有效值关系。

根据基尔霍夫电压定律的相量形式，有

$$\dot{U} = \dot{U}_R + \dot{U}_L + \dot{U}_C \tag{2-41}$$

可用相量表示法讨论 u、i 的有效值关系及相位关系。以 i 为参考相量，即 $\dot{I} = I\angle 0°$，由任务三可知

电阻、电感、电容串联
正弦交流电路（下）

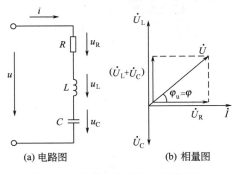

(a) 电路图　　　(b) 相量图

图 2-19　电阻、电感与电容元件
串联的交流电路

$$\dot{U}_R = R\dot{I} = U_R\angle 0°$$

$$\dot{U}_L = jI X_L = U_L\angle 90°$$

$$\dot{U}_C = -jI X_C = U_C\angle -90°$$

电阻和电感的
串联电路

可分别作出 $\dot{I}$、$\dot{U}_R$、$\dot{U}_L$、$\dot{U}_C$ 的相量图，如图 2-19(b) 所示，然后根据式(2-41)，用相量求和的法则，作出电压 u 的相量 $\dot{U}$。

由相量图可知，电压相量 $\dot{U}$ 与相量 $\dot{U}_R$、$(\dot{U}_L+\dot{U}_C)$ 构成了直角三角形，称为电压三角形（voltage triangle）。由电压三角形可得

$$U=\sqrt{U_R^2+(U_L-U_C)^2} \tag{2-42}$$

为求得有效值 U、I 的关系，将 $U_R=RI$、$U_L=X_LI$、$U_C=X_CI$ 代入式(2-42) 得

$$U=\sqrt{(RI)^2+(X_LI-X_CI)^2}=I\sqrt{R^2+(X_L-X_C)^2}$$

根式 $\sqrt{R^2+(X_L-X_C)^2}$ 具有阻碍电流的性质，称为电路的阻抗（impedance），用符号 $|Z|$ 表示，它的单位也是 Ω，即

$$|Z|=\sqrt{R^2+(X_L-X_C)^2} \tag{2-43}$$

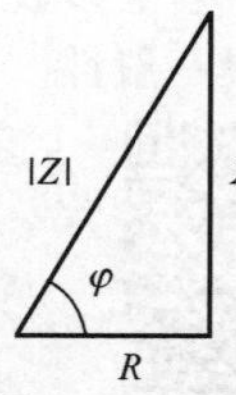

图 2-20 阻抗三角形

阻抗 $|Z|$ 和 R、(X_L-X_C) 的关系也可用直角三角形表示，称为阻抗三角形（impedance triangle），如图 2-20 所示。(X_L-X_C) 称为电抗（reactance），用符号 X 表示，即

$$X=X_L-X_C \tag{2-44}$$

式(2-43) 可改写为

$$|Z|=\sqrt{R^2+X^2} \tag{2-45}$$

由相量图还能讨论 u、i 的相位差。由于以 i 为参考相量，$\varphi_i=0$，所以 u、i 的相位差 $\varphi=\varphi_u-\varphi_i=\varphi_u$，即电压 u 的初相位 φ_u 就是 u、i 的相位差。由电压三角形可知

$$\varphi=\arctan\frac{U_L-U_C}{U_R}=\arctan\frac{X_L-X_C}{R}$$

由上述讨论可知，在 R、L、C 串联的正弦交流电路中，当电源频率一定时，电压 u 和电流 i 的相位关系和有效值关系都取决于电路参数（R、L、C）。

u、i 相位差为

$$\varphi=\arctan\frac{X_L-X_C}{R} \tag{2-46}$$

u、i 的有效值关系为

$$U=|Z|I \tag{2-47}$$

R、L、C 串联电路的电压电流关系也可用相量表示，根据基尔霍夫电压定律的相量形式以及单一参数电路的电压电流关系可得

$$\begin{aligned}\dot{U}&=\dot{U}_R+\dot{U}_L+\dot{U}_C\\&=R\dot{I}+jX_L\dot{I}+(-jX_C\dot{I})\\&=[R+j(X_L-X_C)]\dot{I}\end{aligned} \tag{2-48}$$

式中，$[R+j(X_L-X_C)]$ 称为复数阻抗（complex impedance），简称复阻抗，用符号 Z 表示，即

$$\begin{aligned}Z&=R+j(X_L-X_C)\\&=\sqrt{R^2+(X_L-X_C)^2}\,e^{j\arctan\frac{X_L-X_C}{R}}\\&=|Z|e^{j\varphi}\end{aligned} \tag{2-49}$$

式中 $\varphi=\arctan\dfrac{X_L-X_C}{R}$ 是复阻抗的辐角，也称阻抗角，它决定了 R、L、C 串联电路中 u、i 的相位差。复阻抗是一个复数，但它不是表示正弦量的相量。

对于 R、L、C 串联电路，以电阻 R 为实部，以电抗（X_L-X_C）为虚部，构成复数阻抗 Z，则其电压电流关系的相量形式为

$$\dot{U}=Z\dot{I} \tag{2-50}$$

式(2-50)表明了正弦交流电路中一段无源电路的电压电流关系，也称欧姆定律的相量形式。

式(2-50)可改写为

$$U\angle\varphi_u=|Z|\angle\varphi\cdot I\angle\varphi_i=|Z|I\angle\varphi_i+\varphi$$

这表明 $\varphi_u=\varphi_i+\varphi$，因此 φ 就是电压 u 与电流 i 的相位差，而电压有效值 $U=|Z|I$。因此式(2-50)既表明了 R、L、C 串联电路中 u、i 的相位关系，也表明了 u、i 的有效值关系。

由式(2-46)可知，如果 $X_L>X_C$，则 $\varphi>0$，电流 i 滞后电压 u 一个 φ 角，这种电路称为感性电路（inductive circuit）；如果 $X_L<X_C$，则 $\varphi<0$，电流 i 比电压 u 超前一个 φ 角，这种电路称为容性电路（capacitive circuit）；如果 $X_L=X_C$，则 $\varphi=0$，电流 i 与电压 u 同相，称为电阻性电路（resistive circuit）。

以上所述的结论［式(2-43)～式(2-50)］对于只有一个元件或两个元件串联的电路同样适用。例如对于 RL 串联电路，只要令上述各式中的 $X_C=0$；对于 RC 串联电路，只要令上述各式中的 $X_L=0$，则所得的结果都是正确的。

【例 2-8】 R、L 串联电路如图 2-21 所示，已知 $R=30\Omega$，$X_L=40\Omega$，$u=220\sqrt{2}\sin(\omega t+20°)\mathrm{V}$，求电流 i。

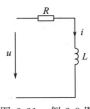

图 2-21　例 2-8 图

解　① 分别确定 i 的初相位 φ_i 和有效值 I。

i 滞后 u 一个 φ 角

$$\varphi=\arctan\frac{X_L}{R}=\arctan\frac{40}{30}=53.1°$$

所以　　　　　　$\varphi_i=\varphi_u-\varphi=20°-53.1°=-33.1°$

阻抗　　　　　　$|Z|=\sqrt{R^2+X_L{}^2}=\sqrt{30^2+40^2}=50\Omega$

电流　　　　　　$I=\dfrac{U}{|Z|}=\dfrac{220}{50}=4.4\mathrm{A}$

因此　　　　　　$i=\sqrt{2}\,I\sin(\omega t+\varphi_i)=4.4\sqrt{2}\sin(\omega t-33.1°)\mathrm{A}$

② 用相量 $\dot{U}$、$\dot{I}$ 的关系求解。

电压相量　　　　$\dot{U}=220\angle 20°\ \mathrm{V}$

复数阻抗　　　　$Z=R+\mathrm{j}X_L=30+\mathrm{j}40=50\angle 53.1°\ \Omega$

电流相量　　$\dot{I}=\dfrac{\dot{U}}{Z}=\dfrac{220\angle 20°}{50\angle 53.1°}=4.4\angle-33.1°\ \mathrm{A}$

同样可写出电流 i 的瞬时值表达式。

【例 2-9】 如图 2-22 所示为 RC 串联正弦交流电路，已知 $R=600\Omega$，$C=4\mu\mathrm{F}$，电源频率 $f=50\mathrm{Hz}$，输入电压 $U_1=5\mathrm{V}$，求输出电压 U_2，并比较 u_2 与 u_1 的相位。

解　容抗 $X_C=\dfrac{1}{2\pi fc}=\dfrac{1}{2\times3.14\times50\times4\times10^{-6}}=796\approx800\Omega$

① 用相量图求解。

以 $\dot{U}_1$ 为参考相量，即 $\dot{U}_1 = 5 \angle 0°$ V，因为

$$\varphi = \arctan \frac{-X_c}{R} = \arctan \frac{-800}{600} = -53.1°$$

即电流相量 $\dot{I}$ 比 $\dot{U}$ 超前 53.1°，先作相量 $\dot{U}_1$ 和 $\dot{I}$ 如图 2-23 所示。由于 $\dot{U}_2$ 与 $\dot{I}$ 同相，$\dot{U}_C$ 滞后 $\dot{I}$ 90°，且 $\dot{U}_C + \dot{U}_2 = \dot{U}_1$，故可作出相量 $\dot{U}_2$ 和 $\dot{U}_C$，如图 2-23 所示，由相量图可得

$$U_2 = U_1 \cos 53.1°$$
$$= 5 \times 0.6 = 3\text{V}$$

输出电压 u_2 在相位上较输入电压 u_1 超前 53.1°。

② 用相量运算求解

令
$$\dot{U}_1 = 5 \angle 0° \text{ V}$$

复阻抗
$$Z = R - jX_C = 600 - j800 = 1000 \angle -53.1° \ \Omega$$

电流相量
$$\dot{I} = \frac{\dot{U}}{Z} = \frac{5 \angle 0°}{1000 \angle -53.1°} = 0.005 \angle 53.1° \text{ A}$$

输出电压的相量 $\dot{U}_2 = R\dot{I} = 600 \times 0.005 \angle 53.1° = 3 \angle 53.1°$ V

即 $U_2 = 3\text{V}$，$\varphi_{u2} - \varphi_{u1} = 53.1°$，相位上 u_2 较 u_1 超前 53.1°。

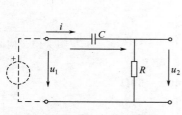

图 2-22　例 2-9 的电路图

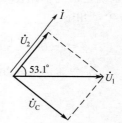

图 2-23　例 2-9 的相量图

二、电阻、电感、电容串联电路的功率

1. 平均功率（有功功率）

在 R、L、C 串联的正弦交流电路中，若 u、i 参考方向一致，且设 $i = I_m \sin\omega t$，则
$$u = U_m \sin(\omega t + \varphi)$$
因此，电路取用的瞬时功率为

$$p = ui = U_m I_m \sin\omega t \sin(\omega t + \varphi)$$

$$= \frac{U_m I_m}{2}\left[\cos\varphi - \cos(2\omega t + \varphi)\right]$$

$$= UI\cos\varphi - UI\cos(2\omega t + \varphi)$$

电路（取用）的平均功率（有功功率）为

$$P = \frac{1}{T}\int_0^T p\,\mathrm{d}t = \frac{1}{T}\int_0^T [UI\cos\varphi - UI\cos(2\omega t + \varphi)]\mathrm{d}t$$

$$= UI\cos\varphi \tag{2-51}$$

式中，φ 为 u、i 的相位差；$\cos\varphi$ 为功率因数（power factor）。

由电压三角形可知

$$U\cos\varphi = U_R$$

所以

$$P = UI\cos\varphi = U_R I = RI^2 \tag{2-52}$$

式（2-52）说明 R、L、C 串联电路的平均功率就等于电阻元件的平均功率，这是由于电感元件和电容元件的平均功率均为零的缘故。

2. 无功功率

在 R、L、C 串联的正弦交流电路中，电感元件的瞬时功率为 $p_L = u_L i$，电容元件的瞬时功率为 $p_C = u_C i$。由于电压 u_L 和 u_C 反相，因此当 p_L 为正时，则 p_C 为负值，即电感元件取用能量时，电容元件正放出能量；反之，当 p_L 为负值时，则 p_C 为正值，即电感元件放出能量时，电容元件正取用能量。因而 R、L、C 串联电路与电源之间的能量交换的瞬时功率幅值，即无功功率为

$$Q = Q_L - Q_C \tag{2-53}$$

由于 $Q_L = U_L I$，$Q_C = U_C I$，所以

$$Q = Q_L - Q_C = U_L I - U_C I = (U_L - U_C)I$$

由电压三角形可知

$$U_L - U_C = U\sin\varphi$$

因此

$$Q = UI\sin\varphi \tag{2-54}$$

对于感性电路，$X_L > X_C$，则 $Q = Q_L - Q_C > 0$；对于容性电路，$X_L < X_C$，则 $Q = Q_L - Q_C < 0$。为了计算的方便，有时把容性电路的无功功率取为负值。例如一个电容元件的无功功率为 $Q = -Q_C = -U_C I$。

3. 视在功率

在正弦交流电路中，把电压电流有效值的乘积定义为视在功率（apparent power），用 S 表示，即

$$S = UI \tag{2-55}$$

视在功率的单位为 V·A（伏安）。

式（2-51）式（2-54）可改写为

$$P = S\cos\varphi$$

$$Q = S\sin\varphi$$

而

$$S = \sqrt{P^2 + Q^2} \tag{2-56}$$

因此 P、Q、S 三者也构成直角三角形的关系，如图 2-24 所示，称为功率三角形（power triangle）。功率三角形、阻抗三角形都与电压三角形相似，这三个三角形有助于了解和记忆 R、L、C 串联电路中阻抗、电压、功率之间的关系。

式（2-51）及式（2-54）~式（2-56）也适用于正弦交流电路中任一二端网络的功率计算。若二端网络端钮上的电压 u 和电流 i 的参考方向一致（如图 2-25 所示），则二端网络的平均功率和无功功率分别为

$$P = UI\cos\varphi$$

$$Q = UI\sin\varphi$$

式中，φ 为 u、i 的相位差，$\varphi = \varphi_u - \varphi_i$。

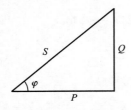

图 2-24　功率三角形

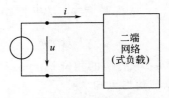

图 2-25　二端网络

交流电源设备都是按额定电压 U_N 和额定电流 I_N 设计和使用的。若供电电压为 U_N，负载取用的电流应不超过额定值 I_N，因而视在功率受到限制。有的供电设备如变压器，就标明了额定视在功率，也称为变压器的容量，用 S_N 表示，即

$$S_N = U_N I_N$$

交流电源设备以额定电压 U_N 对负载供电，即使输出电流达到额定值 I_N，但其输出有功功率还取决于负载的功率因数，即

$$P = U_N I_N \cos\varphi$$

式中，φ 为 u、i 的相位差，φ 和功率因数 $\cos\varphi$ 取决于电路（负载的参数）。

【例 2-10】 计算［例 2-8］电路的有功功率 P、无功功率 Q 和视在功率 S。

解　因为 $U = 220\text{V}$，$I = 4.4\text{A}$，$\varphi = \arctan\dfrac{X_L}{R} = 53.1°$，

所以视在功率　　　$S = UI = 220 \times 4.4 = 968\text{VA}$

有功功率　　　　　$P = UI\cos\varphi = 220 \times 4.4 \times \cos 53.1° = 580.8\text{W}$

无功功率　　　　　$Q = UI\sin\varphi = 220 \times 4.4 \times \sin 53.1° = 774.4\text{var}$

或　　　　　　　　$P = RI^2 = 30 \times 4.4^2 = 580.8\text{W}$

　　　　　　　　　$Q = X_L I^2 = 40 \times 4.4^2 = 774.4\text{var}$

【例 2-11】　一个实际线圈可用电阻 R 和电感 L 串联作为其电路模型，如图 2-21 所示。若线圈接于频率为 50Hz，电压有效值为 100V 的正弦电源上，测得流过线圈的电流 $I = 2\text{A}$，功率 $P = 40\text{W}$，试计算线圈的参数 R、L 及功率因数 $\cos\varphi$。

解　电阻　　　　　$R = \dfrac{P}{I^2} = \dfrac{40}{2^2} = 10\Omega$

阻抗　　　　　　　$|Z| = \dfrac{U}{I} = \dfrac{100}{2} = 50\Omega$

感抗　　　　　　　$X_L = \sqrt{|Z|^2 - R^2} = \sqrt{50^2 - 10^2} = 48.99\Omega$

电感　　　　　　　$L = \dfrac{X_L}{2\pi f} = \dfrac{48.99}{2 \times 3.14 \times 50} = 0.156\text{H} = 156\text{mH}$

功率因数　　　　　$\cos\varphi = \dfrac{P}{S} = \dfrac{P}{UI} = 40/100 \times 2 = 0.2$

或　　　　　　　　$\cos\varphi = \dfrac{R}{|Z|} = \dfrac{10}{50} = 0.2$

✳ 任务实施

在电阻、电感和电容元件的串联电路中，已知 $R = 300\Omega$，$L = 0.7\text{H}$，$C = 4.3\mu\text{F}$，电源电压 $u = 100\sqrt{2}\sin(314t + 20°)\text{V}$。①求感抗、容抗和复阻抗；②求电流 i；③求各元件上的

电压 u_R、u_L、u_C；④作相量图；⑤求功率 P、Q 和 S。

解　①　$X_L = \omega L = 314 \times 0.7 = 220\Omega$

$$X_C = \frac{1}{\omega C} = \frac{1}{314 \times (4.3 \times 10^{-6})} = 741\Omega$$

$$Z = R + j(X_L - X_C) = 300 + j(220 - 741)$$
$$= 300 - j521 = 601\angle -60°\Omega(电容性)$$

②　$\dot{U} = 100\angle 20°V$

$$\dot{I} = \frac{\dot{U}}{Z} = \frac{100\angle 20°}{601\angle -60°} = 0.166\angle 80°A$$

$$i = 0.166\sqrt{2}\sin(314t + 80°)A$$

③　$\dot{U}_R = R\dot{I} = 300 \times 0.166\angle 80° = 50\angle 80°V$

$$\dot{U}_L = jX_L\dot{I} = 220\angle 90° \times 0.166\angle 80° = 36.5\angle 170°V$$

$$\dot{U}_C = -jX_C\dot{I} = 741\angle -90° \times 0.166\angle 80° = 123\angle -10°V$$

这里，$U_R = 50V$，$U_L = 36.5V$，$U_C = 123V$，$U = 100V$，很显然，$U \neq U_R + U_L + U_C$，且出现了部分电压（U_C）大于电源电压（U）的现象，这反映了交流电路与直流电路的不同之处。望读者注意。

$$u_R = 50\sqrt{2}\sin(314t + 80°)V$$

$$u_L = 36.5\sqrt{2}\sin(314t + 170°)V$$

$$u_C = 123\sqrt{2}\sin(314t - 10°)V$$

④　相量图如图 2-26 所示。

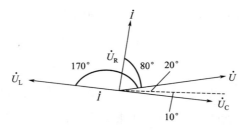

图 2-26　相量图

⑤　$P = UI\cos\varphi = 100 \times 0.166\cos(-60°) = 8.3W$

或　　　　　　　　$P = U_R I = 50 \times 0.166 = 8.3W$

$$Q = UI\sin\varphi = 100 \times 0.166\sin(-60°) = -14.45\text{var}（电容性）$$

或　　　　$Q = U_L I - U_C I = 36.5 \times 0.166 - 36.5 \times 0.166 = -14.45\text{var}$

$$S = UI = 100 \times 0.166 = 16.6V \cdot A$$

或　　　　$S = \sqrt{P^2 + Q^2} = \sqrt{8.3^2 + (-14.45)^2} = 16.6V \cdot A$

练习与思考四

1. R、L 串联的正弦交流电路，已知 $R = 3\Omega$，$X_L = 4\Omega$，试写出复阻抗 Z，并求电流电压相位差 φ 及功率因数 $\cos\varphi$。

2. 正弦交流电路，已知 $\dot{U}=20\ \underline{/30^\circ}$ V，$Z=4+\mathrm{j}3\Omega$，求电流相量 $\dot{I}$ 及 P、Q、S。

3. 正弦交流电路，已知 $\dot{U}=10\ \underline{/15^\circ}$ V，$\dot{I}=10+\mathrm{j}10$A，求 R、X、$\cos\varphi$ 及 P、Q。

任务五　简单正弦交流电路分析

**RC 串联交流
电路的测量**

知识点
◎ 基尔霍夫定律的相量形式。
◎ 阻抗串联电路的特点。
◎ 阻抗并联电路的特点。

技能点
◎ 基尔霍夫定律相量形式的计算。
◎ 掌握阻抗串联与并联的计算方法。
◎ 掌握一般交流电路的计算。

任务描述

　　正弦交流电路中，电路中元件的连接往往是比较复杂的，若电压电流都用相量表示，则可得出基尔霍夫定律的相量形式，但是有了复阻抗 Z 概念后，将复阻抗 Z 作为交流电路的基本元件来讨论交流电路，就会方便许多，一段无源支路的电压电流关系可用相量形式表示，即

$$\dot{U}=Z\dot{I}$$

上式与电阻电路的欧姆定律相似，故称之为欧姆定律的相量形式。

任务分析

　　在正弦交流电路中，由于电压电流的相量都遵循上述基本定律，因此在以复阻抗作为电路参数的电路图中，电压电流可用相量 $\dot{U}$、$\dot{I}$ 来标注，如图 2-27 所示。

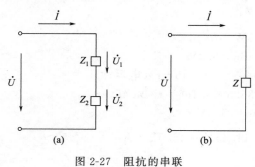

图 2-27　阻抗的串联

　　分析直流电阻电路常用的方法和定理，如应用等效变换简化电路的方法、支路电流法、节点电压法、叠加原理和戴维南定理等，都是应用欧姆定律和基尔霍夫定律导出的。在正弦交流电路中，有了相量形式的欧姆定律和基尔霍夫定律，同样可以导出上述各种分析方法和定理。因此在分析正弦交流电路时，可以直接引用分析直流电阻电路的公式或方程，只要把公式（或方程）中的电压电流都改用相量，而公式（或方程）中的电阻相应地改为复数阻抗。这里仅介绍分析简单电路常用的阻抗串并联的等效阻抗和分压、分流公式。

相关知识

一、阻抗串联的电路

图 2-27(a) 为两个阻抗串联的电路，按图示的参考方向，应用相量形式的基尔霍夫电压定律有

$$\dot{U}=\dot{U}_1+\dot{U}_2$$

由相量形式的欧姆定律得

$$\dot{U}_1=Z\dot{I} \qquad \dot{U}_2=Z_2\dot{I}$$

因此

$$\dot{U}=\dot{U}_1+\dot{U}_2=Z_1\dot{I}+Z_2\dot{I}=(Z_1+Z_2)\,\dot{I}$$

如果已知电压 $\dot{U}$ 和阻抗 Z_1、Z_2，则可计算电路中的电流

$$\dot{I}=\frac{\dot{U}}{Z_1+Z_2} \tag{2-57}$$

有时为了简化电路，可用等效阻抗 Z 替代两个串联的阻抗。对于如图 2-27(b) 所示电路有

$$\dot{I}=\frac{\dot{U}}{Z} \tag{2-58}$$

在同样的电压 $\dot{U}$ 作用下，如果图 2-27(a) 和（b）中的电流 $\dot{I}$ 相同，则阻抗 Z 与串联阻抗（Z_1、Z_2）等效。比较式(2-57) 和式(2-58) 可知，Z_1 和 Z_2 串联的等效阻抗为

$$Z=Z_1+Z_2 \tag{2-59}$$

有时在已知电压 $\dot{U}$ 和阻抗 Z_1、Z_2 的情况下，求电压 $\dot{U}_1$ 或 $\dot{U}_2$，则可应用分压公式。

由于
$$\dot{U}_1=Z_1\dot{I}$$
将式(2-57) 代入上式可得

$$\dot{U}_1=\frac{Z_1}{Z_1+Z_2}\dot{U} \tag{2-60}$$

同理
$$\dot{U}_2=\frac{Z_2}{Z_1+Z_2}\dot{U}$$

由式(2-59) 和式(2-60) 可知，阻抗串联电路的等效阻抗和分压公式与直流电阻电路的公式有相似的形式。

二、阻抗并联的电路

图 2-28(a) 为两个阻抗并联的电路，按图示的参考方向，应用相量形式的基尔霍夫电流定律有

$$\dot{I}=\dot{I}_1+\dot{I}_2$$

由相量形式的欧姆定律可得

$$\dot{I}_1=\frac{\dot{U}}{Z_1}$$

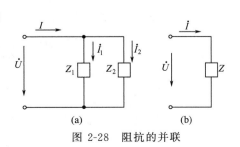

图 2-28 阻抗的并联

$$\dot{I}_2 = \frac{\dot{U}}{Z_2}$$

所以

$$\dot{I} = \dot{I}_1 + \dot{I}_2 = \frac{\dot{U}}{Z_1} + \frac{\dot{U}}{Z_2} = \left(\frac{1}{Z_1} + \frac{1}{Z_2}\right)\dot{U} \tag{2-61}$$

有时为简化电路，可用等效阻抗 Z 替代两个并联的阻抗。对于图 2-28(b) 所示电路有

$$\dot{I} = \frac{\dot{U}}{Z} \tag{2-62}$$

在同样的电压 $\dot{U}$ 作用下，如果图 2-28(a) 和（b）中的电流 $\dot{I}$ 相同，则阻抗 Z 与并联阻抗（Z_1、Z_2）等效。比较式(2-61) 和式(2-62) 可知

$$\frac{1}{Z} = \frac{1}{Z_1} + \frac{1}{Z_2}$$

故 Z_1 和 Z_2 并联的等效阻抗为

$$Z = \frac{Z_1 Z_2}{Z_1 + Z_2} \tag{2-63}$$

有时在已知电流 $\dot{I}$ 和阻抗 Z_1、Z_2 的情况下，求支路电流 $\dot{I}_1$ 或 $\dot{I}_2$，则可应用分流公式。
因为

$$\dot{U} = Z\dot{I} = \frac{Z_1 Z_2}{Z_1 + Z_2}\dot{I}$$

所以

$$\left. \begin{array}{l} \dot{I}_1 = \dfrac{\dot{U}}{Z_1} = \dfrac{Z_2}{Z_1 + Z_2}\dot{I} \\[3mm] \dot{I}_2 = \dfrac{\dot{U}}{Z_2} = \dfrac{Z_1}{Z_1 + Z_2}\dot{I} \end{array} \right\} \tag{2-64}$$

由式(2-63) 和式(2-64) 可知，阻抗并联电路的等效阻抗和分流公式与直流电阻电路的公式有相似的形式。

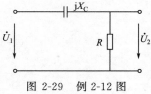

图 2-29　例 2-12 图

【例 2-12】　如图 2-29 所示 RC 串联电路，已知 $R = 1.2\text{k}\Omega$，$C = 2\mu\text{F}$，输入电压 $U_1 = 10\underline{/0°}$ V，频率 $f = 50\text{Hz}$，①求输出电压 $\dot{U}_2$；②若输入电压 $\dot{U}_1 = 10\underline{/0°}$ V 不变，而频率 $f = 2000\text{Hz}$，重新计算输出电压 $\dot{U}_2$。

解　① 把电路看成 $Z_1 = -\text{j}X_\text{C}$ 和 $Z_2 = R$ 串联的电路，
容抗

$$X_\text{C} = \frac{1}{2\pi fC} = \frac{1}{2 \times 3.14 \times 50 \times 2 \times 10^{-6}} \approx 1600\Omega$$

利用串联阻抗的分压公式有

$$\begin{aligned} \dot{U}_2 &= \frac{Z_2}{Z_1 + Z_2}\dot{U}_1 = \frac{R}{R - \text{j}X_\text{C}}\dot{U}_1 \\ &= \frac{1200}{12000 - \text{j}1600} \times 10\underline{/0°} = \frac{12000}{2000\underline{/-53.1°}} \\ &= 6.0\underline{/53.1°} \text{ V} \end{aligned}$$

② 若 $f = 2000\text{Hz}$，则

$$X_C = \frac{1}{2\pi fC} = \frac{1}{2 \times 3.14 \times 2000 \times 2 \times 10^{-6}} = 39.8\Omega$$

$$\dot{U}_2 = \frac{R}{R - jX_C}\dot{U}_1 = \frac{1200}{1200 - j39.8} \times 10 \underline{/0^\circ}$$

$$= \frac{12000}{1200.7 \underline{/-1.9^\circ}} = 9.99 \underline{/1.9^\circ} \text{ V}$$

若频率足够高或电容足够大时，使 $X_C \ll R$，$R - jX_C = R \underline{/0^\circ}$。由分压公式可知，这时 $\dot{U}_2 \approx \dot{U}_1$。

✿ 任务实施

一个电阻负载和一个感性负载并联的电路，由 230V 的正弦电源供电，如图 2-30 所示。已知电阻负载工作时的电阻为 $R_1 = 120\Omega$，感性负载的阻抗为 $Z_2 = 48 + j64\Omega$，若输电线路（双线）的电阻为 $R = 5\Omega$，求：① 整个电路的等效阻抗 Z；② 电流 $\dot{I}$ 及 $\dot{I}_1$、$\dot{I}_2$（设 $\dot{U} = 230 \underline{/0^\circ}$ V）。

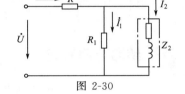

图 2-30

解　① 这是一个阻抗串并联的电路，R_1 与 Z_2 并联后再与电阻 R 串联，故等效阻抗为

$$Z = R + R_1 /\!/ Z_2$$

而 $Z_2 = 48 + j64 = 80 \underline{/53.1^\circ}\Omega$，所以

$$Z = R + \frac{R_1 Z_2}{R_1 + Z_2}$$

$$= 5 + \frac{120 \times 80 \underline{/53.1^\circ}}{120 + 48 + j64}$$

$$= 50.14 + j28.51 = 57.68 \underline{/29.62^\circ}\ \Omega$$

② 设 $\dot{U} = 230 \underline{/0^\circ}\text{V}$，则

$$\dot{I} = \frac{\dot{U}}{Z} = \frac{230 \underline{/0^\circ}}{57.68 \underline{/29.62^\circ}} = 3.99 \underline{/-29.62^\circ}\ \text{A}$$

应用分流公式有

$$\dot{I}_1 = \frac{Z_2}{R_1 + Z_2}\dot{I} = \frac{80 \underline{/53.1^\circ}}{120 + 48 + j64} \times 3.99 \underline{/-29.62^\circ}$$

$$= \frac{319.2 \underline{/23.48^\circ}}{179.8 \underline{/20.85^\circ}} = 1.775 \underline{/2.63^\circ}\ \text{A}$$

$$\dot{I}_2 = \frac{R_1}{R_1 + Z_2}\dot{I} = \frac{120 \times 3.99 \underline{/-29.62^\circ}}{179.8 \underline{/20.85^\circ}}$$

$$= 2.663 \underline{/-50.47^\circ}\ \text{A}$$

或者先用分压公式计算 $\dot{U}_2$

$$\dot{U}_2 = \frac{R_1 /\!/ Z_2}{R + R_1 /\!/ Z_2} \times \dot{U}$$

$$= \frac{53.39 \angle 32.28°}{57.68 \angle 29.62°} \times 230 \angle 0° = 212.89 \angle 2.66° \text{ V}$$

$$\dot{I}_1 = \frac{\dot{U}_2}{R_1} = \frac{212.89 \angle 2.66°}{120} = 1.774 \angle 2.66° \text{ A}$$

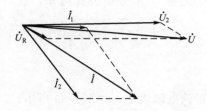

图 2-31　相量图

$$\dot{I}_2 = \frac{\dot{U}_2}{Z_2} = \frac{212.89 \angle 2.66°}{80 \angle 53.13°}$$

$$= 2.661 \angle -50.74° \text{ A}$$

输电线路的电压降为

$$\dot{U}_R = \dot{R}I = 5 \times 3.99 \angle -29.66° = 19.95 \angle -29.62° \text{ V}$$

图 2-31 给出了各电压电流的相量图。

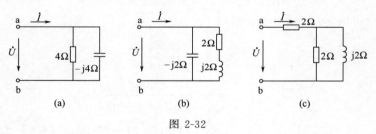

练习与思考五

1. 求如图 2-32 所示各电路的复数阻抗 Z_{ab}。

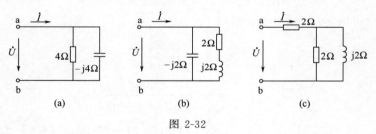

图 2-32

2. 如图 2-32(a)、(b) 所示电路，已知电压相量 $\dot{U} = 100 \angle 0°$ V，求电流相量 I。① 用欧姆定律相量形式 $\dot{I} = \dot{U}/Z_{ab}$ 计算；② 用基尔霍夫电流定律的相量形式 $\dot{I} = \dot{I}_1 + \dot{I}_2$ 计算，并画出电压电流相量图。

3. 对于 RC 串联的正弦交流电路，以下的电压电流表达式哪些是错的？哪些是对的？

$$i = u/|Z|\,;\quad I = U/(R + X_C)\,;\quad \dot{I} = \dot{U}/(R - jX_C)\,;\quad I = U/\sqrt{R^2 + X_C^2}\,;$$

$$u_R = [R/(R - jX_C)]u\,;\dot{U}_R = [R/(R - jX_C)]\dot{U}\,;$$

$$U_R = [R/(R + X_C)]U\,;\quad U_R = R/\sqrt{R^2 + X_C^2}\,U$$

任务六　功率因数的提高

知识点

◎ RL//C 的正弦交流电路。

◎ 提高功率因数的意义。

◎ 提高功率因数的方法。

技能点

◎ 认识 RL//C 正弦交流电路的主要用途。

◎ 理解提高功率因数的意义。

◎ 掌握提高功率因数的方法。

思政要素

 任务描述

　　企业所用交流设备多数为电感性负载，如电动机、变压器、感应加热炉、电磁铁等，而实际用电器的功率因数都在 $0\sim1$ 之间，例如白炽灯的功率因数接近 1，日光灯在 0.5 左右，工农业生产中大量使用的异步电动机满载时可达 0.9 左右，而空载时会降到 0.2 左右，交流电焊机只有 $0.3\sim0.4$，交流电磁铁甚至低到 0.1。由于电力系统中接有大量的感性负载，线路的功率因数一般不高，为此需提高功率因数（power factor）。

功率因数的提高

 任务分析

　　在交流电路中，有功功率与视在功率的比值用 λ 表示，称为电路的功率因数，即

$$\lambda=\frac{P}{S}=\cos\varphi$$

　　因而，电压与电流的相位差 φ 又称为功率因数角（power-factor angle），它是由电路的参数决定的。在纯电容和纯电感电路中，$P=0$，$Q=S$，$\lambda=0$，功率因数最低，在纯电阻电路中，$P=S$，$Q=0$，$\lambda=1$，功率因数最高。功率因数是一项重要的经济指标。

 相关知识

一、提高功率因数的意义

1. 使电源设备得到充分利用

　　一般交流电源设备（发电机、变压器）都是根据额定电压 U_N 和额定电流 I_N 来进行设计、制造和使用的。它能够供给负载的有功功率为 $P_1=U_N I_N\cos\varphi$。当 U_N、I_N 为定值时，若 $\cos\varphi$ 低，则负载吸收的功率低，因而电源供给的有功功率 P_1 也低，这样电源的潜力就没有得到充分发挥。例如额定容量为 $S_N=100\text{kV}\cdot\text{A}$ 的变压器，若负载的功率因数 $\lambda=\cos\varphi=1$，则变压器达额定时，可输出有功功率 $P_1=S_N\cos\varphi=100\text{kW}$；若负载的 $\lambda=\cos\varphi=0.2$，则变压器达额定时只能输出 $P_1=S_N\cos\varphi=20\text{kW}$。若增加输出，则电流过载。显然，这时变压器没有得到充分利用。因此，提高负载的功率因数，可以提高电源设备的利用率。

2. 降低线路损耗和线路压降

　　输电线上的损耗为 $P=I^2R_1$（R_1 为线路电阻），线路压降为 $U_1=R_1I$，而线路电流 $I=P_1/(U\cos\varphi)$。由此可见，当电源电压 U 及输出有功功率 P_1 一定时，提高 $\cos\varphi$，可以使线路电流减小，从而降低了传输线上的损耗，提高了传输效率；同时，线路上的压降减小，使负载的端电压变化减小，提高了供电质量。或在相同的线路损耗的情况下，节约用

铜。因为 $\cos\varphi$ 提高，电流减小，在 P_1 一定时，线路电阻可以增大，故传输导线可以细些，节约了铜材。

二、提高功率因数的方法

提高功率因数的方法除了提高用电设备本身的功率因数，例如正确选用异步电动机的容量，减少轻载和空载以外，主要采用在感性负载两端并联电容器的方法对无功功率进行补偿。如图 2-33（a）所示，设负载的端电压为 $\dot{U}$，在未并联电容时，感性负载中的电流

$$\dot{I}_1 = \frac{\dot{U}}{Z_1} = \frac{\dot{U}}{R+jX_L} = \frac{\dot{U}}{|Z_1| \angle \varphi_1} = \frac{U}{|Z_1|} \angle -\varphi_1$$

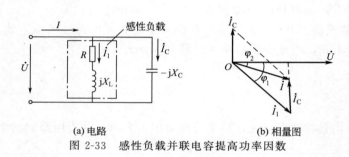

(a) 电路　　　　　　　　　(b) 相量图
图 2-33　感性负载并联电容提高功率因数

当并上电容后 $\dot{U}$ 不变，而电容支路有电流

$$\dot{I}_C = \frac{\dot{U}}{-jX_C} = j\frac{\dot{U}}{X_C}$$

故线路电流

$$\dot{I} = \dot{I}_1 + \dot{I}_C$$

相量图如图 2-33（b）所示。

相量图表明，在感性负载的两端并联适当的电容，可使电压与电流的相位差 φ 减小，即原来是 φ_1，现减小为 φ_2，$\varphi_2 < \varphi_1$，故 $\cos\varphi_2 > \cos\varphi_1$，同时线路电流由 I_1 减小为 I。这时能量互换部分发生在感性负载与电容器之间，因而使电源设备的容量得到充分利用，线路上的能耗和压降也减小了。

三、并联电容的选取

由于未并入电容时，电路的无功功率为

$$Q = UI_1 \sin\varphi_1 = UI_1 \frac{\sin\varphi_1 \cos\varphi_1}{\cos\varphi_1} = P\tan\varphi_1$$

而并入电容后，电路的无功功率为

$$Q' = UI\sin\varphi_2 = P\tan\varphi_2$$

因而电容需要补偿的无功功率为

$$Q_C = Q - Q' = P(\tan\varphi_1 - \tan\varphi_2)$$

又因

$$Q_C = I_C^2 X_C = \frac{U^2}{X_C} = \omega C U^2$$

故
$$C=Q_C/\omega U^2=\frac{P}{2\pi fU^2}(\tan\varphi_1-\tan\varphi_2)$$

这就是所需并联的电容器的电容量。式中 P 是负载所吸收的功率，U 是负载的端电压，φ_1 和 φ_2 分别是补偿前和补偿后的功率因数角。

为了提高电网的经济运行水平，充分发挥设备的潜力，减少线路功率损失和提高供电质量，国家有关部门规定一般工业用户的功率因数以 0.85 为标准，优惠用户以 0.90 为标准，凡用户实际月平均功率因数超过或低于标准功率因数时，要按一定的百分比减收或增收电费。

任务实施

某电源 $S_N=20\text{kV}\cdot\text{A}$，$U_N=220\text{V}$，$f=50\text{Hz}$。试求：

① 该电源的额定电流；

② 该电源若供给 $\cos\varphi_1=0.5$、40W 的日光灯，最多可点多少盏？此时线路的电流是多少？

③ 若将电路的功率因数提高到 $\cos\varphi_2=0.9$，此时线路的电流是多少？需并联多大电容？

综合实训：日光灯电路连接与功率因数的提高

功率因数的提高—日光灯电路

解　① 额定电流

$$I_N=\frac{S_N}{U_N}=\frac{20\times10^3}{220}=91\text{A}$$

② 设日光灯的盏数为 n，即 $n\times P=S_N\cos\varphi_1$，

则
$$n=\frac{S_N\cos\varphi_1}{P}=20\times10^3\times0.5/40=250\text{ 盏}$$

此时线路电流为额定电流，即 $I_1=91\text{A}$。

③ 因电路总的有功功率 $P=n\times40=250\times40=10\text{kW}$，故此时线路中的电流为

$$I=\frac{P}{U\cos\varphi_2}=\frac{10\times10^3}{220\times0.9}=50.5\text{A}$$

随着功率因数由 0.5 提高到 0.9，线路电流由 91A 下降到 50.5A，因而电源仍有潜力供电给其他负载。因 $\cos\varphi_1=0.5$，$\varphi_1=60°$，$\tan\varphi_1=1.731$；$\cos\varphi_2=0.9$，$\varphi_2=25.8°$，$\tan\varphi_2=0.483$。于是所需电容器的电容量为

$$C=\frac{P}{2\pi fU^2}(\tan\varphi_1-\tan\varphi_2)$$
$$=\frac{10\times10^3}{2\pi\times50\times220^2}(1.731-0.483)=820\mu\text{F}$$

练习与思考六

1. 在感性负载的两端并联电容可以提高功率因数，是否并联的电容量越大，$\cos\varphi$ 提得越高？

2. 感性负载为什么不用串联电容器来提高功率因数？

任务七　电路中的谐振

RLC 串联电路

知识点

◎ 谐振条件。

◎ 谐振特征。

◎ 谐振曲线及通频带。

技能点

◎ 谐振频率的计算。

◎ 品质因数与谐振曲线的关系。

◎ 谐振的应用。

 任务描述

　　在任务四中曾经提到过谐振现象。谐振一方面在工业生产中有广泛的应用，例如用于高频淬火、高频加热以及收音机、电视机中；另一方面，谐振时会在电路的某些元件中产生较大的电压或电流，致使元件受损，在这种情况下又要注意避免工作在谐振状态。无论是利用它，还是避免它，都必须研究它，认识它。

 任务分析

　　那么什么是谐振（resonance）呢？在具有电感和电容元件的电路中，电路两端的电压与其中的电流一般是不同相的。如果我们调节电路的参数或电源的频率而使它们同相，这时电路中就发生谐振现象。研究谐振的目的就是要认识这种客观现象，并在生产上充分利用谐振的特征，同时又要预防它所产生的危害。按发生谐振的电路的不同，谐振现象可分为串联谐振和并联谐振。本任务就分别讨论这两种谐振的条件和特征及品质因数与谐振曲线的关系。

 相关知识

一、串联谐振

1. 谐振条件和谐振频率

在任务四中已经提到，在 R、L、C 元件串联的电路中，若

$$X_L = X_C \text{ 或 } 2\pi fL = \frac{1}{2\pi fC} \tag{2-65}$$

则

$$\varphi = \arctan \frac{X_L - X_C}{R} = 0$$

　　即电源电压 $\dot{U}$ 与电路中的电流 $\dot{I}$ 同相。这时电路中发生谐振现象。因为发生在串联电路中，所以称为串联谐振（series resonance）。

　　式（2-65）是发生串联谐振的条件，并由此得出谐振频率（resonant frequency）又称固有频率（natural frequency）。

$$f=f_0=\frac{1}{2\pi\sqrt{LC}} \tag{2-66}$$

即当电源频率 f 与电路参数 L 和 C 之间满足上式关系时，则发生谐振。可见只要调节 L、C 或电源频率 f 都能使电路发生谐振。

2. 串联谐振的特征

① 电路的阻抗 $|Z|=\sqrt{R^2+(X_L-X_C)^2}=R$，其值最小。因此，在电源电压 U 不变的情况下，电路中的电流将在谐振时达到最大值，即

$$I=I_0=\frac{U}{R}$$

在图 2-34 中分别画出了阻抗和电流等随频率变化的曲线。

② 由于电源电压与电路中电流同相（$\varphi=0$），因此电路对电源呈现电阻性。电源供给电路的能量全被电阻所消耗，电源与电路之间不发生能量的互换。能量的互换只发生在电感线圈与电容器之间。

③ 由于 $X_L=X_C$，于是 $U_L=U_C$。而 $\dot{U}_L$ 与 $\dot{U}_C$ 在相位上相反，互相抵消，对整个电路不起作用，因此电源电压 $\dot{U}=\dot{U}_R$（见图 2-35）。

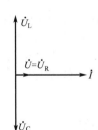

谐振电路

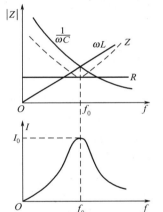

图 2-34　阻抗与电流等随频率变化的曲线　　图 2-35　串联谐振时的相量图

但是，U_L 和 U_C 的单独作用不容忽视；因为

$$\left.\begin{array}{l} U_L=IX_L=\dfrac{U}{R}X_L \\[2mm] U_C=IX_C=\dfrac{U}{R}X_C \end{array}\right\} \tag{2-67}$$

当 $X_L=X_C>R$ 时，U_L 和 U_C 都高于电源电压 U。如果电压过高时，可能会击穿线圈和电容器的绝缘。因此，在电力工程中一般应避免发生串联谐振。但在无线电工程中则常利用串联谐振以获得较高电压，电容或电感元件上的电压常高于电源电压几十倍或几百倍。

因为串联谐振时 U_C 和 U_L 可能超过电源电压许多倍，所以串联谐振也称电压谐振（voltage resonance）。

U_C 或 U_L 与电源电压 U 之比值，通常用 Q 来表示

$$Q=\frac{U_C}{U}=\frac{U_L}{U}=\frac{1}{\omega_0CR}=\frac{\omega_0L}{R} \tag{2-68}$$

　　Q 称为电路的品质因数（quality factor）或简称 Q 值。在式（2-68）中，它的意义是表示在谐振时电容或电感元件上的电压是电源电压的 Q 倍。例如，$Q=100$，$U=6V$，那么在谐振时电容或电感元件上的电压就高达 600V。

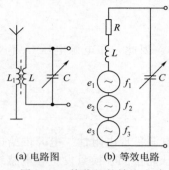

(a) 电路图　　(b) 等效电路

图 2-36　接收机的输入电路

　　串联谐振在无线电工程中的应用较多，例如在接收机里被来选择信号。图 2-36（a）是接收机里典型的输入电路。它的作用是将需要收听的信号从天线所收到的许多频率不同的信号之中选出来，其他不需要的信号则尽量地加以抑制。

　　输入电路的主要部分是天线线圈 L_1 和由电感线圈 L 与可变电容器 C 组成的串联谐振电路。天线所收到的各种频率不同的信号都会在 LC 谐振电路中感应出电动势 e_1、e_2、e_3，如图 2-36（b）所示，图中的 R 是线圈 L 的电阻。改变 C，对所需信号频率调到串联谐振，那么这时 LC 回路中该频率的电流最大，在可变电容器两端的这种频率的电压也就最高。其他各种不同频率的信号虽然也在接收机里出现，但由于它们没有达到谐振，在回路中引起的电流很小。这样就起到了选择信号和抑制干扰的作用。

　　这里有一个选择性的问题。如图 2-37 所示，当谐振曲线比较尖锐时，稍有偏离谐振频率 f 的信号，就大大减弱。就是说，谐振曲线越尖锐，选择性就越强。为了定量地说明选择性的好坏，通常引用通频带宽度（pass-band）的概念。就是规定，在电流 I 值等于最大值 I_0 的 70.7%（即 $1/\sqrt{2}$）处频率的上下限之间宽度称为通频带宽度，即

$$\Delta f = f_2 - f_1$$

　　通频带宽度越小，表明谐振曲线越尖锐，电路的频率选择性就越强。而谐振曲线的尖锐或平坦同 Q 值有关，如图 2-38 所示。设电路的 L 和 C 值不变，只改变 R 值。R 值越小，Q 值越大，则谐振曲线越尖锐，也就是选择性越强。这是品质因数 Q 的另外一个物理意义。减小 R 值，也就是减小线圈导线的电阻和电路中的各种能量损耗。

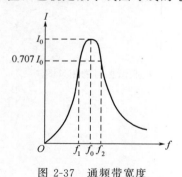

图 2-37　通频带宽度　　　　　　　图 2-38　Q 与谐振曲线的关系

　　【例 2-13】　将一线圈（$L=4mH$，$R=50\Omega$）与电容器（$C=160pF$）串联，接在 $U=25V$ 的电源上。①当 $f_0=200kHz$ 时发生谐振，求电流与电容器上的电压；②当频率增加 10% 时，求电流与电容器上的电压。

　　解　①当 $f_0=200kHz$ 电路发生谐振时

$$X_L = 2\pi f_0 L = 2 \times 3.14 \times 200 \times 10^3 \times 4 \times 10^{-3} = 5000\Omega$$

$$X_C = \frac{1}{2\pi f_0 C} = \frac{1}{2 \times 3.14 \times 200 \times 10^3 \times 160 \times 10^{-12}} = 5000\Omega$$

$$I_0 = \frac{U}{R} = \frac{25}{50} = 0.5\text{A}$$

$$U_C = I_0 X_C = 0.5 \times 5000 = 2500\text{V}\ (>U)$$

② 当频率增加 10% 时

$$X_L = 5500\Omega$$

$$X_C = 4500\Omega$$

$$|Z| = \sqrt{50^2 + (5500 - 4500)^2} \approx 1000\Omega (>R)$$

$$I = \frac{U}{|Z|} = 25/1000 = 0.025\text{A}\ (<0.5\text{A})$$

$$U_C = I X_C = 0.025 \times 4500 = 112.5\text{V}\ (<2500\text{V})$$

可见偏离谐振频率 10% 时，I 和 U_C 就大大减小。

【例 2-14】　某收音机的输入电路如图 2-36(a) 所示，线圈 L 的电感 $L = 0.3\text{mH}$，电阻 $R = 16\Omega$。今欲收听 640kHz 某电台的广播，应将可变电容 C 调到多少皮法？如在调谐回路中感应出电压 $U = 2\mu\text{V}$，试求这时回路中该信号的电流多大，并在线圈（或电容）两端得出多大电压？

解　根据 $f = 1/2\pi\sqrt{LC}$ 可得

$$640 \times 10^3 = \frac{1}{2 \times 3.14 \sqrt{0.3 \times 10^{-3} C}}$$

由此算出

$$C = 204\text{pF}$$

这时

$$I = \frac{U}{R} = 2 \times 10^{-6}/16 = 0.13\mu\text{A}$$

$$X_C = X_L = 2\pi f L = 2 \times 3.14 \times 640 \times 10^3 \times 0.3 \times 10^{-3} = 1200\Omega$$

$$U_C \approx U_L = I X_L = 0.13 \times 10^{-6} \times 1200 = 156\mu\text{V}$$

二、并联谐振

1. 谐振条件和谐振频率

如图 2-39 所示的是电容器与线圈并联的电路。电路的等效阻抗为

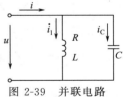

图 2-39　并联电路

$$Z = \frac{\dfrac{1}{\text{j}\omega C}(R + \text{j}\omega L)}{\dfrac{1}{\text{j}\omega C} + R + \text{j}\omega L} = \frac{R + \text{j}\omega L}{1 + \text{j}\omega RC - \omega^2 LC}$$

一般在谐振频率附近，$\omega L \gg R$，则上式可写成

$$Z \approx \frac{\text{j}\omega L}{1 + \text{j}\omega RC - \omega^2 LC} = \frac{1}{\dfrac{RC}{L} + \text{j}\left(\omega C - \dfrac{1}{\omega L}\right)} \qquad (2\text{-}69)$$

由此可得并联谐振（parallel-resonance）频率，即将 ω 调到 ω_0 时发生谐振，这时

$$\omega_0 C - \frac{1}{\omega_0 L} \approx 0 \qquad\qquad \omega_0 = \frac{1}{\sqrt{LC}}$$

或

$$f = f_0 \approx \frac{1}{2\pi\sqrt{LC}}$$

与串联谐振频率近于相等。

2. 并联谐振的特征

① 由式（2-69）可知，谐振时电路的阻抗为

$$|Z_0| = \frac{1}{\frac{RC}{L}} = \frac{L}{RC} \qquad (2\text{-}70)$$

其值最大，即比非谐振情况下的阻抗要大。因此在电源电压 U 一定的情况下，电路中的电流 i 将在谐振时达到最小值，即

$$I = I_0 = \frac{U}{|Z_0|}$$

例如一个并联电路（见图 2-39）的参数为 $C = 0.002\mu F$，$L = 20\mu H$，$R = 5\Omega$，则谐振频率为

$$f_0 \approx \frac{1}{2\pi\sqrt{LC}} \approx 8 \times 10^5 \, \text{Hz}$$

谐振时电路的阻抗为

$$|Z_0| = \frac{L}{RC} = \frac{20 \times 10^{-6}}{5 \times 0.002 \times 10^{-6}} = 2000\Omega$$

这表明该电路在频率为 $8 \times 10^5 \, \text{Hz}$ 时发生谐振，谐振时对电源所呈现的阻抗为 2000Ω。阻抗与电流的谐振曲线如图 2-40 所示。

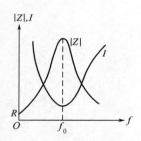

图 2-40 $|Z|$ 和 I 的谐振曲线

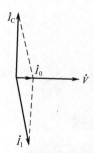

图 2-41 并联谐振时的相量图

② 由于电源电压与电路中电流同相（$\varphi = 0$），因此，电路对电源呈现电阻性。谐振时电路的阻抗 Z_0 相当于一个电阻。

③ 谐振时各并联支路的电流为

$$I_1 = \frac{U}{\sqrt{R^2 + (2\pi f_0 L)^2}} \approx U/2\pi f_0 L$$

$$I_C = \frac{U}{\frac{1}{2\pi f_0 C}}$$

而

$$|Z_0| = \frac{L}{RC} = \frac{2\pi f_0 L}{R/(2\pi f_0 C)} \approx \frac{(2\pi f_0 L)^2}{R}$$

当 $2\pi f_0 L \gg R$ 时，

$$2\pi f_0 L \approx \frac{1}{2\pi f_0 C} \ll (2\pi f_0)^2/R$$

于是可得 $I_1 \approx I_C \gg I_0$（见图 2-41），即在谐振时并联支路的电流近于相等，而比总电流大许多倍。因此，并联谐振也称电流谐振（current resonance）。

I_C 或 I_1 与总电流 I_0 之比值为电路的品质因数

$$Q = I_1/I_0 = 2\pi f_0 L/R = \omega_0 L/R = \frac{1}{\omega_0 CR} \tag{2-71}$$

即在谐振时，支路电流 I_C 或 I_1 是总电流 I_0 的 Q 倍，也就是谐振时电路的阻抗为支路阻抗的 Q 倍。

这种现象在直流电路中是不会发生的。在直流电路中，并联电路的等效电阻一定小于任何一个支路的电阻，而总电流一定大于支路电流。

④ 如果图 2-39 的并联电路改由恒流源供电，当电源为某一频率时发生谐振，电路阻抗最大，电流通过时在电路两端产生的电压也是最大。当电源为其他频率时电路不发生谐振，阻抗较小，电路两端的电压也较小。这样就起了选频的作用。电路的品质因数 Q 值越大（在 L 和 C 值不变时 R 值越小），谐振时电路的阻抗 $|Z_0|$ 也越大，阻抗谐振曲线也越尖锐（见图 2-42），选择性也就越强。

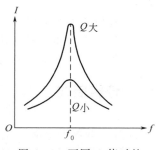

图 2-42　不同 Q 值时的阻抗谐振曲线

并联谐振在无线电工程和工业电子技术中也常应用。例如利用并联谐振时阻抗高的特点来选择信号或消除干扰。

✳ 任务实施

如图 2-39 所示的并联电路中，$L=0.25\mathrm{mH}$，$R=25\Omega$，$C=85\mathrm{pF}$，试求谐振角频率 ω_0、品质因数 Q 和谐振时电路的阻抗 $|Z_0|$。

解　$\omega_0 \approx \sqrt{\dfrac{1}{LC}} = \sqrt{\dfrac{1}{0.25 \times 10^{-3} \times 85 \times 10^{-12}}}$

$$= \sqrt{4.7 \times 10^{13}} = 6.86 \times 10^6 \,\mathrm{rad/s}$$

$$f_0 = \omega_0/2\pi = 6.86 \times 10^6/2\pi = 1100\mathrm{kHz}$$

$$Q = \omega_0 L/R = 6.86 \times 10^6 \times 0.25 \times 10^{-3}/25 = 68.6$$

$$|Z_0| = L/RC = 0.25 \times 10^{-3}/25 \times 85 \times 10^{-12} = 117\mathrm{k}\Omega$$

✎ 练习与思考七

1. 图 2-36(a) 中，L 与 C 似乎是并联的，为什么说是串联谐振电路？
2. 试分析电路发生谐振时能量的消耗和互换情况。
3. 试说明当频率低于和高于谐振频率时，RLC 串联电路是电容性还是电感性的？
4. 在图 2-39 中线圈的电阻 R 大于零，试分析发生并联谐振时的情况（Z_0、I_1、I_C、I）。

任务八　三相正弦交流电路

教学情境 1　三相正弦交流电源

知识点

◎ 三相对称电源的产生和相序。

◎ 三相电源的连接形式。

◎ 线电压与相电压之间的关系。

技能点

◎ 三相交流电动势的表示方法。

◎ 会进行三相交流电动势三种表示方法的互换。

◎ 会计算线电压与相电压。

思政要素

 任务描述

目前，世界上电能的生产、输送、分配，大都采用三相制。所谓三相制，是由频率相同、幅值相等、相位互差 120°的三个正弦电动势作为电源的供电体系。上述三个电动势称为三相对称电动势（balanced three-phase sources）。

三相制与单相制供电方式相比，具有很多优点。采用三相制传输电能，在输电距离、输送功率、电压等级、线路损失都相等的条件下，可节省输电导线（有色金属）、降低供电成本；三相交流发电机和三相电力变压器与同容量的单相供电设备相比，具有结构简单、体积小、价格低廉等优点；在生产中大量使用的三相异步电动机，其性能优于单相电动机。上述优点使三相制成为当前供电的主要形式。

 任务分析

在前几个项目中讨论了单相正弦交流电路，本项目介绍三相正弦交流电路。主要内容有：对称三相电源的特点、对称三相电路（three-phase circuit）的计算、不对称三相电路的概念。重点是对称三相电路中电压、电流的相值与线值的关系，不对称三相电路中中线的作用及功率的计算。

 相关知识

一、三相电源

三相对称电动势是由三相交流发电机产生的。图 2-43（a）是简化的三相交流发电机的原理示意图。

三相交流发电机的固定部分叫作定子（stator）。在定子铁心槽内嵌有相互独立、彼此相同、空间上彼此相隔 120°的三个绕组，称为三相对称绕组。其首端分别用字母 A、B、C 表示，末端分别用字母 X、Y、Z 表示。三相交流发电机的转动部分叫作转子（rotor）。在转子铁心上嵌有一组绕组，并通以直流电使转子被磁化为磁极，因而转子绕组称为激磁绕组。

沿转子铁心表面磁感应强度按正弦规律分布。

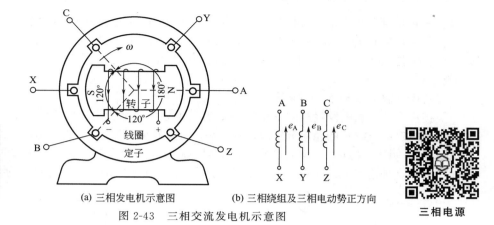

(a) 三相发电机示意图　　(b) 三相绕组及三相电动势正方向

图 2-43　三相交流发电机示意图

三相电源

当转子由原动机拖动按照逆时针方向等速旋转时，绕组中的磁通将发生变化，并产生感应电动势。由于磁感应强度呈正弦分布且绕组又是对称的，故三相电动势均按正弦规律变化，且幅值相等、频率相同、相位互差 120°。三相电动势的正方向规定从绕组末端指向始端，并分别用 e_A、e_B、e_C 表示，如图 2-43（b）所示，其瞬时值解析式一般可写为

$$\left.\begin{aligned}
e_A &= E_m \sin\omega t\\
e_B &= E_m \sin(\omega t - 120°)\\
e_C &= E_m \sin(\omega t - 240°)\\
&= E_m \sin(\omega t + 120°)
\end{aligned}\right\} \tag{2-72}$$

若用相量形式来表示，则

$$\left.\begin{aligned}
\dot{E}_A &= E \angle 0°\\
\dot{E}_B &= E \angle -120°\\
\dot{E}_C &= E \angle -240° = E \angle 120°
\end{aligned}\right\} \tag{2-73}$$

若用波形图和有效值矢量图表示，则如图 2-44（a）、（b）所示。

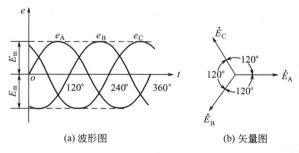

(a) 波形图　　　　　　　(b) 矢量图

图 2-44　三相对称电动势

三相电动势依次达到正最大值（或零值）的次序称为三相电源的相序（phase sequence）。习惯上，以 A 相电动势为参考正弦量，见式（2-72），$\varphi_A = 0$，则 e_B 滞后于 $e_A 120°$，e_C 滞后于 $e_A 240°$（或超前于 $e_A 120°$），这是按 A→B→C 的相序循环下去的，简称为顺序。如图 2-44（a）所示三相电动势即为顺序。若三相电动势到达正最大值（或零值）的次序为 A→C→B，则称为逆序。在工程上如无特殊说明，均采用顺序。

二、三相对称电源的连接

将三相电源分别与负载相连，就成为三个单相电源的独立供电电路，如图 2-45 所示。作为三相制的电力系统（three-phase power system），这种供电方式需要六根输电线。为了简化供电线路，充分体现三相制的优越性，实际中是把三相电源接成星形或三角形。

1. 三相电源的星形连接（Y接）

① 接法。从三相电源绕组的三个始端引出三条导线，称为端线或火线（在配电室里，三条端线通常按 A、B、C 的相序分别涂以黄、绿、红三种颜色）。将三相绕组的三个末端接到一起，构成了一个公共点 N，称为中点（neutral point），若中点有引出线则称为中线（neutral conductor）。这种连接方式叫作电源的星形连接（star connection），如图 2-46 所示。

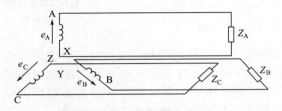

图 2-45　各相独立供电的三相电路

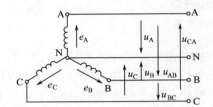

图 2-46　三相电源的星形连接

如果三根端线与一根中线把电源和负载连接起来，这种供电方式称为三相四线制。不引出中线则称为三相三线制。在低压供电线路中，中点通常接地且令其为零电位，接地中点称为"零点"（zero point），零点引出线称为"零线"或地线（ground wire）。

② 相电压与线电压的关系。端线与中线之间的电压称为相电压（phase voltage），分别用 u_A、u_B、u_C 表示。由于三个电动势是对称的，故三个相电压也是对称的，即 u_A、u_B、u_C 大小相等，频率相同，相位互差 $120°$。相电压的有效值用 U_P 表示，即

$$U_A = U_B = U_C = U_P \tag{2-74}$$

端线与端线之间的电压称为线电压（line voltage），用 u_{AB}、u_{BC}、u_{CA} 表示。根据基尔霍夫电压定律，从图 2-46 可得线电压与相电压的关系为

$$\left.\begin{array}{l} u_{AB} = u_A - u_B \\ u_{BC} = u_B - u_C \\ u_{CA} = u_C - u_A \end{array}\right\} \tag{2-75}$$

用矢量表示则为

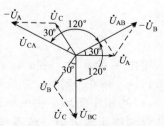

图 2-47　Y接时线电压与相电压的关系矢量图

$$\left.\begin{array}{l} \dot{U}_{AB} = \dot{U}_A - \dot{U}_B \\ \dot{U}_{BC} = \dot{U}_B - \dot{U}_C \\ \dot{U}_{CA} = \dot{U}_C - \dot{U}_A \end{array}\right\} \tag{2-76}$$

设 $\dot{U}_A$ 为参考矢量，根据式（2-76），可画出线电压与相电压的矢量图如图 2-47 所示。

从图中可以看出，由于三个相电压是对称的，故三个线电压也是对称的。对称线电压的有效值用 U_L 表示，即

$$U_{AB} = U_{BC} = U_{CA} = U_L$$

从图 2-47 还可看出，线电压在相位上超前对应的相电压 $30°$。如 $\overline{U}_{AB}$ 超前 $\overline{U}_A 30°$，如此类推；线电压的大小为相电压的 $\sqrt{3}$ 倍，即

$$U_L = \sqrt{3} U_P \qquad\qquad (2\text{-}77)$$

式（2-77）不难从图 2-47 得到证明，如以 U_{AB} 为例，显然

$$U_{AB} = 2U_A \cos 30° = 2U_A \frac{\sqrt{3}}{2} = \sqrt{3} U_A$$

同理可得，$U_{BC} = \sqrt{3} U_B$、$U_{CA} = \sqrt{3} U_C$，因此 $U_L = \sqrt{3} U_P$。

三相电源的星形接法应用十分普遍，它可以输出两组不同的电压，这是单相电源无法办到的。在低压供电系统中，最常用的是相电压 220V、线电压 380V。应当注意，在三相供电线路中，凡提到供电的额定电压，一般都指线电压。例如一些不同等级的三相供电电压 110kV、35kV、10kV、380V 等，都是线电压。

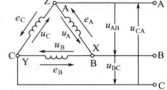

图 2-48　三相电源的三角形连接

2. 三相电源的三角形连接（△接）

三相电源也可作三角形连接（triangular connection），如图 2-48 所示，即依次将每一相绕组的末端与另一相绕组的始端相连，构成一个闭合的三角形。在三个连接点上引出三根端线，就构成三相三线制供电系统。显然，电源做三角形连接时，线电压等于相电压，即 $u_{AB} = u_A$，$u_{BC} = u_B$，$u_{CA} = u_C$，其有效值为 $U_{AB} = U_A$，$U_{BC} = U_B$，$U_{CA} = U_C$。由于三相电源对称，故有

$$U_{AB} = U_{BC} = U_{CA} = U_A = U_B = U_C$$

写为一般形式，即

$$U_L = U_P$$

电源的三角形连接只能向负载提供一种电压。实际应用中，三相发电机一般不用三角形连接，在企业供配电中也很少应用。但是，作为高压输电用的三相电力变压器，有时需要采用三角形连接。

✖ 任务实施

已知Y连接的对称三相电源中，V(A) 相电动势的瞬时值 $e_V = 220\sqrt{2}\sin(\omega t - 30°)$V。

① 试写出正序时，其他两相电动势的瞬时值表达式、相量式；

② 画出波形图和相量图。

解　① 由正序的规定可得：

$$e_U = 220\sqrt{2}\sin(\omega t + 90°)\text{V}$$
$$e_W = 220\sqrt{2}\sin(\omega t - 150°)\text{V}$$

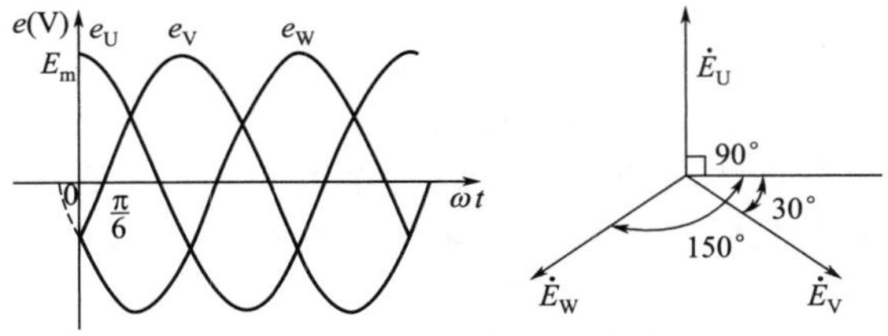

相量表达式

$$\dot{E}_U = E\angle 90° = 220\angle 90°$$

$$\dot{E}_V = E\angle -30° = 220\angle -30°$$

$$\dot{E}_W = E\angle -150° = 220\angle -150°$$

② 波形图和相量图如图 2-49 所示。

图 2-49　波形图和相量图

教学情境 2　三相电路分析与计算

知识点

◎ 三相负载连接时电压、电流的关系。

◎ 中线的作用。

◎ 三相电路的功率。

技能点

◎ 会计算负载作Y、△连接时电路中的电压、电流。

◎ 计算中线上的电流。

◎ 掌握三相电路功率的计算。

思政要素

 任务描述

负载接入电源要遵循两个原则，即电源电压应与负载的额定电压一致；全部负载应均匀地分配给三相电源。实际上，一类用电设备需要三相电源，即本身就是一组三相负载，如三相电热炉及工业上大量使用的三相电动机；另一类用电设备只需单相电源，如照明，电烙铁、电风扇等，这类单相负载也要按一定规则连接起来，组成三相负载。

 任务分析

若三相负载的阻抗值相等（$Z_A=Z_B=Z_C$），阻抗性质相同（$|Z_A|=|Z_B|=|Z_C|=|Z|$，$\varphi_A=\varphi_B=\varphi_C$），则称为三相对称负载（symmetrical load）。若三相负载不同时满足阻抗值相等和阻抗性质相同的条件，就是三相不对称负载。三相电源一般是对称的，如果负载也对称，则称为三相对称交流电路；否则，就是不对称三相电路。三相负载不管对称与否，也有星形和三角形两种接法。

 相关知识

三相负载的连接

一、负载的星形连接

1. 三相四线制

三相负载做星形连接时，如果负载不对称，一定要接成三相四线制；如果负载对称，则可接成三相三线制。先分析三相四线制（three-phase four-wire system）。

在图 2-50 中，三相负载 Z_A、Z_B、Z_C 分别接于电源各端线与中线之间，这样，四根导线把电源和负载连接起来，构成了三相四线制星形连接。三相负载的公共点用 N′ 表示，称为负载中点。

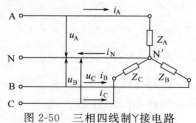

图 2-50　三相四线制Y接电路

在三相四线制电路中，由于中线的存在，每相电源和该相负载相对独立，加在每相负载上的电压称为负载的相电压。忽略线路压降，负载的相电压就是电源的相电压。因为电源的三个相电压对称，故负载的相电压也是对称的。

在相电压的作用下，有电流流经负载。通过各相负载的电流称为相电流。各端线中的电流称为线电流，如图 2-50 中所示的 i_A、i_B、i_C，其正方向规定为从电源到负载。显然，各线电流就是各相电流。若用 I_L 表示线电流，I_P 表示相电流，则

$$I_L = I_P \tag{2-78}$$

若各相负载的电阻（R_A、R_B、R_C）与电抗（X_A、X_B、X_C）为已知，则由阻抗三角形可求得各相阻抗 Z_A、Z_B、Z_C，于是各相（线）电流有效值分别为

$$\left.\begin{array}{l}\dot{I}_A = \dot{U}_A / Z_A = \dot{U}_A / |Z_A| \underline{/\varphi_A} \\ \dot{I}_B = \dot{U}_B / Z_B = \dot{U}_B / |Z_B| \underline{/\varphi_B} \\ \dot{I}_C = \dot{U}_C / Z_C = \dot{U}_C / |Z_C| \underline{/\varphi_C}\end{array}\right\} \tag{2-79}$$

各负载的相电压与相电流的相位差（φ_A、φ_B、φ_C）及各相的功率因数均由下式确定

$$\left.\begin{array}{l}\cos\varphi_A = R_A / |Z_A| \\ \cos\varphi_B = R_B / |Z_B| \\ \cos\varphi_C = R_C / |Z_C|\end{array}\right\} \tag{2-80}$$

用式（2-79）求电流时请注意，如果给定的电源电压为 U_L，则先应由 $U_P = U_L / \sqrt{3}$ 求得 U_P。中线电流用 i_N 表示，规定其正方向由负载中点 N′ 指向电源中点 N。根据基尔霍夫节点电流定律，从图 2-50 可得

$$i_N = i_A + i_B + i_C \tag{2-81}$$

写成矢量形式则为

$$\dot{I}_N = \dot{I}_A + \dot{I}_B + \dot{I}_C \tag{2-82}$$

实际上，由于三相负载较均匀地分配给三相电源，中线电流一般比较小，因此中线的截面通常小于端线的截面，从而进一步节约了材料。图 2-51 是各相电压、相电流及中线电流在一般情况下的矢量图，可见 I_N 并不大。

【例 2-15】 星形连接的三相（四线）负载，各相阻抗为 $Z_A = R_A = 10\Omega$，$Z_B = R_B = 10\Omega$，$Z_C = R_C = 13\Omega$，接在线电压为 380V 的电网上，求各相线电流和中线电流。

解　因为线电流等于相电流，所以 A 相、B 相的线电流

$$I_A = I_B = \frac{U_P}{|Z_A|} = \frac{U_L/\sqrt{3}}{|Z_A|} = \frac{380/\sqrt{3}}{10} = \frac{220}{10} = 22\text{A}$$

C 相的电流

$$I_C = \frac{U_P}{|Z_C|} = \frac{220}{13} = 17\text{A}$$

由于均为电阻性负载，因而各相电流与相电压同相。相电压和相电流关系如图 2-52 所示。根据 $\dot{I}_N = \dot{I}_A + \dot{I}_B + \dot{I}_C$，从矢量图可以求得中线电流的有效值

$$I_N = 5\text{A}$$

2. 三相三线制

图 2-50 中，如果三相负载是对称的，由于三相电压也对称，故三相电流必对称，即 i_A、i_B、i_C 大小相等、频率相同、相位互差 120°。可以证明，对称三相电流的瞬时值之和与矢量和均为零。图 2-53 为某一三相对称电流的矢量图和波形图。

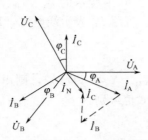

图 2-51　负载Y接各电压电流矢量图

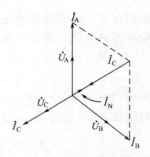

图 2-52　相电压和相电流关系

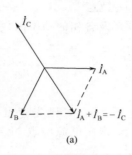

(a)

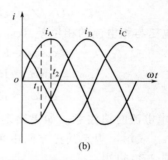

(b)

图 2-53　三相对称电流的矢量图和波形图

从图 2-53（a）可以看出：

$$\dot{I}_A + \dot{I}_B + \dot{I}_C = 0 \tag{2-83}$$

从图 2-53（b）可以看出，三相对称电流在任一瞬时有的为正，有的为负，其代数和为零，即

$$i_A + i_B + i_C = 0 \tag{2-84}$$

式（2-83）与式（2-84）说明了三相对称电路做星形连接时，中线电流为零（这与前面说到的三相负载越趋于对称，中线电流越小的结论是一致的）。由于中线无电流，故中线可省去，于是图 2-50 的三相四线制星形连接，便成了图 2-54 所示三相三线制（three-phase three-wire system）星形连接电路。显然，省掉中线，电路更简单，材料更节省。

三相对称电路的计算较三相不对称电路更为简单，下面举一例说明。

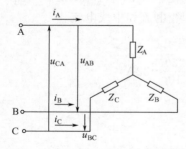

图 2-54　三相三线制星形连接

【例 2-16】　有一星形连接三相对称负载，如图 2-54 所示。每相电阻 $R_P = 6\Omega$，感抗 $X_L = 8\Omega$，三相电源电压对称，且线电压 $u_{AB} = 380\sqrt{2}\sin(\omega t + 30°)$。试求：①各相电流 I_P、各线电流 I_L 及各相电压与相电流的相位差 φ_P；②写出各相电流的瞬时值表示式。

解　① 因为是对称负载，各 Z_P、I_P、I_L、φ_P 分别相等，即

$$|Z_P| = \sqrt{R_P^2 + X_L^2} = \sqrt{6^2 + 8^2} = 10\Omega$$

$$I_L = I_P = \frac{U_P}{|Z_P|} = \frac{380/\sqrt{3}}{10} = \frac{220}{10} = 22\text{A}$$

$$\varphi_P = \cos^{-1}\frac{R_P}{|Z_P|} = \cos^{-1}\frac{6}{10} = 53°$$

可见相电流滞后于对应的相电压 53°。

② 已知线电压 u_{AB} 的初相为 30°，故其对应的相电压 u_A 的初相为 0°，而相电流 i_A 比 u_A 滞后 53°，所以

$$i_A = 22\sqrt{2}\sin(\omega t - 53°)$$

$$i_B = 22\sqrt{2}\sin(\omega t - 53° - 120°) = 22\sqrt{2}\sin(\omega t - 173°)$$

$$i_C = 22\sqrt{2}\sin(\omega t - 53° + 120°) = 22\sqrt{2}\sin(\omega t + 67°)$$

3. 中线的作用

对称三相电路（symmetrical three-phase circuit）做星形连接时，三相电流的瞬时和为零，因此可采用三相三线制。但是，三相不对称电路做星形连接时，必须采用三相四线制，即必须有中线，在这种情况下，中线的作用有两个。

第一是为不对称的三相电流提供一个通路，因为不对称的三相电流的瞬时和不为零；第二是保证各相负载电压恒定，使各负载能正常工作。图 2-55 是一无中线的三相不对称电路。图中四只灯泡的额定电压与额定功率均相同，A 相接两只，B、C 相各接一只。理论与实践均表明，阻抗小的一相负载上电压低，阻抗大的负载上电压高。即 A 相灯泡上的电压低于额定值，发光暗，B、C 两相上的电压高于额定值，发光很亮，但很快烧坏，使电路不能正常工作。如有中线，强迫各相负载上的电压恒为电源相电压，而与负载的大小无关，使用十分方便。

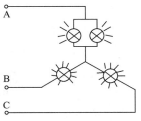

图 2-55　无中线的
三相不对称电路

【例 2-17】　某三层教学大楼由三相四线制电网供电，线电压为 $U_1 = 380V$，大楼每层安装 220V、100W 的白炽灯 60 只。①计算电灯全部接入时各相线及中性线的电流，并画出相量图。②计算电灯部分接入时（A 相接入 60 只，B 相接入 40 只，C 相接入 20 只），各相线及中性线的电流，并画相量图。③在中性线接通及断开的情况下，将 A 相电灯全部关闭（即 $R_A = \infty$）B 相接入电灯 40 只，C 相接入 20 只时，求各相负载的电压、电流和中性线的电流（计算时以 A 相电压为参考量）。④若中性线断开，依然求各项负载的电压、电流。

解　① 每只电灯工作时的电阻为

$$R = \frac{U_N^2}{P_N} = \frac{220^2}{100} = 484\Omega$$

当电灯全部接入，每相 60 只电灯的总电阻为 $R_P = 484/60 = 8.07\Omega$。各相负载电流的有效值为

$$I_P = \frac{U_P}{R_P} = \frac{220}{8.07} = 27.26A$$

因白炽灯是纯电阻负载，其各相的电压和电流同相位，故可写出各相电流的相量为

$$\dot{I}_A = 27.26 \angle 0° \ A$$

$$\dot{I}_B = 27.26 \angle -120° \ A$$

$$\dot{I}_C = 27.26 \angle +120° \ A$$

中性线电流 $\dot{I}_N = \dot{I}_A + \dot{I}_B + \dot{I}_C = 0$，其相量图如图 2-56 所示。

② 当电灯部分接入。

A 相接入 60 只 $R_A = 8.07\Omega$

B 相接入 40 只 $R_B = \frac{R}{40} = \frac{484}{40} = 12.1\Omega$

$$C \text{ 相接入 } 20 \text{ 只 } R_C = \frac{484}{20} = 24.2\Omega$$

三相负载大小不等，是不对称负载，但由于有中性线存在，各负载相电压不变。从而可以算出各相电流的有效值是

$$I_A = \frac{220}{8.07} = 27.26\text{A}$$

$$I_B = \frac{220}{12.1} = 18.18\text{A}$$

$$I_C = \frac{220}{24.2} = 9.09\text{A}$$

写成相量形式为

$$\dot{I}_A = 27.26 \angle 0° \text{ A}$$

$$\dot{I}_B = 18.18 \angle -120° \text{ A}$$

$$\dot{I}_C = 9.09 \angle +120° \text{ A}$$

中性线电流

$$\dot{I}_N = \dot{I}_A + \dot{I}_B + \dot{I}_C$$

$$= 27.26 \angle 0° + 18.18 \angle -120° + 9.09 \angle +120°$$

$$= 13.63 - j7.87 = 15.64 \angle -30° \text{ A}$$

其电压、电流相量图见图 2-57。

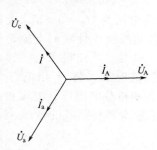

图 2-56　例 2-17①的相量图

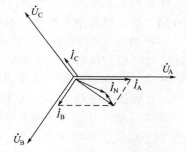

图 2-57　例 2-17②的相量图

③ 当有中性线，A 相电灯全部断开（$R_A = \infty$）、B 相接入电灯 40 只、C 相接入 20 只时，电路如图 2-58(a) 所示。

在这种情况下，由于有中性线，B、C 相的相电压不变。因 $R_A = \infty$，$\dot{I}_A = 0$，而 $\dot{I}_B$、$\dot{I}_C$ 仍同②一样，即

$$\dot{I}_B = 18.18 \angle -120° \text{ A}; \quad \dot{I}_C = 9.09 \angle +120° \text{ A}$$

中性线电流　$\dot{I}_N = \dot{I}_B + \dot{I}_C = 18.18 \angle -120° + 9.09 \angle +120°$

$$= -13.63 - j7.87 = 15.74 \angle -150° \text{ A}$$

其电压、电流相量如图 2-58(b) 所示。

④ 若中性线断开，其他情况如③所述，电路如图 2-59 所示。这时电流 $I_A = 0$，B 相和 C 相电灯串联后接到线电压 U_{BC} 上。

$$I_B = I_C = \frac{U_{BC}}{R_B + R_C} = \frac{380}{12.1 + 24.2} = 10.47\text{A}$$

这时 B 相和 C 相电灯组的电压为

$$U'_B = I_B R_B = 10.47 \times 12.1 = 126.69 V$$

$$U'_C = \frac{I_C}{R_C} = 10.47 \times 24.2 = 253.37 V$$

其相量图如图 2-59（b）所示。

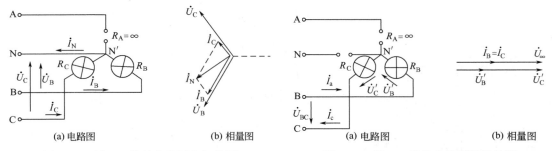

图 2-58　例 2-17③的电路图和相量图　　　　图 2-59　例 2-17④的电路图及相量图

由此例可见，对于星形连接的不对称负载，若中性线断开，将使三相负载的电压不再对称，有的负载端电压升高（例中 $U'_C = 253.37V$），有的负载端电压下降（例中 $U'_B = 126.69V$），负载不能在额定电压下正常工作。

二、负载的三角形连接

如果三相负载的额定电压等于电源线电压，必须采用三角形连接。如图 2-60 所示。三相负载 Z_{AB}、Z_{BC}、Z_{CA} 分别接于三相电源的两端线间，构成了一个三角形。显然，负载的相电压即等于电源的线电压，即 $U_P = U_L$。

若各相负载阻抗为已知，则各负载的相电流的有效值分别为

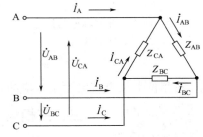

图 2-60　负载的三角形连接

$$\left. \begin{array}{l} I_{AB} = \dfrac{U_{AB}}{|Z_{AB}|} \\[2mm] I_{BC} = \dfrac{U_{BC}}{|Z_{BC}|} \\[2mm] I_{CA} = \dfrac{U_{CA}}{|Z_{CA}|} \end{array} \right\} \tag{2-85}$$

各负载相电压与相电流的相位差 φ_{AB}、φ_{BC}、φ_{CA} 及各相功率因数均由下式确定

$$\left. \begin{array}{l} \cos\varphi_{AB} = \dfrac{R_{AB}}{|Z_{AB}|} \\[2mm] \cos\varphi_{BC} = \dfrac{R_{BC}}{|Z_{BC}|} \\[2mm] \cos\varphi_{CA} = \dfrac{R_{CA}}{|Z_{CA}|} \end{array} \right\} \tag{2-86}$$

根据图 2-60 中各电流的正方向，可得各线电流 i_A、i_B、i_C 与各相电流 i_{AB}、i_{BC}、i_{CA}

的关系

$$
\left.\begin{array}{l}
i_A = i_{AB} - i_{CA} \\
i_B = i_{BC} - i_{AB} \\
i_C = i_{CA} - i_{BC}
\end{array}\right\}
\tag{2-87}
$$

写成矢量式为

$$
\left.\begin{array}{l}
\dot{I}_A = \dot{I}_{AB} - \dot{I}_{CA} \\
\dot{I}_B = \dot{I}_{BC} - \dot{I}_{AB} \\
\dot{I}_C = \dot{I}_{CA} - \dot{I}_{BC}
\end{array}\right\}
\tag{2-88}
$$

如果负载对称，则相电流也对称，即

$$
I_{AB} = I_{BC} = I_{CA} = \frac{U_L}{|Z_P|} = I_P
\tag{2-89}
$$

$$
\varphi_{AB} = \varphi_{BC} = \varphi_{CA} = \cos^{-1}\frac{R_P}{|Z_P|} = \varphi_P
\tag{2-90}
$$

设 U_{AB} 为其参考矢量，根据式（2-88）～式（2-90）可画出对称情况下各电压与各电流的矢量图，如图 2-61 所示。从图可知，由于负载对称，相电流对称，故线电流也是对称的。从图 2-61 还可求得，三相对称负载作三角形连接时，线电流在数值上为相电流的 $\sqrt{3}$ 倍，即

$$
I_A = I_B = I_C = I_L = \sqrt{3}\,I_P
\tag{2-91}
$$

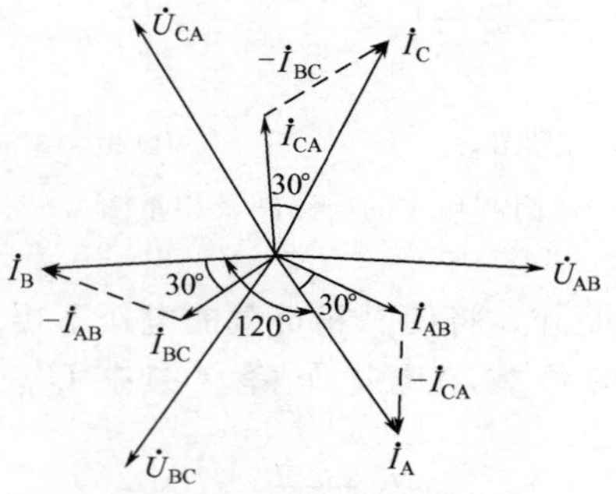

图 2-61　三相对称电路作三角形连接的矢量图

在相位上线电流滞后于对应的相电流 30°。

三相电路功率测量

三、三相电路的功率

三相电路中各相功率的计算方法与单相电路相同。

三相负载总的有功功率等于各相有功功率之和，即

$$
P = P_A + P_B + P_C
\tag{2-92}
$$

当负载对称时，各相有功功率相等，故

$$
P = 3P_P = 3U_P I_P \cos\varphi_P
\tag{2-93}
$$

式中，φ_P 为相电压与相电流的相位差。当对称负载做星形连接时

$$
U_L = \sqrt{3}\,U_P \ , \ I_L = I_P
$$

将此关系式代入式（2-93），则有

$$
P = \sqrt{3}\,U_L I_L \cos\varphi_P
\tag{2-94}
$$

当对称负载作三角形连接时

$$
U_L = U_P \ , \ I_L = \sqrt{3}\,I_P
$$

将此关系式代入式（2-93），仍有 $P = \sqrt{3}\,U_L I_L \cos\varphi_P$。故对称三相电路不管是星形连接还是三角形连接，均可用式（2-94）计算有功功率。同理，三相对称电路无功功率与视在功率的计算公式分别为

$$Q = 3U_P I_P \sin\varphi_P \tag{2-95}$$

或
$$Q = \sqrt{3} U_L I_L \sin\varphi_P \tag{2-96}$$

$$S = 3U_P I_P = \sqrt{P^2 + Q^2} \tag{2-97}$$

或
$$S = \sqrt{3} U_L I_L \tag{2-98}$$

由于线电压和线电流容易测出，故通常用式(2-94)、式(2-96)、式(2-98)来计算三相电路的功率。

【例 2-18】 三相对称负载做星形连接。每相的 $R_P = 9\Omega$，$X_{LP} = 12\Omega$。电源线电压 $U_L = 380V$。求相电流 I_P，线电流 I_L，三相功率 P、Q、S。

解

$$|Z_P| = \sqrt{R_P^2 + X_{LP}^2} = \sqrt{9^2 + 12^2} = 15\Omega$$

$$U_P = \frac{U_L}{\sqrt{3}} = \frac{380}{\sqrt{3}} = 220V$$

$$I_P = \frac{U_P}{|Z_P|} = \frac{220}{15} = 14.7A$$

$$I_L = I_P = 14.7A$$

$$\cos\varphi_P = \frac{R_P}{|Z_P|} = \frac{9}{15} = 0.6$$

$$\sin\varphi_P = \frac{X_{LP}}{|Z_P|} = \frac{12}{15} = 0.8$$

$$P = \sqrt{3} U_L I_L \cos\varphi = \sqrt{3} \times 380 \times 14.7 \times 0.6 = 5798W$$

$$Q = \sqrt{3} U_L I_L \sin\varphi = \sqrt{3} \times 380 \times 14.7 \times 0.8 = 7731Var$$

$$S = \sqrt{3} U_L I_L = \sqrt{3} \times 380 \times 14.7 = 9664V \cdot A$$

【例 2-19】 将［例 2-16］中的负载作三角形连接，接于 220V 电源上，求相、线电流和三相功率 P、Q、S。

解 由负载作三角形连接时的特点，可求得相电压
$$U_P = U_L = 220V$$

每相负载的相电流（从［例 2-16］可知 $|Z_P| = 10\Omega$，$\varphi_P = 53°$）
$$I_P = U_P / |Z_P| = 220/10A = 22A$$

线电流　　　　　　　　　$I_L = \sqrt{3} I_P = \sqrt{3} \times 22 = 38A$

功率因数　　　　　　　　$\cos\varphi_P = \cos 53° = 0.6$

三相电功率

$$P = \sqrt{3} U_L I_L \cos\varphi_P = \sqrt{3} \times 220 \times 38 \times 0.6 \approx 8.7kW$$

$$Q = \sqrt{3} U_L I_L \sin\varphi_P = \sqrt{3} U_L I_L X_{LP}/|Z_P| = \sqrt{3} \times 220 \times 38 \times (8/10)kVar$$
$$\approx 11.6kVar$$

$$S = \sqrt{3} U_L I_L = \sqrt{3} \times 220 \times 38 \approx 14.5kV \cdot A$$

✴ 任务实施

某车间采用线电压为 380V 三相四线制电源供电。现有两台电动机，每相绕组的额定电压第一台为 220V，第二台为 380V，另有几处所用的照明灯泡，额定电压为 220V。试问这些负载应怎样与供电系统正确连接？

解　每相负载所承受的电压应该等于每相负载的额定电压。因电动机为三相对称负载，所以第一台应做三线制星形连接，第二台应做三角形连接；照明灯为不对称负载，故应接成星形连接四线制，并要尽可能均匀地分配于各相。图 2-62 为实际接线图。

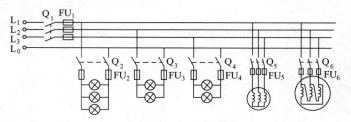

图 2-62　三相四线制电源供电实际接线图

✎ 练习与思考八

1. 三相四线制供电系统的中线干线上为什么不准接熔断器和开关？

2. 现有 120 只 220V、100W 的白炽灯泡，如何接入线电压为 380V 的三相四线制供电线路最为合理？在这种情况下各线电流及中线中流是多少？若 A 相接 50 盏，B 相接 10 盏，C 相接 60 盏，各线电流及中线电流又是多少（设 120 只灯泡全部点亮）？

3. 试判断下列结论是否正确：①当负载作星形连接时，必须有中线；②负载作三角形连接时，线电流必为相电流的 $\sqrt{3}$ 倍；③负载作星形连接时，线电流必等于相电流。

4. 对称三相电源，$U_L = 380V$，对称三相电炉作△连接，若电炉工作时每相电阻为 $R = 20\Omega$，试计算此三相电炉的功率。

5. 若上题电炉改为丫连接，设电阻 R 不变，试计算线电流 I_L 和三相功率 P。

知识提示

① 正弦交流电是随时间按正弦规律变化的周期函数。若知正弦量的三要素，即最大值（幅值）、频率（或周期、角频率）和初相位就可以写出它的瞬时值表达式，也可画出它的波形图。

② 非正弦周期电流、电压的最大值与有效值之间不存在 $\sqrt{2}$ 倍的关系。

$$I = \sqrt{I_0^2 + I_1^2 + I_2^2 + \cdots} \text{。}$$

③ 交流电的有效值是在一个周期内，热效应与之相等的直流电的数值，一般电力系统中指的电压、电流及电气设备的额定电压、额定电流的数值均是指有效值。正弦交流电的有效值等于它的最大值除以 $\sqrt{2}$。

④ 同频率正弦量相互比较时，它们之间的相位差不变。正弦量用相量来表示给分析同

频率正弦交流电带来了方便，可同时求得其量值和相位，对于简单电路也可从相量图中的各相量之间几何关系求得结果。

⑤ 单一参数电路元件的电路是理想化（模型化）的电路。R 是耗能元件，L、C 是储能元件，实际电路可由这些元件和电源的不同组合构成。

单一参数电路欧姆定律的相量形式是：

$$\dot{U}=R\dot{I}$$

$$\dot{U}=\mathrm{j}X_\mathrm{L}\dot{I}$$

$$\dot{U}=-\mathrm{j}X_\mathrm{C}\dot{I}$$

它们反映了电压与电流的量值关系和相位关系，其中感抗 $X_\mathrm{L}=\omega L$，容抗 $X_\mathrm{C}=1/\omega C$。

⑥ RLC 串联电路是具有一定代表性的电路，其欧姆定律的相量形式为

$$\dot{U}=Z\dot{I}$$

其中复阻抗 $\qquad\qquad Z=R+\mathrm{j}(X_\mathrm{L}-X_\mathrm{C})$

电压关系为 $\qquad\qquad U=\sqrt{U_\mathrm{R}^2+(U_\mathrm{L}-U_\mathrm{C})^2}$

功率关系为 $\qquad\qquad S=\sqrt{P^2+(Q_\mathrm{L}-Q_\mathrm{C})^2}$

其中有功功率 $\qquad\qquad P=UI\cos\varphi$

无功功率 $\qquad\qquad Q=Q_\mathrm{L}-Q_\mathrm{C}=UI\sin\varphi$

视在功率 $\qquad\qquad S=UI$

阻抗角即相位差或功率因数角

$$\varphi=\arctan\frac{X}{R}=\arctan\frac{U_\mathrm{X}}{U_\mathrm{R}}=\arctan\frac{Q}{P}$$

以上关系可用三个相似三角形帮助记忆和分析。

⑦ 将直流电路中的基尔霍夫定律扩展到正弦交流电路时，有它的特殊表达形式，即 $\sum I=0$ 和 $\sum U=0$，因而将直流电路的规律扩展到正弦交流电路时必须注意其对应的关系。如直流电路中 $\dot{E}$、$\dot{U}$、$\dot{I}$ 和 R 分别对应于交流电路中的 $\dot{E}$、$\dot{U}$、$\dot{I}$ 和 Z；在直流电路中是代数运算，在交流电路中是复数运算。

⑧ 功率因数 $\lambda(=\cos\varphi)=R/|Z|=P/S$，是供电系统的重要技术指标。对感性负载并联适当的电容可以提高功率因数，以提高电源设备的利用率，减小线路损耗。

⑨ 谐振是交流电路中的特殊现象，其实质是电路中 L 和 C 实现完全的相互补偿，使电路呈现电阻的性质。谐振条件是 $\omega L-\dfrac{1}{\omega C}=0$，谐振频率 $f_0=\dfrac{1}{2\pi\sqrt{LC}}$。改变电路参数 L、C 或改变电源频率 f 都可使电路发生谐振。串联谐振时局部电压可高于总电压，故又称为电压谐振；并联谐振时支路电流可大于总电流，故又称为电流谐振。

⑩ 三相对称电源是指三个大小相等，频率相同，相位互差 $120°$ 的正弦交流电动势（或电压源）。

三相对称电源一般接成星形。当三相对称电源作星形连接时，可以三相四线制供电，也可以三相三线制供电。若以三相四线制供电，则可提供两组不同等级的电压，即线电压 U_L 与相电压 U_P。在数值上，$U_\mathrm{L}=\sqrt{3}U_\mathrm{P}$；在相位上线电压超前对应的相电压 $30°$。在低压供电系统中，一般采用三相四线制。三相对称电源可以接成三角形，但实际应用很少。三相对称电源作三角形连接时，线电压 U_L 等于相电源 U_P。

⑪ 根据电源电压应等于负载额定电压的原则，三相负载可接成星形或三角形。当负载接成星形时，若是不对称负载，必须采用三相四线制；若是对称负载，由于三相对称电流瞬

时值之和为零，可采用三相三线制。负载作星形连接时，线电流 I_L 等于相电流 I_P。在不对称负载的三相四线制中，中线强迫各负载的相电压等于各电源的相电压，保证各相负载能正常工作，故中线不能断开，也不能接熔断器或开关。

⑫ 三相对称负载作三角形连接时，负载相电压等于电源线电压，负载线电流为相电流的 $\sqrt{3}$ 倍：$I_L = \sqrt{3}\, I_P$；相位上线电流滞后于对应的相电流 30°。

⑬ 三相对称电路的功率为

$$P = \sqrt{3}\, U_L I_L \cos\varphi$$
$$Q = \sqrt{3}\, U_L I_L \sin\varphi$$
$$S = \sqrt{3}\, U_L I_L$$

注意，式中的 φ 是相电压与相电流的相位差角，也即每相负载的阻抗角或功率因数角。

知识技能

2-1　某正弦电流 $i = 36\sin(314t + 30°)$，试指出它的最大值、频率、周期、相位、初相位以及有效值，并画出它的波形图。

2-2　已知正弦电压和正弦电流的波形如图 2-63 所示，频率为 50 Hz。

① 试指出它们的最大值和初相位以及它们之间的相位差，并说明哪一个正弦量超前，超前多少角度？超前多少时间？

② 写出电压和电流的瞬时值表达式，画出相量图。

2-3　某正弦电流的频率为 100 Hz，最大值 $I_m = 20$ A，在 $t = 0.002$ s 时的瞬时值为 15 A，且此时刻电流在增长。试确定：

① 周期 T、角频率 ω、初相 ψ；

② 写出电流的瞬时值表达式。

2-4　已知 $i_1 = 100\sin(\omega t + 4°)$，$i_2 = 60\sin(\omega t - 30°)$，试分别用相量图和复数运算求 $i = i_1 + i_2$ 的有效值，并写出 i 的瞬时值表达式。

2-5　已知 $u_1 = \sqrt{2}\,6\sin\omega t$，$u_2 = \sqrt{2}\,8\sin(\omega t + 90°)$，试求 $u = u_1 + u_2$ 的有效值，并写出 u 的瞬时值表达式。

2-6　在图 2-64 所示的相量图中，已知 $U = 220$ V，$I_1 = 10$ A，$I_2 = 5\sqrt{2}$，它们的角频率是 ω，试写出各正弦量的瞬时值表达式 u、i_1、i_2 及其相量 $\dot{U}$、$\dot{I}_1$、$\dot{I}_2$。

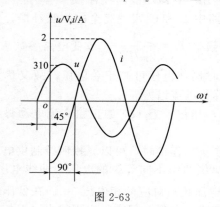

图 2-63　　　　　　　　　　　　　图 2-64　相量图

2-7　试将下列各时间函数用对应的相量来表示：

① $i_1 = 5\sin\omega t$，$i_2 = 10\sin(\omega t + 60°)$；

② $i = i_1 + i_2$。

2-8　试将下列各相量用对应的时间函数（角频率为 ω）来表示：

$$\dot{I}=10\angle 30^\circ; \ \mathrm{j}\dot{I}; \ \dot{I}/\mathrm{j}$$

2-9　某电路只具有电阻 $R=2\Omega$，电源电压 $u=10\sin\omega t$。试写出通过电阻的电流瞬时值表达式；如用电流表测量该电路的电流，其读数应为多少？电路消耗的功率是多少？若电源的频率增大一倍，电压值不变，又如何？

2-10　某线圈的电感为 0.15H（电阻可忽略），接于频率为 50Hz，电压为 220V 的电源上，求电路中电流的有效值及无功功率；若电源的频率为 100Hz，电压值不变，又如何？写出电流的瞬时值表达式（以电压为参考量）。

2-11　某电容 $C=8\mu\mathrm{F}$，接于电压为 220V、频率为 50Hz 的电源上，求电路中的电流及无功功率；若电源的频率为 100Hz，电压值不变，又如何？写出电流的瞬时值表达式（以电压为参考量）。

2-12　将一个 $25\mu\mathrm{F}$ 的电容接到频率为 50Hz，有效值为 10V 的交流电源上。

① 求容抗和电流的有效值；

② 如果保持电压不变，而频率变为 5000Hz，再求容抗和电流的有效值；

③ 若将该电容接到 10V 的直流电源上，结果又怎样？

2-13　将 $R=3\Omega$，$X_{\mathrm{L}}=4\Omega$ 的线圈接在 50Hz、220V 的交流电源上，试求：

① 电流 I、电压 U_{L} 和 U_{R}；

② 电路的有功功率 P、无功功率 Q、视在功率 S 及功率因数 $\cos\varphi$。

③ 作向量图和阻抗三角形。

2-14　某电感线圈，当将它接在直流电路中时，测得其电流为 8A，两端的电压有效值为 18V，而将它接在 $f=50\mathrm{Hz}$ 的交流电路中时，测得其电流为 12A，端电压有效值为 120V，试求该线圈的电阻和电感量。

2-15　某 RL 串联电路接到电压为 220V，50Hz 的交流电源上。已知 $R=220\Omega$，$I=0.5\mathrm{A}$，试绘出电路图，并求电感 L。

2-16　某日光灯管电路，已知灯管电阻为 300Ω，镇流器电阻为 40Ω，电感为 1.3H，交流电压为 220V，求灯管中的电流、各元件上的电压、电路的功率因数，作矢量图。

2-17　某 RC 串联电路，已知电阻 R 为 8Ω，容抗 X_{C} 为 6Ω，接在 $f=50\mathrm{Hz}$，$U=220\mathrm{V}$ 的交流电源上。试求电路电流、有功功率、无功功率、视在功率和功率因数。

2-18　在 RLC 串联电路中，设 $R=20\Omega$，$L=63.5\mathrm{mH}$，$C=30\mu\mathrm{F}$，电源电压 $u=220\sqrt{2}\sin(314t-15^\circ)$，求：

① 电路的感抗、容抗和阻抗；

② 电流的有效值和瞬时表达式；

③ 各元件上的电压有效值及瞬时表达式；

④ 电路的有功功率、无功功率和视在功率；

⑤ 作电路的向量图。

2-19　将 $R=5\Omega$，$L=100\mathrm{mH}$ 及 $C=1\mu\mathrm{F}$ 的元件串联，接在电压 U＝2.5V 的交流电源上。试求：电路的谐振频率、谐振时的电路电流、电阻电压、电感电压和电容电压、有功功率和功率因数，并绘出矢量图。若电源频率比电路的固有谐振频率高 10%，再求以上各项。

2-20　RLC 串联接在变频电源上，电源电压保持 10V，当频率从 500Hz 变为 1000Hz 时，电流从 10mA 增加到电路的最大电流 60mA，试求：

① R、L 和 C 的值；

② 谐振时电容的端电压。

2-21　如图 2-65 所示电路，已知 $u=100\sqrt{2}\sin 314t$（V），$R=10\Omega$，$L=31.8\mathrm{mH}$，$C=159\mu\mathrm{F}$。求 i、i_1、i_{C} 及 $\cos\varphi$、P、Q、S。

2-22　30W 的日光灯，接在 220V、50Hz 的交流电源上，电流为 0.41A，求功率因数。欲将功率因数提高到 0.9，应并联多大的电容 C？

2-23　某工厂供电线路的额定电压 $U_{\mathrm{N}}=10\mathrm{kV}$，平均负荷 $P=400\mathrm{kW}$，$Q=260\mathrm{kvar}$，功率因数较低，

现欲将功率因素提高到 0.9，需要并联多大的电容 C？

2-24　某一感性负载，接在 220V、50Hz 的交流电源上，已知 $P=1.21\text{kW}$，$I=11\text{A}$，求 $\cos\varphi_1$。欲将 $\cos\varphi$ 提高到 0.91，求并联到负载两端的电容 C。并联电容后，负载功率因数、负载电流、电路总电流及总的有功功率、无功功率和视在功率有无改变？

2-25　求图 2-66 所示电路中电压 $\dot{U}$。

2-26　在电压为 220V 的图 2-67 所示电路中，有一只电炉和一台满载电动机并联，电炉为纯电阻，负载 $R=30\Omega$，电动机为感性负载，它的额定功率 $P=13.2\text{kW}$，$\cos\varphi=0.8$，求总电流。

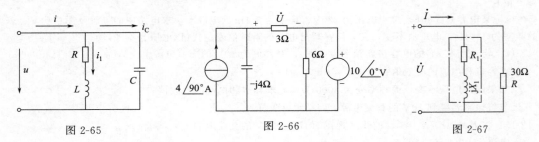

图 2-65　　　　　　　　　　图 2-66　　　　　　　　　图 2-67

2-27　将一个感性负载接于 110V、50Hz 的交流电源时，电路中的电流为 10A，消耗功率 $P=600\text{W}$，求负载的 $\cos\varphi$，R，X。

2-28　某一供电线路的负载功率是 85kW，图 2-68 功率因数是 0.85（$\varphi>0$），已知负载两端的电压为 1000V，线路的电阻为 0.5Ω，感抗为 1.2Ω，试求电源端电压。

2-29　图 2-69 所示电路中，求电流 $\dot{I}$。

图 2-68　　　　　　　　　　　图 2-69

2-30　图 2-70 所示电路中，当调节 C，使电流与端电压 u 同相时，测出 $U=100\text{V}$，$U_C=180$，$I=1\text{A}$，电源的频率 $f=50\text{Hz}$，求电路中的 R、L、C。

2-31　图 2-71 所示电路，已知：$\dot{I}_S=4\angle90°\text{A}$，$Z_1=Z_2=-\text{j}30\Omega$，$Z_3=30\Omega$，$Z=45\Omega$，求 Z 中的电流 $\dot{I}$。

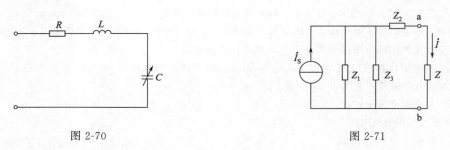

图 2-70　　　　　　　　　　　　图 2-71

2-32　图 2-72 所示的电路为三相对称电路，其线电压 $U_L=380\text{V}$，每相负载 $R=5\Omega$，$X=12\Omega$。试求相电压、相电流、线电流，并画出电压和电流的相量图。

2-33　图 2-73 所示电路是供给白炽灯负载的照明电路，电源电压对称，线电压 $U_L=380\text{V}$，每相负载的电阻值 $R_A=11\Omega$，$R_B=22\Omega$，$R_C=20\Omega$。试求：

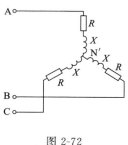

图 2-72

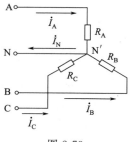

图 2-73

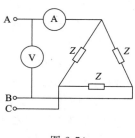

图 2-74

① 各相电流及中线电流；

② A 相断路时，各相负载所承受的电压和通过的电流；

③ A 相和中线均断开时，各相负载的电压和电流；

④ A 相负载短路，中线断开时，各相负载的电压和电流。

2-34 图 2-74 所示电路中的电流表在正常工作时的读数是 26A，电压表读数是 380V，电源电压对称。在下列情况之一时，求各相的负载电流。

① 正常工作；

② AB 相负载断路；

③ 相线 A 断路。

2-35 一个车间由三相四线制供电，电源线电压为 380V，车间总共有 220V、100W 的白炽灯 132 个，试问该如何连接？这些白炽灯全部工作时，供电线路的线电流为多少？

2-36 有一三相三线对称星形负载，每相电阻为 110Ω，接在线电压 380V 的三相电源上。试求相电流、线电流。若 A 相断开，则各相电流和线电流又为多少？

2-37 有一星形连接的对称三相负载，每相电阻 $R=8Ω$，感抗 $X_L=6Ω$，接于三相对称电源上。设三相线电压为 380V，求相电压、相电流、线电流及三相功率。作出相电压、线电流的矢量图。

2-38 将题 2-37 中的负载作三角形连接，再求相电流、相电压、线电流及三相功率。

2-39 对称三相电源线电压 380V，各相负载 $Z=18+j24$。试求：

① Y形连接对称负载时，线电流及总功率；

② △形连接对称负载时，线电流、相电流及总功率。

2-40 有一台三相异步电动机，其三相绕组作三角形连接，接于线电压为 380V 的供电线路上，已知电动机的输出功率为 $P_2=20kW$，效率 $η=0.85$、功率因数 $\cos\varphi=0.75$，求供电线路上的线电流和电动机绕组的相电流。（效率 $η=\dfrac{P_2}{P_1}$，P_1 为输入电动机的电功率。）

项目二（知识技能）：部分参考答案

哲思语录：求木之长者，必固其根本，欲流之远者，必浚其泉源，思国之安者，必积其德义。

科学家简介

韦伯（Wilhelm Eduard Weber，威廉·爱德华·韦伯，1804 年 10 月 14 日～1891 年 6 月 23 日）德国物理学家，19 世纪最重要的物理学家之一。1832 年，高斯在韦伯协助下提出了磁学量的绝对单位。1833 年，他们发明了第一台有线电报机。国际单位制中磁通量的单位"韦伯"是以威廉·韦伯的名字命名的。著名的现代物理学家爱因斯坦曾经师从韦伯学习物理学。

韦伯生于德国维藤堡大学一位神学教授的家庭，父亲米夏埃尔·韦伯是神学家，哥哥恩斯特·海因里希·韦伯（1795～1878 年）是生理学家，还有一个弟弟爱德华·弗里德里希·韦伯（1806～1871 年）也是生理学家。韦伯在建立电学单位的绝对测量方面卓有成效。他提出了电流强度、电量、电阻和电动势的绝对单位和测量方法；韦伯与柯尔劳施合作测定了电量的电磁单位对静电单位的比值，发现这个比值等于 3×10^8 m/s，接近于光速，但是他们没有注意到这个联系。1841 年发明了既可测量地磁强度又可测量电流强度的绝对电磁学单位的双线电流表；1846 年发明了既可用来确定电流强度的电动力学单位又可用来测量交流电功率的电功率表。韦伯和高斯提出的单位制于 1881 年在巴黎的一次国际会议上被确认，但是德国代表团团长亥姆霍兹在会议上建议用"安培"（Ampère）取代早已广泛使用的"韦伯"（Weber）作为电流强度的单位。此后的 1935 年，"韦伯"成为磁通量的正式单位。1891 年 6 月 23 日，韦伯在哥廷根去世，与马克斯·普朗克和马克斯·玻恩葬于同一墓地。

高斯（Johann Carl Friedrich Gauss，约翰·卡尔·弗里德里希·高斯，1777 年 4 月 30 日～1855 年 2 月 23 日），德国著名数学家、物理学家、天文学家、大地测量学家。高斯被认为是历史上最重要的数学家之一，并有"数学王子"的美誉。

高斯生于布伦瑞克，1792 年进入 Collegium Carolinum 学习，在那里他独立发现了二项式定理的一般形式、数论上的"二次互反律"、素数定理及算术-几何平均数。1796 年得到了一个数学史上极重要的结果，就是《正十七边形尺规作图之理论与方法》。高斯和韦伯一起从事磁的研究，他们的合作是很理想的：韦伯做实验，高斯研究理论，韦伯引起高斯对物理问题的兴趣，而高斯用数学工具处理物理问题，影响韦伯的思考工作方法。以伏特电池为电源，构造了世界第一个电报机，设立磁观测站，写了《地磁的一般理论》，和韦伯画出了世界第一张地球磁场图，而且定出了地球磁南极和磁北极的位置。除此以外，高斯在力学、测地学、水工学、电动学、磁学和光学等方面均有杰出的贡献。爱因斯坦评论说："高斯对于近代物理学的发展，尤其是对于相对论的数学基础所做的贡献（指曲面论），其重要性是超越一切，无与伦比的。"高斯在历史上影响巨大，可以和阿基米德、牛顿、欧拉并列。

项目三
磁路与铁芯线圈电路的分析与应用

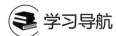 学习导航

学习目标	☆知识目标：①理解磁场与磁路的基本概念与基本物理量 ②理解铁磁材料的磁性能 ③理解磁路欧姆定律的特点 ④理解变压器的特点与计算方法 ⑤理解其他变压器的特性
	☆技能目标：①掌握磁场与磁路的基本概念与基本物理量 ②掌握磁路欧姆定律的分析方法 ③熟练掌握变压器的原理与特性 ④掌握其他变压器的特性 ⑤熟练掌握仪用互感器的使用及短路、开路注意事项
	☆思政目标：①培养学生根据需要查阅、搜索、获取新信息、新知识的能力及正确评价信息的能力 ②培养学生养成及时总结、汇报的习惯 ③具备一般文字组织和产品说明书的编写能力
知识点	☆铁磁材料的磁性能 ☆磁路欧姆定律 ☆交流铁心线圈电路和电磁铁 ☆变压器的特点与计算方法
难点与重点	☆恒磁通工作原理 ☆磁动势平衡方程式 ☆理想变压器的电压、电流和阻抗变换的分析
学习方法	☆理解概念 ☆掌握相量形式的磁动势平衡方程式 ☆多做习题，掌握基本操作技能

前两个项目讲授的交直流电路，属于电工基础理论。本项目及以后几个项目，将陆续介绍生产实际中应用广泛的变压器、电机等电磁设备。这些设备都是以磁场为媒介来实现能量的传输与转换的，因此它们的工作原理既涉及电路问题，又涉及磁路问题。为了分析上述设备的原理和特性，本项目首先介绍铁磁物质和磁路的一些基本知识。学习这些知识，要注意复习物理学中的有关内容。

本项目的重点是变压器的结构、原理和技术参数。对常用的三相变压器、自耦变压器、仪用互感器等只作简单介绍。

任务一　磁路的基本知识

知识点

◎ 铁磁材料的磁性能。

◎ 磁路欧姆定律。

◎ 交流铁心线圈电路。

技能点

◎ 根据磁滞回线分析铁磁材料的适用范围。
◎ 会利用磁路欧姆定律进行简单计算。
◎ 会计算交流铁心线圈电路。

思政要素

 任务描述

如图 3-1 所示，是几种常见的电磁铁的结构。通电时，铁芯带磁，将衔铁吸住；断电时，铁芯失磁，放开衔铁，实现了特定的机械动作。电磁铁由于其动作迅速、灵敏、容易控制，广泛应用于起重、控制、保护等电路中。那么磁铁需要什么样的原材料？如何制成？电磁铁究竟是如何工作的？铁磁材料需要哪些物理量描述？电、磁、机械运动是如何转化的？

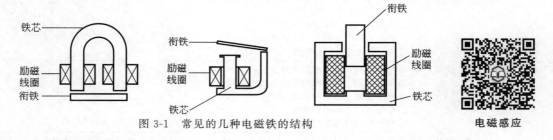

图 3-1　常见的几种电磁铁的结构

电磁感应

 任务分析

电磁铁是利用电流的磁效应和磁能吸引铁的特性而制成的，能够实现电能到机械能的转换。电磁铁通常由励磁线圈、铁芯和衔铁三部分组成，如图 3-1 所示。通电后，励磁线圈将线圈内的铁芯磁化，通过衔铁和气隙形成磁路，产生电磁力。那么，形成磁路要具备哪些条件？产生的电磁力又与哪些因素有关呢？这就要用到磁路的概念和磁路欧姆定律。

磁路的基本知识

 相关知识

一、磁路的基本知识

1. 铁磁材料的磁性能

（1）磁化现象

铁磁材料（ferrimagnetic material）是重要的电工材料，变压器、电机等电磁设备的铁芯就是用铁磁物质制造的，工程上常用的铁磁物质有铁、镍、钴及其合金等。

实验表明，在一通有电流的线圈中插入铁芯（铁磁物质），可使线圈中的磁场比空心时增强数百倍或数千倍。这个现象说明铁磁物质具有很高的导磁性能。这种高导磁性能是由铁磁物质的磁化引起的。

因为在铁磁物质的内部有许多很小的自然磁化区，相当于一块块小磁铁，称为磁畴（magnetic domain），每个磁畴的体积约为 $10^{-9}\,\mathrm{cm}^3$。平常，这些小磁畴的排列杂乱无章，其作用相互抵消，对外不显磁性，如图 3-2（a）所示。如果将铁磁物质置于通电线圈中，在线圈电流的磁场（外磁场）作用下，磁畴将沿外磁场方向排列，如图 3-2（b）所示。排列的磁畴形成附加磁场，附加磁场与外磁场方向一致，故使线圈中的磁场显著增强。这种现象称为磁化（magnetization）。可见，铁磁物质的高导磁性源于磁化现象引起的附加磁场。

（2）磁化曲线

当线圈的结构、形状、匝数一定时，流入线圈的电流 I 与其产生的磁通 Φ 有如图 3-3 所示的关系。

直线 1 为线圈空心时的情况。此时，磁通 Φ 与电流 I 虽然是线性关系，但是 I 上升时，Φ 上升得很缓慢，一定的电流对应的磁通 Φ 很小。

曲线 2 为线圈中插入铁芯后的情况。该曲线可分为三段。其中，OA 段称为初始磁化段，Φ 与 I 在这一段近似

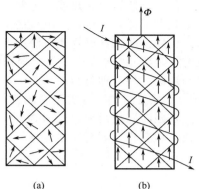

图 3-2　磁畴和铁芯的磁化

为线性关系。不过，由于铁心不断被磁化而产生附加磁场，I 上升时，Φ 的上升速率远大于空心线圈时的上升速率，一定的电流 I 对应的磁通 Φ 很大。但是，铁芯磁化所产生的附加磁场是有限的，当全部磁畴都沿外磁场方向排列起来时，附加磁场也就不会再增加了。此后，即使再增大线圈中的电流 I，磁通 Φ 的上升速率与空心时相比也就没有什么区别了。铁芯达到这种磁化程度时，称为磁饱和，如曲线 2 的 B 点，称为临界饱和点。B 点以后，曲线 2 的斜率与空心时的直线 1 基本相同，称为饱和段。从未饱和到饱和是逐步过渡的，中间有一段弯曲的 AB 段，称为曲线的膝部。曲线 2 称为铁磁物质的磁化曲线（magnetization carve）。不同的铁磁物质，其磁化曲线不完全相同，可从电工手册中查到。

变压器与电机的铁芯，一般都工作在磁化曲线的膝部，这样便可用较小的电流产生大的磁通。

（3）磁滞回线

如果在铁芯线圈中通入交流电。由于交流电流的大小、方向不断变化，铁芯被这变化的磁场反复磁化，Φ-I 曲线如图 3-4 所示。该曲线称为铁磁物质的磁滞回线（hysteresis loop）。磁滞回线是磁畴的"惯性"造成的。初始时，电流 I 从零上升到 I_m，Φ 沿 oab 上升到临界饱和点 b。当电流减小到零时，原来随外磁场转向的磁畴并不能全部转回来，因而保留部分剩磁（residual magnetism）Φ_r，这种现象称为磁滞（hysteresis）。只有当电流反向增大到一定的数值 $-I_\mathrm{c}$ 时，才能使剩磁消失。而若电流反向增大到 $-I_\mathrm{m}$，再从 $-I_\mathrm{m}$ 变到 $+I_\mathrm{m}$，Φ 则沿 $defgb$ 变化，构成一闭合回线。磁滞回线中的 Φ_r 称为剩磁，I_c 则称为矫顽力。

磁导率实验

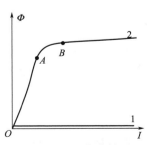

图 3-3　磁化曲线

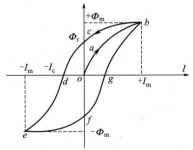

图 3-4　磁滞回线

（4）磁滞损耗

当铁芯线圈中通入交流电时，铁芯会发热，这说明铁磁物质在反复磁化过程中有电功率

损耗部分电能转变为热能。这部分损耗是磁滞造成的，称为磁滞损耗（hysteresis loss）。显然，磁滞损耗对变压器、电机的运行是不利的。

可以证明，铁磁物质磁滞损耗的电功率与磁滞回线的面积成正比，而磁滞回线的面积又决定于剩磁 Φ_r 与矫顽力 I_c。根据剩磁和矫顽力的大小可把铁磁物质分为软磁材料、硬磁材料和矩磁材料三种类型。

① 软磁材料。这类材料的特点是比较容易磁化，磁导率很高，剩磁和矫顽力都很小，因此，磁滞回线很窄，磁滞损耗很小。图 3-5（a）即为软磁材料的磁滞回线。硅钢、铸钢、铸铁、坡莫合金等属于软磁材料。软磁材料适于作电机、变压器、继电器的铁芯。

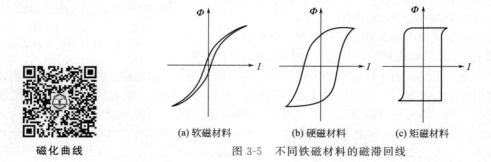

磁化曲线

(a) 软磁材料　　(b) 硬磁材料　　(c) 矩磁材料

图 3-5　不同铁磁材料的磁滞回线

② 硬磁材料。硬磁材料的特点是要有较大的外磁场才能使其磁化，且剩磁和矫顽力都大，磁滞回线较宽，磁滞损耗大。碳钢、钴钢、钨钢等属于硬磁材料。硬磁材料适于作永久磁铁（permanent magnet）。图 3-5（b）即为硬磁材料的磁滞回线。

③ 矩磁材料。矩磁材料的特点是磁滞回线近似于矩形，剩磁很大，接近饱和磁感应强度，但矫顽力较小，易于迅速翻转，常在计算机和控制系统中用作记忆元件，如镁锰铁氧体及其某些铁镍合金等。图 3-5（c）即为矩磁材料的磁滞回线。

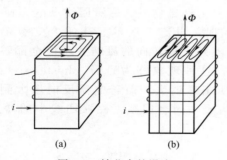

图 3-6　铁芯中的涡流

（5）涡流损耗

当铁心线圈中通入交变电流时，穿过铁芯的磁通也是交变的。根据电磁感应定律，在与磁通垂直的铁芯截面内，会产生感应电动势，从而形成圆环状的电流，该电流称为涡流（eddy），如图 3-6（a）所示。涡流在铁芯中流动，引起无益的电能损耗，称为涡流损耗（eddy-current loss）。

为了减小涡流损耗，变压器、电机等设备的铁芯均由很薄的表面绝缘的硅钢片叠压而成。铁芯分片，将使涡流限制在较小的截面内流通，铁芯含硅则可使其电阻率增大。这样就可减小涡流，从而减小涡流损耗，如图 3-6（b）所示。

铁芯中的磁滞损耗和涡流损耗统称为铁损（iron loss）。铁损是衡量变压器和电机性能的一个重要指标。

2. 磁路

（1）磁路的概念

变压器、电机等电磁设备的铁芯，一般都是用具有高导磁性能的铁磁物质（如硅钢片）制成闭合的形状，这样，一方面可最大限度地用较小的电流产生很强的磁场，另一方面，将磁通约束在铁芯构成的路径中。这种能将磁通约束在规定范围内的铁芯路径，称为磁路（magnetic circuit）。图 3-7 为几种常见电气设备的磁路图，线圈电流产生的磁通，绝大部分沿铁芯（包括必需的气隙）闭合。经铁芯闭合的磁通称为主磁通（main magnetic flux），用 Φ 表示。沿周围空气闭合的磁通只占总磁通的极小部分，称为漏磁通（leakage flux），用 Φ_s 表示。Φ_s 与 Φ 相比，一般很小，可以忽略。可见，磁路实际上是主磁通闭合的路径，它是由铁芯和必要的气隙构成的。

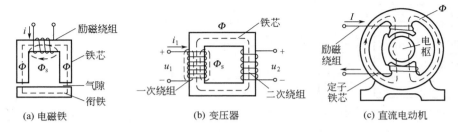

图 3-7　几种常见电气设备的磁路

（2）磁路的主要物理量

从上述可知，磁路的问题，实际上是约束于一定路径中的磁场问题。因此，磁路的物理量与磁场的物理量基本相同。

① 磁感应强度 B。磁感应强度（magnetic induction）B 是描述磁场内某点磁场强弱和方向的物理量，它是一个矢量。将载流导体置于磁场中，导体会受到一电场力 F 的作用。F 的大小与导体电流 I、导体有效长度 L、导体所处位置的磁感应强度 B 均成正比，即 $F = BIL$。据此可得

$$B = \frac{F}{IL} \tag{3-1}$$

B、F、I 三者的方向由左手定则确定，在 SI 单位中，B 的单位为 T（特斯拉），简称特。B 的大小可用磁力线的疏密来表示。

如果磁场内各点磁感应强度 B 的大小相等，方向相同，则称为均匀磁场（magnetic field）。在均匀磁场中，B 的大小用通过垂直于磁场方向的单位截面上的磁力线来表示。

② 磁通 Φ。通过与磁场方向垂直的某一截面积 S 的磁力线的总数，称为该面积的磁通量（magnetic flux）。在均匀磁场中，磁感应强度 B 与垂直于 B 的截面积 S 的乘积，称为该面积的磁通量 Φ，即

$$\Phi = BS \quad 或 \quad B = \Phi/S \tag{3-2}$$

在 SI 单位中，Φ 的单位为 Wb（韦伯），简称韦。

③ 磁导率 μ。磁导率（magnetic permeability）μ 是用以表示物质导磁性能的物理量。在 SI 单位中，μ 的单位为 H/m（亨/米）。真空中的磁导率 $\mu_0 = 4\pi \times 10^{-7}$ H/m。

自然界的物质，就导磁性能而言，可分为铁磁物质和非铁磁物质两大类。非铁磁物质的磁导率与真空磁导率 μ_0 很接近。由于前述的磁化作用，铁磁物质的磁导率很高。如硅钢的磁导率可达 μ_0 的 7000 倍。

④ 磁动势 F。磁场是由电流产生的。在磁路中用来产生磁通的电流称为励磁电流（exciting current）。实验表明，励磁电流越大，线圈匝数越多，产生的磁场越强，磁通越多。因此，励磁电流 I 和线圈匝数 N 之积，可看作是产生磁通的根源，称为磁动势（magnetomotive force，简称 mmf），用 F 表示，即

$$F = NI \tag{3-3}$$

式中，线圈匝数 N 无量纲，故磁动势的单位与电流的单位一样，在 SI 单位中，也是 A（安培）。

⑤ 磁阻 R_m。像导体对电流有阻碍作用一样，磁路对磁通也有阻碍作用。这种阻碍作用可用磁阻（reluctance）R_m 表示。R_m 的计算公式与导体电阻的计算公式相似，即

$$R_m = L/(\mu S) \tag{3-4}$$

如图 3-8 所示，L 为磁路的平均长度，S 为磁路的截面积，μ 则是磁路材料的磁导率。

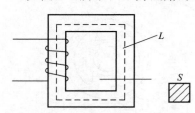

图 3-8　磁路的平均长度与截面积

（3）磁路欧姆定律

磁路欧姆定律（ohms law of magnetic circuit）与电路欧姆定律类似，即

$$\Phi = F/R_m = NI/R_m \tag{3-5}$$

由于铁心的磁导率 μ 不是常数，磁阻 R_m 也不是常数，磁路的计算较之电阻电路困难得多。因此磁路的欧姆定律通常只用来对磁路做定性分析，而较少用于具体计算。

注意，有些磁路必须有气隙（air gap），如图 3-7（a）、（c）所示。气隙相对于整个磁路长度而言，是极短的，但是由于空气磁导率远小于铁磁材料的磁导率，这个极短气隙的磁阻却往往占了整个磁路磁阻的绝大部分，磁路的磁动势主要为气隙所占用。可见，气隙虽短，对磁路的影响却很大。

二、交流铁心线圈电路、电磁铁

1. 交流铁心线圈中电压和磁通的关系

在图 3-9 的线圈两端加上交流电压 u，线圈中通过电流 i，在磁动势 iN 的作用下，磁路中产生主磁通 Φ 和漏磁通（leakage flux）Φ_s，Φ_s 远小于 Φ，可忽略不计。设线圈电阻为 R，主磁通在线圈上产生的感应电动势为 e，漏磁通在线圈上产生的感应电动势为 e_s，根据基尔霍夫定律

得　　　　　　$$u = iR - e - e_s \tag{3-6}$$

用相量表示　　　$$\dot{U} = \dot{I}R - \dot{E} - \dot{E}_s$$

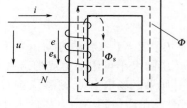

图 3-9　交流铁心线圈

由于漏磁通经过的路径主要是非铁磁材料，其磁导率为一常数，所以 Φ_s 与 i 成正比。

$$L_s = \frac{N\Phi_s}{i} = 常数$$

设线圈的匝数为 N，主磁通中产生感生电动势 e 的表达式则为

$$e = -N\frac{\mathrm{d}\Phi}{\mathrm{d}t}$$

若　　　　　　　　$$\Phi = \Phi_m \sin\omega t$$

则　　　　　　$$e = -N\frac{\mathrm{d}\Phi}{\mathrm{d}t} = -N\omega\Phi_m \cos\omega t$$

$$= 2\pi f N\Phi_m \sin(\omega t - 90°)$$

$$= E_m \sin(\omega t - 90°)$$

式中，E_m 感应电动势的最大值，$E_m = 2\pi f N\Phi_m$，其有效值为

$$E = E_m/\sqrt{2} = 2\pi f N\Phi_m/\sqrt{2} = 4.44 f N\Phi_m \tag{3-7}$$

e_s 的有效值为

$$E_s = X_s I$$

式中　X_s——励磁线圈的漏磁感抗 $X_s = \omega L_s = 2\pi f L_s$，$e_s$ 在相位上比电流 i 滞后 90°写成相量表示式为

$$\dot{E}_{s}=-j\dot{I}X_{s} \tag{3-8}$$

图 3-9 中 u 与 i 的正方向关联，i 与 e、Φ 的正方向符合右手螺旋定则。忽略漏磁通 Φ_{s}，同时也不考虑线圈电阻的影响，根据基尔霍夫电压定律有

$$u=-e$$

有效值　　　　　　　　　　$$U=E=4.44fN\Phi_{m} \tag{3-9}$$

一般情况下，电源频率 f 和线圈匝数 N 是一定的，那么，式（3-9）表明，一个交流铁芯线圈，只要外加电压一定，则铁芯中的主磁通最大值 Φ_{m} 也是一定的。外加电压与主磁通的这种"强制"对应关系，是分析变压器、电机工作原理的基础。

2. 电磁铁

（1）用途与构造

电磁铁（electromagnet）是利用通电的铁芯线圈产生磁场、由磁场产生电磁力来实现某一机械动作的电磁设备。

电磁铁的用途十分广泛。例如，在提升机械上，利用电磁铁对电动机进行抱闸制动；起重机上的起重电磁铁，用来装卸各种钢铁材料；平面磨床上的电磁工作台，利用电磁铁的吸力来吸住工件；接触器和继电器则利用电磁铁的动作来切换电路，达到自动控制的目的。

电磁铁的形式很多，但不管哪种电磁铁，都包含有励磁线圈、铁芯（静铁芯）、衔铁（动铁芯 armature）三个基本部件。线圈通电以后，衔铁即被铁芯吸引，实现某一机械动作。图 3-10 为几种常见电磁铁的结构形式，其中图（a）为起重电磁铁；图（b）为继电器的电磁铁；图（c）为牵引电磁铁。

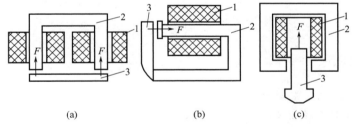

图 3-10　电磁铁的几种常见结构形式
1—线圈；2—铁芯；3—衔铁

（2）电磁吸力

根据励磁电流的不同，电磁铁可分为直流电磁铁和交流电磁铁两大类。不论是直流电磁铁还是交流电磁铁，衔铁上受到的电磁吸力 F 与气隙磁感应强度 B 的二次方，以及气隙截面积 S 均成正比，近似计算公式为

$$F=4B^{2}\times S\times10^{5} \tag{3-10}$$

式中，B 的单位为 T，S 的单位为 m^{2} 时，F 的单位为 N（牛顿）。

必须注意，交流电磁铁由于电流交变，其吸力 F 是脉动的，一个周期有两次过零，这样会产生振动，引起噪声和磨损。

解决的办法是在磁极的部分端面上嵌装一个铜制短路环，如图 3-11 所示。当总的交变磁通 Φ 的一部分 Φ_{1} 穿过短路环时，环内产生感应电动势和感应电流，阻止 Φ_{1} 的变化，从而

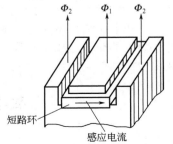

图 3-11　短路环的作用

造成环内磁通 Φ_1 与环外磁通 Φ_2 之间有一相位差，使总磁通始终不为 0，吸力 F 也就始终大于零，衔铁的振幅减小，噪声得以消除。

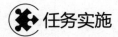 **任务实施**

任务一：有一个铁芯线圈接交流 220V，50Hz 的电源上，铁芯中磁通的最大值为 0.001Wb，问铁芯上的线圈至少应绕多少匝？若铁芯上的线圈只绕了 100 匝，线圈通电后会产生什么后果？

解　据公式
$$U = 4.44 f N \Phi_{\mathrm{m}}$$

有
$$N = \frac{U}{4.44 f \Phi_{\mathrm{M}}} = \frac{220}{4.44 \times 50 \times 0.001} = 991 \text{ 匝}$$

铁芯上的线圈至少应绕 991 匝。

若线圈只绕了 100 匝，则磁通最大值远远超过了规定的最大值。根据磁化曲线，可知对应的线圈中的电流将远远超过正常值，线圈通电后会烧坏。

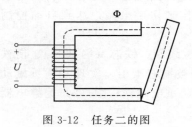

图 3-12　任务二的图

任务二：一个交流电磁铁，因出现机械故障，通电后长时间衔铁不能吸合，结果会如何？

解　如图 3-12 所示。衔铁是否吸合与磁路中的磁通大小无关。因为 $U = 4.44 f N \Phi_{\mathrm{m}}$，当频率 f、电压 U、匝数 N 均不变时，磁路中的磁通是不变的。

衔铁是否吸合，磁路中的磁阻是不同的；若衔铁长时间不被吸合，磁路中存在空气隙，磁阻很大。

根据磁路欧姆定律可知，此时产生磁通所需要的电流将很大，时间一长，很可能将线圈烧毁。

 练习与思考一

1. 磁场中各点磁场强弱和方向的物理量是什么？

2. 铁磁材料有哪些磁性能？试用磁畴的概念来解释。

3. 试比较磁路的欧姆定律和电路的欧姆定律，说明其异同之点。

4. 将一个空心线圈先后接到直流电源和交流电源上，然后在这个线圈中插入铁芯，再接到上述两个电源上。如果交流电压的有效值和直流电压相等，试比较在上述四种情况下通过的电流和功率的大小，并说明理由。

任务二　变压器

变压器是根据电磁感应原理工作的一种静止电器。可以把一种交流电压变换为同频率的另一数值的交流电压，它还具有变换电流和变换阻抗的功能。在电力系统、电气测量、焊接技术中得到广泛应用。

教学情境 1　变压器的工作原理

知识点

◎ 变压器的空载运行。

◎ 变压器的有载运行。

◎ 变压器的阻抗变换。

技能点

◎ 会计算变压器的变压比。

◎ 会计算变压器的变流比。

◎ 熟练掌握阻抗变换的分析和计算。

思政要素

任务描述

在电力系统中，变压器主要用来变换电压。发电厂发出的交流电压，在输送之前，要用变压器将其升高到输电电压（如 220kV、330kV 等），以减小线路损耗，节约输电导线；用户从电网得到高压后，必须先用变压器把电压降到负载所需的低电压（如 380V、220V），以保证用电的安全。在电子线路中，变压器除用来变换电压外，还用来传递信号、变换阻抗。变压器还有其他方面的一些特殊用途。

任务分析

虽然变压器的种类很多，但其基本结构和工作原理是相同的。本任务的目的，就是分析变压器的基本结构和工作原理，具体分析它是如何变换电压、电流和阻抗的。在分析过程中，加深理解恒磁通工作原理。

一、变压器的基本结构

无论何种变压器，其基本组成部分均为铁芯和绕组。绕组通常有两个以上，并套在同一个铁芯上。

1. 铁芯

变压器的铁芯（core）一般由厚度为 0.35～0.5mm，表面绝缘的硅钢片叠压而成。由于硅钢片的磁导率很高，可用较小的电流，产生很强的磁通，并将磁力线约束于铁芯中，且可减小变压器的体积；硅钢片间互相绝缘，则可减小铁芯损耗。根据铁芯结构的不同，变压器可分为心式和壳式两种，如图 3-13 所示。心式变压器的绕组包在铁芯外面，制造工艺简单，目前一般的变压器都采用心式结构。壳式变压器的铁芯大部分在绕组外面，散热性能好，但工艺较复杂，只在小容量变压器中采用。

2. 绕组

绕组（winding）即线圈，是变压器的电路部分，它是用绝缘导线绕制的。与电源相连的绕组称为一次绕组，与负载相连的称为二次绕组。为了防止绕组内部短路，在绕组与绕组、绕组与铁芯以及绕组内部各层间必须隔上绝缘材料。

3. 冷却系统

变压器在工作时，铁芯损耗使铁芯发热，电流通过绕组的导线电阻也会发热，为了散去热量，变压器要考虑冷却问题。对于小容量变压器多采用自冷式，依靠空气对流和辐射把热量散出去。对于大中型变压器，多采用油冷式。将铁芯和绕组装入盛满变压器油的油箱中，利用油的传递将热量传递给油箱并散发出去。为了增强散热效果，油箱外面一般都装有散热油管。图 3-14 是一台三相油冷式电力变压器的结构图。从图可知，其组成除上述三个部分外，还有一些必要的附属部件。

变压器变压

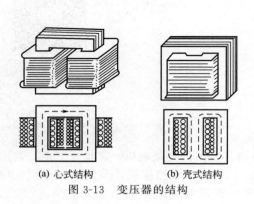

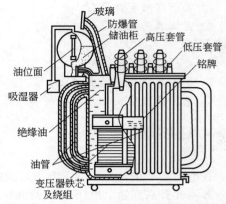

(a) 心式结构　　　　　(b) 壳式结构

图 3-13　变压器的结构　　　　　　　图 3-14　三相油冷式电力变压器结构示意图

二、变压器的工作原理

1. 变压器的空载运行

变压器工作原理
与常用变压器

图 3-15 为一双绕组单相变压器的原理图。设一次、二次绕组的匝数分别为 N_1 和 N_2，在一次绕组上接入额定的正弦交流电压 u_1，二次绕组开路，变压器便运行在空载状态。

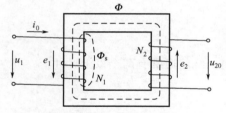

图 3-15　单相变压器的空载运行

在外加电压 u_1 的作用下，一次绕组中有交流电流 i_0 通过。i_0 称为空载电流。i_0 在一次绕组中建立磁动势 $i_0 N_1$，称为空载磁动势。在空载磁动势 $i_0 N_1$ 的作用下，磁路中产生交变磁通。交变磁通的绝大部分，即主磁通 Φ 既与一次绕组交链又与二次绕组交链；交变磁通的很小一部分，即漏磁通 Φ_s 仅与一次绕组交链后沿附近空间闭合。主磁通在一次、二次绕组中分别感应出电动势 e_1 和 e_2，在二次绕组的输出端上便有电压 u_{20}。上述各量之间的关系可概括如下。

$$u_1 \rightarrow i_0 \rightarrow i_0 N_1 \rightarrow \left| \begin{array}{l} \rightarrow \Phi \rightarrow \left| \begin{array}{l} \rightarrow e_1 \\ \rightarrow e_2, u_{20} \end{array} \right. \\ \rightarrow \Phi_s (忽略) \end{array} \right.$$

可见，通过磁场的媒介作用，建立了一次、二次绕组电压 u_1 与 u_{20} 的联系。注意，空载电流（又称为励磁电流）I_0（i_0 的有效值）一般很小，约占变压器额定电流的 $3\% \sim 8\%$。

由于 u_1 为正弦量，主磁通 Φ 也是一个正弦量，设 $\Phi = \Phi_m \sin\omega t$，根据式（3-8），$\Phi$ 在一次、二次绕组中产生的感应电动势 e_1、e_2 的有效值分别为

$$\left. \begin{array}{l} E_1 = 4.44 f N_1 \Phi_m \\ E_2 = 4.44 f N_2 \Phi_m \end{array} \right\} \tag{3-11}$$

根据式（3-11）有

$$\frac{E_1}{E_2} = \frac{4.44 f N_1 \Phi_m}{4.44 f N_2 \Phi_m} = N_1 / N_2 \tag{3-12}$$

可见，变压器一次、二次绕组感应电动势的有效值之比，等于其匝数之比。

如果略去一次绕组的漏磁通及绕组电阻压降的影响，有 $u_1 = -e_1$，有效值关系则为

$$U_1 \approx E_1 = 4.44 f N_1 \Phi_m \tag{3-13}$$

对于变压器二次绕组，空载时有 $e_2 = u_{20}$，其有效值为

$$U_{20} = E_2 = 4.44 f N_2 \Phi_m \tag{3-14}$$

由式（3-13）及式（3-14）可得

$$\frac{U_1}{U_{20}} = \frac{E_1}{E_2} = \frac{N_1}{N_2} = K_u \tag{3-15}$$

即一次、二次绕组的电压比也等于一次、二次绕组的匝数比，比值 K_u 称为变压器的电压比（ratio of transformation）。

若 $K_u > 1$，则 $U_1 > U_{20}$，为降压变压器；若 $K_u < 1$，则 $U_1 < U_{20}$，为升压变压器。

对于成品变压器，f 及 N_1、N_2 均为定值，由 $U_1 = 4.44 f N_1 \Phi_m$ 可知，当输入电压 U_1 为额定值不变时，Φ_m 是个常数，与二次侧是否接负载无关，该关系称为恒磁通原理，这在前面已有说明。变压器输入电压 U_1 为额定值时，铁芯一般工作在磁化曲线的膝部。若 U_1 超过额定值，主磁通 Φ_m 必须增大，铁芯进入饱和区。若 U_1 太大，为增大 Φ_m，励磁电流 I_0 会大幅度上升，可能导致变压器烧坏。因此变压器不能超过额定电压使用。若 U_1 低于额定值，虽不会损坏变压器，但负载得不到额定电压，影响正常工作。

2. 变压器的负载运行

变压器一次绕组仍接入额定正弦电压 u_1，当二次绕组接通负载时，变压器即处于负载运行状态。此时，一次、二次绕组中分别有 i_1、i_2 流通，如图 3-16 所示。图中已标示出各量的正方向。i_1 在一次绕组中建立磁动势 $i_1 N_1$；i_2 在二次绕组中建立磁动势 $i_2 N_2$。根据恒磁通原理，U_1 不变，Φ_m 也应不变，即空载时的主磁通 Φ 与负载时的主磁通 Φ 应相等。当忽略一次、二次绕组的导体电阻与漏磁通 Φ_{s1}、Φ_{s2} 时，各量之间的关系为

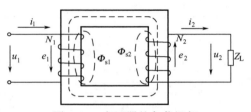

图 3-16　变压器的负载运行

$$u_1 \rightarrow (i_1 N_1) \rightarrow \Phi \begin{array}{l} \rightarrow e_1 \\ \rightarrow e_2 \rightarrow u_2 \rightarrow i_2 \\ \hphantom{\rightarrow} (i_2 N_2) \end{array}$$

由于负载时与空载时的主磁通相等，故负载时的总磁动势也应等于空载时的磁动势，即

$$i_1 N_1 + i_2 N_2 = i_0 N_1 \tag{3-16}$$

式（3-16）称为磁动势平衡方程式，可将它改写为

$$i_1 = i_0 - \frac{N_2}{N_1} i_2 \tag{3-17}$$

式（3-17）说明，变压器带上负载后，一次绕组电流 i_1 由两部分组成：一部分是产生主磁通的励磁电流 i_0；另一部分是克服负载电流 i_2 对主磁通影响的负载分量（$-i_2 N_2 / N_1$）。与负载分量相比，i_0 很小，略去 i_0，即有 $i_1 N_1 \approx -i_2 N_2$，式中负号说明二次绕组磁动势 $i_2 N_2$ 与一次绕组磁动势 $i_1 N_1$ 方向相反。$i_1 N_1 \approx -i_2 N_2$ 的有效值形式为

$$I_1 N_1 \approx I_2 N_2 \tag{3-18}$$

由式（3-18）可知，当 I_2 增大时，I_1 必增大，以维持 Φ_m 不变。从能量守恒的观点也很容易理解：I_2 增大，变压器输出给负载的功率增大，电源输入给变压器的功率也要增大，故 I_1 增大。可见，变压器的输出功率是一次绕组从电源取得，经磁场媒介与二次绕组传递给负载的。

从式（3-18）可得

$$\frac{I_1}{I_2} \approx \frac{N_2}{N_1} = \frac{1}{K_u} = K_i \tag{3-19}$$

K_i 称为变压器的电流比，其值为电压比的倒数，即匝数的反比。由此可见，变压器具有电流变换作用，匝数多的高压侧电流小，匝数少的低压侧电流大。

【例 3-1】 某变压器一次绕组电压 U_1 为 3300V，二次绕组电压 U_2 为 220V，①若一次匝数 N_1 为 2250 匝，求二次匝数 N_2；②若二次侧接入一台 25kW 的电阻炉，求一次、二次绕组电流 I_1、I_2。

解 ① $K_u = U_1/U_2 = 3300/220 = 15$

故 $\qquad\qquad\qquad N_2 = N_1/K_u = 2250/15 = 150$ 匝

② $I_2 = P_2/U_2 = 25 \times 10^3/220 = 113.7A$

$$I_1 = I_2/K_u = 113.7/15 = 7.55A$$

即二次绕组为 150 匝，一次、二次电流分别为 7.55A、113.7A。

3. 变压器的阻抗变换作用

变压器不但可以变换电压和电流，还可以变换阻抗（impedance）。如图 3-17 所示，负载阻抗 Z_L 接在变压器二次侧。而从变压器一次输入端看，图（a）中的点划线框可用一阻抗 Z_L' 等效代替，如图（b）所示。Z_L 与 Z_L' 的关系可用下面的方法推得

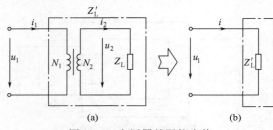

图 3-17　变压器的阻抗变换

$$\frac{U_1}{I_1} = \frac{\frac{N_1}{N_2}U_2}{\frac{N_2}{N_1}I_2} = \left(\frac{N_1}{N_2}\right)^2 \frac{U_2}{I_2} = K_u^2 \frac{U_2}{I_2}$$

而 $\qquad \dfrac{U_1}{I_1} = |Z_L'| \qquad \dfrac{U_2}{I_2} = |Z_L|$

故 $\qquad\qquad\qquad |Z_L'| = K_u^2 |Z_L|$

Z_L' 称为折算到变压器一次侧的等效负载阻抗。同样的 Z_L，匝数比不同，折算到一次侧的 Z_L' 也不同，这就是变压器的阻抗变换作用。阻抗变换作用在电子电路中应用较多。例如，在扩音机中，常利用变压器的阻抗变换（impedance transformation）作用以实现阻抗匹配，请看下面的例子。

✪ 任务实施

某扩音机内阻 $R_0 = 560\Omega$；信号电压为 10V，接 8Ω 扬声器。若用变压器实现阻抗匹配，求变压器的匝数比，一次、二次电压、电流及扬声器获得的功率。

解 所谓阻抗匹配，就是等效负载电阻 R_L' 等于信号源内阻 R_0，可以证明，此时负载上获得的功率最大。根据题意有 $R_L' = (N_1/N_2)^2 R_L = R_0$

所以 $\qquad\qquad\qquad (N_1/N_2)^2 = R_0/R_L = 560/8 = 70$

一次电流 $\qquad\qquad\qquad N_1/N_2 = \sqrt{70} = 8.37$

$$I_1 = U_0/(R_0 + R_L') = 10/(560 + 560) = 8.93mA$$

于是 $\qquad\qquad I_2 = \frac{N_1}{N_2} \times I_1 = 8.37 \times 8.93mA = 74.7mA$

$$U_1 = I_1 R'_L = 8.93 \times 10^{-3} \times 560 = 5V$$
$$U_2 = U_1 / 8.37 = 0.597V$$

扬声器获得的功率

$$P_2 = U_2 I_2 = 0.597 \times 74.7 = 44.6mW$$

 练习与思考二

1. 变压器的铁芯是起什么作用的？不用铁芯行不行？为什么变压器的铁芯要用硅钢片叠成？用整块的铁芯行不行？

2. 变压器能否用来变换直流电压？如果将变压器接到与它的额定电压相同的直流电源上，会产生什么后果？

3. 为什么变压器铁芯中的主磁通，基本上不随负载电流的变化而变化？为什么变压器的 I_1 随 I_2 而变化？

教学情境 2　其他变压器

知识点

◎ 三相变压器。

◎ 自耦变压器。

◎ 仪用变压器。

技能点

◎ 理解三相变压器的工作原理并会使用。

◎ 会正确使用自耦变压器。

◎ 熟练使用仪用变压器注意短路和开路时的事项。

 任务描述

变压器的种类很多，根据用途分有：用于输配电的电力变压器；用于控制和机床照明的控制变压器；用于调压的自耦变压器；用于传递信号的输入变压器、输出变压器；用于电子设备中的电源变压器等。按变换电压的相数分，有单相变压器（single-phase transformer）与三相变压器。

 任务分析

虽然变压器的种类很多，但其工作原理与单相变压器相同。本项目的主要任务是学会正确使用几种常用变压器，对自耦调压器的使用时要特别注意安全；对电压互感器在运行时，二次绕组决不允许短路；对电流互感器在运行时，二次绕组决不允许开路；

 相关知识

一、三相变压器

三相变压器（three-phase transformer）用来变换三相电压，它是电力系统的主要设备。

三相变压器有两种结构形式：一种是由三台单相变压器组成的，称为三相变压器组；另一种称为三相心式变压器，其结构如图 3-18 所示。在一个公共铁心上有三个心柱，各相的一次、二次绕组套在同一个心柱上，与同一磁通相交链。因此三相变压器的工作原理与前述的单相变压器相同。中小容量的三相变压器一般都采用心式结构。

三相变压器绕组的联结方式很多，最常见的为 Y/Y₀ 联结，即三相一次绕组接成星形，二次绕组也接成星形且引出中线，如图 3-19（a）所示。Y/Y₀ 联结用于把 6kV、10kV、35kV 高电压变为 400/230V 三相四线制低电压的场合。图中 $1U_1$、$1V_1$、$1W_1$ 为输入端，接高压输电线；$2U_1$、$2V_1$、$2W_1$、0 是低压输出端，从输出端可得到两个不同等级的电压值，即相线之间的线电压以及相线与中线之间的相电压。

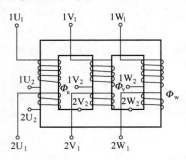

图 3-18　三相变压器

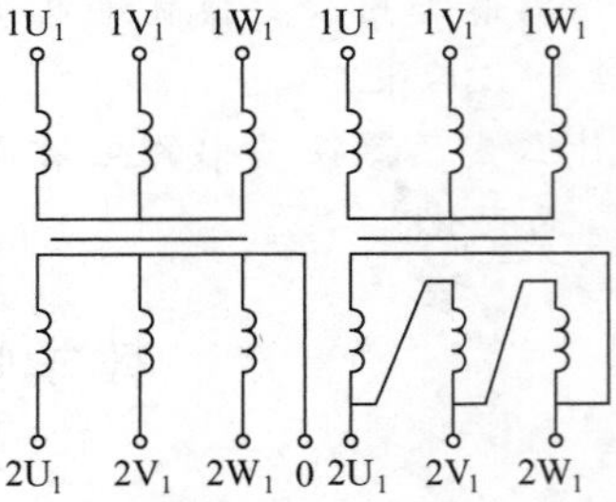

(a) Y/Y₀ 联结　(b) Y/△ 联结

图 3-19　三相变压器绕组的联结方式

三相变压器一次、二次绕组的相电压与单相变压器一样，仍等于一次、二次绕组的匝数比。即不论三相变压器作何种联结，均有

$$\frac{U_{P1}}{U_{P2}}=\frac{N_1}{N_2}=K_u \tag{3-20}$$

应当注意，三相变压器一次、二次额定电压是指线电压 U_L，故三相变压器一次、二次电压比不仅与一次、二次绕组的匝数比有关，还与绕组的联结有关。在 Y/Y₀ 联结中，有

$$\frac{U_{L1}}{U_{L2}}=\frac{\sqrt{3}\,U_{P1}}{\sqrt{3}\,U_{P2}}=\frac{U_{P1}}{U_{P2}}=\frac{N_1}{N_2}=K_u \tag{3-21}$$

三相变压器另一种常见的联结方式是 Y/△ 联结如图 3-19（b）所示，Y/△ 联结用于把 35kV 高电压变为 3.15kV、6.3kV、10.5kV 的场合，其线电压比为匝数比的 $\sqrt{3}$ 倍，即

$$\frac{U_{L1}}{U_{L2}}=\frac{\sqrt{3}\,U_{P1}}{U_{P2}}=\frac{\sqrt{3}\,N_1}{N_2}=\sqrt{3}\,K_u \tag{3-22}$$

Y/△ 联结因其低压侧接成三角形，相电流只有线电流的 $1/\sqrt{3}$ 倍，可减小二次绕组导线截面积，省料。此时，输出为三相三线制，提供电压做动力源。

二、自耦变压器

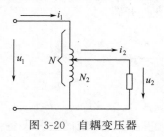

图 3-20　自耦变压器

自耦变压器（autotransformer）与其他变压器相比，其特点是在闭合的铁心上只有一个绕组，此绕组既是一次绕组又是二次绕组，低压绕组是高压绕组的一部分，两者既有磁的联系又有电的联系，如图 3-20 所示。由于一次、二次绕组通过同一磁通，故一次、二次绕组的电压比与普通变压器一样，仍为

其匝数比，即

$$\frac{U_1}{U_2}=\frac{N_1}{N_2}=K_u \tag{3-23}$$

可见，改变二次绕组匝数 N_2，就可得到不同的输出电压 U_2。自耦变压器常将二次绕组的抽头制成滑动触头而成为调压器，改变滑动触头的位置，便改变了 N_2，从而得到连续可调的 U_2。图 3-21 为实验室常用的自耦变压器。为方便调压，绕组绕制在环形铁心上。

自耦调压器也可制成三相结构。三相绕组接成星形，用于改变三相交流电压，如图 3-22 所示。

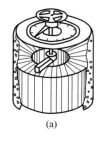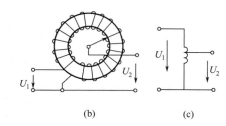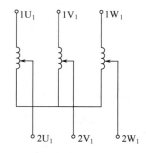

图 3-21　自耦变压器　　　　　　　图 3-22　三相自耦变压器

自耦调压器的优点是结构简单，节省材料。但使用时应注意以下几点。

① 单相自耦变压器一次、二次绕组的公共端必须接单相电源的中线，一次绕组的另一端接相线。如若接反，自耦变压器二次绕组输出端会出现对地高压，不安全。

② 自耦变压器工作时，公共端与中性端应可靠相连，一旦脱线，一次电压直接加到二次侧输出端，也不安全。

③ 要正确识别一次、二次绕组的端钮。若错把一次绕组当二次绕组，会烧坏自耦变压器。

三、仪用互感器

仪用互感器是专供电工测量和自动保护装置使用的变压器。它可以用于扩大测量仪表的量程，或为高压电路的控制及保护设备提供所需的低电压与小电流，并使它们与高压电路隔离，以保证安全。仪用互感器包括电压互感器和电流互感器两种。

1. 电压互感器

电压互感器（voltage transformer）是一种特殊的降压变压器，其原理与普通变压器相同。电压互感器的二次额定电压一般设计为标准值 100V，以便统一电压表的表头规格。图 3-23 为电压互感器的接线图，一次侧接高压电路，二次侧接电压表或其他仪表的电压线圈。一次、二次绕组的电压比也是其匝数比：$U_1/U_2 = N_1/N_2 = K_u$。接于电压互感器二次侧的电压表如按高压侧电压值刻度，即可直接从表盘上读出被测高压。

注意：电压互感器在运行时，二次绕组决不允许短路。为防止短路造成不良后果，一次侧应接熔断器做短路保护（图中未画熔断器）；另外，为防止高压侧绝缘损坏导致二次侧出现高压，应将二次绕组的一端及铁心、外壳可靠接地。

2. 电流互感器

电流互感器（current transformer）是用来将大电流变为小电流的特殊变压器，其二次额定电流通常设计为标准值 5A，以便统一电流表的表头规格。电流互感器的接线如图 3-24

所示。一次绕组匝数很少，有的仅一匝。匝数多的二次绕组接电流表或其他仪表的电流线圈。与普通变压器一样，一次、二次绕组的电流比仍为匝数的反比，即 $I_1/I_2 = N_2/N_1 = 1/K_u$。可见从电流表读得 I_2，即可得出 I_1。如电流表按一次绕组电流值刻度，则可直接从表盘上读出被测电流 I_1。

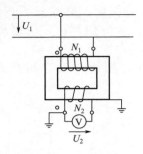

图 3-23　电压互感器

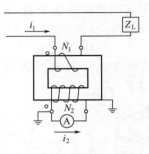

图 3-24　电流互感器

特别指出，电流互感器在运行中，二次绕组决不允许开路。若二次绕组尚未接入仪表，则应将其短路，这是它与普通变压器的不同之处。为了安全，电流互感器二次绕组的一端以及外壳、铁心也必须可靠接地。

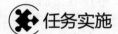

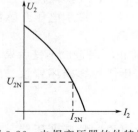

图 3-25　钳形电流表

利用电流互感器原理制成的钳形电流表如图 3-25 所示。钳形电流表的铁心像把钳子，测量时通过手柄使铁心张开，将被测电流导线（相当于电流互感器的单匝一次绕组）钳入铁心，再将铁心闭合，从电流表上即可读出被测电流。钳形电流表可带电测量，无须断开电路，使用很方便。

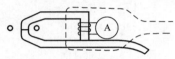

任务实施

电焊变压器

生产中广泛应用的交流电焊机，实质上就是一台专门做电弧焊用的降压变压器，称为电焊变压器。

对电焊变压器的性能要求与普通变压器不同，它的二次电压变化较大，空载时要有足够的电弧点火电压，焊接时输出电压随电流的上升迅速下降到一个低电压，即具有陡降的外特性，电弧电流却比较稳定，如图 3-26 所示。

图 3-27 为电焊变压器的原理示意图，它是由一个能提供低电压大电流的变压器和一个可调电抗器串联而成的。串联电抗器是为了增大二次回路的内阻抗，以获得陡降的外特性。

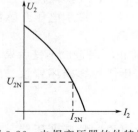

图 3-26　电焊变压器的外特性

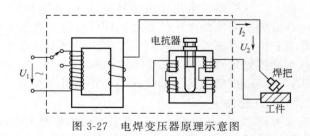

图 3-27　电焊变压器原理示意图

变压器一次绕组的电压为 220V 或 380V，二次绕组空载电压即为电弧点火电压，约为 60～90V。电焊变压器工作时，焊接电流 I_2 通过电抗器，由于电抗器阻抗大，输出电压 U_2 急剧下降到约 25～30V。调节电抗器的铁心气隙，可改变阻抗，从而调节焊接电流，满足不同焊接的要求。

现简述一下焊接的工作过程。开始时，先将焊条与工件接触，这相当于输出端短路，但短路电流并不大。然后迅速将焊条提起，焊条与工件之间便产生电弧，电弧间的电压降为 25～30V，此时变压器处在某一额定工作状态，如图 3-26 中的 U_{2N}、I_{2N} 点。当焊条与工件之间的距离变化引起电弧长度变化时，电弧电压有所变化，但电弧电流变化较小，电弧较稳定。

练习与思考三

1. 三相电力变压器绕组常有哪几种接法？试述其应用范围。
2. 变压器能变换电压、电流和阻抗，能不能变换功率？
3. 为什么在运行时，电压互感器二次侧不允许短路，而电流互感器的二次绕组不能开路？

教学情境 3　变压器的运行特性与技术参数

知识点
　　◎ 变压器的外特性。
　　◎ 变压器的效率。
　　◎ 变压器的技术参数。
技能点
　　◎ 会计算电压调整率。
　　◎ 理解变压器的损耗会计算变压器的效率。
　　◎ 正确理解变压器的技术参数及使用时注意事项。

任务描述

变压器的种类很多应用范围也很广，但在使用时要注意变压器的运行特性与技术参数。

任务分析

本项目的主要任务是理解变压器的外特性，学会计算电压调整率及它的物理意义；掌握变压器的效率，理解变压器的损耗；理解变压器技术参数的内涵及常用变压器的选择。

相关知识

一、变压器的外特性

变压器一次侧加上额定电压 U_{1N}，二次侧所带负载的功率因数一定时，二次端电压 U_2

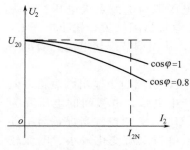

图 3-28 变压器的外特性

随负载电流 I_2 变化的关系曲线 $U_2 = f(I_2)$，称为变压器的外特性（external characteristic），图 3-28 为电阻性负载（$\cos\varphi = 1$）与电感性负载（$\cos\varphi = 0.8$）的外特性示意图。由图可知，U_2 随 I_2 的上升而下降，这是由于变压器绕组本身存在阻抗，I_2 上升，绕组阻抗（称为内阻抗）压降增大的缘故。内阻抗由两部分构成，一是绕组的导线电阻；二是漏磁通产生的感抗。

U_2 随 I_2 变化的程度，通常用电压调整率来衡量。电压调整率由下式表示：

$$\Delta U = (U_{20} - U_2) / U_{20} \times 100\% \tag{3-24}$$

式中，U_{20} 为二次空载电压，也就是二次额定电压 U_{2N}；U_2 为 $I_2 = I_{2N}$ 时二次端电压。显然，电压调整率越小，负载电流 I_2 变化时，二次端电压 U_2 越稳定。电力变压器的电压调整率为 5% 左右。电压调整率太高，会使负载达不到额定功率。

二、变压器的效率

变压器的输出功率总是小于输入功率，两者之差就是变压器的损耗。变压器的损耗包括铁损和铜损两部分。铁损即是铁心的磁滞损耗和涡流损耗；铜损是一次、二次电流在绕组的导线电阻中引起的损耗。变压器的输出功率 P_2 与输入功率 P_1 之比的百分数称为变压器的效率，用 η 表示，即

$$\eta = \frac{P_2}{P_1} \times 100\% \tag{3-25}$$

变压器除铁损与铜损之外，与电动机比较，没有旋转的机械损耗，因此效率较高，小容量变压器，η 为 80%～90%；大容量变压器，η 为 98%～99%。

三、变压器的技术参数

变压器的技术参数是正确使用变压器的依据，实际运行中的参数不能超过技术参数的规定值。变压器的主要技术参数都标注在它的铭牌上，称为铭牌值。下面介绍几个常用铭牌值。

（1）额定电压 U_{1N}、U_{2N}

变压器的一次额定电压 U_{1N} 是加在一次绕组上的正常工作电压，它是根据变压器的绝缘强度和允许温升等条件规定的。

二次额定电压 U_{2N} 是指一次侧加上 U_{1N} 时，二次侧空载时的端电压。若空载电压用 U_{20} 表示，则 $U_{2N} = U_{20}$。

对单相变压器，U_{1N}、U_{2N} 是指一次、二次电压的有效值；对三相变压器则是指线电压有效值。

（2）额定电流 I_{1N}、I_{2N}

额定电流 I_{1N}、I_{2N} 是指变压器在额定运行条件下，一次、二次绕组中长期允许通过的电流值。对单相变压器，I_{1N}、I_{2N} 是指一次、二次绕组中的电流有效值；对三相变压器，则是指线电流有效值。

（3）额定频率 f

额定频率 f 是指变压器运行时规定的电源频率。中国电力变压器的额定频率为工频 50Hz。

（4）额定容量 S_N

额定容量 S_N 是指变压器二次绕组的额定电压和额定电流的乘积。对单相变压器而言，$S_N = U_{2N} I_{2N}$；对三相变压器而言，$S_N = \sqrt{3} U_{2N} I_{2N}$。$S_N$ 是指变压器的视在功率，它标志变压器在额定工作状态下的输出能力。额定容量与变压器输出的有功功率的关系为

$$P_2 = S_N \cos\varphi_2$$

式中，$\cos\varphi_2$ 为变压器所带负载的功率因数。

【例 3-2】 某单相变压器的额定容量 $S_N = 100\text{kV} \cdot \text{A}$，额定电压为 $10/0.23\text{kV}$，当满载运行时 $U_2 = 220\text{V}$，求 K_u、I_{1N}、I_{2N}、ΔU。

【解】
$$K_u = U_{1N}/U_{2N}$$
$$= 10 \times 10^3/230 = 43.5$$
$$I_{2N} = S_N U_{2N} = 100 \times 10^3/230 = 435\text{A}$$
$$I_{1N} = I_{2N}/K_u = 435/43.5 = 10\text{A}$$
$$\Delta U = (U_{2N} - U_2)/U_{2N} = (230 - 220)/230 \times 100\% = 4.35\%$$

✸ 任务实施

某三相变压器 Yyn 联结，额定电压为 $6/0.4\text{kV}$，向功率为 50kW 的白炽灯组供电，此时负载线电压为 380V，求一次、二次电流 I_1、I_2。

解 因为 $U_2 = 380\text{V}$，$P_2 = 50 \times 10^3\text{W}$，$\cos\varphi_2 = 1$，根据 $P_2 = \sqrt{3} U_2 I_2 \cos\varphi_2$，有

$$I_2 = P_2/\sqrt{3} U_2 \cos\varphi_2 = 50 \times 10^3/\sqrt{3} \times 380 \times 1 = 76\text{A}$$
$$I_1 = U_{2N}/U_{1N} \times I_2 = 400/6000 \times 76 = 5.06\text{A}$$

✐ 练习与思考四

1. 什么是变压器的外特性和电压调整率？负载性质对外特性有何影响？

2. 变压器铭牌上的额定值有什么意义？为什么变压器额定容量 S_N 的单位是 $\text{kV} \cdot \text{A}$（或 $\text{V} \cdot \text{A}$），而不是 kW（或 W）？

💡 知识提示

① 铁磁材料具有高导磁、磁饱和及磁滞性能，根据磁滞回线中剩磁和矫顽磁力的不同，铁磁材料可分为软磁材料、硬磁材料和矩磁材料。

② 由于磁路的非线性，磁导率 μ 不是常数，故磁路欧姆定律 $\Phi = IN/R_m \left(R_m = \dfrac{I}{\mu_s} \right)$ 是定性分析磁路的基本定律，一般不宜进行定量计算。

③ 变压器是根据电磁感应原理制成的一种静止电器，具有变换电压、变换电流和变换阻抗的作用。不论变压器是空载运行还是负载运行，只要电源电压的有效值和电源频率不变，主磁通的最大值 Φ_m 就近似不变。

④ 变压器的工作过程可以用电磁关系来说明。空载时

综合实训：变压器测量

$$\mu_1 \rightarrow i_0(i_0 N_1) \rightarrow \Phi \begin{cases} e_1 = -N_1 \dfrac{\mathrm{d}\Phi}{\mathrm{d}t} \\ e_2 = -N_2 \dfrac{\mathrm{d}\Phi}{\mathrm{d}t} \rightarrow \mu_{20} \end{cases}$$

负载时

$$\mu_1 \rightarrow i_1(i_1 N_1) \rightarrow i_0 N_1 \rightarrow \Phi \begin{cases} e_1 = -N_1 \dfrac{\mathrm{d}\Phi}{\mathrm{d}t} \\ e_2 = -N_2 \dfrac{\mathrm{d}\Phi}{\mathrm{d}t} \rightarrow \mu_2 \rightarrow i_2(i_2 N_2) \end{cases}$$

⑤ 近似分析和计算变压器的常用公式为

a. 变换电压：$U_1/U_{20} \approx E_1/E_2 = N_1/N_2 = K$

b. 变换电流：$I_1/I_2 \approx N_2/N_1 = 1/K$

c. 变换阻抗：$|Z'| = K^2|Z|$

⑥ 变压器的电压变化率表征了电网电压的稳定性，是变压器的主要性能指标之一。

⑦ 由于自耦变压器的一次、二次绕组间有电的直接联系，使用时应注意：

a. 一次侧、二次侧不可接反；

b. 相线与地线不能接颠倒；

c. 调压时从零位开始。

⑧ 严禁电流互感器的二次侧开路和电压互感器的二次侧短路运行。

 知识技能

3-1　什么叫软磁材料和硬磁材料？各用于何处？

3-2　试根据磁动势平衡关系，说明电源的能量如何通过磁通的耦合作用传递给负载。

3-3　有一台电压为 220/110V 的变压器，$N_1 = 2000$ 匝，$N_2 = 1000$ 匝。能否将其匝数减为 400 匝和 200 匝以节省铜线？为什么？

3-4　若电源电压与频率都保持不变，试问变压器铁芯中的磁感应强度在空载时大，还是有负载时大？

3-5　变压器能否变换直流电压？若把一台电压为 220/110V 的变压器接入 220V 的直流电源，将发生什么后果？为什么？

3-6　如果将一个 220/9V 的变压器错接到 380V 交流电源上，其空载电源是否为 220V 时的 3 倍，其二次电压是否为 9V？为什么？

3-7　有一台单相变压器，容量为 10kV·A，电压为 3300/220V，欲在它的二次侧接入 60W、220V 的白炽灯及 40W、220V、功率因数为 0.5（感性）的荧光灯。试求：①变压器满载运行时，可接白炽灯和荧光灯各多少盏？②一次、二次绕组的额定电流。

3-8　利用变压器，使 8Ω 和 16Ω 的扬声器均能与内阻为 800Ω 的信号源匹配。设变压器一次匝数 $N_1 = 500$ 匝，试求两个二次绕组的匝数 N_2 和 N_3。（N_2 接 8Ω，N_3 接 16Ω）

3-9　有一额定容量 $S_N = 2kV·A$ 的单相变压器，一次绕组额定电压 $U_{1N} = 380V$，匝数 $N_1 = 1140$ 匝，二次绕组匝数 $N_2 = 108$，求：

① 该变压器二次绕组的额定电压 U_{2N}，一次、二次绕组的额定电流 I_{1N}、I_{2N} 各是多少？

② 若在二次侧接入一个电阻负载，消耗功率为 800W，则一次、二次绕组的电流 I_1、I_2 各是多少？

3-10　某机修车间的单相行灯变压器，一次额定电压为 220V，额定电流为 4.55A，二次额定电压为 36V，试求二次侧可接 36V、60W 的白炽灯多少盏？

项目三（知识技能）：部分参考答案

3-11　有一台容量为 50kV·A 的单相自耦变压器，已知 $U_1 = 220V$，$N_1 = 500$ 匝，如果要得到 $U_2 = 200V$，二次绕组应在多少匝处抽出线头？

科学家简介

楞次（Heinrich Lenz，海因里希·楞次，1804 年 2 月 24 日～1865 年 2 月 10 日），俄国物理学家、地球物理学家，波罗的海德国人。楞次总结了安培的电动力学与法拉第的电磁感应现象后，提出了感生电动势阻止产生电磁感应的磁铁或线圈的运动（楞次定律），随后德国物理学家亥姆霍兹证明楞次定律实际上是电磁现象的能量守恒定律。

楞次出生于被俄国占领的爱沙尼亚德尔帕特市，1831 年，楞次基于感应电流的瞬时和类冲击效应，利用冲击法对电磁现象进行了定量研究，确定了线圈中的感应电动势等于每匝线圈中电动势之和，而与所用导线的粗细和种类无关。1838 年，楞次还研究了电动机与发电机的转换性，用楞次定律解释了其转换原理。1844 年，楞次在研究任意个电动势和电阻的并联时，得出了分路电流的定律，比基尔霍夫发表更普遍的电路定律早了 4 年。楞次的一生在电磁学方面作出了卓越的贡献，楞次定律还包含了电动机和发电机的可逆性原理；电流生热的规律，即焦耳-楞次定律，楞次从理论上对发电机进行了研究，他确定了"电枢反应"现象的存在，并且为了减小这一影响，他提出了改进机器电刷的建议，在分析发电机的过程时，他运用了自己所发明的仪器来研究交变电流的曲线形式，这些成果奠定了电机电枢反应基本理论的基础。楞次在金属电阻与温度的关系的确定、验证欧姆定律、为了测磁电流与雅可比合作所创立的冲击法以及在电化学方面与萨维尔耶夫合作对电极电势的研究等方面的贡献，使人们有理由认为他是电学和电工学理论基础的奠基人之一。

法拉第（Michael Faraday，迈克尔·法拉第，1791 年 9 月 22 日～1867 年 8 月 25 日），世界著名的自学成才的科学家，英国物理学家、化学家、发明家，即发电机和电动机的发明者。后世的人们，在享受他带来的文明的时候，没有忘记这位伟人，人们选择了"法拉"作为电容的国际单位。以纪念这位物理学大师，现实中的普罗米修斯。

法拉第生于萨里郡纽因顿一个贫苦铁匠家庭，接近现在的伦敦大象堡。他向世人建立起"磁场的改变产生电场"的观念。此关系由法拉第电磁感应定律建立起数学模型，并成为四条麦克斯韦方程组之一，这个方程组之后则归纳入场论之中。法拉第并依照此定理，发明了早期的发电机，此为现代发电机的始祖。是法拉第把磁力线和电力线的重要概念引入物理学，通过强调不是磁铁本身而是它们之间的"场"。法拉第还发现如果有偏振光通过磁场，其偏振作用就会发生变化。这一发现具有特殊意义，首次表明了光与磁之间存在某种关系。法拉第也发现了电解定律，以及推广许多专业用语，如阳极、阴极、电极及离子等。法拉第的贡献惠及每个人，把人类文明提高到空前高度，把文明进程提前几十、几百年，法拉第给人类带来光明和动力。

项目四
异步电动机及其控制电路的分析与应用

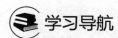 **学习导航**

学习目标	☆知识目标：①理解三相交流旋转磁场的基本概念 ②理解三相异步电动机的转动原理 ③理解三相异步电动机的电磁转矩与机械特性 ④理解三相异步电动机的启动、调速与制动方法 ⑤理解三相异步电动机的铭牌与参数意义 ⑥理解常用低压电器的基本概念与基本物理量 ⑦理解常用低压电器的原理、使用与选用方法 ⑧理解三相异步电动机控制电路的工作原理 ⑨理解三相异步电动机控制电路的分析方法
	☆技能目标：①掌握三相异步电动机的转动原理 ②掌握三相异步电动机的电磁转矩与机械特性 ③熟练掌握三相异步电动机的铭牌与参数意义 ④熟练掌握三相异步电动机的启动、调速与制动方法 ⑤掌握三相异步电动机的测试方法 ⑥掌握常用低压电器的原理与使用方法 ⑦熟练掌握常用低压电器的特性与选用方法 ⑧熟练掌握三相异步电动机控制电路的分析方法 ⑨熟练掌握电动机正反转控制线路的安装与调试方法
	☆思政目标：①培养学生具备对电机及控制电路一般出现的故障、现象仔细观察、善于分析的习惯 ②培养学生技术应用能力和技术创新能力 ③培养学生质量、成本、安全和文明意识
知识点	☆旋转磁场的产生、大小和方向 ☆三相异步电动机的转动原理 ☆三相异步电动机的电磁转矩与机械特性 ☆三相异步电动机的启动、调速与制动方法 ☆三相异步电动机控制电路的工作原理 ☆三相异步电动机控制电路的分析方法
难点与重点	☆三相异步电动机的转动原理 ☆三相异步电动机的电磁转矩与机械特性 ☆三相异步电动机控制电路的分析方法
学习方法	☆理解概念 ☆掌握三相异步电动机电磁转矩、机械特性和电机稳定运行的分析方法 ☆掌握三相异步电动机控制电路的分析方法 ☆多做习题和训练，掌握三相异步电动机的安装与调试方法

　　机电能量转换器是执行机械能和电能互换的装置。把电能转换成机械能的装置有电动机、继电器等。所有的机电换能器都可看成是由电和机械两部分装置组成，磁场和电场是以上两部分装置之间的耦合媒介。常用电动机的分类如下所示。

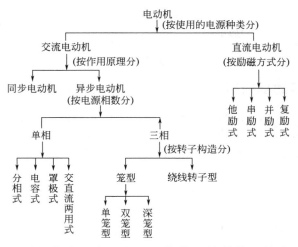

生产机械由电动机驱动的优点很多，它可以简化机械结构，提高生产效率和产品质量；实现自动控制和远距离操作；减轻繁重的体力劳动等。

本项目主要讨论三相异步电动机的结构、工作原理和特性、使用方法及主要技术数据。在此基础上再介绍异步电动机的继电接触器控制电路和过载、短路、失压保护的常用方法。对单相异步电动机作简要介绍。

任务一　三相异步电动机的结构和工作原理

知识点

　　◎ 三相异步电动机的结构。

　　◎ 三相异步电动机的工作原理。

　　◎ 旋转磁场的产生、电机转动原理以及转差率。

技能点

　　◎ 掌握交流异步电动机的转速、转向与定子电流相序的关系。

　　◎ 会计算旋转磁场的转速以及转差率的大小。

　　◎ 会分析旋转磁场掌握电动机的转动原理。

思政要素　　　三相异步电动机
结构和工作原理

 任务描述

　　三相异步电动机（three phase asynchronous motor）又称为感应电动机，是目前国民经济生活中使用最广泛的一种电动机，有关统计资料表明，在电力拖动系统中，其中交流异步电动机大约占 85% 的比例。

 任务分析

　　三相异步电动机之所以被广泛应用，主要是由于它与其他各种电动机相比较，具有构造简单、价格便宜、运行可靠、坚固耐用等优点，因此它是所有电动机中应用最多、最广的一种。本任务的目的，就是分析了解三相异步电动机的结构；掌握交流异步电动机的转速与磁极对数、转向与定子电流相序的关系；理解三相异步电动机的工作原理；理解旋转磁场的产生、异步电动机的转动原理以及转差率的意义。

 相关知识

一、三相异步电动机的结构

三相异步电动机（three-phase induction motor）分为两个基本组成部分：即定子（固定部分）和转子（旋转部分）。如图 4-1 所示的是三相异步电动机的主要部件。其中定子和转子是能量传递的主要部分，现分别介绍如下。

1. 定子

定子（stator）是电动机的不动部分，它主要由定子铁心、定子绕组（stator winding）和机座三部分组成。其中机座通常由铸铁或铸钢制成，其作用是固定定子铁心和定子绕组的，并在前后两个端盖上装有轴承以支撑转子轴。

定子铁心是电动机工作磁通的主要通路，一般由 0.35～0.5mm 厚、表面涂有绝缘漆或氧化膜的硅钢片叠压而成，以减小交流磁通所引起的涡流损耗。在定子铁心硅钢片的内圆上冲有均匀分布的槽口，用以嵌放对称的三相绕组。定子铁心固定在机座的内腔里。在图 4-2 中，图（a）是定子的硅钢片；图（b）是未装绕组的定子。

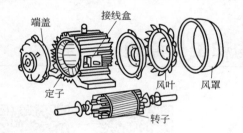

图 4-1　三相异步电动机的主要部件

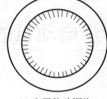 

(a) 定子的硅钢片　　(b) 未装绕组的定子

图 4-2　定子铁心

定子绕组是异步电动机的电路部分。中、小型电动机一般采用高强度漆包线（铜线或铝线）绕制，由对称的三相绕组组成。三相绕组按照一定的规律依次嵌放在定子铁心的槽口内，并与铁心之间夹以绝缘层。定子绕组一般有星形连接和三角形连接。为了便于改变接线方式，三相绕组的六个出线头分别用 U_1、V_1、W_1 和 U_2、V_2、W_2 表示三个首端和三个末端。通常将它们接在机座外面的接线盒中。根据电源电压和电动机的额定电压，可以把三相绕组接成星形或三角形。两种接法如图 4-3(a)、(b) 所示。

2. 转子

转子（rotor）是电动机的旋转部分，它的作用是输出机械转矩。它由转轴、转子铁心和转子绕组三部分组成。

转子铁心是由 0.35～0.5mm 厚的硅钢片叠压成的圆柱体，并固定在转子轴上，在硅钢片的外圆上冲有均匀的槽口，供嵌放转子绕组用，如图 4-4 所示。

三相异步电动机的转子绕组根据结构上的不同，可分为笼型和绕线转子型两种。

（1）笼型转子绕组

笼型转子（squirrel-cage rotor）绕组是在转子铁心的槽内嵌放铜条或铝条，并在两端用短路环焊接成鼠笼形式，如图 4-5(a)、(b) 所示，所以叫笼型转子，也称笼型异步电动机（squirrel-cage asynchronous motor）。因两端圆环使所有的导体短路，所以又叫短路式转子。

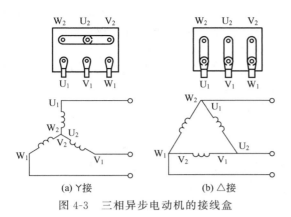

(a) Y接　　　　　(b) △接

图 4-3　三相异步电动机的接线盒

图 4-4　转子的硅钢片

为了节省铜材，现在中小型电动机（100kW 以下）一般采用铸铝转子［见图 4-5（c）］，即把熔化的铝浇注在转子铁芯槽内，两个端环及风叶也一并铸成。用铸铝转子，简化了制造工艺，降低了电动机的成本。

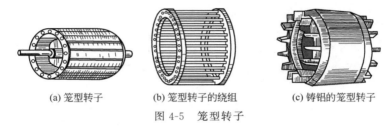

(a) 笼型转子　　　(b) 笼型转子的绕组　　　(c) 铸铝的笼型转子

图 4-5　笼型转子

（2）绕线转子型绕组

绕线转子型（wound rotor）绕组的转子铁芯与笼型的相同，不同的是在转子铁芯的槽内嵌放的不是铜条或铝条，而是对称的三相绕组。三相绕组接成星形，末端连在一起，首端分别接到转轴上彼此绝缘的铜制滑环（slip ring）上，如图 4-6 所示。三个铜环对轴是绝缘的，滑环通过电刷将转子绕组的三个首端引到机座上的接线盒内，以便在转子电路中串入附加电阻，用来改善电动机的启动和调速性能。这种电动机叫作绕线转子异步电动机（wound rotor asynchronous motor）。它与启动电阻相连接的电路如图 4-7 所示。

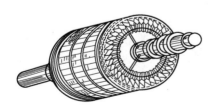

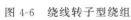

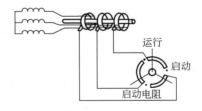

图 4-6　绕线转子型绕组

图 4-7　绕线转子型绕组与启动电阻的连接

绕线转子电动机结构比较复杂，成本比转子笼型电动机高，但它有比较好的启动性能和调速性能。一般多用在具有特殊要求的场合。

二、三相异步电动机的工作原理

1. 旋转磁场的产生

异步电动机是利用旋转磁场（rotating magnetic field）来工作的，为了说明这个问题，

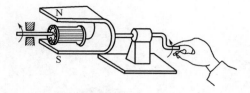

图 4-8　异步电动机转子转动的演示

先来做一个演示实验。图 4-8 是这个实验的模型。从图示可见，手摇转柄时蹄形磁铁可以随即转动，在蹄形磁铁的磁极间放有一个可以自由转动的、由铜条组成的笼型转子。当摇动手柄使蹄形磁铁的 N、S 极转动时，笼型转子就可以一起转动。蹄形磁铁转得快转子就转得快，蹄形磁铁转得慢转子就转得慢，蹄形磁铁反转时转子也马上跟着反转（reverse rotation）。

根据这一演示实验得知，笼型转子之所以转动，主要是蹄形磁铁 N、S 极转动的结果。也就是说，旋转磁场的存在为转子旋转提供了必要的条件。不过，下面要讨论的不是蹄形磁铁形成的旋转磁场，而是三相对称交流电流在定子绕组中所产生的旋转磁场。

图 4-9(a) 是三相异步电动机定子绕组的示意图。三相绕组 U_1U_2、V_1V_2、W_1W_2 在空间互差 120°。现将三相绕组接成星形，由首端 U_1、V_1、W_1 分别接通三相对称交流电源，如图 4-9(b) 所示。设三相绕组中的交流电流分别为

$$i_A = I_m \sin\omega t$$
$$i_B = I_m \sin(\omega t - 120°)$$
$$i_C = I_m \sin(\omega t + 120°)$$

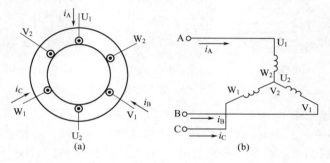

图 4-9　最简单的三相定子绕组

其波形由图 4-10(a) 所示。规定电流的正方向是由每个线圈的始端进、末端出。凡电流流进去的一端标以"⊗"，电流流出的一端标以"⊙"。

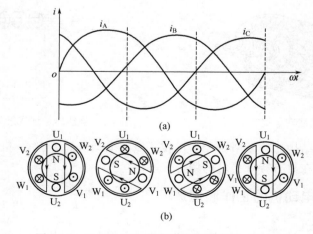

图 4-10　三相电流及其产生的旋转磁场（$p=1$）

　　三相交流电流在各自的绕组中都会产生交变磁场。为了研究它们在定子空间中的合成磁场，在图 4-10（a）的波形图中取 $\omega t=0$、$\omega t=120°$、$\omega t=240°$、$\omega t=360°$ 四个特殊角度来分析。

　　当 $\omega t=0$ 时，此刻 $i_A=0$，即绕组 U_1、U_2 中没有电流通过；$i_B<0$，说明电流从绕组 V_2 端流入从 V_1 端流出；$i_C>0$，说明电流从绕组 W_1 端流入从 W_2 端流出。按照右手螺旋定则，可以判定合成磁场由 U_1 指向 U_2。如图 4-10（b）中左一图所示。

　　当 $\omega t=120°$ 时，$i_B=0$，绕组 V_1、V_2 中没有电流；此刻 $i_A>0$，说明电流从绕组 U_1 端流入从 U_2 端流出；$i_C<0$，说明电流从绕组 W_2 流入从 W_1 流出。可判断出合成磁场由 V_1 指向 V_2。与 $\omega t=0$ 时相比较，磁场沿顺时针方向在空间旋转了 120°，如图 4-10（b）中左两图所示。

　　同理，可以证明当 $\omega t=240°$ 时，合成磁场比 $\omega t=120°$ 时沿顺时针方向又旋转了 120°。当 $\omega t=360°$（又回到 $\omega t=0$）时，合成磁场与 $\omega t=240°$ 时相比，沿顺时针方向再旋转了 120°，如图 4-10（b）中右两图所示。

　　由以上分析可以得出如下结论：在定子的三相绕组中通以三相对称电流以后，将在空间产生两个磁极（磁极对数 $p=1$）的旋转磁场，且电流按正序变化一周时，合成磁场在空间也将沿顺时针方向旋转 360°。

　　2. 旋转磁场的转速

　　旋转磁场只有两个磁极（一个 N 极，一个 S 极）即一对磁极（磁极对数 $p=1$）时，就称这种电动机为二极电动机。对二极电动机来说，如前所述，当三相电流变化一个周期时，旋转磁场也按电流的相序方向在空间旋转一周。

　　在实际应用中还要用多对磁极的异步电动机。多对磁极是由定子绕组采取一定的结构和接法而获得的。很容易证明，如果是四极（$p=2$）电动机，当三相电流变化一周时，旋转磁场在空间只转 180°。同理对 p 对磁极的异步电动机，当定子三相电流变化一周时，其旋转磁场在空间只转 $1/p$ 周。可见，设电源频率为 f，具有 p 对磁极的旋转磁场每分钟的转速为

$$n_1=\frac{60f}{p} \tag{4-1}$$

　　式中，n_1 称为异步电动机的同步转速（synchronous speed）。对于工频 50Hz 的异步电动机，不同磁极对数 p 对应的同步转速列于表 4-1 中。

表 4-1　磁极对数 p 与同步转速 n_1 的关系

p（磁极对数）	1	2	3	4	5	6
n_1/(r/min)	3000	1500	1000	750	600	500

　　关于旋转磁场的方向，由以上分析可知，旋转磁场的方向与三相电流的相序的方向是一致的。当 A、B、C 三相电源按顺时针方向分别接入绕 U_1U_2、V_1V_2、W_1W_2 时，旋转磁场将按顺时针方向转动。要改变旋转磁场的方向，只要改变通入定子绕组的电流相序，即将三根电源线中任意两根对调即可。利用这一方法可以很方便地改变异步电动机的旋转方向。

　　3. 异步电动机的转动原理

　　当定子绕组接通三相电源后，绕组中便通过三相对称电流，并在空间产生一个旋转磁场，如图 4-11 所示的就是取 $\omega t=0$ 时的情况。设磁场以 n_1 的速度沿顺时针方向旋转，

则静止的转子和旋转磁场之间便有了相对运动，转子绕组因切割磁力线而产生感应电动势。因为转子绕组相当于逆时针方向切割磁力线，所以根据右手定则确定出转子上半部分导线感应电动势方向是进去的，下半部分的是出来的。在这个电动势的作用下，转子导线中就有感应电流产生，此电流再与旋转磁场作用而产生电磁力，力的方向可以用左手定则判定。如图 4-12 所示。对于转子来说，将产生与旋转磁场方向相同的力矩，使转子以 n_2 的速度与旋转磁场同方向旋转起来。显然，当旋转磁场的方向改变时，转子转动的方向也将随之改变。

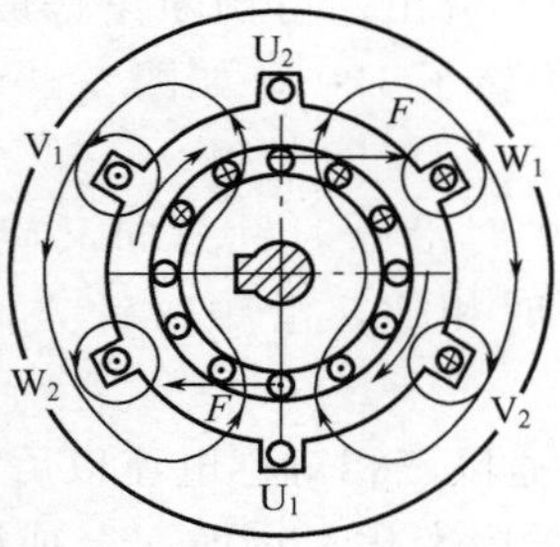

图 4-11　异步电动机的转动原理图

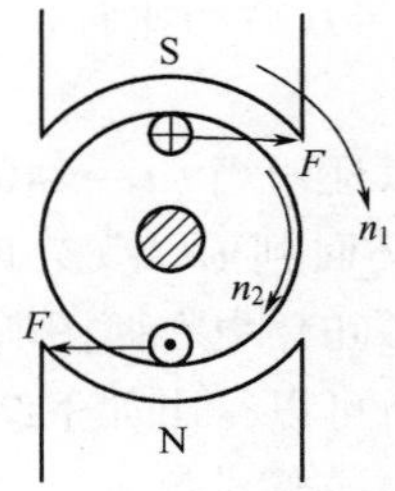

图 4-12　转子转动的原理图

4. 转差率

尽管异步电动机转子旋转的方向和旋转磁场的方向是一致的，但是转子的转速 n_2 却永远是小于旋转磁场的转速 n_1 的。这是因为，如果转子转速达到同步转速 n_1，则它与旋转磁场之间也就不存在相对运动了，转子的导线将不再切割磁力线。因而感应电动势、感应电流及电磁转矩均为零。不难理解：转子转速 n_2 总是小于同步转速 n_1。正因为如此，这种电动机便称为异步电动机（asynchronous motor）。又由于转子电动势和转子电流都是通过电磁感应产生的，所以异步电动机又叫感应电动机。

通常把同步转速 n_1 与转子转速 n_2 的差值和同步转速 n_1 的比值称为异步电动机的转差率，用 s 表示，即

$$s=(n_1-n_2)/n_1 \tag{4-2}$$

转差率是异步电动机的重要参数，它表示转子转速与磁场转速差异的程度，即电动机的异步程度。它对异步电动机运行特性的分析具有十分重要的意义。

根据定义，$n_2=0$（例如启动瞬间）时，转差率 $s=1$。单纯从理论上讲，当转子速度达到同步转速，即 $n_2=n_1$ 时，转差率 $s=0$。因此，异步电动机转差率 s 的变化范围是从 0～1。转子转速越高，其转差率越小。一般三相异步电动机在额定负载时，转差率很小，通常额定转差率 s 的取值在 0.01～0.06 之间，也可写成百分数形式，即 $s=1\%\sim6\%$。

任务实施

有一台三相异步电动机，转子转速 n_2 为 1465r/min，电源频率 $f=50\text{Hz}$，求电动机的磁极对数 p 和额定转差率 s_N。

解　查表 4-1 得 $p=2$，所以

$$n_1=60f/p=(60\times50)/2=1500\text{r/min}$$

$$s=(n_1-n_2)/n_1=(1500-1465)/1500=2.3\%$$

练习与思考一

1. 三相异步电动机的定子和转子的铁心为什么要用硅钢片叠成？定子与转子之间的空气隙为什么要做得很小？

2. 如何从结构上识别笼型和绕线转子异步电动机？

3. 异步电动机又叫感应电动机，试述这两个名称的由来。

4. 三相异步电动机的旋转磁场是如何产生的？怎样确定它的转速和转向？

任务二 三相异步电动机的电磁转矩和机械特性

知识点

◎ 电磁转矩。

◎ 异步电机的机械特性。

◎ 电磁转矩与电源电压的关系。

技能点

◎ 会分析异步电机的稳定运行。

◎ 会计算转矩与功率的关系。

◎ 掌握过载能力和启动能力在电机中的计算。

思政要素　　三相异步电动机电磁
转矩与机械特性

 任务描述

为了全面地了解三相异步电机的工作情况，需要弄清一个重要的物理量——电磁转矩（electromagnetic torque）；在三相异步电动机的运行特性之中，尤其以机械特性（torque-speed characteristic）最为重要。三相异步电动机的机械特性，一般可分为固有机械特性和人为机械特性两种。

 任务分析

在异步电机中，电磁转矩 T 是一个重要的物理量，没有电磁转矩电机就不能运转，机械特性曲线是分析异步电动机运行特性的重要依据。本任务的目的，就是分析电磁转矩与转子转速的关系曲线，转矩与功率的关系、电磁转矩与电源电压的关系；通过机械特性和机械特性曲线理解电机的三个重要转矩。

 相关知识

一、固有机械特性

根据异步电动机的工作原理可知，电动机的电磁转矩（torque）T 是由电流为 I_2 的转子绕组在磁场中受力所产生的。因此，电磁转矩（electromagnetic torque）的大小和转子电流（rotor current）I_2 以及旋转磁场的磁通 $\varPhi$ 成正比，同时还和转子的功率因数 $\cos\varPhi_2$ 成正比。所以，电磁转矩的一般表达式可写成

$$T = C_{\mathrm{M}}\varPhi I_2\cos\varPhi_2 \tag{4-3}$$

式(4-3) 中的 C_M 称为电动机的转矩常数，和电动机的结构有关。要说明的是，这一公式对使用者来说，直接运用是有困难的。因为它没有明显地反映出电磁转矩与电源电压 U_1、转子转速 n_2（或 s）以及转子电路参数之间的关系，操作起来十分不便。为了直接反映这些因素对电磁转矩的影响，经过推导，将式(4-3) 改写如下

$$T = KU_1^2 \frac{sR_2}{R_2^2 + (sX_{20})^2} \tag{4-4}$$

式中　K——常数；

　　　U_1——加到定子绕组上电源的电压；

　　　R_2——转子电路的电阻；

　　　X_{20}——转子静止时每相绕组的感抗。

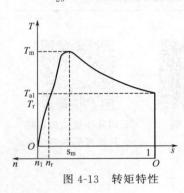

图 4-13　转矩特性

由式(4-4) 不难看出，当电源电压 U_1、频率 f_1 恒定，R_2 和 X_{20} 都是常数时，其电磁转矩 T 只随 s 而变化。异步电动机的 $T = f(s)$ 曲线称为转矩-转差率特性曲线，也叫固有机械特性，或称自然机械特性，如图 4-13 所示。下面讨论电磁转矩 T 随 s 变化的几个典型情况。

① 当 $s = 0$ 时，$T = 0$，属于理想空载点，即电动机不带负载，机械摩擦损耗为零，此时 $n_2 = n_1$。实际上机械摩擦损耗不可能为零，故电动机不可能工作在这种理想情况下。

② 当 $s \ll s_m$ 时，式(4-4) 分母中 $(sX_{20})^2$ 项很小，可以略去，则 $T \propto s$，所以 s 上升时 T 近似线性上升。当 $s \gg s_m$ 时，式(4-4) 分母中的 R_2^2 可以略去，$T \propto 1/s$，所以 s 上升时 T 下降。

③ $s = s_m$ 叫临界转差率。s_m 对应的 T 为最大转矩（maximum torque），用 T_m 表示。由式(4-4) 对 s 求导并令其为零，即 $\mathrm{d}T/\mathrm{d}s = 0$，可得

$$s_m = \frac{R_2}{X_{20}} \tag{4-5}$$

将式(4-5) 代入式(4-4) 可得最大转矩

$$T_m = KU_1^2 \frac{1}{2X_{20}} \tag{4-6}$$

为了维护电动机长期运行，其额定转矩（rated torque）T_N 必须低于最大转矩 T_m，令

$$\lambda = 最大转矩/额定转矩 = T_m/T_N \tag{4-7}$$

式中，λ 称为电动机的过载系数。一般绕线式三相异步电动机的过载系数 $\lambda = 1.8 \sim 2.5$。而笼型电动机 $\lambda = 1.65 \sim 2.8$。在实际工作中，电动机的额定转矩 T_N 还可以用其额定功率 P_N 与额定转速 n_N 来计算

$$T_N = 9550 \frac{P_N}{n_N} \tag{4-8}$$

④ 在电动机启动时，$n_2 = 0$，$s = 1$。若将 $s = 1$ 代入式(4-4) 中，便可得到电动机的启动转矩

$$T_{st} = KU_1^2 \frac{R_2}{R_2^2 + X_{20}^2} \tag{4-9}$$

在电动机启动时，应有足够大的启动转矩，除用以克服静态转矩外，还要有使电动机产生加速的动态转矩。为了表示电动机的启动能力，称启动转矩与额定转矩之间的比值为启动

能力。对于绕线式三相异步电动机 $T_{st}/T_N=1.0\sim2.2$，而对于普通的笼型电动机这个比值一般在 $0.8\sim1.5$ 之间。

二、人为机械特性

如前所述，在式(4-4) 中，除自变量 s 和因变量 T 以外，其他各量都是固定值。因此，$f(s)$ 称为固有机械特性。应当看到这种表示方法有两个问题。

① 没有反映其他量（如电压 U_1 和转子电阻 R_2）改变时的机械特性；

② 没有直接反映出转矩 T 和转子转速 n_2 之间的关系。因此，对使用者来说还是不方便。

对于人为机械特性来说，可以改变的因素很多，诸如电源频率、磁极对数、定子参数 (parameter)、转子参数以及电源电压等。这里只讨论改变电压 U_1 和转子电阻 R_2 两种情况下的机械特性。

为了方便讨论，首先将 $T=f(s)$ 曲线转换为 $n_2=f(T)$ 曲线。具体方法是：以纵坐标表示转子转速 n_2，横坐标表示转矩 T，注意到 $s=0$ 时 $n_2=n_1$，$s=1$ 时 $n_2=0$，将 $T\text{-}f(s)$ 曲线旋转 $90°$，便可以得到 $n_2=f(T)$ 曲线。如图 4-14 所示。现讨论如下四个问题。

（1）转矩 T 与电源电压 U_1 的关系

由式(4-6) 和式(4-9) 可见，影响最大转矩 T_m 和启动转矩 T_{st} 的主要因素是电源电压 U_1，它们的值都正比于 U_1^2。如图 4-15(a)、(b) 所示，画出了在不同电压下 $T=f(s)$ 曲线和 $n_2=f(T)$ 曲线两种情况。从图中可以清楚地看到，电压 U_1 对转矩的影响是非常大的。例如，当电压 U_1 降低到额定值的 70% 时，转矩 T 只有原来的 49%。电压如果过低，电动机往往不能启动，即使在运行中的电动机，如果电压下降太多，也可能就要停转。不及时关掉电源，电动机可能会因为电流太大而被烧坏。

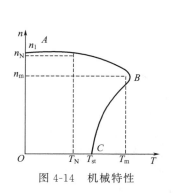

图 4-14　机械特性

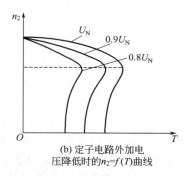

(a) 定子电路外加电
压降低时的T=f(s)曲线

(b) 定子电路外加电
压降低时的n₂=f(T)曲线

图 4-15　转矩与电源电压 U_N 的关系（R_2 为常数）

（2）转矩与转子绕组电阻的关系

转子绕组的电阻是用 R_2 表示的，从表面上看，式(4-6) 中最大转矩 T_m 与 R_2 无关，但是对应于 T_m 的转差率 s_m 却与 R_2 成正比（$s_m=R_2/X_{20}$）。因此，当 R_2 值增加时 s_m 值也在增加，$T=f(s)$ 曲线向 s 增大（n_2 减小）的方向移动，且 $n_2=f(T)$ 曲线也向 n_2 减小的方向移动，如图 4-16 中的 (a)、(b) 所示。

在图 4-16(a) 中，随着转子电路电阻 R_2 的增加，启动转矩 T_{st} 也在逐渐增加，当 $R_2=X_{20}$ 时 $s=s_m=1$，此时可以出现最大转矩。这一点对电动机的启动将具有非常重要的意义，特别是对于绕线式电动机，在转子电路中串入适当的启动电阻，不仅可以减小启动时转子电流 I_2，还可以增大电动机的启动转矩。

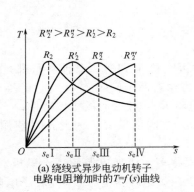 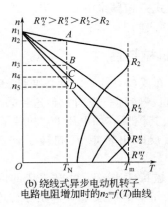

(a) 绕线式异步电动机转子　　　　　(b) 绕线式异步电动机转子
电路电阻增加时的 $T=f(s)$ 曲线　　电路电阻增加时的 $n_2=f(T)$ 曲线

图 4-16　R_2 不同情况下的人为机械特性

此外，改变电阻 R_2 可以在一定范围内实现调速。例如在图 4-16（b）中，额定转矩 T_r 对应着不同的 R_2，并分别由 A、B、C、D 四点对应着不同的转差率 s 和转子转速 n_2。绕线式电动机的这一特点，在实际生产中具有非常重要的应用。

（3）异步电动机运行的稳定性分析

图 4-17 中，设 T_L 表示负载转矩，它与 $n_2=f(T)$ 曲线交于 b、d 两点。事实证明，电动机在这两点的运行情况是完全不同的。

首先设电动机工作在 b 点，由于负荷加重，使负载转矩 T_L 增大，电动机转速必然下降，而转速下降后转矩 T 就会增大，从而适应 T_L 增大的需要，并能迅速达到新的平衡。这个过程可以用下面简明的方法表示

$$T_L \uparrow \to n_2 \downarrow \to T \uparrow \to T = T_L$$

最后在某一转速下实现新的稳定。如果负荷减轻，使负载转矩减小，这时

$$T_L \downarrow \to n_2 \uparrow \to T \downarrow \to T = T_L$$

则电动机又在某一转速下稳定地运行。

其次，再分析电动机工作在 d 点的情况：当负载转矩增加时

$$T_L \uparrow \to n_2 \downarrow \to T \downarrow \to n_2 \downarrow\downarrow \to T \downarrow\downarrow \cdots \to n_2 = 0$$

反之当负载转矩减小时

$$T_L \downarrow \to n_2 \uparrow \to T \uparrow \to n_2 \uparrow\uparrow \to T \uparrow\uparrow \cdots \to n_2 > n_c$$

由上面分析可见，在曲线的 ac 段，是电动机稳定运行区域，而 cd 段则是电动机运行不稳定区域。c 是这两个区域的临界点，该点所对应的转速 n_c 叫作临界转速。同时，临界点 c 所对应的转矩就是电动机的最大转矩。如果因为负载转矩增大超过了最大转矩，电动机的运行状态将沿着 cd 段下滑而进入不稳定区。最后导致电动机停止运行，因此最大转矩又叫崩溃转矩。

（4）异步电动机的硬特性与软特性

在图 4-18 中画出了三条机械特性曲线。这三条曲线相比较，曲线①属于硬特性（hard characteristic），异步电动机在稳定区工作时，电磁转矩 T 从 O 上升到 T_m，转速 n_2 的变化（$\Delta n_2 = n_1 - n_c$）很小，笼型异步电动机就属于这一类。在实际生产中，硬特性多应用在转速变化不大的场合，如车床、通风机、空压机以及电钻等。和曲线①相比较，曲线②和曲线③就倾斜得多，这就是说，当电磁转矩变化时，电动机的转速 n_2 将有较大的反映。例如

$$\Delta n_2'' = (n_1 - n_c'') \gg \Delta n_2 = (n_1 - n_c)$$

一般称这种机械特性为软特性（soft characteristic）。绕线式异步电动机转子串入电阻使用就属于这一类。在生产实际中（如起重机的拖动），软特性也有非常重要的应用。

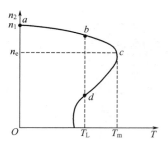
图 4-17　异步电动机运行的稳定性分析

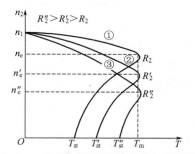
图 4-18　异步电动机的硬特性与软特性

任务实施

已知某三相异步电动机额定功率 $P_N = 4kW$，额定转速 $n_N = 1440r/min$，试求额定转矩 T_N、启动转矩 T_{st}、最大转矩 T_m（过载能力 2.2，启动能力 1.8）。若电动机满载运行，定子绕组上电压下降 20% 时，电动机能否继续旋转？能否在此状态下满载启动？若 $U_N = 380V$，$\cos\varphi = 0.82$，$I_{st}/I_N = 7.0$，效率 $\eta = 0.84$，求额定电流、启动电流。

解　额定转矩　$$T_N = 9550\frac{P_N}{n_N} = 9550 \times \frac{4}{1440} = 26.5 \text{N} \cdot \text{m}$$

启动转矩　　　　　$$T_{st} = 1.8T_N = 1.8 \times 26.5 = 47.8 \text{N} \cdot \text{m}$$

最大转矩　　　　　$$T_{max} = 2.2T_N = 2.2 \times 26.5 = 58.4 \text{N} \cdot \text{m}$$

当电压降低 20% 时，根据 $T \propto U^2$，对应的启动转矩、最大转矩分别为

$$T'_{st} = 0.8^2 T_{st} = 0.64 \times 47.8 = 30.6 \text{N} \cdot \text{m}$$

$$T'_m = 0.8^2 T_m = 0.64 \times 58.4 = 37.4 \text{N} \cdot \text{m}$$

满载运行时，因为 $T_L = T_N = 26.5 \text{N} \cdot m < T'_m$，所以降压后能在新的平衡点以新的转速稳定运行。

满载启动时，因为 $T_L = T_N = 26.5 \text{N} \cdot m < T'_{st}$，所以降压后可满载直接启动。

因为效率　$$\eta = \frac{P_N}{\sqrt{3}U_N I_N \cos\varphi} = \frac{4 \times 10^3}{\sqrt{3} \times 380 \times I_N \times 0.82} = 0.84$$

所以求得　$I_N = 8.8A$

故 $I_{st} = 7 \times I_N = 7 \times 8.8 = 61.6A$。

练习与思考二

1. 某三相异步电动机的额定转速为 960r/min，当负载转矩为额定转矩的一半时，电动机的转速为多少？

2. 三相异步电动机在稳定运行时，如果电源电压突然降低，则电动机的转矩、转速和电流将如何变化？

3. 异步电动机的定子与转子之间没有电的直接联系，为什么当转子轴上的机械负载增加后，定子绕组的电流以及输入电功率也随之增大？

任务三　三相异步电动机的启动、调速、制动及铭牌与选择

知识点

◎ 电动机的启动和调速。

◎ 异步电动机的制动。

◎ 电动机铭牌数据的意义。

技能点

◎ 掌握电动机的启动性能和三种调速方法。

◎ 掌握异步电动机的制动方法。

◎ 熟悉电动机使用的环境条件、工作方式和选择。

思政要素　　三相异步电动机的启动、
调速、制动及铭牌数据

 任务描述

电动机从接通电源开始启动到转速稳定的过程，称为启动（starting）过程。在同一负载下，用人为的方法调节电动机的转速，以满足生产过程的需要，这一过程称为电动机的调速过程。电动机在断开电源以后，由于惯性会继续转动一段时间后停止转动。在生产实践中，为了缩短辅助工时，提高工作效率，保证安全，有些生产机械要求电动机能准确、迅速停车，需要用强制的方法迫使电动机迅速停车，这就称为制动。电动机的选择是电力拖动基础的重要内容。

 任务分析

要解释这一工作过程，就要了解电机的工作过程及特点，本任务的目的，就是分析电机的启动、调速和制动。将要对电动机的铭牌数据、技术数据和电动机的选择原则作简单介绍。

 相关知识

一、三相异步电动机的启动

在刚接通电源瞬间，由于 $n_2 = 0$，旋转磁场以很大的相对速度切割转子导体，转子导体中会产生很高的感应电动势和感应电流。转子电流大，定子电流也大。一般异步电动机定子的启动电流可以达到额定电流的 4～7 倍。不过由于电动机启动的时间很短（一般在 1s 至几秒），所以只要转子不堵转、不是频繁启动、启动电流不会使电动机过热而烧坏。

不过，电动机过大的启动电流会使供电线路产生较大的电压降落，这不仅会减小电动机本身的启动转矩，而且会影响同一线路中其他负载的正常工作。例如，使附近照明灯的亮度减弱；正在运行的电动机转矩降低，甚至会停转。

由此可见，电动机启动时，既要将启动电流（starting current）限制在一定范围内，又要保证有足够大的启动转矩（starting torque）。为此，必须选择合适的启动方法，以达到各方面的要求。

1. 笼型异步电动机的启动

笼型异步电动机的启动有直接启动（direct starting）和降压启动两种。

（1）直接启动

如图 4-19 所示，直接启动是将额定电压直接（全部）加到电动机上进行启动（又叫全压启动）。这种方法简单经济，又不需要专用的启动设备。但是由于启动电流大，只能适用于 10kW 左右小容量的电动机，或电动机容量远小于供电变压器容量的场合。

（2）降压启动

降压启动是在电动机启动时，先加上一个较低的电压，当转速接近额定转速时，再加够额定电压运行。由于启动电压降低了，启动电流也相应减小了。这种方法一般适用于空载或轻载的情况。

笼型异步电动机的降压启动常采用以下两种方法。

① Y-△换接启动。图 4-20 是 Y-△换接启动的接线图。其中，电动机正常工作时定子绕组为△连接。启动时，先将定子绕组改接成 Y 形，待电动机转速升高后，再还原为正常的△连接。显然，在 Y 形启动时，定子绕组的相电压只有额定值的 $1/\sqrt{3}$，从而减小了启动电流。

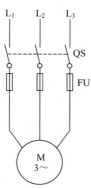

图 4-19　笼型
异步电动机的
直接启动

Y-△换接启动所用设备简单，维修方便，除了使用三刀双投开关外，还可以使用 Y-△启动器和继电接触控制电路实现自动转换。

② 自耦降压启动。自耦变压器的副边绕组通常有三个抽头供选用，其输出电压分别为电源电压的 40％、60％、80％（或 55％、64％、73％），可以根据启动要求进行选择。

如图 4-21 所示的是利用自耦变压器降压启动的原理图。启动时先把 QS₃ 闭合，当转速接近额定值时，在打开 QS₃ 的同时闭合 QS₂，加上全部电压，进入正常运行状态。这种方法多用于容量较大的或者 Y 接运行的笼型异步电动机。由于启动时需备一台三相自耦变压器，所以它的体积大，质量重，费用也高。

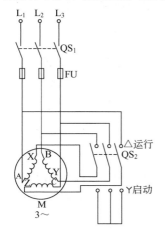

图 4-20　应用 Y-△换接启动笼型
异步电动机的接线图

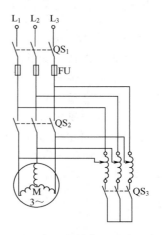

图 4-21　应用自耦变压器降压启动
笼型异步电动机的接线图

2. 绕线转子电动机的启动

如前所述，绕线转子异步电动机的转子电路串入电阻可以实现两个目的：一是转子回路电阻增大，使转子启动电流减小，从而也减小了定子启动电流；二是转子回路电阻增大，可使启动转矩增大。这是笼型电动机所不及的。

绕线转子电动机启动时的接线图如图 4-22 所示。启动时，先将三相启动变阻器的电阻调到最大，闭合开关 QS 使电动机启动，随转速上升逐步减小启动电阻，当接近额定转速

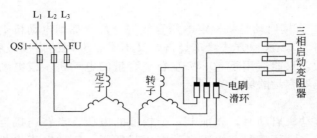

图 4-22　绕线转子电动机启动时的接线图

时，切除全部电阻，转子电路自行短路。

绕线转子电动机启动性能比较优越，多用于频繁启动、重载启动以及大转矩启动的场合，是笼型电动机所不能代替的。

另外也有一些场合使用频敏变阻器进行启动。频敏变阻器是一种无触点电磁元件。它是利用铁磁材料对交流电频率极为敏感的特性制成的，具有启动性能好、控制系统设备少、结构简单、制造容易、运行可靠和维修方便等显著优点。国产的频敏变阻器有 BP_1、BP_2、BP_3、BP_4 等系列。

二、三相异步电动机的调速

许多生产机械，需要根据负载的要求进行调速（speed regulation）。即人为地使电动机的速度从某一数值变为另一数值。由转差率 $s = (n_1 - n_2)/n_1$ 可得

$$n_2 = (1-s)n_1 = (1-s)\frac{60f}{p}$$

由此可以看出，改变电动机的转速有三种途径：改变电源频率 f；改变磁极对数 p；改变转差率 s。

1. 变频调速

异步电动机的同步转速和电源的频率成正比，随着电力电子技术的发展，很容易实现大范围且平滑地改变电源频率 f_1，因而可以得到平滑的无级调速，且调速范围较广，有较硬的机械特性。因此，这是一种比较理想的调速方法，是交流调速的发展方向，目前国内外都大力研究，新的变频调速技术不断出现。

工频电源频率是固定的 50Hz，所以要改变电源频率 f_1 来调速，需要一套变频（frequency conversion）装置，目前变频装置有两种。

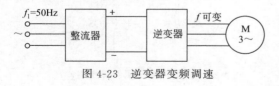

图 4-23　逆变器变频调速

① 交-直-交变频装置（简称 VVVF 变频器）。如图 4-23 所示，先用可控硅整流装置将交流转换成直流，再采用逆变器将直流变换成频率可调、电压值可调的交流电供给交流电动机。目前，大功率晶体管（QTR）和微机控制技术的引入，使 VVVF 变频器的变频范围、调速精度、保护功能，可靠性等性能大大提高。

② 交-交变频装置。利用两套极性相反的晶闸管整流电路向三相异步电机每相绕组供电，交替地以低于电源频率切换正、反两组整流电路的工作状态，使电机绕组得到相应频率的交变电压。

2. 变极调速

由同步转速 $n_1 = 60f_1/p$ 可知，在电源频率 f_1 固定的情况下，磁极对数 p 减少一半，

n_1 便提高一倍，转子转速 n_2 差不多也提高一倍。这样不同的磁极对数 p，就对应着不同的转速 n_2。

图 4-24 为定子绕组的两种接法。设每相定子绕组由两个相同的线圈组成，这两个线圈既可以串联也可以并联，串联时的磁极对数是并联时的两倍，转子的转速约为并联时的一半。

磁极对数可以改变的电动机称为多速电动机。最常用的有双速、三速和四速电动机。其中双速电动机在机床（镗床、磨床及铣床等）上用得比较多。

由于磁极对数只能成对改变，所以这种调速不是无级的。

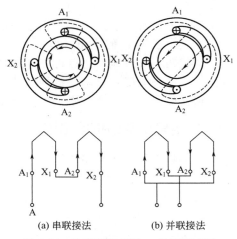

(a) 串联接法　　(b) 并联接法

图 4-24　改变磁极对数 p 的调速方法

3. 变转差率调速

变转差率调速实际上是在电动机的转子电路中接入调速变阻器，改变电阻的大小就可在一定范围内得到平滑的调速。但是变阻器上的能耗太大，经济性差，只用于起重机提升设备、矿井用绞车以及通风机等少数场合。

三、三相异步电动机的制动

切断电动机电源以后，由于惯性的原因，转子不会马上停转，这种情况对有些生产机械是不利的，例如起重机的吊钩要立即减速定位，万能铣床要求主轴迅速停转等，这就需要制动。

制动（braking）就是给电动机一个与转动方向相反的转矩，促使它很快地减速或停转。下面介绍两种常见的电气制动方法。

1. 反接制动

需要电动机快速停转时，可改变电源相序，使定子绕组产生的旋转磁场反向，从而使转子受到一个与原转动方向相反的转矩而迅速停转，如图 4-25 所示。但要注意，当转子转速接近零时应及时切断电源，以免电动机反转。这种制动方法的制动力比较大，但冲击强烈、易损坏设备，不宜频繁使用。

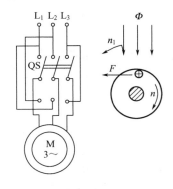

图 4-25　反接制动

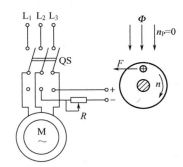

图 4-26　能耗制动

2. 能耗制动

电动机脱离三相电源后，立即给定子绕组接入一直流电源，于是在电动机中便产生一个方向恒定的磁场，如图 4-26 所示。此时由于惯性，转子继续旋转，因而转子导体切割磁力线，产生感应电动势和感应电流，用右手定则可以判断它们的方向。带电流转子导体在恒定磁场中又受到电磁力 F 的作用，根据左手定则可知，F 的方向与转子转动的方向相反，于是产生制动转矩，实现制动。这种方法就是把电动机轴上的惯性动能转变为电能，消耗在回路的电阻上，故称为能耗制动。这种制动无冲击，制动过程平稳，效果好，但需要配备直流电源，价格比较昂贵，一般只限于少数车床上使用。

四、三相异步电动机的铭牌

每台电动机的机座上都装有一块铭牌。铭牌上标注有该电动机主要性能和技术数据。图 4-27 中给出了 Y132M-4 电动机的铭牌，现说明铭牌上各数据的意义。

图 4-27　三相异步电动机的铭牌

1. 型号

电动机往往按不同的性能和用途分为不同的系列，每一个系列又有各自的型号表示。根据国家标准规定，型号应由汉语拼音大写字母和阿拉伯数字组成。按书写次序包括名称代号、规格代号以及特殊环境代号，无环境代号者按普通环境使用。例如：

其中机座长度代号：S—短机座；M—中机座；L—长机座。

Y 系列电动机是中国统一设计的新系列的中、小型三相异步电动机，是一种节能产品。它在 JO_2 旧系列基础上有较大改进：效率平均提高 0.41%，启动能力增大 33%，体积减小了 15%，质量减轻 12%，噪声降低 5~10dB。JO_2 系列已于 1985 年 1 月停止生产。

2. 功率

表示电动机在额定情况下运行时，其轴上输出的功率，即额定功率，或称容量，单位用 kW（千瓦）表示。

3. 电压

在额定运行时，电动机定子绕组上应加的线电压，即额定电压。目前三相异步电动机的额定电压有 380V、3000V 以及 6000V 等。

4. 电流

在额定运行时，流入电动机定子绕组的线电流，即额定电流。如果同时标有两个电流值，例如 10.6/6.2A，这表示 10.6A 是定子绕组做△连接的额定电流，6.2A 是定子绕组做 Y 连接时的额定电流。

5. 频率

指加到电动机定子绕组上电源的频率，一般为工频 50Hz，也称额定频率。

6. 绝缘等级

是指电动机定子绕组所用绝缘（insulation）材料的等级。它表明电动机所允许的最高工作温度。电动机的额定温升是指电动机的最高允许温度与标准环境温度（40℃）之差。常用绝缘材料的等级及其最高容许温度如下所示：

绝缘等级	A	E	B	F	H	C
额定温升/℃	65	80	90	110	140	>140

7. 工作制

即电动机的运行方式，根据发热条件可分为连续运行（s_1）、短时运行（s_2）、断续运行（s_3）三种。

除此以外，还有转速、效率、功率因数等，都是指电动机运行时的额定值。使用时应参考有关规定。

五、三相异步电动机的选择

三相异步电动机的选择，主要是确定其类型、电压、转速和额定功率。应根据应用、经济、安全等原则加以选择。

1. 类型的选择

异步电动机有笼型和绕线转子型两种。笼型具有结构简单、维护方便、价格低廉等优点；其主要缺点是启动性能较差，调速困难。多用于运输机、搅拌机和功率不大的水泵、风机等设备之中。绕线转子型启动性能较好，并可在不大的范围内调速；其缺点是结构复杂、维护不便，故适用于要求启动转矩大和能在一定范围内调速的设备，如起重机、卷扬机等。

异步电动机具有不同的结构形式和防护等级，应根据电动机的工作环境来选用。其中包括以下四种。

① 开启式。在结构上无特殊防护装置、通风散热良好，造价低。但只能适用于干燥、清洁、没有灰尘和没有腐蚀气体的厂房内。

② 防护式。在机壳或端盖下面有通风罩，以防止铁屑等杂物掉入。也有将外壳做成挡板状，以防止在一定角度内有雨滴溅入其中。通风散热良好，可适用于一般场合。

③ 封闭式。外壳是全封的，散热性能差。电动机靠自身风扇和外壳上的散热片散热，其结构复杂、造价较高，多用在水土飞溅和尘雾较多的工作环境。

④ 防爆式。具有坚硬的密封外壳，即使爆炸性气体浸入电动机内部发生爆炸，机壳也不会损坏，爆炸火花和热量也不会大量外传，以避免引起更大的事故发生。防爆式适用于有爆炸性气体和粉尘较大的场合。

2. 电压和转速的选择

电动机电压等级的选择，要根据类型、功率以及现场电源电压来确定，Y系列笼型电动机的额定电压唯有 380V 一个等级。只有大功率异步电动机才采用 3000V 和 6000V。

电动机的额定转速是根据生产机械的要求而选定的。但是通常电动机转速不低于500r/min，因为当功率一定时，转速越低的电动机尺寸越大，价格越高，而且效率也越低。当电动机转速与生产机械的要求相差太大时，可补加变速器进行调节。

大多数场合使用的异步电动机是四极的，即同步转速 $n_1 = 1500\text{r/min}$。

3. 功率的选择

合理地选择电动机的功率，具有重大的经济意义。概括地说，要正确选择电动机的功率应满足以下三个条件。

① 为确保电动机温升不超过额定温升，要选择电动机的额定功率 P_N 等于或略大于负载功率；

② 为保证电动机有足够的过载能力，就要选择最大转矩大于负载最大转矩的电动机；

③ 为使电动机能在短时间内顺利启动，选用笼型异步电动机时，要保证启动转矩大于负载的静止反抗力矩。

总之，功率的选择要保证拖动系统的安全、经济、顺利运行以及最大效率的发挥。

电动机功率的选择关系到电动机的使用寿命问题。若工作温升高于额定温升 6～8℃，电动机的寿命就要减少一半；高于额定温升 40％，寿命只有十几天；高于额定温升 125％，寿命只有几小时。对于连续运行且负载为恒定的电动机，一般要求额定功率等于实际所需功率的 1.1～1.2 倍即可。

4. 三相异步电动机的维护

搞好电动机的维护对减少故障、延长寿命和保障安全运行意义重大，不可忽视。

对电动机的维护要做到以下几点。

① 保持清洁。要经常注意防止尘土、油污和水滴进入电动机内部，要及时清理擦洗，保持内外干净。

② 注意防潮。电动机各相之间、相与机壳之间的绝缘电阻不低于 0.5MΩ，否则要进行烘干处理，以免降低绝缘性能。要保持电动机通风良好，不仅要注意雨季防潮，还要避免太阳曝晒。

③ 加强轴承保养。要及时擦洗换油，对绕线式电动机的滑环和电刷部分，也要经常检查维护，保证接触良好，对轴承和电刷磨损严重的要及时更新。

④ 及时排除故障。实际生产中，不允许电动机带病工作，关于电动机各种故障的排除细则，可参阅相关技术资料。

⑤ 严格遵守电动机的安全操作规程。

a. 电动机的旋转部分，如联轴器、带轮、风扇等，应当可靠地遮护起来。

b. 接线端子盒必须盖好，以免无意中触及。

c. 电动机及启动装置不得在运行中进行修理。

d. 高压电动机的开关及启动设备，必须严格关锁，使用时要专人负责。开关附近要备有安全用具，以备操作时使用。

 练习与思考三

1. 为什么异步电动机的启动电流很大，而启动转矩很小？

2. 三相异步电动机在满载和空载下启动时，其启动电流和启动转矩是否一样？为什么？

3. 线绕转子异步电动机采用转子串接电阻启动，所串接的电阻愈大，其启动转矩是否也愈大？

4. 试说明异步电动机铭牌上的型号、功率、电压、电流、接法等数据的含义。

5. 异步电动机的容量应如何选择？

 知识链接

单相异步电动机

单相异步电动机（single-phase induction motor）的应用十分广泛。在许多功率较小的机电设备中（如电扇、洗衣机、电冰箱、医疗机械以及电动工具），都采用了单相异步电动机。

一、脉动磁场的产生

单相异步电动机的定子绕组是由单相电源供电的，定子上有一个或两个绕组，而转子多半是鼠笼的。

在单相交流电通入定子绕组时，电动机内就有一个交变磁场产生，其磁通方向总是垂直向上或是垂直向下，它的轴线始终在 YY 位置，也就是说，磁通在空间是不旋转的，如

图 4-28（a）所示。在正弦交流电的作用下，YY 位置的磁感应强度

$$B = B_m \sin \omega t$$

图 4-28 反映了它随时间变化的规律。由图 4-28（b）可以看出，不旋转的脉动磁场可以分解为两个等量、等速（ω）并向着相反方向旋转的旋转磁场。每一个旋转磁场磁感应强度的最大值等于脉动磁场磁感应强度最大值的一半，即

$$B_{1m} = B_{2m} = \frac{1}{2} B_m$$

正因为如此，这两个旋转磁场的磁感应强度在任一瞬间的合成，总是等于脉动磁场磁感应强度的瞬时值。

由图 4-28 的合成图可见，在 $t = 0$ 时，如果这时转子是静止的，$\Phi_1 = \Phi_2$，方向相反，合成磁场为 0，即不会产生电磁转矩，所以转子是不会自行启动的。但如果用某种方法将转子任意旋转一下，这两个旋转磁场与转子间的转差便不相等，转子将受到一个净转矩而旋转起来。由此可知，单相异步电动机必须备有附加的启动设备。

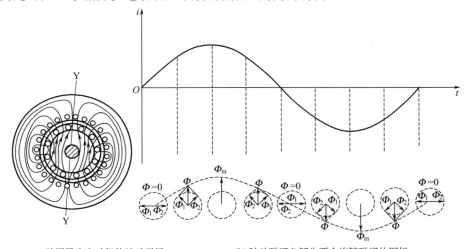

(a) 单相异步电动机的脉动磁场　　　　　　(b) 脉动磁通分解为两个旋转磁通的图标

图 4-28　脉动磁场的产生

二、分相式单相异步电动机

如图 4-29 所示是分相式单相异步电动机的接线图。在它的定子中放置一个启动线圈 B，它与工作线圈 A 在空间相差 90°。在启动线圈 B 上串联一个电容器 C，使两个绕组中的电流在相位上近似相差 90°，这就是分相。设 A、B 两线圈中的电流为

$$i_A = I_m \sin \omega t$$
$$i_B = I_m \sin(\omega t + 90°)$$

其波形如图 4-30 所示。这两相电流所产生的合成磁场也画在图的对应位置上。可以证明，随着两个交流电流的变化，在空间也能产生一个旋转着的磁场，如图 4-30 所示。从而为电动机的转动提供了必要的条件。

当电动机启动后的速度接近额定转速时，借助离心力的作用将离心开关 S 打开（见图 4-29），以切断启动绕组。另外，也有用继电器进行启动的，具体方法不再详述。

电动机启动后也可以不切断启动绕组，使两相电流继续工作。这样带有电容器运行的电动机，称为电容式异步电动机。和一般的电动机相比，电容式异步电动机具有较高的功率因数。

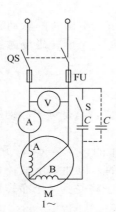

图 4-29　分相式单相异步电动机接线图

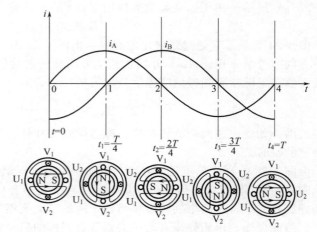

图 4-30　互差 π/2 的两相电流的旋转磁场

三、罩极式单相异步电动机

罩极式异步电动机（shaded-pole motor）的结构如图 4-31 所示。它的定子制成具有凹槽的凸出磁极，每个磁极上都有单相绕组。凹槽将每个磁极分成大、小两部分，较小的部分套有铜环，叫短路环，把磁极的小部分罩起来，故称为罩极式异步电动机。它的转子仍然是普通的笼型转子。

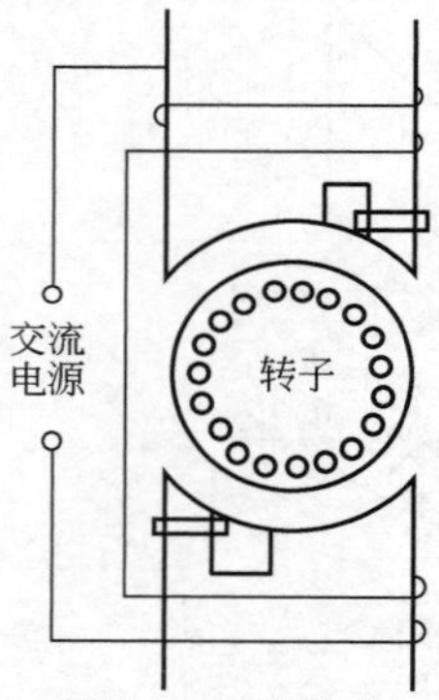

定子绕组中通电以后，磁极上就要产生交变磁通 Φ，并被磁极分成两部分，即

$$\Phi = \Phi_1 + \Phi_2$$

其中 Φ_1 为未罩部分的磁通；Φ_2 为被罩部分的磁通。当 Φ_2 通过被罩磁极时，会在铜环中产生感应电动势和感应电流，感应电流形成的磁通与 Φ_2 变化相反，二者的合成磁场与 Φ_1 出现了相位差。不难证明，由于被罩磁极上的合磁场与未罩磁极磁场的相互作用，便形成了一个旋转磁场。由于 Φ_1 永远领先于被罩磁极的合成磁场，所以电动机的旋转方向总是从未罩部分指向被罩部分。即使改变电源的极性，也不会改变它的方向。因此，罩极式异步电动机只有一个旋转方向。

罩极式电动机容量比较小，启动转矩也比较低，一般功率在 1kW 以下。其过载能力，功率因数及效率都较低。不过，它的结构简单，制造方便，常用于小型电扇、电唱机等启动转矩不大的机器中。

图 4-31　罩极式
异步电动机
结构原理图

练习与思考四

1. 单相异步电动机为什么要有启动绕组？试述电容式单相异步电动机的启动原理。
2. 如何使电容式单相异步电动机反转？试述其工作原理。

任务四　异步电动机的控制电路

知识点

◎ 常用控制电器的工作原理和电路符号。

◎ 控制基本环节的工作原理。

◎ 电动机运行的行程控制方法。

技能点

◎ 熟悉常用控制电器的命名方法。

◎ 会分析电动机点动、连续、多处和正反转控制。

◎ 了解行程开关的工作原理和控制方法。

思政要素

 任务描述

在现代工农业生产中所使用的生产机械大多是由电动机来拖动的。因此，电力拖动装置是现代生产机械中的一个重要组成部分，它由电动机、传动机构和控制电动机的电气设备等环节所组成。为了满足生产过程和加工工艺的要求，必须用一定的控制设备组合成控制电路，对电动机进行控制。如控制电动机的启动、停止、正反转、制动、行程、运行时间和工作顺序等。

低压控制电器

 任务分析

对异步电动机的控制，当前国内广泛采用由继电器、接触器、按钮等有触点电器组成的控制电路，称为继电接触器控制电路。其优点是操作简单、价格低廉、维修方便；缺点是体积较大、触点多、易出故障。近年来，随着科学技术的飞跃发展和自动化生产的需要，在较复杂的电力拖动控制系统中，已大量采用电子程序控制、数字控制和计算机控制系统。

一、常用低压控制电路

控制电器的种类很多，按其工作电压可分为高压电器和低压电器；按其动作性质又可分为手动电器和自动电器。现将几种常用的低压控制电器介绍如下。

1. 刀开关（又称闸刀开关或隔离开关）与铁壳开关

刀开关（knife switch）是最简单的手动控制电器。在低压电路中常用的刀开关是 HK_1、HK_2 系列，H 代表刀开关，K 表示开启式。它是由瓷底板、刀座、刀片以及胶盖等部分组成。胶盖用来熄灭切断电源时产生的电弧，保证操作人员的安全。按刀开关极数的不同有双刀（用于直流和单相交流电路）和三刀（用于三相交流电路）之分。图 4-32（a）是 HK 系列刀开关外形图。它在电路图中的符号如图 4-32（b）所示。

HK 系列刀开关的额定电压在 500V 以下，额定电流不超过 60A。它可用于手控不频繁地接通或切断带负载的电路，也可作为容量小于 7.5kW 的异步电动机的电源开关，用来进行不频繁地直接启动和停转之用。在继电接触器控制电路中，它主要起隔离电源的作用。

在安装时，应注意将电源线接在静触头上方，负载线应接在可动刀闸的下侧。这样当切断电源时，裸露在外面的刀闸就不带电，以防工作人员触电。

对于较大的负载电流可采用 HD 系列杠杆式刀开关，H 代表刀开关，D 代表杠杆式。其额定电流可达 1500A，常用于工业企业的配电设备中。

将一个三极刀开关与三个熔断器串联组装在一个铁壳内就构成铁壳开关，又称为负荷开关，如图 4-33 所示。其结构特点是它装有一个速断弹簧，拉动闸时刀片能很快与刀座分离切断，可使电弧被迅速拉长而熄灭。另外，为保证安全，其操作机构装有机械联锁装置，当铁壳盖打开时，刀开关被卡住不能合闸，在开关合闸时，铁壳盖不能打开。

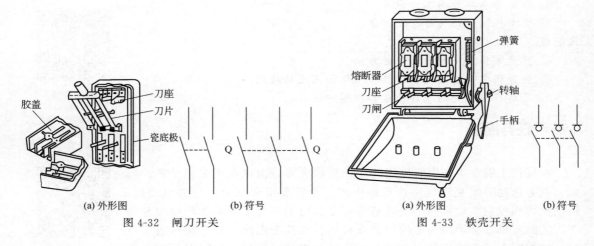

图 4-32　闸刀开关　　　　　　　　图 4-33　铁壳开关

常用的铁壳开关有 HH3、HH4 系列产品，第一个 H 代表刀开关，第二个 H 表示封闭式。其额定电流可达 200A，可用于 28kW 以下的三相异步电动机直接开、停的控制。

2. 组合开关

组合开关又称转换开关，它有多对动触片和静触片，分别装在由绝缘材料隔开的胶木盒内。其静触片固定在绝缘垫板上；动触片套装在有手柄的绝缘转动轴上，转动手柄就可改变触片的通断位置以达到接通或断开电路的目的。组合开关种类很多，常用的是 HZ10 系列，H 代表刀开关，Z 表示组合式。图 4-34 是一种 HZ10 型组合开关的外形、结构图及符号，转动手柄可以将三对触片（彼此相差一定角度）同时接通或断开。

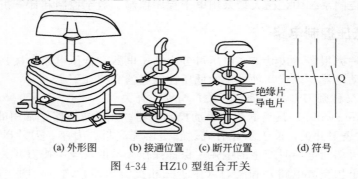

图 4-34　HZ10 型组合开关

不同规格型号的组合开关，各对触片的通、断时间不一定相同，可以是同时通断，也可以是交替通断，应根据具体要求选用。

HZ10 系列组合开关的额定电压为交流 380V、直流 220V，额定电流有 10A、25A、60A、100A 等多级，并有单极、双极、三极和四极等几种规格。

组合开关的优点是结构紧凑、操作方便，常用来作为电源引入开关，也可以用它来控制小容量电动机的启动、停止及用在局部照明电路中。

3. 按钮

按钮（push button，button）是一种简单的手动开关，用来接通或断开控制电路。图 4-35 是按钮的外形图、结构原理图和符号。

图 4-35(b) 是按钮的结构原理图，它有两对静触头和一对动触头，动触头的两个触点之间是导通的。正常时（即没有外力作用时），上面的两个静触头与动触头接通而处于闭合状态，这称为常闭触头，而下面的一对静触头则是断开的，称为常开触头。当手指用力将按钮帽按下

时，常闭触头断开，常开触头闭合。手指放开后，触头在复位弹簧作用下又恢复原来状态。

常用的按钮为 LA 系列，L 代表主令电器，A 表示按钮。它有多种型号规格，如其触头对数有一常开一常闭、二常开二常闭等。由两个按钮组合在一起叫作双联按钮，由三个按钮组合的叫三联按钮。按钮的图形符号见图 4-35(c) 所示。

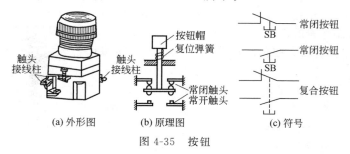

图 4-35　按钮

4. 行程开关

行程开关（travel switch）是根据生产机械的行程信号进行动作的电器。它的种类很多，常用的有单滚轮式、双滚轮式和推杆式等，其外形如图 4-36(a) 所示，其结构基本相同，只是传动装置不同而已。图 4-36(b) 是推杆式行程开关的结构图，它有一对常开触头和一对常闭触头，类似图 4-35(b) 所示按钮，但它是靠被控对象的运动部件碰压而动作。图 (c) 是行程开关的符号。

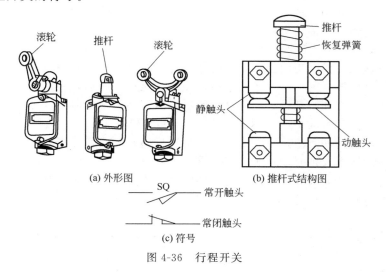

图 4-36　行程开关

行程开关常装设在基座的某个预定位置，其触头接到有关的控制电路中。当被控对象运动部件上装的撞块碰压到行程开关的推杆（或滚轮）时，推杆（或滚轮）被压下，开关的常闭触头断开，常开触头闭合，可接通或断开有关的控制电路，达到控制生产机械行程的目的。当撞块离开后，在恢复弹簧的作用下，推杆和弹簧迅速恢复原来的位置。

常用的行程开关有 LX19、LXK2 等系列，L 代表主令电器，X 表示行程开关。

近年来，在自动检测与控制系统中，常应用无触点的晶体管接近开关来取代有触点的限位行程开关。它体积小，寿命长，无机械碰撞，灵敏度高。

5. 接触器

接触器（contactor）是利用电磁吸力使触头闭合或断开的自动开关。它不仅可用来频繁地接通或断开带有负载的电路，而且能实现远距离控制，还具有失压保护的功能。接触器常用来作为电动机的电源开关，是自动控制的重要电器。

图 4-37(a) 是交流接触器的外形图，图（b）是结构示意图。它主要由铁心线圈和触头组成，线圈（coil）装在固定不动的静铁心（下铁心）上，动铁心（上铁心）则和若干个动触头连在一起。当铁心线圈通电，产生电磁吸力，将动铁心吸合，并带动动触头向下运动，使常开触头（normally open contact）闭合，常闭触头（normally close contact）断开。当线圈断电时，磁力消失，在反作用弹簧的作用下，使动铁心释放，各触头又恢复到原来的位置。

接触器的触头有主触头和辅助触头之分，主触头接触面积较大，并有灭弧装置，可以通、断较大的电流，常用来控制电动机的主电路；辅助触头额定电流较小（一般不超过5A），常用来通、断控制电路。一般每台接触器有三对（或四对）主触头和数对辅助触头。

接触器有交流和直流之分。目前中国统一设计和常用的交流接触器是 CJ10 和 CJ20 系列，C 代表接触器，J 表示交流。其吸引线圈的额定电压有 36V、110V、127V、220V 和 380V 五个等级，主触头的额定电流有 5A、10A、20A、40A、60A、100A 和 150A 七种。

选择交流接触器时，应使主触头的额定电流大于所控制的电动机的额定电流，同时还应考虑吸引线圈额定电压的大小和类型，以及辅助触头的数量是否满足需要。接触器的符号如图 4-37(c) 所示。

6. 时间继电器

时间继电器是一种定时元件，在电路中用来实现延时控制，即继电器得到信号后，要经过一定的延时才能使其触头接通或闭合。时间继电器的种类很多，有电磁式、电动式、空气式、电子式等。图 4-38(a) 是通电延时的空气式时间继电器的结构及工作原理图，它主要由电磁系统、气室、触头和传动机构等部分组成。

当线圈通电时，产生电磁吸力使衔铁下移，活塞杆及撞块因失去托板的支托，在释放弹簧作用下也向下移动。但因与活塞杆相连的橡皮膜向下移动时，受到空气阻尼作用，使活塞杆和撞块等只能缓慢地下落。经一定时间后，撞块才能触及微动开关的推杆，使微动开关的触头动作。从线圈通电开始到触头动作完成的这段时间称为继电器的延迟时间。延迟时间可通过调节进气孔的螺钉来改变，延迟时间有 0.4～60s 和 0.4～180s 两种。当线圈断电，依靠恢复弹簧的作用，衔铁复位，空气由出气孔迅速排出，触头瞬时复位。

时间继电器的线圈及延时动作触头的符号如图 4-38(b) 所示。通电延迟式时间继电器的线圈通电后，其常开触头经过一定延时才能闭合，称为延时闭合常开触头；其常闭触头要经过一定延时才能断开，称为延时断开的常闭触头。

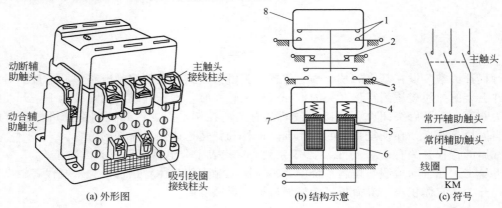

图 4-37　交流接触器

1—主触头（动合）；2—辅助触头（动断）；3—辅助触头（动合）；4—可动衔铁；
5—吸引线圈；6—固定铁心；7—弹簧；8—灭弧罩

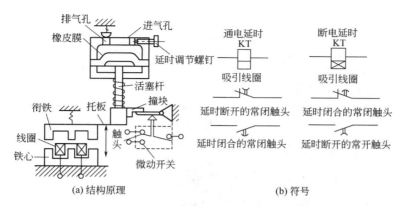

(a) 结构原理   (b) 符号

图 4-38 空气式时间继电器

还有一种断电延时的空气式时间继电器，其原理类似，但结构略有不同，其触头在线圈断电时延时动作，称为延时断开的常开触头和延时闭合的常闭触头。此外，时间继电器还具有瞬时动作的常开和常闭触头。这些在图 4-38 中未画出。

选用时间继电器时应考虑电流的种类、电压等级以及控制线路对触头延时方式的要求。

7. 热继电器

热继电器 （thermal overload relay） 简称 OLR，是利用电流的热效应而动作，常用来作为电动机的过载保护。图 4-39 是热继电器的外形、结构原理及符号图。

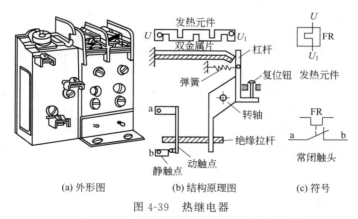

(a) 外形图   (b) 结构原理图   (c) 符号

图 4-39 热继电器

图中的发热元件 （sending heat element） 是一个电阻片串接在主电路中。双金属片是由两层线膨胀系数不同的金属片经热轧黏合而成，一端固定在支架上，另一端是自由端，其下层金属片膨胀系数较大，受热后双金属片将向上翘。当电动机正常工作时，双金属片受热而膨胀上翘的幅度不大，其自由端能顶住由弹簧拉紧的杠杆。当电动机过负载，电流增大，经一定时间后，发热元件温度升高，双金属片受热而上翘过多，顶不住杠杆，杠杆在弹簧作用下逆时针方向旋转，推动绝缘拉杆右移，使动、静触点断开。通常再利用这个触点去断开控制电动机的接触器吸引线圈的电路，使线圈失电，接触器跳闸，电动机脱离电源而起到保护作用。

图示这种热继电器动作后，需经一定时间待双金属片冷却后，再人工按压复位钮，使继电器复位，触点闭合，才能重新工作。但有些继电器可以自动复位。

常用的热继电器有 JR0、JR5、JR15、JR16 等系列产品，热继电器是根据整定电流来选定，所谓整定电流，就是热元件中通过的电流超过此值的 20% 时，热继电器应在 20min 内动作。热继电器的整定电流应等于所保护的电动机的额定电流。

8. 自动空气开关

自动空气开关又称自动空气断路器，或称自动开关，是低压电路中广泛应用的一种控制保护电器。它具有一种或多种保护功能，如短路、过载和欠压保护。它可用作低压配电的电源开关，或用作电动机不频繁启动时的操作开关，或用于照明电路中。其特点是：保护功能强，动作后不需更换元件，运用安全可靠，操作方便，断流能力大。

自动空气开关可分为 DZ 和 DW 两大系列，图 4-40(a) 是 DZ4 型开关外形图，图（b）是具有过载及短路保护的自动开关工作原理图，图（c）是图形符号。

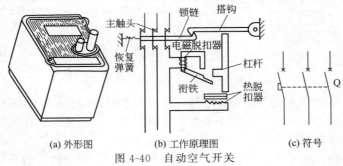

(a) 外形图　　　(b) 工作原理图　　　(c) 符号

图 4-40　自动空气开关

正常工作时，可用开关上的手柄或按钮使开关合闸或分闸。在负载电路发生短路时，短路电流通过电磁脱扣器的线圈，产生电磁吸力使衔铁瞬时向上吸合，从而撞击杠杆，顶开搭钩，在恢复弹簧的作用下断开主触头，切断电源，实现短路保护。在电动机或线路过载时，经一定时间，热继电器动作，也可推动杠杆，顶开搭钩，切断电源，实现过载保护。其动作原理与热继电器类似。有些开关还装有欠电压脱扣器的铁心线圈，并接在电路上。当电源电压正常时，线圈产生吸力将衔铁吸住；当电压低于一定值时，电磁吸力减小，衔铁释放，撞击杠杆、顶开搭钩，使电源断开。

选用自动空气开关时，首先应根据电路的工作电压和工作电流来选定开关的额定电压和额定电流，其次应根据需要来决定应装设的脱扣器保护形式和整定值。可以装设一种脱扣器，也可装设两种或三种。热脱扣器的整定电流应等于负载的额定电流。电磁脱扣器瞬时脱扣整定电流应大于负载电路正常工作时的尖峰电流，对于电动机负载，应为电动机启动电流的 1.7 倍（开关动作时间≤0.02s）或 1.35～1.4 倍（开关动作时间＞0.02s）。

9. 熔断器

熔断器（fuse, fusible cutout）是常用的短路保护电器。它的主要部件是熔体（熔片或熔丝）和熔管（或熔座）。熔体是用电阻率较高而熔点较低的合金制成，串接在被保护的电路中。正常工作时，熔体不应熔断，一旦发生短路或严重过载，熔体会因过热而自动熔断，使电路切断，从而保护了电动机及线路。熔管或熔座用来固定熔体，当熔体熔断时，熔管还有灭弧作用。

熔断器的种类很多，常用的低压熔断器有 RC1A 型插入式、RL1 型螺旋式、RM10 型无填料封闭管式，其外形分别如图 4-41(a)、(b)、(c) 所示，图（d）是熔断器的符号。此外还有 RT0 型有填料管式以及用于半导体元器件短路保护用的 RLS 型螺旋式快速熔断器。

熔体额定电流的选用可按下列公式估算。

（1）保护照明设备、电热设备的熔体

熔体额定电流≥线路上所有用电设备工作电流之和

（2）保护一台电动机的熔体

电动机不频繁启动或轻载启动（如一般机床）时，熔体额定电流≥电动机启动电流/2.5。

电动机频繁启动或启动负载较重（如吊车）时，熔体额定电流≥电动机启动电流/1.6～2。

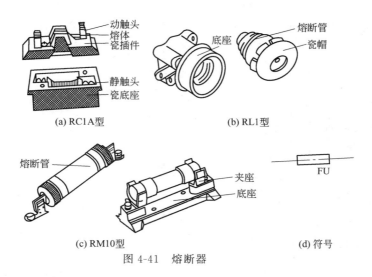

图 4-41 熔断器

（3）保护一组电动机的熔体

熔体额定电流＝(1.5～2.5)×最大容量电动机的额定电流＋其余电动机额定电流之和

二、三相笼型异步电动机直接启动控制电路

图 4-42 是中、小型三相笼型异步电动机直接启动的线路图，它是由组合开关 Q、熔断器 FU、交流接触器 KM、热继电器 FR 以及按钮 SB 等电器组成，现在分析它的工作原理。

（1）启动

合上组合开关 Q 接通电源→按下启动按钮 SB_1→接触器 KM 的吸引线圈（holding coil）通电
├─→KM 主触头闭合→电动机 M 通电启动
└─→KM 辅助触头闭合→接触器线圈连续通电

接触器 KM 的辅助触头与启动按钮 SB_1 并联，当按下 SB_1 使电动机启动后，手松开，SB_1 会在弹簧作用下恢复原来的断开状态，这时接触器的吸引线圈可通过它已闭合的常开辅助触头而通电，这种作用叫自锁，该辅助触头称为自锁触头，或称为自保触头。

（2）停转

按下停止按钮（stop button）SB_2→接触器 KM 的吸引线圈
├─→KM 主触头断开→电动机 M 断电停转
└─→KM 辅助触头断开→失去自锁作用，只有再次按 SB_1，电动机才能重新启动

（3）保护

① 短路保护（short-circuit protection）：熔断器 FU 是短路保护电器。当电路中发生短路事故，熔体立即熔断，切断电源，电动机停转。

② 过载保护（overload protection）：热继电器 FR 是过载保护电器。当电动机过载，主电路电流增大，串接在主电路中的热继电器的发热元件因电流大、发热多，经一定的延时后，使串接在控制电路中的常闭触头 FR 断开，接触器的吸引线圈断电，主触头断开，电动机停转，从而保护了电动机。

③ 失压保护：当电源电压降低到额定电压的 85％ 以下时，接触器 KM 铁心中的磁通也正比于电压而减少，电磁吸力不够，接触器的所有常开触头（包括主触头和辅助触头）均断开，电动机停转，自锁作用也解除。

图 4-36 的线路图是根据实物画出来的，直观、明了，但当线路比较复杂，所用电路也较多时，这种图就不合适了。通常为了读图和分析方便，根据控制原理，将主电路（main circuit）和控制电路（control circuit）分开绘制，这称为电路原理图。图 4-43 是图 4-42 线路的原理图。

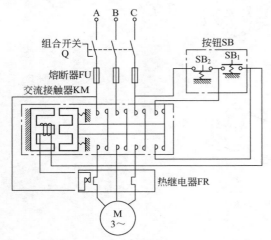

图 4-42　三相笼型异步电动机
直接启动线路图

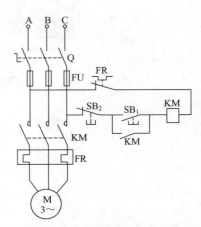

图 4-43　三相笼型异步电动机
直接启动电路原理图

思政要素

画电路原理图时应遵循以下原则。

① 图中各电器用国家规定的图形符号和文字符号表示。

② 主电路与控制电路分开画。同一电器的各个部件，如接触器的吸引线圈和主、辅触头，可按其作用分别画在主电路或控制电路中，但应标注相同的文字符号。

③ 所有电器的触头位置都应按线圈未通电、手动电器未受力操作，发热元件也未动作时的状态来画。

④ 主电路用较粗的线条，画在原理图的左侧或上方，控制电路用细线条画在原理图的右侧或下方。

三相异步电动机
控制电路

三、三相鼠笼型异步电动机正、反转控制电路

在工业生产中，有许多生产机械需要有正、反两个方向的运动。例如起重机的提升与下降，机床工作台的往返运动，主轴的正转与反转等，这些都是通过电动机的正、反转来实现的。由本项目中任务三可知，只要将电动机定子绕组上的三根电源线中的任意两根对调，改变接入电动机的电源的相序，就可实现异步电动机的正、反转。图 4-44 是在图 4-43 的基础上画出的三相笼型异步电动机正、反转电路原理图。这个电路的特点如下。

三相异步电动机
正、反转控制

① 采用两个接触器 KM_1 和 KM_2 来实现正、反转。若接触器 KM_1 接通、KM_2 断开，则 KM_1 的三对主触头把三相电源和电动机按相序 ABC 连接（A-U_1、B-V_1、C-W_1），电动机正转。如果 KM_2 接通、KM_1 断开，则 KM_2 的三对主触头把三相电源和电动机按相序 CBA 连接（C-U_1、B-V_1、A-W_1），电动机反转。在控制电路中，两个接触器的启动控制电路并联。

② 不允许两个接触器同时工作。由图可见，如果 KM_1 和 KM_2 的主触头同时接通，将造成主电路 A、C 两相电源短路，引起严重事故。为此，在控制电路中，将两只接触器的常闭辅助触头 KM_{12} 和 KM_{22} 分别串接在 KM_2 和 KM_1 吸引线圈电路中。这样当 KM_1 吸引线

圈通电，电动机正转时，其常闭触头 KM_{12} 将反转接触器 KM_2 吸引线圈的电路断开，这时即使误按反转启动按钮 SB_2，KM_2 也不会通电动作。同理，在 KM_2 线圈通电，电动机反转时，KM_{22} 将 KM_1 吸引线圈的电路断开，这时即使误按正转启动按钮 SB_1，KM_1 也不会通电动作。这样用两个常闭辅助触头互相制约对方的动作称为电气互锁。

③ 停止按钮 SB_3 和热继电器常闭触头 FR 是正、反转控制电路的公共触点。如果需要电动机 M 从一个旋转方向改变为另一个旋转方向，必须先按停止按钮 SB_3，然后再按另一方向的启动按钮。

上述电气互锁电路操作不够方便，在实际生产中常采用另一种互锁电路，是借助复合按钮机械动作的先后次序实现互锁作用的，称为机械互锁，如图 4-45 所示。图中 SB_1 和 SB_2 是两只复合按钮，各具有一个常开触头和常闭触头；正转按钮 SB_1 的常闭触头串接在反转接触器 KM_2 的吸引线圈电路中，反转按钮 SB_2 的常闭触头串接在正转接触器 KM_1 吸引线圈电路中。当按下 SB_1 时，它的常闭触头首先断开反转控制电路，然后，其常开触头再接通正转控制电路。当按下 SB_2 时，它的常闭触头首先断开正转控制电路，其常开触头再接通反转控制电路。这样，如要改变电动机的转向，只需按下相应的按钮 SB_1 或 SB_2 即可，不必按停止按钮 SB_3。在电力拖动系统中，为了更安全可靠，常同时采用上述两种互锁。

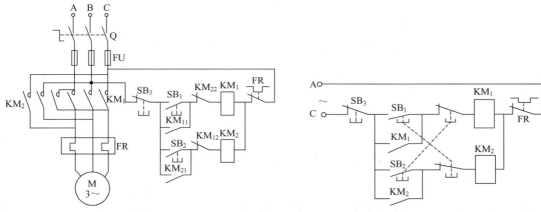

图 4-44　三相笼型异步电动机正、反转电路原理图　　　图 4-45　用复合按钮控制电动机正、反转电路

四、三相异步电动机的行程控制

在生产中由于工艺和安全上的要求，常常要对某些运动机械的行程和位置进行控制，这称为行程控制（travel control）或限位控制。例如，矿井中的提升机及工厂里的吊车运行到一定位置，就应自动停止，否则将造成事故；又如在一些机床上，常要求它的工作台应能在一定范围内自动往返，故对其运行的行程和位置应有一定的控制。行程控制是通过行程开关的应用来实现的。

图 4-46 是某生产机械行程控制示意图。此机械在电动机驱动下沿基座在 AB 范围内左右运动。电动机正转时，它向右边运动；电动机反转时，它就向左边运动。电动机正反转的主电路如图 4-44 所示。现在基座 A、B 处分别装设行程开关 SQ_A 和 SQ_B，在生产机械上装设撞块 A 和 B。如果只要求生产机械运动到 A 处或 B 处时自动停止，可采用图 4-47 所示控制电路。当电动机正转时，机械向右前进，到达 B 点，撞块 B 使行程开关 SQ_B 动作，串接在正转控制电路中的行程开关 SQ_B 的常闭触头断开，KM_1 线圈失电，电动机停转，生产机械也停止前进。当电

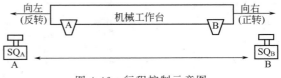

图 4-46　行程控制示意图

动机反转，机械向左前进时，SQ_A 也起同样的作用。这称为限位行程控制。

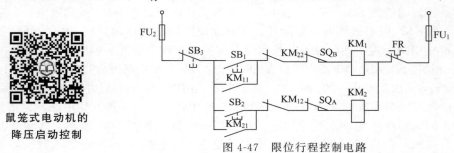

鼠笼式电动机的
降压启动控制

图 4-47　限位行程控制电路

如果要求生产机械在行程 AB 范围内自动往返运动，只要将两个行程开关的常开触头用限位行程控制电路上，SQ_A 的常开触头与正转控制电路的启动按钮 SB_1 并联；SQ_B 的常开触头与反转控制电路的启动按钮 SB_2 并联即可，控制电路如图 4-48 所示，其工作原理请读者自己分析。

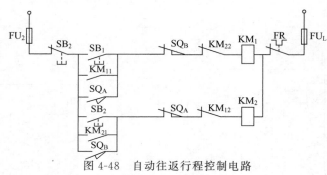

图 4-48　自动往返行程控制电路

由以上分析可知，机械每自动往返循环一次，电动机要进行两次反接制动，将会产生较大的反接制动电流和机械冲击力，故这种线路只适用于循环周期较长，且电动机轴有足够强度的拖动系统中。

�֎ 任务实施

在生产实践中，常需要几台电动机按规定的顺序启动或停车。如图 4-49 为两台电动机图中要求油泵电动机 M_1 先启动，使润滑系统有了足够的润滑油以后，才能启动主轴电动机 M_2，而停车时要求先停主轴电动机 M_2，再停油泵电动机 M_1。

解　为了实现启动的先后顺序，从图中可以看到，控制 M_2 的交流接触器 KM_2 的线圈与控制 M_1 的交流接触器 KM_1 的动合触头相串联。M_1 不启动，M_2 就不可能动起来。

M_1 停车按钮 SB_1 与控制 M_2 的交流接触器 KM_2 动合触头相并联，M_2 不停车，停车按钮 SB_1 不起作用，只有当 M_2 停车后 M_1 才能停车。从而达到了油泵电动机先开、主轴电动机先停的控制目的。

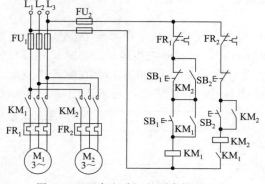

图 4-49　两台电动机的顺序控制电路

知识链接

电机配料输送

一、三相异步电动机的时间控制

时间控制就是使用时间继电器进行延时控制。例如多台电动机按时间顺序启动控制，即先启动第一台电动机，经一段时间后再使第二台电动机自动启动，然后再启动第三台。又如前述电动机的丫-△换接启动，启动时电动机定子绕组先接成丫形，经过一定时间，待电动机转速上升到额定转速时，再换接成△形。这就需要用时间继电器来控制。

图4-50是应用通电延时时间继电器的三相笼型异步电动机丫-△启动控制电路图。图中KM、KM$_\curlyvee$、KM$_\triangle$是三个交流接触器，KT是时间继电器（time-delay relay）。

启动时，按SB$_1$，接触器KM和KM$_\curlyvee$吸引线圈通电，其主触头闭合，电动机定子绕组接成星形，电动机降压启动。这时与SB$_1$并联的

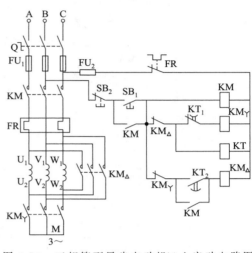

图4-50 三相笼型异步电动机丫-△启动电路图

常开辅助触头KM闭合自锁。常闭触头KM$_\curlyvee$断开，使吸引线圈KM$_\triangle$不能得电，实现联锁。在按下SB$_1$的同时，时间继电器线圈KT也通电，经过一定时限，延时断开的常闭触头KT$_1$断开，使吸引线圈KM$_\curlyvee$断电，主触头KM$_\curlyvee$断开。同时，延时闭合的常开触头KT$_2$闭合，KM$_\curlyvee$的常闭触头也闭合，使KM$_\triangle$吸引线圈通电，主触头KM$_\triangle$闭合，电动机定子绕组接成三角形进入全电压正常运行状态。此时，接触器KM$_\triangle$的常闭触头断开，使KM$_\curlyvee$和KT的线圈断电，实现了联锁。停机时，只要按下停止按钮SB$_3$，使KM和KM$_\triangle$的吸引线圈断电，主触头KM和KM$_\triangle$断开，电动机停转。

上述控制过程可用流程图概要表示如下：

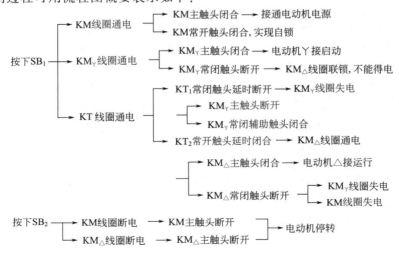

二、可编程控制器常识

通常所熟悉的继电控制系统是用导线将各种接触器、继电器及其触头按一定的逻辑关系连接成控制系统，控制各种生产机械。但是，由于这种继电接触器控制装置采用的是固定接线方式，一旦生产过程发生变动，就必须重新设计线路并重新连接安装。因此，这种继电接触器控制系统的通用性、灵活性较差，不利于产品的迅速更新换代。

将计算机和继电接触器控制系统结合起来，用计算机的编程软件来代替继电接触器控制的硬连线逻辑，即为可编程控制器（programmable logic controller，简称 PLC）。它是一种专为工业环境下应用而设计的数字运算操作的电子系统。

1. PLC 的基本结构

PLC 一般由中央处理器、存储器、输入/输出组件、编程器及电源五部分组成。图 4-51 是其内部结构框图。

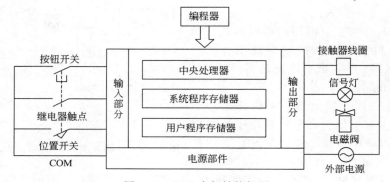

图 4-51　PLC 内部结构框图

（1）中央处理器（CPU）

CPU 是 PLC 的核心，起总指挥的作用。其主要用途是处理和运行用户程序，针对外部输入信号做出正确的逻辑判断，并将结果输出给有关部分，以控制生产机械按既定程序工作。另外，CPU 还对其内部工作进行自我检测，并协调 PLC 各部分工作。若有差错，它能立即停止运行。

（2）存储器

PLC 内部存储器有系统程序存储器和用户程序存储器。系统程序存储器主要存放系统管理和监控程序及对用户程序作编译处理的程序，系统程序已由厂家固定，用户不能更改。用户程序存储器主要存放用户编制的应用程序及各种暂存数据、中间结果。

（3）输入/输出部件

这是 PLC 与被控设备连接起来的部件，用户程序需要输入 PLC 的各种控制信号，如位置开关、操作按钮、传感器信号等，通过输入部件将这些信号转换成中央处理器能够接收和处理的数字信号。输出部件将中央处理品送出的弱电信号转换成现场需要的电平强电信号输出，以驱动接触器、动电磁阀等被控设备的执行元件。

（4）编程器

编程器是 PLC 的一种重要的外部设备，用于手持编程。用户可以用它输入、检查、修改、调试程序或监视 PLC 的工作情况。除手持编程器外，还可以将 PLC 和计算机连接，并利用专用的工具软件进行编程或监控。

（5）电源

PLC 的电源是指为 CPU、存储器、输入/输出部件等内部电子电路工作所配备的直流电源。目前常采用开关型直流稳压电源供电。

2. PLC 的基本工作原理

PLC 的等效电路可分为三部分：输入部分、内部控制电路、输出部分。为了便于理解，以异步电动机正反转控制为例来进行说明。图 4-52 是用 PLC 实现该控制电路的等效电路。

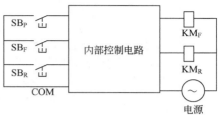

图中在输入一侧外接"发布命令"的停止按钮 SB_P、正转启动按钮 SB_F 和反转启动按钮 SB_R。在输出一侧外接"执行命令"的正转接触器的电磁线圈 KM_F 和反转接触器的电磁线圈 KM_R。示意图中间方框为具有逻辑运算功能的内部控制电路。

图 4-52　PLC 等效电路示意图

内部控制电路的功能是利用电子计算机技术，一般使用一种叫作梯形图的语言进行编程，若想改变控制目的，不需要改变原来的电气连线，只需要在原来的程序中增加新的"指令"即可达到控制目的。

PLC 与传统的继电接触控制系统相比有以下特点。

① 灵活性好。当生产工艺流程或生产线设备更新后，不必改变 PLC 的硬件设备，只需改变 PLC 的程序即可。

② 抗干扰能力强、可靠性高，能在工业环境下进行。

③ 体积小、使用方便、易于普及、掌握。

 练习与思考五

1. 常用低压控制电器有哪些？试述其功能和符号？

2. 熔断器和热继电器的作用各是什么？为什么三相主电路中都要装设熔断器，而热继电器一般只装设在其中的两相电路中？为什么在照明、电热电路中，一般装设熔断器而不装热继电器？

3. 熔断器熔体的额定电流如何选择？

4. 什么叫自锁、互锁？它们在控制电路中起什么作用？

5. 画出继电器的常开触头、延时闭合常开触头、延时断开常开触头、常闭触头、延时闭合常闭触头、延时断开常闭触头的图形符号，说明其功能。

6. 试设计一个电动机既能点动，又能单向启动、停止及连续运转的控制线路。

知识提示

① 三相异步电动机又称为三相感应电动机，是一种应用广泛的将电能转换为机械能的能量转换设备。它主要由定子和转子两部分组成。根据转子结构的不同，可分为笼型和绕线转子型两种，它们的定子结构完全一样。笼型结构简单，维护方便；绕线转子型可在转子电路中接入电阻，其启动和调速性能比较好。

② 定子上有三相绕组，当通入三相对称交流电流时就会在电动机内产生旋转磁场，它的转速 n_1 与电源频率 f_1 及磁极对数 p 有关，即 $n_1 = 60f_1/p$，n_1 称为同步转速。旋转磁场的方向决定于通入定子绕组三相电流的相序。旋转磁场切割转子导体，在转子导体中产生感应电动势、感应电流和电磁转矩，使转子旋转，其旋转方向与旋转磁场的转向相同。转子的转速 n 略低于同步转速 n_1，其转速差常用转差率来表示，转差率 $s = \dfrac{n_1 - n}{n_1} \times 100\%$。$s$ 是

异步电动机运行的必要条件，也是分析电动机性能的重要参数。

③ 三相异步电动机的电磁转矩为

$$T = C_M \Phi I_2 \cos\varphi_2$$

或

$$T = K U_1^2 \frac{sR_2}{R_2^2 + (sX_{20})^2}$$

在 U_1 和 f_1 一定的条件下，可作出异步电动机的转矩特性 $T = f(s)$ 和机械特性 $n = f(T)$。由此还可推导出电动机的三个重要转矩和两个系数，它们可反映电动机的工作性能。

$$额定转矩\ T_N = 9550 \frac{P_N}{n_N}$$

$$最大转矩\ T_m = K U_1^2 \frac{1}{2X_{20}}$$

$$过载系数\ \lambda = T_m / T_N$$

$$启动转矩\ T_{st} = K U_1^2 \frac{R_2}{R_2^2 + X_{20}^2}$$

异步电动机的电磁转矩随转差率而变化，与电源电压的平方成正比，故电源电压的波动将会严重影响电动机的稳定运行。

④ 异步电动机在稳定运行区（$0 < s < s_m$）内，具有硬的机械特性，即对应较大的转矩变化而转速变化很小。这时异步电动机的电磁转矩能随着负载转矩的增减而增减，可以自动适应负载的变化。

⑤ 异步电动机的铭牌，标出了这台电动机的主要技术数据，是选择和使用电动机的依据。这些技术数据主要是额定功率（容量）、额定电压、额定电流、额定转速、定子绕组接法、绝缘等级、工作方式等。

⑥ 三相笼型异步电动机的启动性能较差，启动电流大，启动转矩小，直接启动时将使电网电压下降，影响其他电气设备的正常工作。当笼型电动机不能直接启动时，常采用 Y-△换接启动或自耦变压器降压启动方式以降低启动电流，但同时启动转矩也减小了，故只适用于电动机空载或轻载启动。绕线转子三相异步电动机采用在转子电路中串接外电阻的方法启动，可减小启动电流，增大启动转矩，故启动性能较好，常用于要求带负载启动和小范围调速的生产机械。

⑦ 三相异步电动机转子的转向取决于旋转磁场的转向。所以要使三相异步电动机反转，只要将三根电源线中的任意两根对调后接入，改变电源的相序即可。

异步电动机的制动方法有机械的、电气的，常用的电气制动方法有反接制动和能耗制动。

⑧ 选择异步电动机时，首先应根据工作环境和生产机械的要求选择电动机的种类和结构形式，并根据生产机械需要的功率 p_L 和工作方式选择电动机的容量 p_N，应使 $p_N \geqslant p_L$。电动机的额定转速应尽可能接近生产机械的转速，采用直接传动，可简化传动设备。

⑨ 单相异步电动机的定子绕组通以单相交流电时，产生脉动磁场，故不能自行启动。为了使单相异步电动机通电后能产生旋转磁场，自行启动，常用的方法有电容式和罩极式两种。电容式的工作原理是在电动机的定子中设置一个启动绕组。该绕组在空间位置上与原来的工作绕组相差 90°；启动绕组串接电容器后，再与工作绕组并联接入电源，两个绕组中的电流在相位上也相差 90°，这样就能产生旋转磁场而自行启动。

⑩ 常用的低压控制电器有刀开关、铁壳开关、组合开关、按钮、行程开关、接触器、继电器、自动空气开关、熔断器等。用这些电器组成电动机的继电接触器控制系统，是目前广泛应用的自动控制方式。可以实现电动机的单向运行、正反转控制、行程控制、时间控制

等，以满足生产工艺的需要。

⑪ 电动机电路原理图分为主电路和控制电路。主电路是从电源到电动机的供电电路，其中通过较大的电流；控制电路以及信号、照明等辅助电路中通过的是小电流。电路图中同一电器的部件（如接触器的触头和线圈），一般都不画在一起，而是按电路的连接情况分开画在不同的位置，但用同一文字符号标注。

阅读电路图时应先了解生产机械的工艺过程对电气控制的要求。在此基础上先阅读主电路，然后再读控制电路。读控制电路图的顺序是自上而下，从左到右，应逐一弄清每个线路的工作原理及其相互间的关系，从而掌握其全部控制过程。

知识技能

4-1　有一台三相异步电动机，其额定转速 $n_N=1440$r/min。试求电动机的磁极对数 p 和额定负载时的转差率 s_N。电源频率 $f_1=50$Hz。

4-2　已知 Y180L-6 型电动机的额定功率 P_N 为 15kW，额定转差率 $s_N=0.03$，电源频率 $f_1=50$Hz，求：同步转速 n_1、额定转速 n_N、额定转矩 T_N。

4-3　已知 Y112M-4 型异步电动机的 $P_N=4$kW；$U_N=380$V；$n_N=1440$r/min；$\cos\varphi_N=0.82$；$\eta_N=84.5\%$，△形接法。试计算：额定线电流 I_L 和相电流 I_P、额定转矩 T_N、额定转差率 s_N 及额定负载时的转子电流频率 f_2。设电源频率 $f_1=50$Hz。

4-4　已知 Y-225M-4 型电动机名牌数据为：55kW，380V，三角形连接，1480r/min，功率因数 0.88，效率 92.6%，$I_{st}/I_N=1.9$，求：

① 额定运行时线电流、相电流、输入功率；

② 直接启动时的启动电流、启动转矩；

③ 若采用星型降压启动，启动电流、启动转矩又为多少？

④ 若降压启动时所带负载为额定转矩的 80%，试计算电动机能否带负载直接启动。

综合实训：三相笼型异步电动机正反转控制

4-5　有 Y-112M-2 型和 Y-160M-8 型三相异步电动机各一台，额定功率 P_N 都是 4kW，但前者的额定转速 $n_{N1}=2890$r/min，后者的 $n_{N2}=720$r/min。试比较它们的额定转矩，并指出电动机的磁极数、转速和转矩的变化关系。

4-6　有 Y-225M-6 型异步电动机的 $P_N=30$kW，$n_N=980$r/min，$f_1=50$Hz，$T_m=584.7$N·m，试求电动机的过载系数 λ_m。

4-7　某磁极为四极的三相异步电动机，其额定功率 $P_N=30$kW，额定电压 $U_N=380$V，△接法，$f_1=50$Hz，$s_N=0.02$，$\eta_N=90\%$，$I_{LN}=57.5$A。试求当电动机在额定负载下运行时，①其定子旋转磁场对转子的转速；②额定转矩 T_N；③电动机的功率因数 $\cos\varphi_N$。

4-8　有一台三相异步电动机，额定功率 $P_N=20$kW，额定转速 $n_N=970$r/min，额定电压 $U_N=220/380$V，额定效率 $\eta_N=88\%$，额定功率因数 $\cos\varphi_N=0.86$。当电源电压分别为 220V 和 380V 时，其额定电流和转差率各是多少？

4-9　有一台异步电动机，其 $P_N=11$kW，$n_N=1460$r/min，$U_N=380$V，△接法，$\eta_N=88\%$，$\cos\varphi_N=0.84$，$T_{st}/T_N=2$，$I_{st}/I_N=7$。试求：①I_N 和 T_N；②用丫-△法启动时的启动电流和启动转矩；③当负载转矩为额定转矩的 70% 和 60% 时，电动机能否启动？

4-10　已知某三相异步电动机的额定电压为 220/380V，当三相电源的线电压分别为 220V 和 380V 时，电动机的定子绕组各应作何种接法？在这两种接法下，求：①定子绕组的相电压为多少？②在负载相同的情况下，相电流是否相等？③线电流是否相等？④电动机的功率是否有变化？

4-11　一台异步电动机铭牌上标明额定电压 $U_N=380/220$V，定子绕组接成丫/△，试问：

① 如果使用时，将定子绕组接成△形，接于 380V 的三相电源上，能否空载或带载运行？为什么？

② 如果使用时，将定子绕组接成丫形，接于 220V 的三相电源上，能否空载或带载运行？为什么？

4-12　有一台三相异步电动机，其 $n_N=1450$r/min，$I_N=20$A，$U_N=380$V，△接，$\cos\varphi_N=0.87$，

$\eta_N = 87.5\%$，$I_{st}/I_N = 7$，$T_{st}/T_N = 1.4$，试求：

① 额定转矩 T_N；

② 有 $\curlyvee/\triangle$ 启动，启动电流为多少？能否半载启动？

③ 如用自耦变压器在半载下启动，启动电流为多少？并确定电压抽头。

4-13 有一离心式水泵，流量 $q_V = 0.032\text{m}^3/\text{s}$，扬程 $H = 11\text{m}$，转速 $n = 1450\text{r/min}$，水泵效率 $\eta = 70\%$，今拟用一台笼式电动机拖动，电动机与水泵直接传动（$\eta_2 = 1$），求电动机的功率应多大？

4-14 试画出笼型异步电动机既能连续工作，又能点动工作的控制线路。

4-15 试画出能在两处控制一台三相笼式异步电动机的正、反转控制电路。

4-16 如何实现异步电动机的短路、过载及欠压保护？

4-17 为什么热继电器不能作短路保护？为什么在三相主电路中只用两个（当然用三个也可以）热元件就可以保护电动机的过载？

4-18 判断图 4-53 所示各控制电路是否对，为什么？

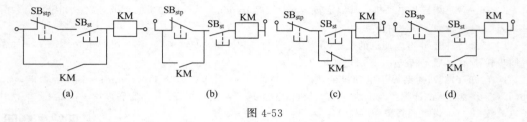

图 4-53

4-19 如图 4-54 所示电路有无自锁作用，为什么？

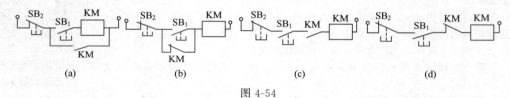

图 4-54

4-20 某电动机的控制电路如图 4-55 所示，试指出这些电路的错误之处，并予以改正。

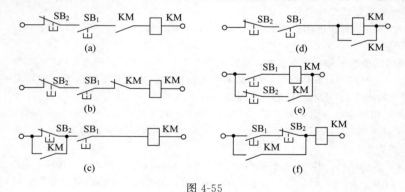

图 4-55

4-21 有三台电动机 M_1、M_2、M_3，试按下面要求画出控制电路：

① 按 M_1、M_2、M_3 顺序启动；

② 具有过载和短路保护。

4-22 两台电动机分别采用接触器 KM_1 和 KM_2 来操作，试分别画出下列情况的控制电路：①两台电动机只能在第一台电动机工作后才能启动；②两台电动机同时启动。

4-23 有一台三相异步电动机，其技术数据如下：

P_N/kW	U_N/V	n_N/(r/min)	I_N/A	η_N/%	$\cos\varphi_N$	I_{st}/I_N	T_{st}/T_N	T_m/I_N
3.0	220/380	1430	11.8/6.47	83.5	0.84	7.0	1.8	2.0

　　试求：①磁极对数；②电源线电压为 380V 时，电动机定子绕组应如何连接？③额定负载时转差率 s_N、转子频率 f_{2N}，电磁力矩 T_N；④直接启动电流 I_{st} 和启动力矩 T_{st}；⑤最大力矩；⑥额定负载时，电动机的输入功率 P_{1N}；⑦若需降压启动应用哪种方法？

　　4-24　有三台电动机 M1、M2、M3，试按下面要求画出控制电路：

① 按 M1、M2、M3 顺序启动；②具有过载和短路保护。

　　4-25　两台电动机分别采用接触器 KM1 和 KM2 来操作，试分别画出下列情况的控制电路：①两台电动机只能在第一台电动机工作后才能启动；② 两台电动机同时启动。

项目四（知识技能）：部分参考答案

哲思语录：不登高山，不知天之大；

不临深谷，不知地之厚也。

科学家简介

贝尔（Alexander Graham Bell，亚历山大·格拉汉姆·贝尔，1847年3月3日～1922年8月2日），美国发明家和企业家，他获得了世界上第一台可用的电话机的专利权（发明者为意大利人安东尼奥·梅乌奇），创建了贝尔电话公司（AT&T公司的前身），被世界誉为"电话之父"。除了电话，贝尔还发明了载人的巨型风筝，为加拿大海军发明了用于在二战时与德国U型潜艇抗衡的水翼船。

贝尔出生于英国苏格兰的爱丁堡。贝尔的主要成就是发明了电话；此外，他还制造了助听器；改进了爱迪生发明的留声机；他对聋哑语的发明贡献甚大；他写的文章和小册子超过100篇。1881年，他为了发现美国总统詹姆士·加菲尔德体内的子弹设计了一个检验金属的装置，成为X光机的前身。他还创立了英国聋哑教育促进协会。贝尔实验室是晶体管、激光器、太阳能电池、发光二极管、数字交换机、通信卫星、电子数字计算机、蜂窝移动通信设备、长途电视传送、仿真语言、有声电影、立体声录音，以及通信网的许多重大发明的诞生地。例：1947年，贝尔实验室发明晶体管。参与这项研究的约翰·巴丁、威廉·萧克利、华特·豪舍·布拉顿于1956年获诺贝尔物理学奖。

赫兹（Heinrich Rudolf Hertz，海因里希·鲁道夫·赫兹1857年2月22日～1894年1月1日），德国物理学家，于1887年首先用实验证实了电磁波的存在。他对电磁学有很大的贡献，故频率的国际单位制单位赫兹以他的名字命名。在月球东边的坑洞，用赫兹的名字来命名。俄罗斯的诺夫哥罗德的无线电产品，也用他的名字命名。在德国汉堡的无线电发射塔被命名为"海因里希-赫兹"的无线电电信通讯，也是以这城市最著名的人物来命名。另外世界不少国家都曾以他的肖像制作邮票。

赫兹出生于德国汉堡的一个改信基督教的犹太家庭。他是古斯塔夫·基尔霍夫和赫尔曼·冯·亥姆霍兹的学生。1886～1888年间，海因里希·鲁道夫·赫兹首先通过试验验证了麦克斯韦的理论，同时证明了无线电辐射具有波的特性，并发现电磁场方程可以用偏微分方程表达，即波动方程。随后，赫兹还通过实验证实电磁波是横波，具有与光类似的特性。在全面验证了麦克斯韦电磁理论的正确性的同时，他进一步完善了麦克斯韦方程组。除此之外，赫兹还通过实验，证明电信号如同麦克斯韦预言的那样可以穿越空气，这一理论是发明无线电的基础。他还注意到带电物体当被紫外光照射时会很快失去它的电荷，发现了光电效应（后来由阿尔伯特·爱因斯坦给予解释）。赫兹被誉为"电磁波之父"，为此后电磁学的发展做出了很大的贡献，同时赫兹在接触力学领域所作出的贡献不应该被他在电磁学领域杰出的成就而忽视。但是这位伟大物理学家的生命是短暂的，海因里希·鲁道夫·赫兹于1894年死于血液中毒，年仅36岁。

项目五
半导体二极管和整流电路的分析与测试

 学习导航

学习目标	☆知识目标：①了解半导体的基本知识 ②理解半导体二极管的工作原理与伏安特性 ③理解特殊二极管的工作原理与伏安特性 ④理解整流、滤波电路的组成与工作原理 ⑤理解硅稳压管稳压电路的原理与计算方法 ⑥理解晶闸管整流调压电路的原理与分析方法
	☆技能目标：①掌握半导体二极管的原理与特性 ②掌握整流电路的组成与原理 ③掌握滤波电路的组成与原理 ④熟练掌握硅稳压管稳压电路的原理与计算方法 ⑤掌握晶闸管整流调压电路的原理与分析方法 ⑥熟练掌握常用电子元器件的测试方法
	☆思政目标：①培养学生全局思维和创新思维的能力 ②培养学生良好的职业道德和精益求精的工作作风 ③培养学生逐渐具备八零意识（亏损为零、不良为零、浪费为零、故障为零、切换产品时间为零、事故为零、投诉为零、缺勤为零）
知识点	☆本征半导体与杂质半导体 ☆半导体二极管的伏安特性、反向击穿特性 ☆二极管基本应用电路 ☆二极管整流电路、电容滤波电路 ☆二极管的主要参数及简易测试
难点与重点	☆半导体二极管的伏安特性 ☆稳压二极管、晶闸管的基本特性 ☆二极管半波、桥式整流电路
学习方法	☆理解半导体及二极管的基本概念 ☆借助伏安特性曲线掌握二极管的基本特性 ☆通过习题训练，掌握二极管电路的分析 ☆通过实践训练深入理解相关知识，掌握基本操作技能

　　整流电路的任务是将交流电流变换成单向脉动电流，再通过滤波电路滤除其中的交流成分，即可得到比较平滑的直流电流。

　　目前，整流元件均采用半导体器件，因此本项目首先介绍半导体基本知识及半导体二极管，然后重点介绍半导体二极管组成的整流滤波电路。同时本项目还简要介绍集成稳压器和晶闸管整流电路。

任务一　半导体二极管

知识点
◎ 半导体的导电原理。
◎ PN 结形成的工作原理。
◎ 二极管的伏安特性和主要参数。

技能点
◎ 能够识别常用半导体二极管的种类。
◎ 学会检测二极管质量的技能。
◎ 掌握选用二极管的基本方法。

思政要素

半导体及 PN 结

 任务描述

半导体（semiconductor）是制作半导体器件的关键材料，在研究半导体器件之前，有必要学习半导体的有关知识。

自然界中，按物质导电能力的不同，将其分为导体（conductor）、绝缘体（insulator）和半导体三类。半导体的导电能力介于导体和绝缘体之间。常用的半导体为硅、锗、硒及部分金属氧化物和硫化物。纯净的半导体导电能力差，绝缘性能也不强，既不宜用作导电材料，也不适于做绝缘材料，因而长期未被人们重视。

 任务分析

人们后来逐渐发现：温度、光照、掺入杂质等外界条件能引起半导体导电性能发生显著变化，即半导体的导电特性具有热敏、光敏、掺杂等特性。其中最重要的是掺杂特性，半导体技术的飞速发展，主要是利用了半导体的掺杂特性。

根据半导体的导电特性，人们制成了多种性能的电子元器件，如半导体二极管、半导体三极管、集成电路、热敏元件、光敏元件等。这些元器件具有体积小、质量轻、耗电少、寿命长、工作可靠等一系列优点，在现代生产与科技的各个领域中获得了广泛的应用。

一、半导体的基本知识

1. 半导体的导电原理

不含杂质的纯净半导体称为本征半导体（intrinsic semiconductor）。本征半导体的原子在空间按一定规律整齐排列，形成晶体（crystal）结构，所以半导体管也称为晶体管（transistor）。半导体的导电性能与其原子最外层的电子有关，这种电子称为价电子。常用的半导体材料是硅和锗，它们都是四价元素，原子的最外层只有四个电子。这些单个原子组成晶体时，将形成共价键结构。共价键对价电子的束缚是比较强的，在绝对温度为零、没有光照时，价电子被束缚，不能导电。当温度升高，如常温下，或有光照半导体时，共价键中的某些电子（electron）将获得足够能量挣脱共价键的束缚而成为自由电子（free electron），同时在原有共价键中留下空穴（hole）。这种现象称为本征激发（excitation）。温度升高越多，本征激发越强。本征激发产生的自由电子带负电荷，空穴因失去电子带正电荷。它们都是带电荷的粒子，统称为载流子（carrier）。当有外加电场存在时，它们在电场力的作用下，都要做定向运动，即会产生电流，只是方向不同而已。自由电子逆着电场方向移动而形成电流，这种导电方式称为电子导电。空穴沿着电场方向移动而形成电流，这种导电方式称为空穴导电。空穴导电是半导体导电的一种特有方式。

半导体中同时存在着电子导电和空穴导电，这是它导电方式的基本特点，也是它与金属在导电原理上的本质差别。

本征激发产生的自由电子和空穴总是成对出现，自由电子和空穴也会重新结合，称为复合（recombination）。在一定温度下，本征激发与复合达到相对平衡，半导体中的载流子便维持一定数目。温度越高，载流子浓度就越高，所以温度对半导体器件性能的影响很大。

导体与绝缘体

常温下，本征半导体的载流子浓度很低，因此导电能力很差。

2. N 型半导体和 P 型半导体

（1）N 型半导体

如果在本征半导体硅或锗的晶体中，掺入微量五价元素磷 P（或砷 As、锑 Sb），使某些位置的硅（锗）原子被磷原子代替。而磷原子最外层是五个电子，有四个与相邻的硅（锗）原子组成共价键，多余出的一个电子受磷原子核的束缚力很小，很容易挣脱磷原子核的束缚而成为自由电子。但此时并未产生空穴，只是磷原子多了一个正电荷而成为正离子。由此可见，掺入五价元素磷原子后，使晶体中的自由电子大量增加，自由电子成为多数载流子，使半导体的导电能力显著增加。因为这种半导体的主要导电方式是电子导电，故称为电子型半导体或 N 型半导体（N-type semiconductor）。在 N 型半导体中，自由电子是多数载流子，简称多子；空穴是少数载流子（minority carrier），简称少子。

（2）P 型半导体

如果在本征半导体硅或锗的晶体中，掺入微量三价元素硼 B（或铟 In、铝 Al、镓 Ga），硼原子只有三个价电子，在与相邻的四个硅（锗）原子组成共价键时，还缺少一个电子，而留出一个空穴。使硅（锗）晶体中的空穴大量增加。空穴成为半导体导电的多数载流子，主要导电方式是空穴导电，故称之为空穴型半导体或 P 型半导体（P-type semiconductor）。其中多子是空穴，少子是电子。

应当注意，不论是 N 型半导体还是 P 型半导体，整个晶体呈电中性。这是因为本征半导体和杂质元素的每一个原子原来都是中性的，在 N 型半导体中多数载流子电子有正离子与之对应，在 P 型半导体中，空穴有负离子与之对应。所以从宏观上看，掺入杂质（impurity）以后，半导体并不带电，仍呈电中性。

3. PN 结

一块 P 型半导体或 N 型半导体，虽然导电能力增强了，但只能做电阻用，不能称其为半导体器件。如果把一块 P 型半导体和一块 N 型半导体结合在一起，它们的结合处就会形成 PN 结，PN 结是构成各种半导体器件的基础。

（1）PN 结的形成

在一块单晶体中，采用一定的工艺措施，使其两边掺入不同的杂质，一边形成 P 型区，另一边形成 N 型区。P 型区内空穴浓度高，自由电子浓度低；而 N 型区内自由电子浓度高，空穴浓度低。由于两边载流子浓度不同，分界处两侧的载流子将互相扩散，浓度高的向浓度低的一侧扩散。如图 5-1（a）所示。P 区的空穴向 N 区扩散，空穴扩散到 N 区后，被 N 区的电子复合掉了，在 P 区的分界处留下一些负离子；N 区的电子向 P 区扩散，电子扩散到 P 区后，被 P 区的

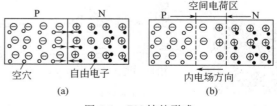

图 5-1　PN 结的形成

空穴复合掉了，在 N 区的分界处留下一些正离子。于是，分界处两侧出现了一个空间电荷区，P 型侧带负电，N 型侧带正电。

这个空间电荷区就是 PN 结。PN 结形成的电场称为内电场，它的方向是由 N 区指向 P 区。如图 5-1(b) 所示。

内电场对多子的扩散运动起阻挡作用，故空间电荷区又称阻挡层（barrier）。内电场却能推动少子越过空间电荷区。少子在内电场作用下的运动称为漂移（drift）运动。少子漂移运动形成的电流，叫作漂移电流。当扩散电流和漂移电流大小相等、方向相反而互相抵消时，达到动态平衡状态，称为平衡 PN 结。

（2）PN 结的单向导电性

① 正向偏置。在 PN 结两端加上电压，称为给 PN 结加偏置。如果使 P 区接电源阳极（anode），N 区接电源阴极（cathode），称为正向偏置（forward bias），简称正偏，如图 5-2(a) 所示。这时电源 E 的外电场与 PN 结的内电场方向相反，内电场被削弱，阻挡层变薄，多子的扩散运动增强，形成较大的扩散电流——正向电流。这时 PN 结呈现的电阻很低，处于正向导通状态。

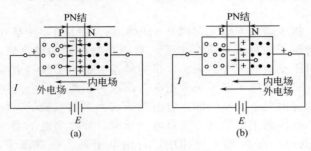

图 5-2 PN 结的单向导电性

② 反向偏置。如果给 PN 结加反向电压，P 区接电源负极，N 区接电源正极，称为反向偏置（backward bias），简称反偏，如图 5-2(b) 所示。这时外电场与内电场方向一致，增强了内电场，使阻挡层变厚，这就削弱了多子的扩散运动，增强了少子的漂移运动，但是由于少子数目有限，所以漂移电流是很微小的。这时 PN 结呈现的电阻很高，处于反向截止状态。反向电流是由少子漂移运动形成的，少子的数量随温度升高而增加，所以温度对反向电流的影响很大，这是半导体器件温度特性差的根本原因。

综上所述，PN 结正向偏置时，处于导通状态；反向偏置时，处于截止状态。这说明 PN 结具有单向导电特性（unidirectional conduction），这是 PN 结的基本特性。

二、半导体二极管

1. 半导体二极管的结构和符号

将 PN 结装上电极引线及管壳，就制成了半导体二极管，又称晶体二极管，简称二极管（diode）。

由于管芯结构不同，二极管又分为点接触型、面接触型和平面型几种，其结构和图形符号如图 5-3 所示。其中点接触型二极管（point-contact diode）PN 结接触面小，适合在高频电路、开关电路等小电流情况下使用，面接触型（junction diode）和平面型二极管 PN 结接触面大、载流量大，适用于整流电路。

思政要素

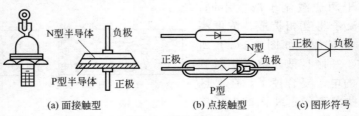

(a) 面接触型   (b) 点接触型   (c) 图形符号

图 5-3 晶体二极管

二极管

2. 二极管的伏安特性

二极管的关键部分是 PN 结，PN 结具有单向导电特性，这是二极管的主要特点。

二极管的导电性能，由加在二极管两端的电压和流过二极管的电流来决定，这两者之间的关系称为二极管的伏安特性（volt-ampere characteristic）。用于定量描述这两者关系的曲线叫伏安特性曲线，如图 5-4 所示。由图可见，二极管的导电特性可分为正向特性和反向特性两部分。

PN 结的形成

（1）正向特性

二极管加上正向电压时电流与电压的关系称为二极管的正向特性。图 5-4 中，锗管在 OA 段（硅管为 OB 段）时外加正向电压低，外电场不足以克服内电场对多数载流子扩散的阻力，多数载流子不能顺利扩散，正向电流很小，这个电压区域称为死区（dead zone），硅二极管死区电压约为 0.5V；锗二极管死区电压约为 0.2V。实际使用中，当二极管正偏电压小于死区电压时，视为正向电流为零的截止状态。此时二极管呈现很大电阻。锗管的正向电压大于 A 点（硅管的正向电压大于 B 点）后，随着外加电压的增加，外

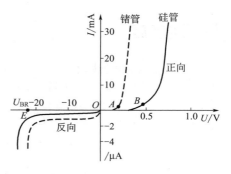

图 5-4　二极管的伏安特性

电场削弱了内电场的阻碍作用，使正向电流迅速增大，特性曲线接近直线，二极管处于正向导通状态，此时管子两端电压降变化不大，硅管为 0.6～0.7V，锗管为 0.2～0.3V。

（2）反向特性

二极管的反向特性是指二极管加反向电压时电流与电压的关系。图 5-4 中，在 OE 段，反向电压加强了内电场对多数载流子的阻挡，多数载流子不能扩散形成电流，只有少数载流子在外电场作用下做漂移运动，形成很小的反向电流。反向电流有两个特点：一是它随温度上升而增长很快；二是在反向电压不超过某一范围时，它的大小基本恒定，不随反向电压变化，这是因为少数载流子数量很少，在一定温度下，只要有一定的反向电压就能使其所有的少数载流子漂移形成反向电流，即使反向电压增加，也不能使反向电流再增加了。所以反向电流又称为反向饱和电流或反向漏电流。通常硅二极管的反向电流只有几微安到几十微安；锗二极管的反向电流则为几十微安到几百微安。这个电流是衡量二极管质量优劣的重要参数，其值越小，二极管质量越好。由于硅二极管反向电流较锗二极管的小很多，因此硅管的温度稳定性比锗管好。

当反向电压增大到一定数值时，如图 5-4 所示的 E 点，外电场强到足以把原子的外层电子拉出来形成自由电子，这时载流子数量急剧增多，造成反向电流骤然猛增，这种现象称为反向击穿，此时的反向电压称为反向击穿电压，记作 U_{BR}。二极管反向击穿后，如不采取保护措施，将导致二极管烧坏。

从二极管伏安特性曲线（characteristic curve）可以看出，二极管的电压与电流变化不呈线性关系，其内阻不是常数，所以二极管属于非线性器件。

利用二极管的单向导电性，可用它做检波、整流、钳位（clamp）、开关等。

3. 二极管的主要参数

二极管的参数是定量描述二极管性能优劣的质量指标。二极管参数较多，但应用最广泛的是最大整流电流和最高反向工作电压。

（1）最大整流电流 I_{FM}

二极管的最大整流电流指的是二极管长时间工作时允许通过的最大直流电流。这个数值

与 PN 结的面积和二极管的散热条件有关。使用二极管时，应注意流过二极管的正向最大平均电流不能大于这个数值（它是二极管极限使用参数），否则可能使管子因过热而损坏。

（2）最高反向工作电压 U_{RM}

U_{RM} 是指二极管正常使用时所允许加的最高反向电压。通常采取二极管反向击穿电压的 1/2 或 2/3。使用中如果超过此值，二极管有被击穿的危险。

除了用作钳位、隔离、限幅、整流等用途的普通二极管以外，还有一些特殊用途的二极管，如稳压管、发光二极管、光敏二极管（photodiode）、变容二极管等。

✺ 任务实施

将输出电压的幅值限制在某一数值的作用称为限幅。例如在图 5-5（a）所示电路中，设 $u_i = 2\sin\omega t$ V，VD_1 和 VD_2 为锗管，其正向电压降 $U_D = 0.3$V。试画出电压 u_o 的波形。

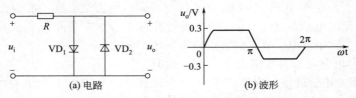

图 5-5　限幅电路

解　由二极管的近似特性可知：

在 u_i 的正半周内，VD_2 截止，当 $U_i < 0.3$V 时，VD_1 截止，$u_o = u_i$。当 $u_i > 0.3$V 时，VD_1 导通，$u_o = u_D = 0.3$V。

在 u_i 的负半周内，VD_1 截止。当 $u_i > -0.3$V 时，VD_2 截止，$u_o = u_i$。当 $u_i < -0.3$V 时，VD_2 导通，$u_o = -0.3$V。

最后求得 u_o 的波形如图 5-5（b）所示。由于该电路将输出电压的大小限制在 ±0.3V 的范围内，所以 VD_1 和 VD_2 是起限幅作用，这种电路称为限幅电路。

✎ 练习与思考一

1. 电子导电和空穴导电有什么区别？

2. N 型半导体中的自由电子多于空穴，N 型半导体是否带负电？P 型半导体中的空穴多于自由电子，P 型半导体是否带正电？为什么？

3. 当 PN 结两端加正向电压或反向电压时，为什么正向电流比反向电流大？当环境温度升高时，反向电流会增大吗？为什么？

4. 怎样判断二极管的阳极和阴极？怎样判断二极管的好坏？

5. 二极管的伏安特性上有一个死区电压。什么是死区电压？为什么会出现死区电压？

6. 为什么二极管的反向饱和电流与外加反向电压基本无关，而当环境温度升高时，反向饱和电流又明显增大？

任务二　二极管单相整流电路

知识点

◎ 单相半波桥式整流电路的工作原理。

◎ 单相全波桥式整流电路的工作原理。

◎ 整流电路中二极管的选择。

技能点

◎ 会分析单相半波桥式整流电路。

◎ 会分析单相全波桥式整流电路。

◎ 掌握并熟练计算二极管的各个参数，能熟练选择管子的型号。

思政要素　　　单相整流电路

 任务描述

将交流电流变换成单向脉动电流的过程叫作整流（rectification），完成这种功能的电路称为整流电路（整流器），它是小功率（200W 以下）直流稳压电源的组成部分，其主要功能是利用二极管的单向导电性，将市电电网的单相正弦交流电压转变成单方向脉动的直流电压。然后，再经滤波电路和稳压电路，得到平滑而稳定的直流电压源，为电子电路提供能量。

 任务分析

为了分析方便，在讨论二极管整流电路时，将二极管视为理想元件，即正向偏置时，忽略其正向压降；反向偏置时，忽略其反向漏电流。并设负载是纯电阻负载。常见的单相整流电路有半波、全波、桥式及倍压整流电路。本任务重点讨论单相半波整流电路和单相桥式整流电路。

 相关知识

一、单相半波整流电路

单相半波整流电路如图 5-6（a）所示。图中 T 是电源变压器。在分析电路时，将其视为理想变压器。VD 是整流二极管。R_L 是负载电阻。R_0 是整流电路内阻（包括变压器绕组电阻和二极管正向电阻），前已说明，此 R_0 可忽略不计。

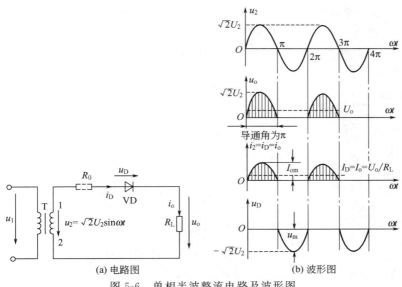

(a) 电路图　　　　　　(b) 波形图

图 5-6　单相半波整流电路及波形图

单相半波整流

正半周时，变压器二次电压 u_2 的瞬时值在图中1点为正，2点为负。这时二极管 VD 正向导通。负载 R_L 两端的电压瞬时值 u_o 就是 u_2。

负半周时，u_2 的瞬时极性与正半周相反，2点为正，1点为负，此时二极管 VD 反向截止。负载 R_L 两端无电流，也无电压。

u_2、u_o、i_o、u_D 的波形如图 5-6(b) 所示。

由此可见，在 u_2 的一个周期内，只有1点为正的半个周期内二极管 VD 导通，负半周时，负载上没有电流、电压。所以称为半波整流。

整流后，负载上得到的是半个正弦波——脉动的直流电压 u_o 和脉动的直流电流 i_o。通常用一个周期的平均值来表示它们的大小，记作 U_o 和 I_o，U_o 称为整流电压的平均值，简称整流电压，I_o 称为整流电流的平均值（average value），简称整流电流。

通过数学推导，可以得出，单相半波整流电压 U_o 与二次电压有效值 U_2 的关系为

$$U_o = \frac{1}{2\pi}\int_0^{2\pi} u_o\,d(\omega t) = \frac{1}{2\pi}\int_0^{2\pi} \sqrt{2}\,U_2\sin\omega t\,d(\omega t) = \frac{\sqrt{2}\,U_2}{\pi} \approx 0.45U_2 \tag{5-1}$$

单向半波整流电流 I_o 为

$$I_o = \frac{U_o}{R_L} \approx \frac{0.45U_2}{R_L} \tag{5-2}$$

在交流电压的负半周时，二极管承受的最高反向电压 U_{RM} 为 U_2 的峰值，即

$$U_{RM} = \sqrt{2}\,U_2$$

可见，正确选用二极管时，必须满足

最大整流电流 $I_{FM} \geqslant I_o$

最高反向工作电压 $U_{RM} \geqslant \sqrt{2}\,U_2$

为了安全起见，在选用二极管时，I_{FM} 和 U_{RM} 均应留出足够大的裕量。

半波整流电路虽然结构简单，但变压器利用率低，整流电压脉动大。为了克服这些缺点，广泛采用桥式全波整流电路。

二、单相桥式整流电路

单相桥式整流电路（single-phase bridge rectification circuit）如图 5-7 所示，用四只二极管接成电桥形式，变压器的二次绕组和负载分别接在桥式电路的两对角线顶点上。

正半周时，1点为正、2点为负。因二极管 VD_1 的正极接在最高电位1点上，VD_3 的负极接到最低电位2点上，所以 VD_1、VD_3 同时导通。导电路径：$1 \rightarrow VD_1 \rightarrow R_L \rightarrow VD_3 \rightarrow 2 \rightarrow 1$，如图 5-7(a) 中虚线所示。此时 VD_2、VD_4 都受反向电压而截止。负载 R_L 上的电流自上而下，因此，u_o 为上正下负。

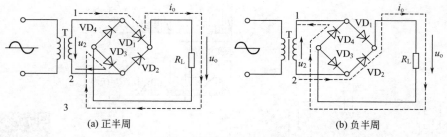

(a) 正半周   (b) 负半周

图 5-7　单相桥式整流电路

负半周时，2点为正，1点为负，VD_2、VD_4 因受正向电压而同时导通，而 VD_1、VD_3 截止。导通路径为 $2 \rightarrow VD_2 \rightarrow R_L \rightarrow VD_\varphi \rightarrow 1 \rightarrow 2$，如图 5-7(b) 中虚线所示。流经负载 R_L 的

电流也是自上而下，u_o 也为上正下负。

由此可见，在 u_2 的一个周期内，VD_1、VD_3 和 VD_2、VD_4 轮流导通，因而负载电阻 R_L 上得到的整流电压 u_o 在正、负半周内都有，而且是同一方向，如图 5-8 所示。电源的两个半波都能向负载供电，所以称为全波整流。

桥式整流电路中，u_2 的一个周期内，两个半波都有同方向的电流通过负载，因此该整流电路输出的电流和电压均比半波整流电路大一倍，即

$$U_o = 2 \times \frac{\sqrt{2}}{\pi} U_2 \approx 0.9 U_2 \tag{5-3}$$

$$I_o = \frac{U_o}{R_L} \approx \frac{0.9 U_2}{R_L} \tag{5-4}$$

流过每只二极管的电流平均值为负载电流的一半，即

$$I_D = \frac{1}{2} I_o \tag{5-5}$$

由图 5-7(a) 可见，当 VD_1、VD_3 导通时，VD_2、VD_4 承受的最高反向电压就是变压器二次电压 u_2 的峰值

$$U_{RM} = \sqrt{2} U_2 \tag{5-6}$$

桥式整流电路中，二极管的选择原则是

最大整流电流　　　　　　　　　$I_{FM} > \frac{1}{2} I_o$

最高反向工作电压　　　　　　　$U_{RM} > \sqrt{2} U_2$

实际使用中仍需留出裕量，以保证二极管的安全。

桥式整流电路的其他画法如图 5-9 所示。

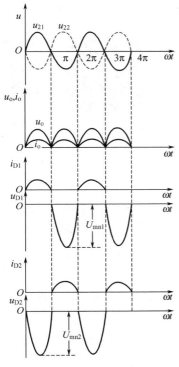

图 5-8　全波整流的波形图

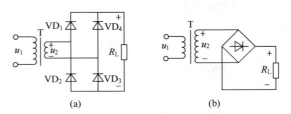

图 5-9　单相桥式全波整流电路的其他画法

🧩 任务实施

已知负载电阻 $R_L=120\Omega$，负载电压 $U_o=18V$。采用单相桥式整流电路。试问如何选用二极管？

解　流过负载的电流

$$I_o = \frac{U_o}{R_L} = \frac{18}{120} = 150mA$$

每只二极管通过的平均电流

$$I_D = \frac{1}{2}I_o = \frac{1}{2}\times 150 = 75mA$$

变压器二次电压的有效值为

$$U_2 = \frac{U_o}{0.9} = \frac{18}{0.9} = 20V$$

因此

$$U_{RM} = \sqrt{2}U_2 = \sqrt{2}\times 20 = 28V$$

选 2CZ52B 二极管，其最大整流电流为 100mA，最高反向工作电压 U_{RM} 为 50V。可见都留出足够裕量，可以安全使用。

✏️ 练习与思考二

1. 在图 5-9 所示的单相桥式整流电路中，如果①VD_3 接反；②因过电压 VD_3 被击穿短路；③VD_3 断开，试分别说明其后果如何？
2. 填空：整流的主要目的是_____，主要是利用_____来实现的。

任务三　滤波电路

知识点
◎ 电容滤波电路的工作原理。
◎ 常用滤波电路的优缺点及使用场合。
◎ 输出电压的计算。

技能点
◎ 熟练计算滤波后的输出电压和电流。
◎ 会计算滤波电容的大小。
◎ 掌握二极管和电容型号的选取。

思政要素

滤波与稳压电路

🎯 任务描述

经整流得到的直流电，脉动很大，含有很多交流成分，在电子设备中是无法使用的。为此，整流之后还需滤波（filtration）——将脉动的直流电变为比较平滑的直流电。

💡 任务分析

滤波电路的种类很多，主要介绍常用的电容、电感和复式滤波电路，下面分别叙述。

🌐 相关知识

一、电容滤波

电容滤波（capacitor filter）电路是最简单的滤波电路，只需将滤波电容器并联在整流电路的负载上即可，如图 5-10 所示。图中的电容器 C 的作用是滤除单向脉动电流中的交流成分。它是根据电容器两端电压在电路状态改变时不能突变的原理工作的。下面分析电容滤波原理。

在半波整流电路未接入滤波电容器之前，负载上的电压波形如图 5-6(b) 所示。接入电容器后，在二极管导通时，在给负载供电的同时，对电容器 C 充电。忽略二极管的压降，充电电压 u_C 随着正弦电压 u_o（即 u_2 的正半周）升至峰值，如图 5-11 中所示的 0～1 段波形所示。当 u_2 由峰值下降时，u_C 下降较慢，$u_2 < u_C$ 时（即 1 点），二极管的负极电位高于正极电位，因反偏而截止。此时，C 对负载电阻 R_L 按指数规律放电，如图中 1～2 段所示。通常放电的时间常数 $R_L C$ 较大，因此放电很慢。一直到下一个正半周到来，并出现 $u_2 > u_C$（即 2 点）为止。过了 2 点后，二极管又重新导通，电源再一次给负载供电，同时对 C 充电，如图中 2～3 段，当 u_2 再次下降到 $u_2 < u_C$（即 3 点）时，二极管又截止，电容器 C 再一次放电……如此周而复始地重复，负载电阻 R_L 上的电压波形如图 5-11 中实线所示。由图可以看出，经电容滤波后负载上的电压脉动程度大为减小，而且负载上的电压平均值也提高了。

直流 12V 整流滤波稳压电源

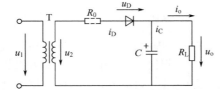

图 5-10 具有电容滤波的单相半波整流电路

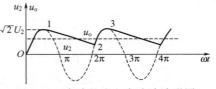

图 5-11 半波整流电容滤波波形图

图 5-12(a) 是单相桥式整流电路加电容滤波后的电路图，图 (b) 是工作波形。

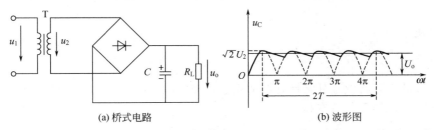

图 5-12 具有电容滤波的桥式全波整流电路及波形图

由图 5-12(b) 波形可见，当全波整流加电容滤波时，u_2 一个周期内两次对电容器充电、电容器两次对负载电阻放电，使负载得到的电压、电流波形比半波整流电容滤波的波形更加平滑，输出整流电压的平均值更高。

电容滤波效果的好坏由电容器放电快慢来决定。放电时间常数 $\tau = R_L C$，若 τ 较大，放电较慢，波形的平滑程度较好；反之，若 τ 较小，放电较快，波形的平滑程度较差。为获得较好的滤波效果，而所用的电容器又不至于太大，通常选择

$$\tau = R_L C = (3 \sim 5)\frac{T}{2} = (3 \sim 5)\frac{0.02}{2} = 30 \sim 50 \text{ms} \tag{5-7}$$

式中 T——交流电源的周期，对 50Hz 的电源，$T = 0.02$s。

通常取 $\tau = 4T/2 = 2T = 0.04$s。可以证明 $\tau = 2T$ 时，对桥式整流电路，输出电压平均值 U_o 为

$$U_o \approx 1.2U_2 \tag{5-8}$$

式中　U_2——变压器 T 二次电压的有效值。

电容滤波器简单轻便，但外特性较差（即带负载能力较差，当 R_L 较小时，C 放电较快，U_o 将下降）。因此适用于负载电流较小且变化不大的场合。

二、电感滤波

在负载较重，需要输出较大电流或者负载变化大又要求输出比较稳定的场合，电容滤波已不能满足要求。这时可采用电感滤波（inductance filter）电路。电感滤波电路是在整流电路与负载 R_L 之间串联一个电感线圈组成，如图 5-13(a) 所示。

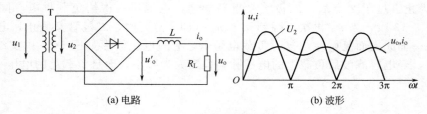

(a) 电路　　　　　　　　　　(b) 波形

图 5-13　电感滤波电路及波形

因电流变化时电感线圈中要产生自感电动势阻止电流的变化，当电流增大时，线圈中自感电动势与电流反向，限制了电流的增加，同时将一部分电能转换为磁场能量；当电流减小时，自感电动势与电流同向，阻止电流减小，同时线圈释放磁场能量，补充减小的电流。可见在整流电路与负载中间串进电感线圈后，负载电流的脉动受到抑制，波形变得平滑。L 值越大，滤波效果越好。

图 5-13(b) 是桥式整流电感滤波电路工作稳定后的电压、电流波形。由于线圈直流电阻很小，如若忽略此电阻，线圈端电压的平均值应为零。所以负载电阻 R_L 上的电压平均值为

$$U_o \approx 0.9U_2$$

负载电流平均值

$$I_o = \frac{U_o}{R_L} = 0.9 \times \frac{U_2}{R_L}$$

电感滤波的主要特点是外特性好，适用于负载电流大以及负载电流变化较大的场合。它的缺点是体积大、笨重、成本高。

三、复式滤波

为了进一步改善滤波效果，实际使用中是电感滤波和电容滤波复合使用，即复式滤波。

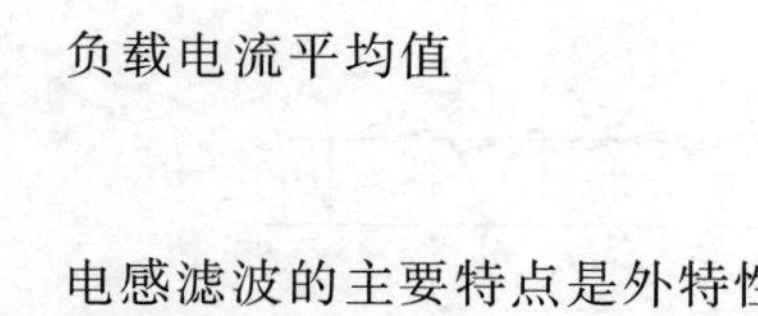

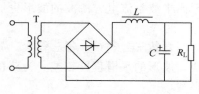

图 5-14　LC 滤波电路

1. LC 滤波器

LC 滤波电路如图 5-14 所示。

整流输出电压中的交流成分大部分已降落在 L 的上面，再经电容器 C 进一步滤波，负载上将会得到更加平滑的直流电。

LC 滤波器的外特性与电感滤波相同，但滤波效果更好。它适用于电流较大且要求电流脉动小的场合。

2. π 型 LC 滤波器

在 LC 滤波器前面再并联一个滤波电容，即构成 π 型 LC 滤波器，如图 5-15 所示。它的滤波效果更好，但外特性要差一些。

3. π 型 RC 滤波器

因铁心线圈体积大、笨重、成本高、使用不方便，经常用电阻 R 代替电感线圈，构成 π 型 RC 滤波器，如图 5-16 所示。由于电容的交流阻抗很小，经 C_1 滤波后残余的交流成分大部分降到了电阻上，从而使得滤波效果更好。只是由于电阻 R 上要损失掉一部分直流电压。所以这种滤波电路主要适用于负载电流较小且输出电压脉动较小的场合。

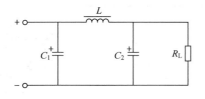

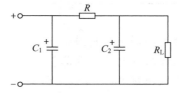

图 5-15　π 型 LC 滤波器　　　　　　　图 5-16　π 型 RC 滤波器

✖ 任务实施

单相桥式整流、电容滤波电路如图 5-12(a) 所示。电源频率 $f=50\text{Hz}$，负载电阻 $R_L=120\Omega$。要求直流输出电压 $U_o=30\text{V}$。试选择整流二极管及滤波电容。

解　① 选二极管
流过二极管的电流

$$I_{VD}=1/2 I_o=1/2\frac{U_o}{R_L}=1/2\times\frac{30}{120}\text{A}=0.125\text{A}$$

根据式(5-8) 可得

$$U_2=\frac{U_o}{1.2}=\frac{30}{1.2}\text{V}=25\text{V}$$

二极管承受的最高反向电压

$$U_{RM}=\sqrt{2}U_2=\sqrt{2}\times25\text{V}\approx35\text{V}$$

选用二极管 2CZ53C（最大整流电流为 300mA，最高反向工作电压 U_{RM} 为 100V）。
② 选滤波电容
选取

$$\tau=RC=5\times\frac{T}{2}$$

$$\tau=R_L C=5\times\frac{T}{2}=5\times\frac{0.02}{2}\text{s}=0.05\text{s}$$

$$C=\frac{\tau}{R_L}=\frac{0.05}{120}\mu\text{F}=417\mu\text{F}$$

选标称值 $C=500\mu\text{F}$、耐压 50V 的电解电容器。

 练习与思考三

1. 选择合适的内容填空：滤波的主要目的是_____（a. 将交流变为直流；b. 将高频信号变为低频信号；c. 将脉动直流中的交流成分去掉），故可利用_____（a. 二极管；b. 电阻；c. 电容、电感及电阻）实现。

2. 选择填空。在桥式整流电容滤波且为电阻性负载的电路中，若变压器二次电压 $U_2=$

10V，$R_L C \geqslant 3 \cdot I/2$。①$U_o$ 大约为_____ V（a. 14；b. 12；c. 10；d. 9）。②若其中有一个整流管虚焊，与正常时 U_o 相比，此时 U'_o 约为_____。$\left(a.\ \dfrac{U_o}{2};\ b. < \dfrac{U_o}{2};\ c.\ 在\dfrac{U_o}{2}和 U_o 之间 \right)$。

任务四   稳压电路

知识点

   ◎ 稳压管的工作原理。

   ◎ 硅稳压管的稳压电路。

   ◎ 集成稳压电路。

技能点

   ◎ 会选择稳压管的型号。

   ◎ 会分析稳压管的工作原理。

   ◎ 掌握常用稳压管的型号和使用方法。

综合实训：整流、滤波及稳压电路测量

 任务描述

整流滤波电路可以输出比较平滑的直流电压。但是，当电网电压波动或负载发生变化时，将会引起输出直流电压的波动。这种电压不稳定，会引起负载工作不稳定，甚至不能正常工作。

 任务分析

由于精密的电子测量仪器、自动控制、计算装置及晶闸管的触发电路都要求有稳定的直流电源供电。为了得到稳定的直流输出电压，需要采取稳压措施，可在整流滤波电路之后再加上稳压电路（stabilized voltage circuit）。稳压电路的种类很多，下面扼要介绍几种稳压电路的原理及特点。

 相关知识

一、硅稳压管稳压电路

1. 硅稳压管

硅稳压管（zener diode）是一种杂质浓度较高、PN 结较薄的硅二极管。图 5-17 是它的伏安特性，与普通二极管非常相似，只是稳压管的反向击穿特性比较陡。

普通二极管使用时，所加反相电压不能超过击穿值。二极管处于截止状态，只有微小的漏电流。

使用稳压管时，运用于反向击穿区，反向电压大于它的击穿电压，反向电流也随之加大。当反向电压大于稳压管的击穿电压后，稳压管反向电流将急剧增大，若不加以限制，稳压管很快就会损坏。但是，如果将反向电流限制在稳压管的允许范围内时，稳压管的"击穿"是不会损坏管子的。例如反向击穿电流在图 5-17 中的 A、B 段变化时，没有超过稳压管允许值，当外加反向电压消失后，PN 结不会损坏，故将 AB 段称为可逆击穿区。

由图 5-17 可见，若反向电压小于 U_A，反向电流小于 I_{ZA} 则不能稳压。I_{ZB}（B 点对应的反向电流）是稳压管允许的最大击穿电流，反向电流一旦超过 I_{ZB} 就会烧坏稳压管。

当反向电流在 $I_{ZA} \sim I_{ZB}$ 之间变化时，对应的电压变化 ΔU_Z 却很小，所以起到了稳定电压的作用。ΔU_Z 很小，ΔU_Z 中点对应的 U_Z 作为稳定电压值（即 $U_Z \approx U_A$）。

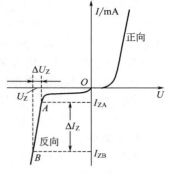

图 5-17　硅稳压管伏安特性

稳压管都是硅材料做的，故称硅稳压管。硅稳压管的型号及参数可查阅手册。其主要参数如下。

（1）稳定电压 U_Z

稳定电压也就是击穿电压。因制造工艺不易控制，相同型号的稳压值有少许差别，如 2CW1 的 $U_Z = 7 \sim 8.5V$。但具体到某一只稳压管，它的稳定电压 U_Z 是确定的，若要不同的稳定电压，可选对应的稳压管。

（2）稳定电流 I_Z

工作电压等于稳定电压时的工作电流，即稳压管正常工作时的额定电流。

（3）最大稳定电流 I_{ZM}

稳压管允许通过的最大反向电流。

2. 稳压电路

图 5-18 是应用硅稳压管稳压的简单稳压电路。因 VZ 与 R_L 并联，故又称并联稳压电路。整流滤波以后的直流电流 I 经过 R 之后，分成两条支路分别流向负载 R_L 和稳压管 VZ，即 $I = I_Z + I_L$，其电压关系为

$$U_o = U_1 - RI$$

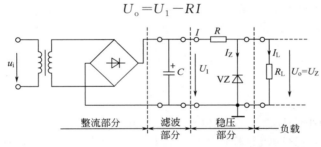

图 5-18　硅稳压管稳压电路

图 5-18 中的 R 有两个作用：一是限制整流滤波电路的输出电流，保护稳压管；二是当通过 R 的电流 I 发生变化时，R 两端的电压也将随之变化，从而使输出电压 U_o 趋于稳定。下面分析该电路的稳压原理。

若电源电压升高，U_1 也升高时，负载两端的电压 $U_o = U_Z$ 有升高的趋势。从稳压管的反向击穿特性可知，只要 U_Z 稍有升高，就会引起稳压管电流 I_Z 显著增大，使总电流 I 增大，电阻 R 上的压降随之增大，结果使输出电压 U_o 下降，从而维持输出电压基本不变。上述稳压过程可归纳为

$$U_1 \uparrow \rightarrow U_o \uparrow (U_Z \uparrow) \rightarrow I_Z \uparrow \rightarrow I \uparrow$$
$$U_o \downarrow (U_Z \downarrow) \leftarrow U_R \uparrow = IR \leftarrow$$

同理，若电源电压降低，U_1 也降低，其稳压过程与上述相反。同样可以维持输出电压基本不变。

电源电压不变，U_1 也不变时，若负载 R_L 减小，负载电流 I_L 上升，稳压过程为

$$R_L \downarrow \rightarrow I_L \uparrow \rightarrow I \uparrow \rightarrow U_R = (IR) \uparrow \rightarrow U_o \downarrow \rightarrow I_Z \downarrow \rightarrow I \downarrow$$
$$U_o \uparrow \leftarrow U_R = (IR) \downarrow \leftarrow$$

当负载 R_L 增大时，负载电流减小，稳压过程与上述相反。读者可以自行推出。

从以上分析可见，稳压管的电流调节作用是这种稳压电路稳定电压的关键。即利用稳压管的反向击穿特性，只要该管两端的电压有微小的变化，就会引起管内电流的较大变化，通过电阻 R 的调整作用，从而保证输出电压基本恒定。

并联型稳压电路虽然简单、元器件少、成本低，但因稳压管稳定电流的限制，输出电流范围较小，输出电压不可调节，而且稳压程度也不高，只适用于小电流且稳压要求不高的场合。

3. 稳压二极管稳压电路元件的选择

根据负载的要求，组成稳压电路时，主要是选择稳压管 VZ 和限流电阻 R。在选择元件时，应首先知道负载所要求的电压 U_L、负载电流 I_L 的最小值 I_{Lmin} 和最大值 I_{Lmax}，输入电压 U_I 的变化范围（电网电压波动范围）。

由于稳压管与负载电阻 R_L 并联，因此稳压管的稳定电压 U_Z 应该等于负载电压 U_L。如果一个稳压管的稳定电压值不够，可用多个稳压管串联实现，即每个稳压管稳定电压 U_Z 相加等于负载电压 U_L，稳压管的最大反向电流 I_{Zmax} 应大于负载电流最大值 I_{Lmax}，即按式（5-9）、式（5-10）选择稳压二极管

$$U_Z = U_L \tag{5-9}$$
$$I_{Zmax} = 2I_{Lmax} \tag{5-10}$$

由于限流电阻 R 上有电压降，因此输入电压 U_I 应该大于负载电压 U_L。如果 R 上电压降过小，电压调节作用范围受限，稳压效果差；如果 R 上电压降过大，能量损失又偏大，一般按经验公式（5-11）计算确定

$$U_I = (2 \sim 3)U_L \tag{5-11}$$

限流电阻 R 应满足两种极端情况，当输入电压为最大值 U_{Imax}，负载电流为最小值 I_{Lmin} 时，不应超过稳压管的最大反向电流（这时流过稳压管的电流最大）。即

$$\frac{U_{Imax} - U_Z}{R} - I_{Lmin} < I_{Zmax}$$

所以
$$R > \frac{U_{Imax} - U_Z}{I_{Zmax} + I_{Lmin}}$$

当输入电压为最小值 U_{Imin}，负载电流为最大值 I_{Lmax} 时，流过稳压管的电流应该大于稳压管的稳定电流 I_Z（这时流过稳压管的电流最小），使其工作于稳压区，即

$$\frac{U_{Imin} - U_Z}{R} - I_{Lmax} > I_Z$$

所以
$$R < \frac{U_{Imin} - U_Z}{I_Z + I_{Lmax}}$$

因此，限流电阻只应根据式（5-12）计算选择

$$\frac{U_{Imax} - U_Z}{I_{Zmax} + I_{Lmin}} < R < \frac{U_{Imin} - U_Z}{I_Z + I_{Lmax}} \tag{5-12}$$

限流电阻 R 的额定功率 P 一般按式（5-13）选择

$$P = (2 \sim 3)\frac{(U_{Imax} - U_Z)^2}{R} \tag{5-13}$$

二、集成稳压电路

集成稳压电源（integrated regulated power supply）代表了稳压电源的发展方向。广泛使用的是三端集成稳压器，它分为固定输出式和可调式两大类。固定输出式以 W7800（正电压输出）、W7900（负电压输出）系列为代表；可调式以 W117、W317 等系列为代表。

1. 固定输出式三端集成稳压器

固定输出式三端集成稳压器外形和接线如图 5-19 所示。其内部除基本稳压电路外，还接有各种保护电路，当集成稳压器过载时，可免于损坏。

它只有三个端子，输入端 1、输出端 2 和公共端 3。从图 5-19(b) 可见，使用时外接元件很少。输入端和输出端的电容，是为了消除可能产生的振荡和防止干扰等。

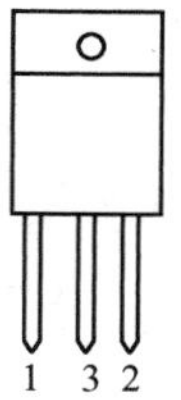

(a) 外形示意

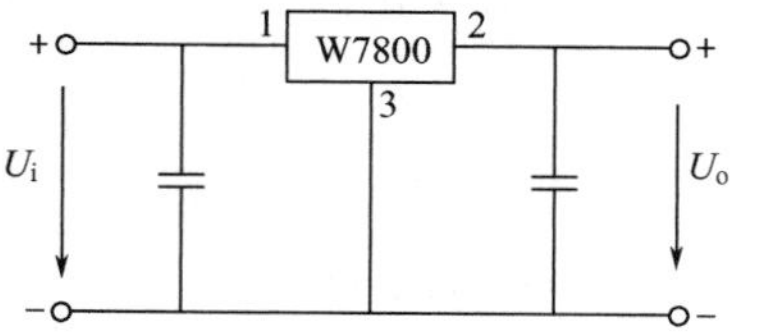

(b) 接线

图 5-19　三端集成稳压器

国产 W7800 系列输出正向电压 U_o 为+5V、+6V、+8V、+12V、+15V、+18V、+24V，共分为七个挡级。例如 W7805 的 U_o 为+5V，W7824 的 U_o 为+24V 等，W7800 系列最大输出电流为 1.5A。

与 W7800 系列对应的 W7900 系列为负电压输出，规格与 W7800 系列类似。输出电压 U_o 也分为七个挡级。例如 W7905 的 U_o 为−5V，W7924 的 U_o 为−24V，W7900 系列最大输出电流也是 1.5A。

除 W7800 系列和 W7900 系列外，还有 W78M00 系列和 W79M00 系列，只是最大输出电流小一些，为 0.5A；W78L00 系列和 W79L00 系列输出电流更小，仅有 0.1A，故不多用。有关固定输出式三端稳压器的主要参数可参考本书附录或其他资料。

2. 可调式三端集成稳压器

可调式三端集成稳压器称为第二代三端集成稳压器。其调压范围为 1.2～37V，最大输出电流为 1.5A。W317（W117）为正电压输出系列，W337(W137) 为负电压输出系列。其外形与 W7800 系列相似。W317 系列的 1 端为调整端，2 端为输入端，3 端为输出端。

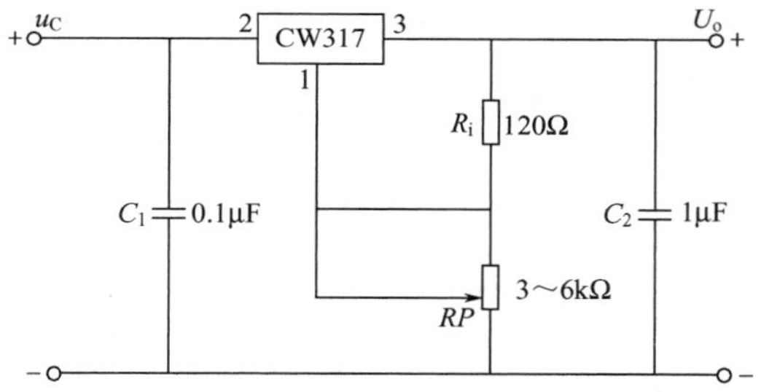

图 5-20　W317 稳压电路

W317 稳压电路如图 5-20 所示。RP 与 R_1 组成输出电压 U_o 调整电路，调节 RP，即可调节输出电压的大小。

与 W7800 系列相比较，它不仅设计精巧，输出电压连续可调，而且输出电压的稳定度高，电压调整率、纹波抑制比等都高出几倍。最大输出电压可达 40V、功耗为 15W、工作温度范围为 0～125℃。实际使用中，读者可以查阅有关手册，按需要参数选用。

任务实施

某稳压电路如图 5-18 所示，负载电阻 R_L 由开路变到 2kΩ，输入电压 U_I=30V，设 U_I 的变化范围为±10%，负载电压 U_L=10V，试选择稳压管和限流电阻 R。

解　负载电流最大值为　$$I_{Lmax}=\frac{U_L}{R_L}=\frac{10}{2}=5\text{mA}$$

负载电流最小值为　$$I_{Lmin}=0$$

稳压管最大反向电流为　$I_{Zmax}=2I_{Lmax}=2\times5=10\text{mA}$

查附录 2CW18（U_Z=10～12V，I_Z=5mA，I_{Zmax}=20mA）符合要求。

因 U_I 的变化范围为 $\pm 10\%$，则

$$U_{Imax} = 30 \times 1.1V = 33V$$
$$U_{Imin} = 30 \times 0.9V = 27V$$

根据式（5-12）

$$\frac{33-10}{20+0}k\Omega < R < \frac{27-10}{5+5}k\Omega$$

即

$$1.15k\Omega < R < 1.7k\Omega$$

选标称值

$$R = 1.5k\Omega$$

电阻 R 的功率

$$P = 2.5 \times \frac{(33-10)^2}{1.5 \times 10^3} = 0.88W$$

故选择 $1.5k\Omega$、$1W$ 的电阻。

在输出电压不需调节，负载电流比较小的情况下，硅稳压管稳压电路的效果较好。

 练习与思考四

1. 在图 5-18 所示的稳压管稳压电路中，电阻 R 起什么作用？既然有稳压管，不用电阻 R 是否也能起稳压作用？

2. 既然稳压电路能在 U_i（整流滤波后的电压）变化的情况下输出稳定的直流电压，那么是否可以将变压器二次绕组直接接到稳压电路而省去整流滤波电路？

任务五　晶闸管整流调压电路

知识点

◎ 掌握晶闸管的工作原理。

◎ 理解单项晶闸管整流电路。

◎ 熟悉双向晶闸管及双向晶闸管整流电路。

技能点

◎ 会判断晶闸管的导通条件。

◎ 会计算单项晶闸管整流电路的输出电压和电流。

◎ 熟练分析双向晶闸管整流电路的工作过程。

 任务描述

前面讨论的二极管整流电路在应用上有一个很大的局限性，就是在输入的交流电压一定时，输出的直流电压也是一个固定值，一般不能调节。但是，在许多情况下，都要求直流电压能够进行调节，即具有"可控"的特点，晶闸管整流电路便适应了这种需求。

 任务分析

晶闸管整流广泛应用于直流电动机的调速、电解、电镀、电焊、蓄电池充电及同步电机励磁等方面。晶闸管（thyristor）曾称为可控硅，它是一种能控制强电的半导体器件。常用的晶闸管（silicon controlled rectifier，简称 SCR）有单向晶闸管和双向晶闸管两大类。此外，还有许多特种用途的品种。晶闸管具有体积小、重量轻、效率高、寿命长、使用方便等优点，它已广泛应用于各种无触点开关电路及可控整流、调压设备中。

相关知识

一、晶闸管的工作原理及参数

单向晶闸管的外形和图形符号如图 5-21 所示。它有三个电极：阳极 A、阴极 K 和门极（control grid）G。它的文字符号一般用 SCR、KP、VT 等表示。单向晶闸管内部包含四层半导体材料，构成三个 PN 结。

从图形符号看，单向晶闸管很像一只二极管，只比二极管多了一个门极。它与二极管本质的区别是，它的导通是可控的。做实验如下：实验电路如图 5-22 所示。把阳极 A 接在直流电源U_A 正极，把阴极 K 经指示灯 HL 接在U_A 的负极，再将门极 G 接上限流电阻 R，经开关 S 接U_G 正极，U_G 负极接阴极 K。当开关 S 断开时，发现单向晶闸管不像二极管那样，加正向电压就导通，使指示灯发亮（这正是它们的不同点）。当开关 S 接通时，即给门极 G 加上控制信号（触发信号），电路中的指示灯全部点亮，这说明晶闸管导通了。晶闸管导通后，若将开关 S 断开，发现灯泡仍然亮着。这说明，晶闸管一旦导通后，门极 G 就失去了控制作用。要想使单向晶闸管重新关断，只有将U_A 降低到一定程度时才能实现。

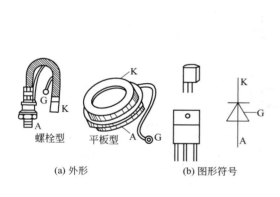

(a) 外形　　(b) 图形符号

图 5-21　单向晶闸管的外形和图形符号

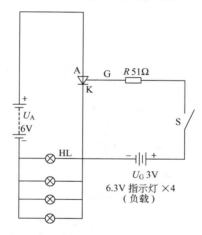

图 5-22　单向晶闸管工作原理实验电路

综上所述，单向晶闸管的工作特点如下。

① 单向晶闸管导通必须具备两个条件：一是晶闸管阳极与阴极之间接正向电压；二是门极与阴极之间也要接正向电压；

② 晶闸管一旦导通后，去掉门极电压时，晶闸管仍然导通；

③ 导通的晶闸管若要关断，必须将阳极电压降低到一定程度；

④ 晶闸管具有弱电控制强电的作用。大功率晶闸管阳极电流可达上千安，触发电流仅需几十毫安到几百毫安。

单向晶闸管的主要参数如下。

（1）额定正向平均电流

在规定的环境温度和散热条件下，允许通过阳极和阴极之间的电流平均值。

（2）维持电流

在规定的环境温度、门极断开的条件下，保持晶闸管处于导通状态所需要的最小正向电流。

（3）门极触发电压和电流

在规定的环境温度及一定正向电压条件下，使晶闸管从关断到导通，门极所需的最小电压和电流。

（4）正向阻断峰值电压

门极断开不触发的情况下，晶闸管上加正向电压而处于晶闸管阻断的状态称为正向阻断，此时晶闸管上允许加的正向电压最大值，称为正向阻断峰值电压。使用时，正向电压若超过此值，晶闸管将被击穿导通。

（5）反向阻断峰值电压

门极断开不触发的情况下，晶闸管上加反向电压而处于阻断状态称为反向阻断，此时晶闸管上允许加的反向电压最大值，称为反向阻断峰值电压。通常正、反向峰值电压是相等的，统称峰值电压。一般晶闸管的额定电压就是指峰值电压。

二、单相晶闸管整流电路

如图 5-23(a) 所示为单向半波可控整流的主电路。与图 5-10 的单相半波整流电路对比，这里只是用晶闸管 VT 代替了二极管 VD，其余完全相同。

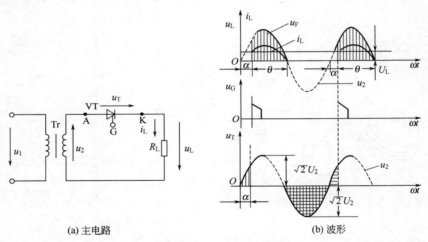

(a) 主电路   (b) 波形

图 5-23　单相半波可控整流（带电阻负载）电路

参看图 5-23(b)，其工作原理如下。

① u_2 正半周时，晶闸管 VT 承受正向电压，如果没有触发电压，晶闸管处于正向阻断状态，负载电压 $u_L=0$。

② 当 $\omega t = \alpha$ 时，门极加上触发电压 U_G，晶闸管导通，晶闸管正向压降很小，所以 $u_L = u_2$。

③ 在 $\alpha < \omega t < \pi$ 期间，即使 U_G 消失，晶闸管仍保持导通，在此期间 $u_L = u_2$。

④ 当 $\omega t = \pi$ 时，$u_2 = 0$，晶闸管自行关断。

⑤ 在 $\pi < \omega t < 2\pi$ 期间，晶闸管承受反向电压而呈反向阻断状态。R_L 上电压 $u_L = 0$。

当 u_2 进入下一个周期，重新触发，与上述过程相同。

通常，把 α 叫作触发延迟角（control angle），把 θ 叫作导通角（turn-on angle）。显然，触发延迟角 α 越大；导通角 θ 越小，负载电压 u_L 和电流 i_L 的平均值就越小。因此，改变触发延迟角的大小，或者说，控制电压的移相，就可改变输出电压值，达到调压的目的。

通过分析计算可得

$$U_L = 0.45U_2 \frac{1+\cos\alpha}{2}$$

$$I_L = \frac{U_L}{R_L} = 0.45\frac{U_2}{R_L} \times \frac{1+\cos\alpha}{2}$$

图 5-24 是采用阻容元件组成触发电路（trigger circuit）的可控整流电路。

图中 VD 是双向触发二极管，通过调节 RP 的阻值，即可改变电容器 C 的充电速度，从而实现对晶闸管的移向控制。

当电容上的电压超过触发二极管导通值与晶闸管的触发电压之和时，晶闸管立即导通，晶闸管上的压降近似为零，电容上的电压放掉，为下次触发做好准备。

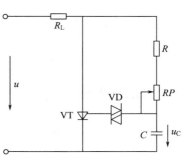

图 5-24　阻容元件组成触发电路的可控整流电路

三、双向晶闸管及双向晶闸管整流电路

前面介绍的是直流调压。生产、生活中经常需要调节交流电压。

图 5-25（a）是一个简单的双向晶闸管交流调压电路。图中 VT 是双向晶闸管，它相当于两只反向并联的晶闸管，但只用一个门极即可控制正、反向导通。VD 是双向触发二极管。

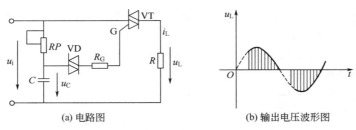

(a) 电路图　　　　　　　　(b) 输出电压波形图

图 5-25　双向晶闸管交流调压电路

接通交流电源时，无论正、负半周，只要电容器 C 充电达到双向二极管的导通电压，C 就通过 VD 和 R_G，给双向晶闸管提供一个触发脉冲（trigger pulse），使双向晶闸管导通。当电源电压经过零点时，晶闸管自行关断。电路工作时，双向晶闸管正、反向轮流导通，负载便可获得可控的交流电压。调节 RP 改变电容 C 的充电速度，借以控制双向二极管导通的时间，使触发脉冲移相，从而改变了触发延迟角，达到了调节输出电压的目的。不过，电路输出的电压已不再是正弦波了，输出电压波形参见图 5-25（b）。

这种电路简单、可靠、成本低，已广泛应用于电风扇调速、照明调光、电热调温等场合。

✴ 任务实施

如图 5-23 所示单相半波可控整流电路中，$u_2 = 120\text{V}$，$R_L = 25\Omega$，$\alpha = 30°$。求输出电压和电流的平均值。

解　　　　　$U_L = 0.45U_2 \frac{1+\cos\alpha}{2} = 0.45 \times 120 \times \frac{1+\cos30°}{2} \approx 50\text{V}$

$$I_L = \frac{U_L}{R_L} = \frac{50}{25} = 2\text{A}$$

练习与思考五

1. 为什么晶闸管导通之后，门极就失去作用？在什么条件下晶闸管才能由导通转为阻断？

2. 画出单相半控桥式整流电路图。在电阻性负载下，求 $\alpha = 90°$ 时的输出电压、输出电流及 M 闸管的电流及其两端电压的波形。

知识提示

① 在纯净半导体硅或锗的晶体中掺入微量的五价元素，可得到 N 型半导体，其中自由电子是多数载流子，空穴是少数载流子；如掺入微量的三价元素，则得到 P 型半导体，其中空穴是多数载流子，自由电子是少数载流子。用特殊工艺将 P 型和 N 型半导体结合起来，在其交界面上就形成 PN 结。PN 结具有单向导电性，是各种半导体器件的基础结构。

② 半导体二极管实质上就是一个 PN 结，具有单向导电性，可用伏安特性来描述。二极管上所加正向电压大于死区电压（硅管约为 0.5V，锗管约为 0.1V），正向电流随正向电压的增大而急剧上升，处于导通状态。导通时，硅二极管的正向压降为 $0.6\sim0.8$V，锗管为 $0.2\sim0.3$V。加反向电压时，在一定范围内，反向电流很小且基本保持不变，称为反向饱和电流。当反向电压等于反向击穿电压，二极管被反向击穿，反向电流急剧增大。

选用整流二极管应满足的主要参数是最大整流电流 I_{FM} 和最高反向工作电压 U_{RM}。

③ 整流是将交流电变成单方向脉动的直流电。利用二极管的单向导电性可以组成各种整流电路。在小功率整流电路中广泛应用单相桥式整流电路，大功率整流常用三相桥式整流电路。现将常用整流电路的特性列表比较如下。

类型	整流电压平均值 U_o	整流电流平均值 I_o	二极管电流 I_D	二极管承受的最大反向电压 U_{DRM}	变压器二次电流有效值 I_1
单向半波	$0.45U_2$[①]	$0.45\dfrac{U_2}{R_L}$	I_o	$\sqrt{2}U_2$	$1.57I_o$
单向桥式	$0.9U_2$	$0.9\dfrac{U_2}{R_L}$	$\dfrac{1}{2}I_o$	$\sqrt{2}U_2$	$1.11I_o$

① U_2 是变压器二次电压有效值（对三相变压器是指相电压）。

④ 滤波就是滤掉输出电压中的交流成分。在整流电路的输出侧接入滤波电路，可以减小输出电压的脉动程度，使波形平直。滤波电路是由电容、电感、电阻组合而成。常用的滤波电路有电容滤波、电感滤波和复式 π 形滤波。电容滤波的输出电压 U_o 较高，但带负载能力差，只适用于负载电流较小的场合；电感滤波的输出电压较低，但带负载能力强，常用于负载电流较大的场合；如要求输出电压波形平稳、滤波效果好，可采用复式 π 形滤波电路。

⑤ 由于电源电压波动及负载电流变化，将使整流滤波后的输出电压也随之波动，故应在滤波电路与负载之间再接入稳压电路，以维持直流输出电压能基本稳定不变。硅稳压管与电阻 R 组成最简单的稳压电路，它是以稳压管的稳压特性和稳压电阻 R 的调节、限流作用相配合来实现稳压的。这种电路的特点是电路简单、经济，但稳压值不可调，稳压精度不高，输出电流较小，故只适用于输出电压固定，对稳定性要求不高，且输出负载电流较小（几毫安至几十毫安）的场合。

⑥ 晶闸管是一种大功率的半导体器件。要使晶闸管导通，除了必须在阳极与阴极间加正向电压外，门极上还需要加正向电压，同时要求阳极电流大于维持电流。晶闸管导通后，门极即失去控制作用。只有当阳极与阴极间正向电压降到一定值，或断开，或反向，或使阳极电流小于维持电流时，才又恢复阻断。可控整流电路可以把交流电变换为电压大小可调的直流电压（电流）。控制加入触发脉冲的时刻来控制导通角的大小，从而改变输出的直流电压值。由晶闸管组成的可控整流电路，不同的负载具有不同的特点。对触发电路有一定的要求，要求触发电路与主电路同步，有一定的移相范围等。

 知识技能

5-1　半导体和金属导体的导电机理有何不同？

5-2　什么是 P 型半导体和 N 型半导体？其多数载流子和少数载流子各是什么？能否说 P 型半导体带正电，N 型半导体带负电？

5-3　试说明图 5-26 所示电路的输出电压 U_o 的大小和极性，设二极管为理想二极管（导通正向电阻为零，阻断反向电阻为无穷大）。

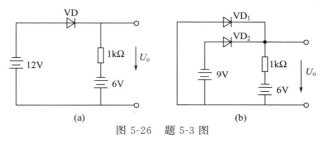

图 5-26　题 5-3 图

5-4　单相半波整流的输出电压只有半波，电源电压的另外半波降在何处？整流电路接通负载后，变压器的输出电流是否仍为正弦波？

5-5　单相半波整流电路采用电容滤波时，对整流二极管的耐压要求提高了一倍。试说明理由。

5-6　单相半波整流电路中，已知负载电阻 $R_L = 150\Omega$，变压器二次电压 $u_2 = 12V$。试计算整流输出电压 U_o，并选择整流二极管。

5-7　试比较单相半波整流电路和单向桥式整流电路的不同点。

5-8　单相全波整流电路如图 5-27 所示，试分析电路的工作原理，并画出输出电压 u_o 的波形。

5-9　如图 5-27 所示单相全波整流电路中，如果二极管 VD_1 出现：①极性接反；②被击穿；③虚焊（开路），将会出现什么情况？

5-10　有一阻性负载 $R_L = 33\Omega$，需要 110V 直流电源供电。

① 若采用单相桥式整流电路，试计算整流变压器二次电压有效值 u_2。并选择整流二极管。

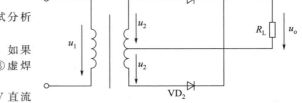

图 5-27　单相全波整流电路图

② 若采用单相桥式整流电容滤波电路供电。试选择整流二极管和滤波电容器。

5-11　图 5-28 中，哪种电路滤波效果好？哪种电路滤波效果差？哪种电路不起滤波作用？

5-12　单相桥式整流电容滤波电路在调试过程中，用万用表测量输出电压，若读数分别为 $0.45U_2$、$0.9U_2$、$1.2U_2$、$1.4U_2$。哪些读数是正常的？哪些读数不正常？原因是什么？

5-13　不同型号的稳压管能否串联使用？能否并联使用？为什么？

5-14　三端集成稳压器有什么特点？

5-15　晶闸管导通和关断的条件是什么？

5-16　可控硅与整流二极管有何异同？

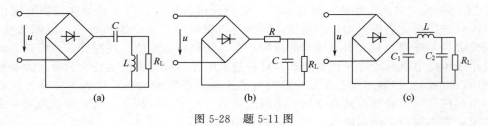

图 5-28 题 5-11 图

5-17 分别画出 $\alpha = \dfrac{\pi}{3}$、$\dfrac{\pi}{2}$ 时单相半波可控整流电路输出电压 u_o 的波形。若变压器二次电压 $U_2 = 10\text{V}$，计算它们的输出电压平均值 U_o。

项目五（知识技能）：部分参考答案

科学家简介

基尔霍夫（Gustav Robert Kirchhoff，古斯塔夫·罗伯特·基尔霍夫，1824 年 3 月 12 日～1887 年 10 月 17 日），德国物理学家。他提出了稳恒电路网络中电流、电压、电阻关系的两条电路定律，即著名的基尔霍夫电流定律（KCL）和基尔霍夫电压定律（KVL），解决了电气设计中电路方面的难题。目前基尔霍夫电路定律仍旧是解决复杂电路问题的重要工具。基尔霍夫被称为"电路求解大师"。

基尔霍夫生于普鲁士的柯尼斯堡（今为俄罗斯加里宁格勒），1845 年，他提出了著名的基尔霍夫电流、电压定律，解决了电气设计中电路方面的难题。后来又研究了电路中电的流动和分布，从而阐明了电路中两点间的电势差和静电学的电势这两个物理量在量纲和单位上的一致，使基尔霍夫电路定律具有更广泛的意义。1859 年，基尔霍夫做了用灯焰烧灼食盐的实验，在对这一实验现象的研究过程中，得出了关于热辐射的定律，后被称为基尔霍夫定律，1862 年他又进一步得出绝对黑体的概念。他的热辐射定律和绝对黑体概念是开辟 20 世纪物理学新纪元的关键之一。1900 年 M. 普朗克的量子论就发源于此。在海德堡大学期间他制成光谱仪，与化学家本生合作创立了光谱化学分析法，科学家利用光谱化学分析法，还发现了铯、铷等许多种元素。1850 年，在柏林大学执教的基尔霍夫发表了他关于板的重要论文，这就是力学界著名的基尔霍夫薄板假设。

焦耳（James Prescott Joule，詹姆斯·普雷斯科特·焦耳，1818 年 12 月 24 日～1889 年 10 月 11 日），英国物理学家。焦耳在研究热的本质时，发现了热和功之间的转换关系，并由此得到了能量守恒定律，最终发展出热力学第一定律。国际单位制导出单位中，能量的单位——焦耳，就是以他的名字命名。他和开尔文合作发展了温度的绝对尺度。他还观测过磁致伸缩效应，发现了导体电阻、通过导体电流及其产生热能之间的关系，也就是常称的焦耳定律。

他出生于曼彻斯特近郊的索尔福德。焦耳自幼跟随父亲参加酿酒劳动，没有受过正规的教育。他的第一篇重要的论文于 1840 年被送到英国皇家学会，当中指出电导体所发出的热量与电流强度、导体电阻和通电时间的关系，此即焦耳定律。焦耳的主要贡献是他钻研并测定了热和机械功之间的当量关系。焦耳提出能量守恒与转化定律：能量既不会凭空消失，也不会凭空产生，它只能从一种形式转化成另一种形式，或者从一个物体转移到另一个物体，而能的总量保持不变，奠定了热力学第一定律（能量不灭原理）之基础。1852 年焦耳和 W. 汤姆孙（即开尔文）发现气体自由膨胀时温度下降的现象，被称为焦耳-汤姆孙效应。这效应在低温和气体液化方面有广泛应用。他对蒸汽机的发展做了不少有价值的工作。由于他在热学、热力学和电方面的贡献，皇家学会授予他代表最高荣誉的科普利奖章（Copley Medal）。

项目六
半导体三极管和基本放大电路的分析与测试

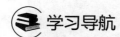 学习导航

学习目标	☆知识目标：①理解半导体三极管的原理与特性 ②理解单管电压放大电路的原理及分析方法 ③理解放大器的偏置电路和静态工作点稳定方法 ④理解典型的模拟电子电路的计算与分析方法 ⑤了解多级放大电路的组成及其级间耦合方式 ⑥理解反馈的基本概念与分类,掌握其判别方法 ⑦了解负反馈对放大电路性能的影响 ⑧理解乙类双电源互补对称功率放大电路的工作原理 ⑨理解场效应管及放大电路的组成结构及分析
	☆技能目标：①掌握单管电压放大电路的原理 ②掌握放大电路的分析方法 ③熟练掌握放大器的偏置电路和静态工作点稳定方法 ④熟练掌握典型的模拟电子电路的计算与分析方法 ⑤熟练掌握模拟电子电路的装调方法
	☆思政目标：①培养学生明确电工电子工艺人员的工作职责 ②培养学生系统思维和整体思维的能力 ③培养学生文明生产和科学管理的工作习惯,其宗旨体现在"物有其位、物在其位"
知识点	☆半导体三极管及其基本特性 ☆三极管放大电路的静态、动态分析 ☆工作点稳定的电路、共集电极电路 ☆多级放大器的组成及其级间耦合方式 ☆负反馈的概念、分类及其判别 ☆负反馈对放大器性能的影响 ☆乙类功率放大器的组成及性能指标分析 ☆场效应管及放大电路的组成结构及分析
难点与重点	☆半导体三极管的电流分配关系及共射特性曲线 ☆放大电路的小信号等效电路分析法 ☆负反馈放大器的组态判断及其对电路性能的影响 ☆功率放大器的性能指标分析 ☆场效应管及放大电路的组成结构及分析
学习方法	☆理解相关基本概念 ☆牢记三极管基本放大电路的组成结构 ☆通过习题训练掌握三极管放大电路的分析、负反馈放大器的组态判断以及功放的指标计算 ☆通过实践训练深入理解相关知识,掌握基本操作技能

在工业生产中，常常需要将微弱的电信号加以放大，从而达到可以观察和应用的程度。放大电信号是电子电路的基本用途之一。放大电路中常用的器件是晶体管和集成运算放大

器。它们的特点是体积小、重量轻、功率损耗少、寿命长等，用途十分广泛。

所谓放大，实质上是指用微弱的电信号去控制放大器，从而将电源能量转化为与输入信号相对应的能量较大的输出信号，这是一种以小控大的能力。

放大电路一般由电压放大和功率放大两部分组成，电压放大主要是放大电信号的电压幅度，功率放大着重放大电信号的功率（主要是电流）。由于工业生产中的信号频率都不高，故本项目只讨论低频放大电路（low-frequency amplifier circuit）。

任务一　晶体管

知识点

◎ 三极管的三种工作状态。

◎ 三极管的电流放大原理。

◎ 三极管的特性曲线。

技能点

◎ 理解并会判断三极管的工作状态。

◎ 会用万用表对三极管进行简单的测试。

◎ 掌握三极管的主要参数。

思政要素　　　晶体三极管

 任务描述

晶体管（transistor）又称为半导体三极管、双极型晶体管（bipolar junction transistor）BJT，简称为晶体管或三极管。它具有电流放大作用，是构成各种电子电路的基本元件。

 任务分析

放大电路中完成放大任务的元件主要是半导体三极管，它的好坏直接影响电路的性能，它由两个 PN 结构成。本任务的目的，就是分析半导体三极管的结构与分类，介绍半导体三极管的电流放大作用，主要分析描述半导体三极管的工作状态及主要参数。

相关知识

一、晶体管的结构与分类

晶体管是由两个相距很近的 PN 结组成的，如图 6-1 所示。两个 PN 结将半导体分成三个区域，即发射区（emitter region）、基区（base region）、集电区（collector region）。其中基区很薄，而且杂质浓度较低，发射区和集电区较厚，杂质浓度较高。从这三个区域分别引出三个电极，称为发射极（emitter）、基极（base）和集电极（collector），用 e(E)、b(B)、c(C) 表示。

根据 PN 结组合顺序，晶体管可分为 NPN 型和 PNP 型两大类。图 6-1(a) 为 NPN 型晶体管的结构示意图；图 (b) 为 PNP 型晶体管的结构示意图；图 (c) 则表示两种管子的图形符号。图形符号中用发射极箭头方向不同区别两种类型。发射极箭头方向代表发射结正向电流的方向。

根据制作管子的基片材料来划分，晶体管又可分为硅管和锗管。由于硅管性能优于锗

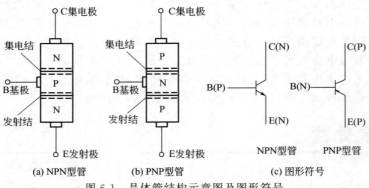

(a) NPN型管　　(b) PNP型管　　(c) 图形符号

图 6-1　晶体管结构示意图及图形符号

管，故当前生产和使用的晶体管多为硅管。

晶体管的种类很多。除了上述的分类外，按使用的功率划分，有小功率管、中功率管及大功率管；按工作的频率划分，有低频管、高频管及超高频管；按用途划分，有放大管、开关管等。有关半导体器件型号、命名标准请参看附录四。

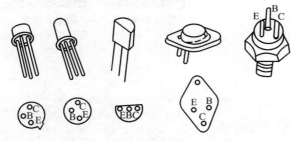

图 6-2　晶体三极管的外形和管脚排列

图 6-2 是常用晶体管的外形与管脚排列。识别管脚时，一般是面对管脚，按图识别。有的管子外形相同，但管脚排列方式不同。使用时要注意厂家给出的图形，以免造成事故。大功率管常用外壳兼做 C 极。

二、晶体管的电流放大作用

晶体管虽然有 NPN 型和 PNP 型之分，但它们的工作原理基本上是相同的。图 6-3（a）、（b）分别为 NPN 和 PNP 晶体管电流放大电路。由图可见，它们的电路结构是一样的，不同之处仅在于电源电压的极性和各极电流方向是相反的。

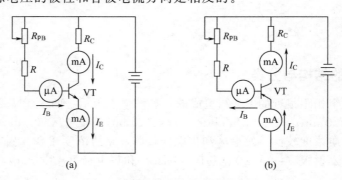

图 6-3　晶体管电流放大实验电路

为了使晶体管能起电流放大作用，它的发射结上必须加正向电压，集电结上则要加反向电压。以 NPN 型晶体管组成的放大电路为例，基极加有正电压，发射结正向偏置；集电极电压应比基极更高，集电结才是反向偏置。

以 NPN 型晶体管组成的放大电路为例〔见图 6-3（a）〕做如下实验：调节 R_{PB}，发现基极、集电极、发射极的电流都要发生变化。通过调节 R_{PB}，分别测出 I_B、I_C、I_E 的电流值，记于表 6-1。图中所用晶体管为 NPN 型的 3DG6。

表 6-1　3DG6 晶体管实验数据

电流	实验次数					
	1	2	3	4	5	6
I_B/mA	0	0.01	0.02	0.03	0.04	0.05
I_C/mA	约 0	0.56	1.14	1.74	2.33	2.91
I_E/mA	约 0	0.57	1.16	1.77	2.37	2.96

分析以上测量数据，可以得出以下四点结论。

① 晶体管各电极之间电流分配关系为

$$I_E = I_C + I_B \tag{6-1}$$

且

$$I_C \gg I_B \quad I_C \approx I_E$$

把晶体管看作一个节点，应用基尔霍夫电流定律，同样可以得到式(6-1) 中的结论。

② 基极电流 I_B 增大时，集电极电流 I_C 成比例地相应增大，I_C 与 I_B 的比值称为直流电流放大系数（current amplification coefficient），用 $\overline{\beta}$ 表示。

$$\overline{\beta} = \frac{I_C}{I_B} \quad 或 \quad I_C = \overline{\beta} I_B \tag{6-2}$$

$\overline{\beta}$ 是晶体管的电流放大系数，它指明了集电极电流 I_C 比基极电流大多少倍数，体现了晶体管的电流放大能力。

晶体管的电流放大系数，在手册上用 h_{FE} 表示。

③ 当基极电流发生微小变化时，会引起集电极电流的较大变化，集电极电流变化量 ΔI_C 与基极电流变化量 ΔI_B 的比值称为晶体管的交流电流放大系数，用 β 表示，手册上用 h_{f_e} 表示。

$$\beta = \frac{\Delta I_C}{\Delta I_B} \quad 或 \quad \Delta I_C = \beta \Delta I_B \tag{6-3}$$

式(6-3) 中的 β 是指集电极电流变化量与基极电流变化量的比值，称为晶体管的交流放大系数。式(6-2) 中的 $\overline{\beta}$ 则是 I_B 为某一定值时，与之对应的 I_C 与 I_B 的比值，称为晶体管的直流放大系数。通常 $\overline{\beta}$ 与 β 的值近似相等，故不再加以区别。工程估算时，β 与 $\overline{\beta}$ 可以通用。

④ 基极开路时，$I_B = 0$，I_C 也应该等于 0，但是在表 6-1 中，$I_C = 0.001$mA，这个微小的集电极电流称为晶体管的穿透电流，用 I_{CEO} 表示，它是衡量晶体管质量的一个重要参数。此值越小，晶体管的质量越好。

三、晶体管的特性曲线

晶体管的伏安特性曲线是表示各电极之间的电流和电压的关系，实际上是晶体管内部特性的外部表现。晶体管的特性曲线包括输入特性和输出特性两种曲线。特性曲线可以用晶体管图示仪直接显示，也可以从有关手册中查到，或者用图 6-4 所示的实验电路测得数据逐点描出。

1. 输入特性曲线

输入特性（input characteristic）曲线是指当集电极与发射极之间的电压 U_{CE} 为一定值时，基极电流 I_B 随基极与发射极之间的正向电压 U_{BE} 变化而变化的曲线，这一关系可表

示为

$$I_B = f(U_{BE})\big|_{U_{CE}=常数}$$

通过实验测绘出的晶体管输入特性曲线如图6-5所示。晶体管的输入特性曲线与二极管的正向伏安特性曲线十分相似。由图可见，在正常工作区域，发射结电压（U_{BE}）值并不大，硅管约为 0.7V，锗管约为 0.3V。

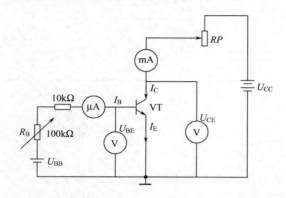

图 6-4　晶体管特性曲线的测试电路

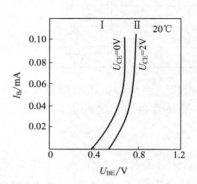

图 6-5　晶体管的输入特性曲线

2. 输出特性曲线

输出特性（output characteristic）曲线是指基极电流 I_B 为定值时，集电极电流 I_C 随集电极与发射极之间电压 U_{CE} 的变化而变化的曲线。这一关系可表示为

$$I_C = f(U_{CE})\big|_{I_B=常数}$$

对一个确定的 I_B 值，可得一条 I_C 与对应的曲线，取若干个不同的 I_B 值，就得一个曲线族，如图6-6所示。

由晶体管的输出特性曲线可见：

① 当 $U_{CE}>1V$ 以后，I_B 对应的 I_C 为一条基本上与横轴平行的直线，这表明 $U_{CE}>1V$ 以后，I_C 与 U_{CE} 变化无关，呈现出恒流特性，这是晶体管的一个重要特性；

② 不同的 I_B 对应不同的 I_C（纵坐标显示），且 I_C 与 I_B 的比值很大，这表明了 I_B 对 I_C 的控制作用。此值即为 $\bar{\beta}$ 值。从 I_B 的变化范围，在图上可直接找到 I_C 的变化值。从输出特性曲线上可以直接求得 β 值。

四、晶体管的工作状态

由晶体管的输出特性看，晶体管可以工作在三个不同的区域，每一个工作区域即为一种工作状态，如图6-7所示。

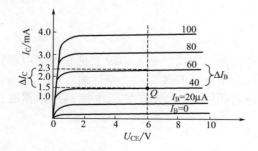

图 6-6　晶体管的输出特性曲线

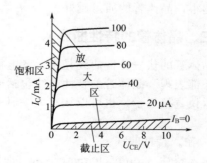

图 6-7　晶体管的三个工作区

1. 放大状态

在输出特性曲线族上，放大区大致在 $I_B = 0$ 的曲线以上，以及各曲线近似水平的部分。放大区的特点是 I_C 受 I_B 控制，且 $I_C = \beta I_B$，为恒流输出特性。

晶体管工作在放大状态时，发射结处于正向偏置，集电结处于反向偏置。

2. 截止状态

曲线 $I_B = 0$ 以下的区域称为截止区。这时 $I_C \approx 0$，晶体管处于截止状态，相当于一个开关的断开状态。

晶体管工作在截止状态时，发射结处于反向偏置或零偏置，集电结处于反向偏置。

3. 饱和状态

在输出特性曲线上，靠左边陡直且互相重合的曲线与纵轴之间的区域称为饱和区。晶体管工作在饱和区时，U_{CE} 很低，且 $U_{CE} < U_{BE}$。此时晶体管的发射结和集电结都处于正向偏置。I_C 不受 I_B 的控制，$I_C \neq \beta I_B$。晶体管失去了放大作用。当晶体管工作在饱和状态时，相当于一个接通的开关。此时的管压降 U_{CES} 称为饱和压降。U_{CES} 很低，一般硅管约为 $0.3V$，锗管约为 $0.1V$。此时 I_C 电流主要由外电路决定

$$I_C \approx \frac{U_{CC}}{R_C} \tag{6-4}$$

晶体管使用时，一般有两种工作方式：

① 模拟电路中，晶体管工作在放大区；

② 数字电路中，晶体管工作在饱和区或截止区，呈开关工作状态。

【例 6-1】　图 6-8 所示电路中，已知 $U_{CC} = 12V$，$R_B = 20k\Omega$，$R_C = 3k\Omega$，晶体管的 $\beta = 50$。试判断电路输入分别为 $U_i = 3V$、$U_i = 1V$ 和 $U_i = -1V$ 时，电路处于何种工作状态。

解　先求集电极最大电流

$$I_{CS} = \frac{U_{CC}}{R_C} = \frac{12}{3} = 4mA$$

$$I_{BS} = \frac{I_{CS}}{\beta} = \frac{4}{50} = 0.08mA$$

当 $U_i = 3V$ 时

$$I_B = \frac{3 - 0.7}{20} = 0.115mA$$

$I_B > I_{BS}$，电路处于饱和状态。

当 $U_i = 1V$ 时

$$I_B = \frac{1 - 0.7}{20} = 0.01mA$$

$I_B < I_{BS}$，电路处于放大状态。

当 $U_i = -1V$ 时

$$I_B \leqslant 0$$

电路处于截止状态。

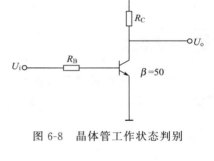

图 6-8　晶体管工作状态判别

基本放大电路

五、晶体管的主要参数

晶体管的性能质量用参数表示。它是选用晶体管的重要依据。主要参数如下。

1. 电流放大系数 β

电流放大系数是表示晶体管的电流放大能力的参数。由于制造工艺的离散性，即使同一

型号的晶体管，其值也不可能都一样。常用晶体管的 β 值一般在 $20\sim200$ 之间。若 β 值太小，管子的放大能力差；β 值太大，则管子的稳定性差。

2. 穿透电流 I_{CEO}

基极开路（$I_B=0$）时，集电结反向偏置，集电极与发射极之间的反向电流称为穿透电流，记作 I_{CEO}。在选用晶体管时，I_{CEO} 越小，管子对温度的稳定性越好，工作越稳定。

3. 集电极最大允许电流 I_{CM}

集电极电流 I_C 增大到一定数值后，晶体管的 β 值就要明显下降。为了使 β 值下降不超过规定值（取正常值的 2/3），此时的集电极电流定义为集电极最大允许电流，记作 I_{CM}。

4. 集射极间反向击穿电压

基极开路时，集电极与发射极之间加的最大允许电压称为集射反向击穿电压。当 $U_{CE}>U_{(BR)CE}$ 时，I_C 骤然大幅度上升，说明管子已被击穿。使用中，集射之间的电压绝对不能超过。当环境温度较高时，$U_{(BR)CE}$ 值还要降低，使用时要留有裕量。

5. 集电极最大允许耗散功率 P_{CM}

集电极电流通过晶体管时将引起功率损耗，并使集电结发热，结温升高，管子性能变坏。为了限制温度不超过允许值。而规定集电极功耗的最大值，称为集电极最大允许耗散功率，记作 P_{CM}。

晶体管的损耗功率 $P_{CM}=I_C U_{CE}$，它是一条双曲线，可在晶体管输出特性曲线上作出 P_{CM} 曲线，称为管耗线，如图 6-9 所示。

以上 I_{CM}、$U_{(BR)CE}$、P_{CM} 称为晶体管常用的极限参数。它们共同确定了晶体管允许的工作范围。由图 6-9 可见，截止线、饱和线、管耗线、最大集电极电流和集射反向击穿电压共同围起了晶体管的安全工作区。

✷ 任务实施

已知图 6-10 中晶体管各极电位如图中标注，试判断晶体管分别处于何种工作状态（饱和、放大、截止或已损坏），若处于放大或饱和状态，请判断是硅管还是锗管。

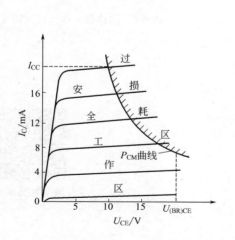

图 6-9　三极管的安全工作区与过损耗区　　　　图 6-10　晶体管电位

解　判断晶体管的工作状态主要是分析其两个 PN 结的偏置状态；而判断锗管或硅管主要是看其导通时发射结的压降，若 $|U_{BE}|=0.7V$ 左右则为硅管，$|U_{BE}|=0.2V$ 左右为锗管。

① NPN 型管，$U_{BE}=[0.1-(-0.2)]V=0.3V$，发射结正偏；$U_{BC}=(0.1-6)V=-5.9V$，集电结反偏；故该管工作在放大状态，且为锗管。

② PNP 型管，$U_{BE}=(1-0.3)V=0.7V$，发射结正偏；$U_{CB}=(-2-0.3)=-2.3V$，集电结反偏；故该管工作在放大状态，且为硅管。

③ NPN 型管，$U_{BE}=[-3-(-2)]V=-1V$，发射结反偏，$U_{BC}=(-3-0)V=-3V$，集电结反偏，该管工作在截止状态。

④ PNP 型管，$U_{EB}=(6-5.3)V=0.7V$，发射结正偏；$U_{CB}=(5.5-5.3)V=0.2V$，集电结正偏；该管工作在饱和状态，硅管。

⑤ NPN 型管，$U_{BE}=(4-4)V=0V$，发射结压降为零；$U_{BC}=(4-4)V=0V$，集电结压降也为零；则该管可能被击穿，已损坏；也可能因电路连线问题而使之截止。

 练习与思考一

1. 什么是晶体管的电流放大作用？晶体管具有电压放大作用吗？
2. 晶体管的集电极和发射极是否可以互换使用？
3. 试述晶体管三种工作状态的特点。

任务二　基本放大电路

知识点
◎ 电路的结构。
◎ 电路的工作原理。
◎ 静态工作点的设置与稳定。

技能点
◎ 认识各元件在电路中的作用。
◎ 会计算静态工作点。
◎ 掌握稳定静态工作点的稳定过程。

思政要素　　　　基本放大电路

 任务描述

所谓放大，表面看起来似乎就是把小信号变成大信号，但是放大的本质是实现能量的控制，而且放大的作用是针对变化量而言的。所以放大器（amplifiers）是一种能量控制装置，它利用三极管的放大和控制作用，在输入小信号作用下，将直流电源的能量转换成负载上较大的能量输出。

 任务分析

放大电路是电子设备中最重要、最基本的单元电路。放大电路的任务是放大电信号，即把微弱的电信号，通过电子器件的控制作用，将直流电源功率转换成一定强度的，随输入信号变化而变化的输出功率，以推动元器件（如扬声器、继电器）正常工作。因此放大电路实质上是一个能量转化器。本任务的目的，就是分析共发射极放大电路的组成、工作原理和静态工作点的设置与稳定。

相关知识

一、共发射极放大电路的组成及工作原理

1. 共发射极放大电路的结构

共发射极（common-emitter configuration）放大电路是交流放大电路中应用最为广泛的基本形式。电路基本结构如图 6-11 所示。它的输入信号 u_i 通过 C_1 从晶体管的基极和发射极输入。经晶体管放大以后，输出信号 u_o 从集电极和发射极经 C_2 输出。发射极为输入回路和输出回路的公共端，因此称为共发射极放大电路，简称共射放大电路。

电路中各元器件的作用如下。

VT——晶体管：起电流放大作用，是放大电路的核心器件。

U_{CC}——直流电源：常用电源对地的电位 U_{CC} 来表示。主要作用是为晶体管提供放大用的偏置电压以及为放大信号提供能源。

R_B——基极偏置电阻：电源 U_{CC} 通过 R_B 为晶体管提供发射结正向偏置电压，获得基极偏置电流 I_B。

R_C——集电极电阻：主要作用是将晶体管的电流放大转换为电压放大形式。

C_1，C_2——耦合电容，又称隔直耦合电容：其作用一方面是将放大器与信号源和负载之间的直流联系隔断，另一方面是保证其交流通道畅通，起"隔直通交"的作用。晶体管放大电路中，C_1、C_2 通常选用容量较大的电解电容器，需要注意电容器的极性。正确接法是正极接高电位，负极接低电位。如果接反，不仅漏电严重，还可能损坏电容器。

R_L——负载电阻：接在放大电路的输出端，承接输出信号。

2. 共发射极放大电路的工作原理

由图 6-11 电路可见，晶体管的发射结已处于正向偏置，集电结处于反向偏置，为晶体管的电流放大提供了必要的条件。当输入端没有输入信号（$u_i = 0$）时，电路工作状态称为静态，有信号输入时（$u_i \neq 0$），电路工作状态称为动态（dynamic）。

（1）静态分析

由于直流电源已经接通放大电路，输入信号 $u_i = 0$，此时电路中只有直流电压和直流电流存在，故放大电路的静态也称为直流状态。电路中的电容器视为开路。由此可得放大电路的直流通路（direct current path），如图 6-12 所示。放大电路处于静态时，各极对应的一组电流、电压值（用 I_{BQ}、U_{BEQ} 和 I_{CQ}、U_{CEQ} 表示）代表输入和输出特性曲线上的一个点，记作 Q，称为静态工作点，如图 6-13 所示。

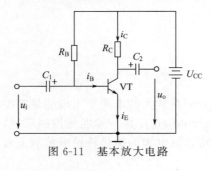

图 6-11　基本放大电路

放大电路的静态工作点（quiescent point）通常用估算法确定。所谓估算法就是突出影响电路的主要因素，而忽略一些次要因素，以便于估算出电路中有关的状态量，这是电子电路计算中常用的方法。

依据如图 6-12 所示的直流通路，晶体管工作在放大状态，根据晶体管的输入特性可知，硅管的 U_{BE} 约为 0.7V。因此静态时的基极电流可用下式估算

$$I_{BQ} = \frac{U_{CC} - U_{BEQ}}{R_B} = \frac{U_{CC} - 0.7}{R_B} \tag{6-5}$$

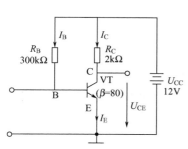

图 6-12　单管放大电路的直流通路

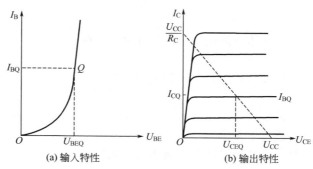

(a) 输入特性　　　(b) 输出特性

图 6-13　静态工作点

一般情况下，$U_{CC} \gg U_{BEQ} = 0.7V$，所以

$$I_{BQ} \approx \frac{U_{CC}}{R_B} \qquad (6-6)$$

然后根据电流放大系数，估算出

$$I_{CQ} \approx \beta I_{BQ} \qquad (6-7)$$

$$U_{CEQ} = U_{CC} - R_C I_{CQ} \qquad (6-8)$$

综合实训：单管
放大电路的测量

由此可见，放大电路的静态工作点 I_{BQ}、I_{CQ}、U_{CEQ} 可分别由式(6-6)～式(6-8) 来估算。U_{BEQ} 通常都取近似值即可。

【例 6-2】　在图 6-12 所示电路中，$U_{CC} = 12V$，$R_C = 2k\Omega$，$R_B = 300k\Omega$，$\beta = 80$。试用估算法求静态工作点。

解
$$I_{BQ} \approx \frac{U_{CC}}{R_B} = \frac{12}{300} = 0.04mA = 40\mu A$$

$$I_{CQ} = \beta I_{BQ} = 80 \times 0.04 = 3.2mA$$

$$U_{CEQ} = U_{CC} - R_C I_{CQ} = 12 - 2 \times 3.2 = 5.6V$$

（2）动态分析——电压放大原理

当输入交流信号时，设 $u_i = U_{im}\sin\omega t$，放大电路则由静态转为动态，放大电路中各极的电流、电压都将发生变化。用大写的电流、电压符号加大写的脚码表示直流；用小写的电流、电压符号加小写的脚码表示交流；用小写的电流、电压符号加大写的脚码表示交流信号与直流的叠加。放大电路动态工作时各极电流、电压的波形如图 6-14 所示。

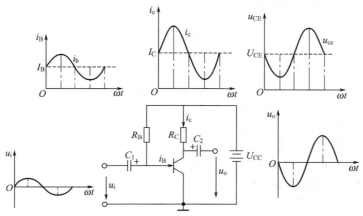

图 6-14　放大电路动态工作时各电流、电压的波形

此时，基射极电压 u_{BE} 就是在静态 U_{BE} 的基础上叠加一个交流信号电压 u_i，即

$$u_{BE} = U_{BE} + u_i \tag{6-9}$$

由晶体管的输入特性得基极电流为

$$i_B = I_B + i_b \tag{6-10}$$

经过晶体管放大，集电极电流为

$$i_C = I_C + i_c \tag{6-11}$$

根据电流控制原理，$i_C = \beta i_B = \beta(I_B + i_b) = \beta I_B + \beta i_b$，可见晶体管对直流 I_B 和交流 i_b 同时放大了 β 倍。

在集电极回路中，晶体管的集射电压为

$$u_{CE} = U_{CC} - i_C R_C \tag{6-12}$$

$$u_{CE} = U_{CC} - i_C R_C = U_{CC} - (I_C + i_c)R_C$$

应用式（6-8）

$$U_{CE} = U_{CC} - I_C R_C$$

$$u_{ce} = U_{CE} - i_c R_C \tag{6-13}$$

由式（6-13）可见，管压降 u_{CE} 也是由直流分量 U_{CE} 和交流分量 $-i_c R_C$ 组成的。由于 C_2 的隔直耦合作用，输出到负载电阻上的电压只有交流成分，输出信号电压为

$$u_o = u_{ce} = -i_c R_c \tag{6-14}$$

这就是需要的被放大了的交流信号。

由图 6-14 可见，放大电路中各处的电流、电压除输入端和输出端为交流信号外，其余各处都是直流分量和交流分量的叠加，呈现出脉动的直流信号。

由图 6-14 还可观察到，放大电路输出的交流信号 u_o 与输入信号 u_i 的波形相位是相反的。这是因为 u_i、i_b 和 i_c 三者是同相的，而 u_{ce} 与 i_c 是反相的。式（6-14）中的负号也是表示 u_{ce} 与 i_c 反相，相位差 180°。这就是共射放大电路的倒相作用。这是共射放大电路的一个重要特性。

二、静态工作点的设置与稳定

1. 静态工作点的设置

由前面动态分析可见，放大电路中的各直流分量可看作是运载交流信号的工具，是保证输出信号不失真的重要条件。不管 u_i、i_b、i_c、u_{ce} 中哪个量，只要峰值超过直流量，就会出现失真现象。在放大电路中，这种现象是绝对不允许出现的。

如若 I_{BQ} 较小，I_{CQ} 也小，输入信号 u_i 稍大一些，i_b 的峰值就会超过直流量，出现失真（distortion）。I_{CQ} 小于 i_c 峰值出现的失真称为截止失真（cut-off distortion）。如图 6-15 中 Q_2 点对应的波形。克服截止失真常用的办法，就是减小 R_B，适当增大基极电流 I_{BQ}，从而使 I_{CQ} 也随之加大，波形失真现象就会消失。

思政要素

如若 I_{BQ} 较大、I_{CQ} 也较大，工作点在图 6-15 中的 Q_1 点上，位置过高，当输入信号增大时，前半个周期将使 i_b 增大，本来 i_b 要控制 i_c 增大，但是由于集电极电阻的限制，i_c 与 u_{ce} 的波形畸变成扁平状，这种情况称为饱和失真（saturation distortion）。波形失真见图 6-15 Q_1 点对应的波形。克服饱和失真的办法，一是加大 R_B，减小 I_{BQ}、I_{CQ}，降低工作点；二是减小 R_C，加大 I_C 的变化范围。

从上述分析可见，放大电路中合适的静态工作点是保证输出信号不失真的重要条件。当输入信号较大时，工作点应设在中间位置。若输入信号较小时，为了减小静态功率损耗，工作点可适当降低一些。注意不可出现失真。

2. 静态工作点的稳定

如图 6-11 所示的共射放大电路，又称为固定偏置式共射放大电路。此电路因 $I_{BQ} \approx U_{CC}/R_B$ 为固定值而得名。固定偏置式共射放大电路虽然已经事先设置好了静态工作点，但是实际使用中，若温度变化、电源电压出现波动，或电路元件参数变化等因素都会引起工作点 I_{CQ} 变化。其中温度变化的影响最大，这是因为晶体管的电流放大倍数 β，穿透电流 I_{CEO} 等都随温度变化而变化，这些都会导致 I_C 变化引起工作点不稳定，造成放大电路不能正常工作。

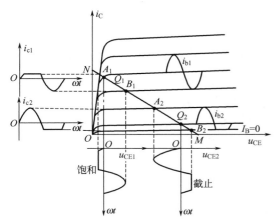

图 6-15　静态工作点过高或过低引起波形变化

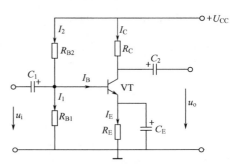

图 6-16　分压式射极偏置放大电路

固定偏置电路虽然电路结构简单、放大倍数高，但是它的静态工作点不稳定，受温度变化的影响较大。为解决这个问题，在实际应用中，最常用的电路是分压式射极偏置放大电路，如图 6-16 所示。

分压式偏置电路与固定式偏置电路相比，增加了一个电阻 R_{B1}。习惯上称 R_{B2} 为上偏电阻，称 R_{B1} 为下偏电阻。另外，还增加了一个射极电阻 R_E 和射极旁路电容 C_E。

由图 6-16 中可见

$$I_2 = I_1 + I_B$$

若选择合适的 R_{B1}、R_{B2}，使 $I_1 \gg I_B$，则

$$I_2 \approx I_1 = \frac{U_{CC}}{R_{B1} + R_{B2}}$$

静态工作点的
设置与稳定

此时忽略了基极电流 I_B，晶体管的基极电位即 R_{B1} 上的压降 U_B 为

$$U_B = R_{B1} I_1 = \frac{R_{B1} U_{CC}}{R_{B1} + R_{B2}} \tag{6-15}$$

由上式可见，在 $I_1 \gg I_B$ 的条件下，晶体管的基极电位 U_B 只是由 R_{B1} 和 R_{B2} 的分压比决定，而与晶体管的参数无关，因而与温度的变化无关。

分压式偏置的放大电路，其静态工作点的稳定是由发射极电阻 R_B 实现的。由图 6-16 可得

$$U_B = U_{BE} + R_E I_E$$

或

$$U_{BE} = U_B - R_E I_E \tag{6-16}$$

温度上升使 I_C 增大时，I_E 随之增大，发射极电阻上的压降 $R_E I_E$ 也增大；因基极电位 U_B 不受温度影响，保持定值，由式(6-16) 可见，$R_E I_E$ 增大使 U_{BE} 减小，引起 I_B 减小，

从而使 I_C 相应减小，这就抑制了因温度升高引起的 I_C 增量，即稳定了静态工作点。稳定静态工作点的过程表示如下

$$t℃\uparrow\rightarrow I_C\uparrow\rightarrow I_E\uparrow\rightarrow R_E I_E\uparrow\rceil$$
$$I_C\downarrow\leftarrow I_B\downarrow\leftarrow U_{BE}\downarrow\rfloor$$

从上述稳定过程可见，适当加大发射极电阻对稳定静态工作点是有利的。但是加大发射极电阻将会减小信号的动态范围，使用中需综合考虑才行。

✸ 任务实施

在图 6-16 所示电路中，已知晶体管的 $\beta=50$，$R_C=3.3\text{k}\Omega$，$U_{CC}=20\text{V}$，$R_{B1}=10\text{k}\Omega$，$R_{B2}=33\text{k}\Omega$，$R_E=1.6\text{k}\Omega$。试求其静态工作点。

解

$$U_B=\frac{R_{B1}U_{CC}}{R_{B1}+R_{B2}}=\frac{10\times20}{10+33}\approx4.7\text{V}$$

$$I_C\approx I_E=\frac{U_B-U_{BE}}{R_E}=\frac{4.7-0.7}{1.6}=2.5\text{mA}$$

$$I_B=\frac{I_C}{\beta}=\frac{2.5}{50}=50\mu\text{A}$$

$$U_{CE}=U_{CC}-R_C I_C-R_E I_E\approx[20-2.5(3.3+1.6)]=7.7\text{V}$$

静态工作点 Q

$$I_B=50\mu\text{A}$$
$$I_C=2.5\text{mA}$$
$$U_{CE}=7.7\text{V}$$

练习与思考二

1. 说明共射交流放大电路中各元器件的作用与信号的放大过程，为什么 u_o 与 u_i 反相？

2. 区分交流放大电路的①静态工作及动态工作；②直流通道和交流通道；③电压和电流的直流分量和交流分量。

3. 为什么要设置静态工作点？什么叫饱和失真和截止失真？

4. 晶体管放大电路的偏置电流与工作状态有什么关系？

任务三　放大电路的微变等效分析方法

知识点

◎ 晶体管的线性化电路模型。

◎ 基本放大电路的微变等效电路。

◎ 微变等效电路分析法。

技能点

◎ 掌握并会画出基本放大电路的微变等效电路。

◎ 会计算电压放大倍数。

◎ 掌握晶体管的输入电阻和输出电阻的计算。

思政要素　　微变等效分析方法

任务描述

使用交流放大器的目的是放大交流信号。放大电路的性能指标主要是定量分析放大电路的电压放大倍数。由于放大电路中的核心器件晶体管是非线性元件，不能采用线性电路的分析方法，因此分析计算放大倍数是比较复杂的。

 任务分析

但是在一定条件下，即输入的信号很微弱，且晶体管的静态工作点选在特性曲线的线性范围内时，则可认为晶体管近似呈线性元件。这时可用线性等效电路来替代电路中的晶体管，把放大电路转化成等效的线性电路，使分析计算大为简化。把这种小信号条件下的线性等效电路叫作微变等效电路，或者称作小信号等效模型〔small signal equivalent(model)〕。

 相关知识

微变等效电路及分析方法能正确地描述微变输入信号和输出信号之间的关系，为分析、计算小信号电路提供了方便，但不能用来求静态工作点。然而微变等效电路是基于静态工作点已正确选在特性曲线的线性范围内，所以微变等效电路中的一些参数值与工作点的关系非常密切。

一、微变等效电路

1. 晶体管的线性化电路模型

晶体管的输入特性本来是非线性的，但是在小信号条件下，静态工作点附近的一小段可视为线性关系，Δi_b 与 Δu_{b_e} 就成了正比关系

$$r_{b_e} = \frac{\Delta u_{b_e}}{\Delta i_b} \approx \frac{u_{b_e}}{i_b}$$

式中，r_{b_e} 称为晶体管的输入电阻，它代表了晶体管的输入特性。由于输入特性曲线上各点的斜率不同，所以 r_{b_e} 的值不是常数，而是随工作点的不同而变化的。如果晶体管是在小信号条件下工作，在工作点附近则可视为线性的，r_{b_e} 也成了线性的。晶体管的输入电阻 r_{b_e} 不易求准，实际使用中常常采用估算公式进行计算

$$r_{b_e} = 300 + (1+\beta)\frac{26(\text{mV})}{I_E(\text{mA})} \tag{6-17}$$

式中，β 是晶体管的电流放大系数，是发射极静态电流值。式(6-17)表明，r_{b_e} 是由 I_E 决定的，r_{b_e} 与静态工作点有关。

晶体管在小信号条件下工作时，输出端可以看成是一个受控电流源：集电极电流只受基极电流的控制，即 $i_c = \beta i_b$。当 i_b 不变时，i_c 也不变，具有恒流特性，它与 u_{c_e} 无关；当 $i_b = 0$ 时，$i_c = \beta i_b = 0$，电流源消失。所以它不是一个独立的电源，而是一个受输入电流控制的电源，简称为受控源（controlled source）。

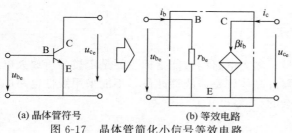

(a) 晶体管符号　　　　　(b) 等效电路

图 6-17　晶体管简化小信号等效电路

晶体管小信号等效电路如图 6-17 所示。

2. 基本放大电路的微变等效电路

将图 6-12 所示的基本放大电路重画在图 6-18(a) 中，放大电路的小信号等效电路是对原电路的交流通路而言的。对交流信号而言，输入、输出端的耦合电容的容抗很小、电源 U_{CC} 的内阻很小，均可视为短路。放大电路中的晶体管用小信号等效电路代替，即为放大电路的小信号等效电路，如图 6-18(b) 所示。

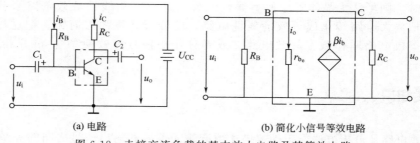

(a) 电路　　　　　　　　　(b) 简化小信号等效电路

图 6-18　未接交流负载的基本放大电路及其等效电路

二、微变等效电路分析法

由于晶体管是非线性元件，组成放大电路时，不能使用线性电路的分析方法。当输入小信号时，放大电路就能等效为线性电路，线性电路的分析方法又能正常使用了。因此将一个实际放大电路等效为一个微变等效电路是分析电路的第一步。

1. 电压放大倍数的计算

放大电路的电压放大倍数（voltage gain，voltage amplification factor）是放大电路的主要性能指标，其定义为：输出电压有效值与输入电压有效值之比，以 A 表示。它反映了电路对交流信号电压的放大能力。其值为

$$A = \frac{U_o}{U_i} \tag{6-18}$$

式中　U_i、U_o——输入电压和输出电压的有效值。

从等效电路图 6-17 可很方便地得出

$$U_i = I_b r_{b_e}$$

$$U_o = -I_c R_C$$

式中　I_b、I_c——交流信号电流的有效值。

由于 $I_c = \beta I_b$，于是电压放大倍数 A_o 为

$$A_o = \frac{U_o}{U_i} = \frac{-\beta I_b R_C}{I_b r_{b_e}} = -\beta \frac{R_c}{r_{b_e}} \tag{6-19}$$

A_o 为负值，表示共射放大电路有倒相作用。说明输出电压与输入电压相位相反。

以上讨论的放大电路中未接交流负载电阻 R_L，称放大电路为空载。A_o 表示放大电路空载时的电压放大倍数。

如果在输出端接有交流负载电阻 R_L，在等效电路中 R_L 与 R_C 为并联关系，并联以后的等效电阻

$$R'_L = R_L // R_C = \frac{R_L R_C}{R_L + R_C}$$

这时输出电压为

$$U'_0 = -I_c R'_L$$

所以有负载时的电压放大倍数为

$$A = \frac{U'_o}{U_i} = \frac{-\beta I_b R'_L}{I_b r_{b_e}} = -\beta \frac{R'_L}{r_{b_e}} \qquad (6\text{-}20)$$

由于 $R'_L < R_C$，所以 $A < A_o$，放大电路接入负载后，电压放大倍数将会降低。

2. 输入电阻和输出电阻的计算

放大电路的输入端和信号源连接，对信号源来讲，放大电路相当于信号源的一个负载。放大电路的输出端与负载连接，对负载来讲，放大电路相当于一个有内阻的信号源，这种关系如图 6-19 所示。

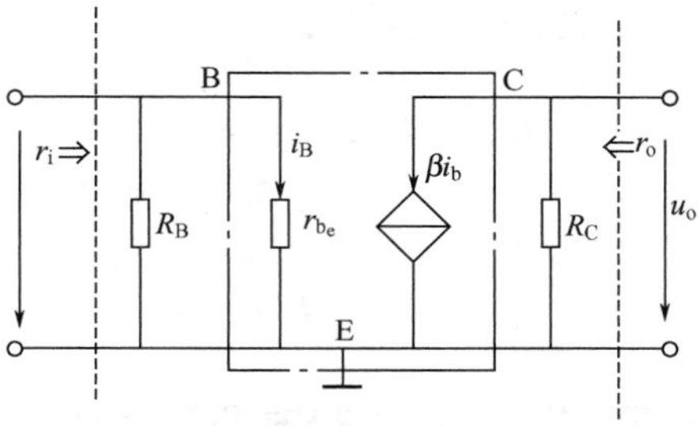

放大电路作为信号源的负载可用一个等效电阻 r_i 来代替。从输入端看，放大电路对输入信号呈现的交流等效电阻称为输入电阻，对固定偏置电路来说

$$r_i = r_{b_e} // R_B$$

图 6-19　放大电路的输入电阻和输出电阻

当 $R_B \gg r_{b_e}$ 时

$$r_i \approx r_{b_e}$$

r_i 为放大电路的输入电阻（input resistance），当作信号源的负载使用。r_{b_e} 是晶体管的输入电阻，代表晶体管的输入特性。

对负载来讲，放大电路可视为一个具有一定内阻的信号源，从输出端看，放大电路作为信号源对负载呈现的输出电阻（output resistance）r_o 称为放大电路的输出电阻。在共射放大电路中

$$r_o = R_C$$

应当注意，r_i 和 r_o 都是交流动态电阻，不能用它来做静态计算。r_i 和 r_o 也是衡量放大电路性能的重要指标。一般情况下，希望 r_i 尽可能大一些，以减少对信号源的影响；对 r_o 来说，则希望其尽可能小一些，以提高放大电路的带负载能力。

✺ 任务实施

在图 6-18 所示电路中，已知：$U_{CC} = 20V$，$\beta = 45$，$R_B = 470k\Omega$，$R_C = 6k\Omega$，晶体管的 $\beta = 45$，$U_{CC} = 20V$。试用等效电路法估算：①不接交流负载电阻时的电压放大倍数；②接交流负载 $R_L = 4k\Omega$ 时的电压放大倍数；③试用等效电路法计算输入电阻 r_i 和输出电阻 r_o。

解　首先根据电路参数算出静态 I_B 值

$$I_B \approx \frac{U_{CC}}{R_B} = \frac{20}{470} mA \approx 40\mu A$$

根据式（6-17）估算 r_{b_e}

$$r_{b_e} = 300 + (1+\beta)\frac{26}{I_E} = 300 + \frac{26}{I_B} = \left(300 + \frac{26}{0.04}\right) = 950\Omega$$

①
$$A_0 = -\beta \frac{R_C}{r_{b_e}} = 45 \frac{6}{0.95} = -284$$

②
$$R_L' = \frac{R_C R_L}{R_C + R_L} = \frac{6 \times 4}{6 + 4} = 2.4\text{k}\Omega$$

$$A = -\beta \frac{R_L}{r_{b_e}} = -45 \frac{2.4}{0.95} = -114$$

③ 从图 6-19 等效电路可得

$$r_i = R_B // r_{b_e} \approx r_{b_e} = 0.95\text{k}\Omega$$

$$r_o = R_C = 6\text{k}\Omega$$

练习与思考三

1. 晶体管用微变等效电路来代替的条件是什么？
2. r_{b_e}、r_{c_e}、r_i、r_o 是交流电阻还是直流电阻？它们各是什么电阻？在 r_o 中是否包括有 R_L？
3. 电压放大倍数 A 是不是与 β 成正比？
4. A 与哪些因素有关？如何提高 A？

任务四　多级电压放大器

知识点
◎ 放大电路的耦合方式。
◎ 多级电压放大器的电压放大倍数。
◎ 多级放大器的输入电阻和输出电阻。

技能点
◎ 会分析放大电路耦合方式的电路特点。
◎ 会计算多级电压放大器的电压放大倍数。
◎ 掌握多级放大器的输入电阻和输出电阻计算。

思政要素

多级放大器

任务描述

放大器的输入信号一般都很微弱，只用一级单管放大电路是不够的，往往需要将若干个单管放大电路连接起来，对信号实行"接力"放大，也就是对微弱的信号进行连续多次放大，才能满足负载要求。图 6-20 是多级放大电路的组成框图。前面若干级（称为前置级），主要是进行电压放大，连接输出负载的称为功率放大级。主要是作功率放大。

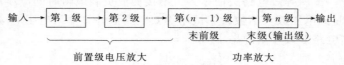

图 6-20　多级放大电路的组成框图

任务分析

多级放大电路（multistage amplification circuit）中，相邻级与级之间的连接称为耦合，实现级间耦合的电路称为级间耦合电路，耦合电路的任务是将前一级的输出信号传送到后一级做输入信号。对级间耦合电路的基本要求是：对前、后级放大电路的静态工作点没有影响；对信号不产生失真；尽量减小信号电压在耦合电路上的损失。

相关知识

一、放大电路的耦合方式

1. 阻容耦合放大电路

在前置级中，使用分立元件组成的放大电路，广泛采用阻容耦合（couple capacitor）方式。图 6-21 为两级阻容耦合放大电路，级间通过耦合电容 C_2 与下级输入电阻连接，故称阻容耦合。

电容 C_2 的隔直作用，使前、后级的直流工作状态互不影响，因而各级放大电路的静态工作点可以单独分析计算。对交流信号，电容 C_2 起耦合作用，为了减小信号在耦合电容上的损失，电容 C_2 的容抗必须很小。信号频率越低，电容器容量应当选得

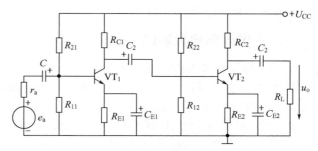

图 6-21 两级阻容耦合放大电路

越大，以减小交流信号在耦合电容上的损失。

从图 6-21 中不难看出，多级放大器（multistage amplifier）中的后级都是前级的交流负载，该交流负载可用后级的输入电阻 r_i 表示。后级输入电阻的大小直接影响前级的电压放大倍数，为了不使前级的电压放大倍数下降太多，同时也为了不从前级取用更多的电流，所以希望后级的输入电阻能高一些。

多级放大器中的前级都是后级的信号源，内阻越大的信号源带负载的能力越差。为了使放大器能带较大的负载，通常总希望输出电阻能小一些。

阻容耦合放大器（resistance-capacitance coupled amplifier）的优点是：前后级用电容连接，只通交流，不通直流，因而静态工作点是独立的，给电路的调试和维修带来很大方便；阻容耦合电路元器件少、质量轻、成本低，因而应用十分广泛。阻容耦合电路的缺点是对低频信号衰减幅度大，且不宜在集成电路中采用。

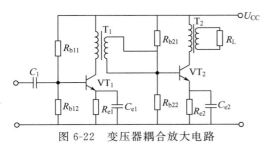

图 6-22 变压器耦合放大电路

2. 变压器耦合放大电路

前后级用变压器连接起来传输信号的方式叫变压器耦合，如图 6-22 所示。

变压器耦合放大电路是利用变压器磁路耦合工作的，变压器也有隔直的作用，因而前后级的静态工作点是独立的。变压器耦合放大电路还有一个突出的优点，变压器可以实现阻抗变换，使前后级都工作在最佳状态，从而使负载可得到最大输出功率。

变压器耦合方式的缺点是元件体积大、笨重、成本高，无法在集成电路中使用，对低频信号衰减幅度大，低频特性不好。

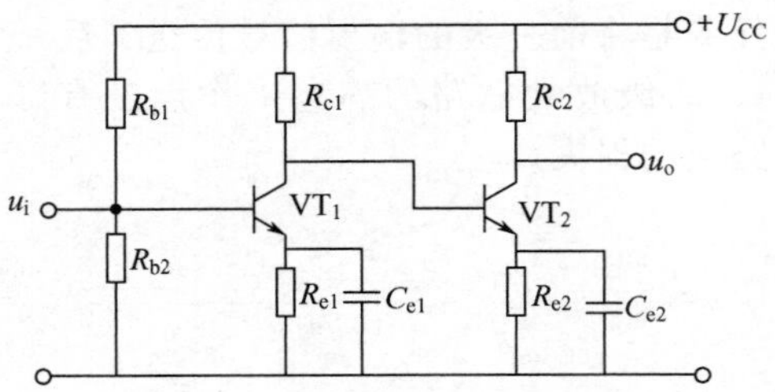

图 6-23　直接耦合放大电路

变压器耦合方式主要用在功率放大电路和一些选频放大电路中。

3. 直接耦合放大电路

前后级直接连接起来传输信号的电路叫直接耦合放大电路，如图 6-23 所示。

直接耦合放大电路的突出优点是信号传递过程中无能量损耗，不用耦合元件，便于集成电路采用。更主要的是直接耦合电路不仅能传输交流信号，还可以传递缓慢变化的信号，因此把直接耦合放大电路也叫作直流放大器。

直接耦合放大电路的缺点是前后级工作点互相影响，还容易受温度和其他因素的影响，设计、调试这种电路都比较困难。

二、多级电压放大器的分析

1. 多级电压放大器的电压放大倍数

多级放大电路对输入信号是作“接力”放大，前级输出的信号就是后级的输入信号。设各级放大倍数分别为 A_1、A_2、A_3、…、A_n，输入信号为 U_i，则第一级输出为 A_1U_i，经第二级放大，输出电压为 A_2 (A_1U_i)，以此类推，经过 n 级放大后，输出电压为 $A_1A_2A_3\cdots A_nU_i$。总的电压放大倍数 A 为末级输出电压与输入电压 U_i 之比，经计算得

$$A=A_1A_2A_3\cdots A_n \tag{6-21}$$

由式(6-21) 可知，分别求得各级的电压放大倍数，即可求得总的电压放大倍数。在计算单级放大倍数时，必须带上后级负载，但是前级的信号源内阻则不必考虑，因为计算前级的输出电压时已考虑过前级的输出电阻和负载电阻了。

2. 多级放大器的输入电阻和输出电阻

在多级放大器中，将第一级的输入电阻看作多级放大器的输入电阻。将最后一级的输出电阻看作多级放大器的输出电阻。

任务实施

如图 6-24 所示的两级阻容耦合放大电路中，已知两只晶体管的电流放大系数分别为 $\beta_1=100$，$\beta_2=60$；$r_{be1}=0.96\text{k}\Omega$，$r_{be2}=0.8\text{k}\Omega$；$R_{11}=24\text{k}\Omega$，$R_{21}=6\text{k}\Omega$，$R_{C1}=2\text{k}\Omega$，$R_{E1}=2.2\text{k}\Omega$，$R_{12}=10\text{k}\Omega$，$R_{22}=33\text{k}\Omega$，$R_{C2}=3.3\text{k}\Omega$，$R_{E2}=1.5\text{k}\Omega$，$C_{E1}=C_{E2}=100\mu\text{F}$，$C_1=C_2=C_3=50\mu\text{F}$；直流电源 $U_{CC}=24\text{V}$；信号源内阻 $r_s=360\Omega$；交流负载电阻 $R_L=5.1\text{k}\Omega$。试求：①两级放大器的输入电阻和输出电阻；②总电压放大倍数。

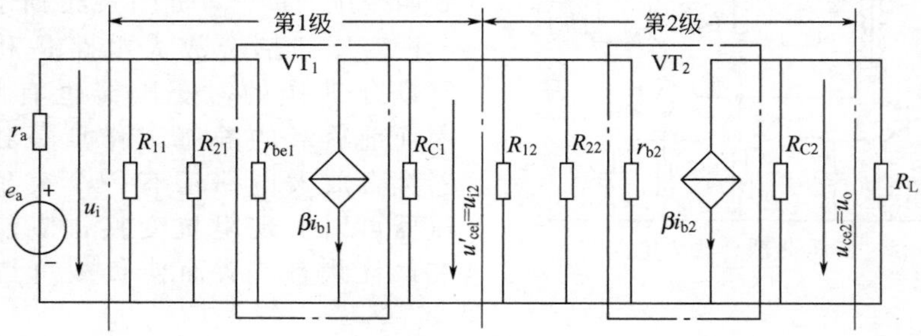

图 6-24　两级阻容耦合放大器的小信号等效电路

解　首先用交流小信号等效电路法将图 6-21 所示的电路等效为如图 6-24 所示的小信号等效电路图。

① 第一级放大器的输入电阻

$$r_{i1} = R_{B11} /\!/ R_{B21} /\!/ r_{be1} \approx r_{be1} = 0.96 \text{k}\Omega$$

第二级放大器的输入电阻

$$r_{i2} = R_{B12} /\!/ R_{B22} /\!/ r_{be2} \approx r_{be2} = 0.8 \text{k}\Omega$$

第一级放大器的输出电阻

$$r_{01} = R_{C1} = 2 \text{k}\Omega$$

第二级放大器的输出电阻

$$r_{02} = R_{C2} = 3.3 \text{k}\Omega$$

② 第一级放大器的交流等效负载电阻

$$R'_{L1} = R_{C1} /\!/ r_{i2} = 2 /\!/ 0.8 = 0.53 \text{k}\Omega$$

第一级放大器的电压放大倍数为

$$A_1 = -\beta_1 \frac{R'_{L1}}{r_s + r_{be}} = -100 \times \frac{0.53}{0.36 + 0.96} \approx -40$$

第二级放大器的交流等效负载电阻

$$R'_{L2} = R_{C2} /\!/ R_L = 2 \text{k}\Omega$$

第二级放大器的电压放大倍数为

$$A_2 = -\beta_2 \frac{R_{L2}}{r_{be2}} = -60 \times \frac{2}{0.8} = -150$$

因此，总电压放大倍数

$$A = A_1 A_2 = (-40) \times (-150) = 6000$$

A 为正值，表示第二级输出电压与信号源电压的相位相同。

练习与思考四

1. 多级放大电路是如何组成的？各级有何特点？

2. 放大电路与级之间的耦合应满足哪些条件？

3. 有人在计算两级放大电路的放大倍数时得到下列表达式：$A = A_1 A_2 = \dfrac{U_{o1}}{U_i}\left(\dfrac{r_{i2}}{r_{i2} + r_{o1}} \times \dfrac{U_o}{U_{o1}}\right)$ 其中 U_o 和 U_i 是整个放大电路的输出、输入电压，U_{o1} 是考虑第二级输入电阻后第一级的输出电压，你认为这个表达式是否正确？为什么？

任务五　功率放大电路

知识点

◎ 功率放大器的基本要求。

◎ 互补对称功率放大电路。

◎ 集成功率放大器。

思政要素　　　　功率放大器

技能点

◎ 能分析互补对称功率放大电路的工作原理。

◎ 了解功率放大器的技术要求、种类和特点。

◎ 掌握放大器的安装、调试与电路故障检修的技能。

任务描述

前面任务讨论的是电压放大器（voltage amplifier），其主要作用是放大电压信号的幅度。但是有些负载，如收音机的扬声器、控制系统的继电器、驱动系统的电动机等，不仅要求放大电路提供足够大的电压信号，还要求提供足够大的电流信号。这类负载需要足够大的功率才能工作。能向负载提供足够功率的放大器称为功率放大器（power amplifier），简称功放。

 任务分析

功率放大电路和电压放大电路从本质上没有什么区别，它们都是在控制能量交换，即通过输入信号控制晶体管，把直流电源的能量按照输入信号的变化传递给负载，使其按一定的要求工作。它们的不同之处是，电压放大器注重用很少几级放大器就能把微弱的输入信号幅度稳定地放大到负载工作需要的幅度，而功率放大器则注重将电源提供的能量尽可能多地传递给负载。由于侧重点不同，所以电路工作状态也就不同，电压放大器通常工作于小信号条件下，而功率放大器工作于大信号条件下。对电压放大器要求在电路工作稳定的前提下尽可能使电压放大倍数最大，而功率放大器则是效率最高。

 相关知识

一、功率放大器的基本要求

1. 功率放大器中的特殊问题

（1）输出足够大的功率

为了输出足够大的功率，做功率放大用的晶体管在参数允许的范围内输出电压、输出电流的变化范围都要尽量大，以便获得最大功率输出，但不要超过安全工作区。

（2）注意提高效率

由于输出功率较大，因此要注意提高效率。功率放大器的效率指的是：负载得到的有用信号功率 P_o 与电源提供的直流功率 P_s 之比，用 η 表示

$$\eta = \frac{P_o}{P_s}$$

（3）尽量减小非线性失真

功率放大器都是多级放大器的最后一级，其输入信号是经过前级放大了的电压信号，再做进一步地放大，很容易发生非线性失真。因此这个问题要特别注意。

2. 解决有关问题的措施

（1）选用甲类放大

将功率放大电路的静态工作点设在负载线的中点，这样就可以使输出电压和输出电流的变化幅度都尽可能地大，即可输出最大功率。这种将静态工作点设在负载线中点的功率放大电路，称为甲类工作状态（class A operational state）。

这类放大器的缺点是：静态电流 I_C 大，因而消耗的功率大，效率低。甲类放大的效率最高不超过 50%，一般情况下，只有 30% 左右。

（2）选用乙类放大

将功率放大电路的静态工作点设在 $I_C=0$ 处的放大，称为乙类工作状态（class B operational state）。由于静态电流 $I_C=0$，因此静态功耗降至最小值。乙类放大的效率最高可达 78.5%，一般情况也能达到 70% 左右。乙类放大的效率虽然提高了，但非线性失真十分严重，原因是一个周期只有半个波形输出。

为了解决乙类放大的失真问题，可以使用两个不同类型的晶体管轮流工作，一个工作在信号的正半周，另一个工作在信号的负半周，并在输出端合成得到一个完整的正弦波输出电压。

二、互补对称功率放大电路

已经知道，PNP 型管和 NPN 型管，从导电特性上看，完全相反。利用这一特点，NPN 型管担任正半周的放大，PNP 型管担任负半周的放大，即可组成互补对称式电路（complementary symmetry circuit）。

1. 无输出电容器的互补对称功率放大电路（又称 OCL 电路）

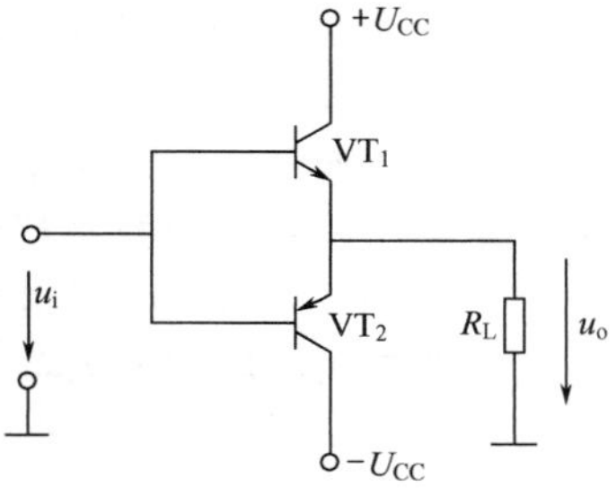

其基本原理电路如图 6-25 所示。由图可见，电路由对称的正负两个电源供电，电源电压为 $+U_{CC}$ 和 $-U_{CC}$，负载直接接在两个功放管 VT_1、VT_2 的发射极交点与地之间，VT_1、VT_2 的基极并联在一起作为信号的输入端。该电路处于乙类放大状态，静态时两个管子都截止，所以输出电压 $u_o=0V$。

图 6-25　无输出电容器的
互补对称功率放大电路

动态时，当 $u_i>0$（正半周），两管基极电位同时升高，VT_1 管导通，VT_2 管截止，由电源 $+U_{CC}$ 经 VT_1 管向负载电阻 R_L 供电，u_o 跟随 u_i 在负载电阻上获得正半周波形。当 $u_i<0$（负半周）时，两管基极电位同时下降，VT_2 管导通，VT_1 管截止，此时流过 VT_2 管的电流是从地经负载电阻 R_L、VT_2 管到 $-U_{CC}$。负载电阻上获得负半周波形。

如前所述，OCL 处于乙类放大状态，由于无直流偏置，当输入信号 $|u_i|$ 小于晶体管的死区时，两管都截止，只有当 $|u_i|$ 大于死区电压后，才有一只管子导通。这样一来，在两管交替导通时，输出的波形衔接不上而产生了失真，这种现象称为交越失真，如图 6-26 所示。为了避免交越失真，在两管基极之间加一个略大于死区电压的正向偏置电压，使两管在静态时就处于微导通状态，工作点离开了截止区，这种低偏置的工作方式称为甲乙类放大。图 6-27 为一个甲乙类放大的互补对称放大电路。

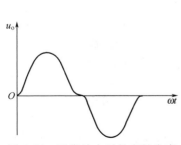

图 6-26　乙类放大时的交越失真

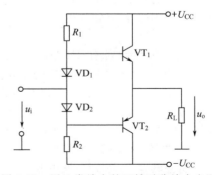

图 6-27　甲乙类放大的互补对称放大电路

2. 无输出变压器的互补对称功率放大电路（又称 OTL 电路）

OCL 电路结构简单，对称性好，但存在需双电源供电的缺点，给实际应用带来不便。

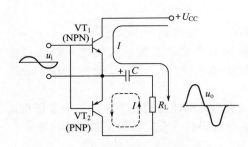

图 6-28　互补对称式电路原理图

无输出变压器的互补对称功率放大电路（OTL 电路）则是使用一个电源的互补对称电路，如图 6-28 所示。该电路中，两管的基极和发射极相互连在一起，信号从基极输入，从发射极输出。

两管均无直流偏置，故静态时两管均截止，输出电压 $u_o = 0V$。

动态时，u_i 为正半周，VT_1 管导通，VT_2 管截止，此时电源 $+U_{CC}$ 通过 VT_1 对电容 C 充电，充电电流经过负载电阻 R_L，形成输出电压 u_o 的正半周波形。

u_i 为负半周时，情况恰好相反，VT_1 管截止，VT_2 管导通，这时电容 C 作为电源通过 VT_2 对 R_L 放电，在 R_L 上形成输出电压 u_o 的负半周波形。

同理，如图 6-28 所示的 OTL 电路也是处于乙类工作状态，存在着交越失真，只要给 2 个管子略加偏置，使两管都处于微导通，即可消除交越失真。

3. 互补对称功率放大电路的最大输出功率

功率放大电路的最大输出功率 P_{om} 是指负载电阻 R_L 上最大电压有效值和最大电流有效值之乘积，对 OCL 电路而言

$$P_{om} = \frac{U_{om}}{\sqrt{2}} \times \frac{I_{om}}{\sqrt{2}} = \frac{U_{CC}}{\sqrt{2}} \times \frac{U_{CC}}{\sqrt{2}R_L} = \frac{1}{2} \times \frac{U_{CC}^2}{R_L}$$

在 OTL 电路中，每个管子的工作电源不是 U_{CC}，而是 $\dfrac{U_{CC}}{2}$，因此 OTL 电路最大输出功率 P_{om} 为

$$P_{om} = \frac{1}{2} \times \frac{\left(\dfrac{U_{CC}}{2}\right)^2}{R_L} = \frac{1}{8} \times \frac{U_{CC}^2}{R_L}$$

三、集成功率放大器

随着电子技术的高速发展，人们将电子元器件及导线集中制作在一小块半导体基片上，制成了集成电路，它可以独立完成一定的功能。能完成功率放大功能的集成电路称为集成功率放大器。它的特点是体积小，质量轻，成本低，可靠性高，同时在使用中减少了组装和调试的难度，使用起来十分方便。这里以常用的 4100 系列音频功率放大器为例，介绍集成功放。

国产的 4100 系列有 DL4100（北京产）、TB4100（天津产）、SF4100（上海产）、XG4100（四川产）等型号；国外的主要是日本三洋公司的 LA4100。这些产品的内部电路、技术指标、外形尺寸、封装形式以及引脚位置都是一致的，使用时，可以直接互换代用。属于该系列的还有 4100、4101、4102、4112 等产品。

该集成电路自带散热片，为 14 脚双列直插式，各管脚功能如图 6-29 所示。

4100 的典型应用电路如图 6-30 所示，该电路为 OTL 工作方式。C_1、C_5 分别为输入、输出信号耦合电容，C_3 为消振电容，C_4 为交流负反馈电容，C_6 为自举电容，C_7 为防振电容，C_8、C_9 为退耦电容，R_1 和 C_2 构成交流负反馈网络。调节 R_1 阻值可以调节负反馈深度，从而控制电路的放大倍数。

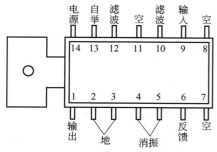

图 6-29　4100 集成功效放大器各管脚功能

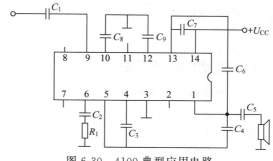

图 6-30　4100 典型应用电路

 练习与思考五

1. 电压放大和功率放大有什么区别？
2. 什么是交越失真？如何消除？
3. 什么是甲类放大、甲乙类放大和乙类放大？它们各有什么特点？

任务六　放大电路中的负反馈

知识点
- ◎ 反馈的基本概念。
- ◎ 负反馈放大器的四种组态。
- ◎ 负反馈对放大器的影响。

负反馈放大电路

思政要素

放大电路中的负反馈

技能点
- ◎ 熟练掌握交流负反馈四种组态的基本判别方法。
- ◎ 知道负反馈对放大电路工作性能的影响。
- ◎ 掌握负反馈放大电路的装配与调试技能。

 任务描述

一次考试过后，教师要把考试的情况"反馈"给学生；一个学期结束，学校要把学生在校的情况"反馈"给家长……这些都是日常生活中信息的反馈（feedback），而在电子技术领域反馈技术的应用也极为广泛。

 任务分析

在电子技术中，反馈的应用十分广泛。特别是引入负反馈可以显著地改善放大器的工作性能，因此，几乎没有一台放大器不加负反馈。可见，负反馈在放大电路中的地位是非常重要的。在其他科学技术领域中，负反馈的应用也很普遍，例如自动控制系统就是通过负反馈实现自动调节的。在本项目任务二中稳定静态工作点的措施就是为电路引入直流负反馈（见图 6-16），大大提高了电路的稳定性。

相关知识

一、反馈的基本概念

1. 反馈及反馈的极性

所谓反馈（feedback），就是把放大器的输出信号（电压或电流）的一部分或全部通过一定的方式回送到输入端。

反馈按其极性可分为两类，如果反馈回输入端的信号与原输入信号的相位相同，起到加强输入信号的作用，称为正反馈（positive feedback）；如果反馈回输入端的信号与原输入信号的相位相反，起到削弱输入信号的作用，就称为负反馈（negative feedback）。

2. 反馈放大器的框图及基本关系

如图 6-31 所示的框图（block diagram）表示了反馈的基本概念。反馈放大器主要由信号、放大、反馈、负载四部分组成，其中基本放大电路与反馈网络构成一个闭合放大环路（closed-loop amplification circuit）。

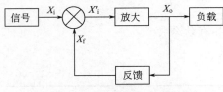

图 6-31　反馈放大器的框图

图中 X_i 是来自信号源的输入信号，X_o 是放大器的输出信号，X_f 是反馈网络返送回输入端的反馈信号（feedback signal），X_i' 则是输入信号 X_i 与反馈信号 X_f 叠加之后输入基本放大器的净输入信号（net input signal）。

在反馈放大器中，基本放大器的放大倍数叫开环放大倍数，用 A 表示

$$A = \frac{X_o}{X_i'} \tag{6-22}$$

反馈信号 X_f 与输出信号 X_o 的比值叫反馈系数（feedback coefficient），用 F 表示

$$F = \frac{X_f}{X_o} \tag{6-23}$$

如果是负反馈，反馈信号 X_f 将会减小原输入信号 X_i，它们叠加后，净输入信号为 $X_i' = X_i - X_f$。由于引入反馈以后，反馈网络与放大电路构成一个闭合环路，同时改变了放大电路输入端的信号，这时放大电路输出信号 X_o 与原来输入信号 X_i 之比，称为闭环放大倍数（closed-loop amplification factor），记作 A_f

$$A_f = \frac{X_o}{X_i} = \frac{X_o}{X_i' + X_f} = \frac{1}{\dfrac{X_i'}{X_o} + \dfrac{X_f}{X_o}} = \frac{1}{\dfrac{1}{A} + F} = \frac{A}{1 + AF} \tag{6-24}$$

当 $1 + AF \gg 1$ 时

$$A_f = \frac{A}{1 + AF} \approx \frac{A}{AF} = \frac{1}{F} \tag{6-25}$$

从以上分析可见，有反馈时的闭环放大倍数为无反馈时的开环放大倍数的 $\dfrac{1}{1 + AF}$，这是由于负反馈的作用造成的。

3. 反馈的分类及反馈极性的判别

（1）直流反馈和交流反馈

放大电路的输入信号和输出信号中，既含直流分量，又含交流分量，若反馈网络只对直

流信号起反馈作用，则称为直流反馈。直流反馈主要用于稳定静态工作点，如前面介绍的分压式偏置电路。若反馈网络只对交流信号起反馈作用，称为交流反馈，它对放大器的交流性能可以多方面地改善。有时上述两种反馈同时存在，则既能稳定工作点，又可以改善放大器的性能。

（2）反馈极性的判别

判断反馈的极性（正反馈或负反馈）通常采用瞬时极性法。首先设定输入信号在某一时刻的瞬时极性，如设定 X_i 在某一时刻瞬时为正极性。根据设定的输入信号瞬时极性确定输出信号和反馈信号的瞬时极性，可用符号（＋）或（－）表示。如反馈信号的极性与输入信号的极性相同，则判定反馈极性为正反馈；如反馈信号的极性与输入信号的极性相反，则判定反馈极性为负反馈。

二、负反馈放大器

1. 负反馈放大器的四种组态

在如图 6-31 所示的反馈放大器框图中，输入信号、输出信号、反馈信号都是用 X 表示的，既可代表电压信号，也可代表电流信号。

在负反馈放大器中，根据输出端采样方式不同（连接方式不同），可分为电压负反馈和电流负反馈两种方式。根据输入端反馈信号与输入信号的叠加方式不同（连接方式不同），可分为电压叠加方式（串联叠加）和电流叠加方式（并联叠加）。

图 6-32 是四种负反馈放大器的框图。

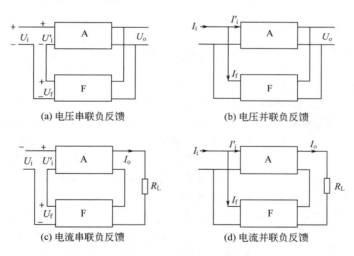

图 6-32　四种负反馈放大器的框图

由此可以组合成四种负反馈类型：

① 电压串联负反馈；

② 电压并联负反馈；

③ 电流串联负反馈；

④ 电流并联负反馈。

凡是电压采样的负反馈电路，不管输入端采用何种叠加方式，均可减小输出电压的变化，即可稳定输出电压。这是由于反馈信号是由输出电压决定的缘故。

凡是电流采样的负反馈电路，不管输入端采用何种叠加方式，均可减小输出电流的变化，即可稳定输出电流。这是由为反馈信号是由输出电流决定的缘故。

2. 负反馈对放大器性能的影响

在放大器中引入负反馈，虽然会导致放大倍数的降低，但是以此为代价，却可换取放大器性能的多方面改善，因此，在放大电路中普遍加有负反馈，以提高放大器的性能指标。

（1）负反馈对电压放大倍数的影响

由于多种原因，例如环境温度的变化、电源电压的波动、负载的变化等，都会导致放大电路的放大倍数改变。说明放大倍数并不稳定。引入负反馈以后，由式（6-24）可见，放大倍数降低了。当 $1+AF\gg1$ 时，式（6-25）中 $A_f\approx\dfrac{1}{F}$，说明闭环放大倍数仅与反馈系数有关，而反馈环节一般都是由线性元件组成的，性能稳定，因此，闭环放大倍数非常稳定。

（2）减小非线性失真

放大电路中的非线性失真是由于晶体管的特性是非线性而引起的。如图 6-33（a）所示。引入负反馈以后，反馈信号与输出信号失真相同，与输入信号相减的结果，使得净输入信号产生了一个预失真的信号，该预失真的方向与放大器失真方向相反，从而使输出失真受到控制而减小，改善了输出失真。负反馈改善输出波形失真的原理如图 6-33（b）所示。

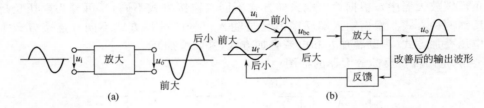

图 6-33　利用负反馈信号改善波形的非线性失真

（3）展宽频带

放大器的通频带（transmission frequency band，pass band），简称频带，指的是放大器能够按照正常放大倍数放大信号的频率范围。这说明放大器不是对任何频率的信号都能放大的。在阻容耦合放大电路中，当信号频率很低时，耦合电容的容抗增大，对信号衰减加大，输出信号的幅度就要减小；当信号频率很高时，晶体管的放大能力减小，输出信号也要减小。

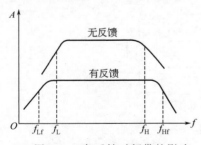

图 6-34　负反馈对频带的影响

因此放大电路只能对某一频率范围内的信号进行正常放大，超出该频率范围的信号都要减小，因而放大倍数也将减小，如图 6-34 所示。图中，f_L 到 f_H 段是无负反馈时的频率范围。f_{Lf} 到 f_{Hf} 段是有负反馈时的频率范围。

引入负反馈之后，放大器的放大倍数将减小。但中频区与高、低频区的减小程度是不同的。在中频区，放大倍数高，输出信号大，反馈信号也大，使得放大倍数下降多；在高、低频区时，放大倍数低，输出信号小，反馈信号也小，因而放大倍数下降得少。引入负反馈后，通频带展宽了。

（4）改变输入电阻和输出电阻

负反馈对放大器输入电阻的影响，取决于反馈网络与放大器输入端的连接方式（叠加方式）。对于串联负反馈，无论是电压取样，还是电流取样，由于反馈网络与输入电路是串联叠加，故引入串联负反馈时，放大电路的输入电阻将增大。对于并联负反馈电路，由于反馈网络与输入电路是并联叠加，引入并联负反馈时，放大电路的输入电阻将减小。

负反馈对放大器输出电阻的影响，则由反馈网络与放大器输出端采样方式来决定。电压负反馈中，反馈网络与放大器的输出端为并联方式，故输出电阻将要减小。电流负反馈中，反馈网络与放大器的输出端是串联方式，因此输出电阻将会增大。

采用电压负反馈时，输出电阻减小了，这对负载电阻 R_L 来说，相当于信号源内阻减小，即使 R_L 变化，负载电阻上的电压也不会有大的变化，有利于输出电压的稳定。

采用电流负反馈时，输出电阻增大了，可等效为电流源，它稳定的是输出电流。

✳ 任务实施

试判断图 6-35 所示电路中级间反馈的类型。

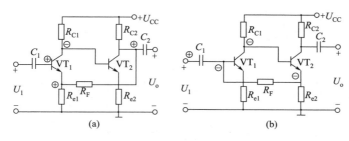

(a)   (b)

图 6-35   级间反馈电路

解   图（a）中，反馈信号引至 VT$_1$ 的射极，输入信号送至 VT$_1$ 的基极，故为串联反馈；而二者瞬时极性相同（如图中所示），故为负反馈；由于反馈线与输出线接于同一点，所以为电压反馈；反馈支路既存在于直流通路，又存在于交流通路，因此该反馈为交直流负反馈。综合起来看，图（a）电路中所引入的是交直流电压串联负反馈。

同样的方法可判断图（b）电路中所引入的是交直流电流并联负反馈。

练习与思考六

1. 直流反馈和交流反馈的作用各是什么？在什么情况下采用电压反馈？在什么情况下采用电流反馈？

2. 如果输入信号本身已是一个失真的正弦波，试问引入负反馈后能否改善失真？为什么？

3. 负反馈对放大电路产生哪些影响？

任务七   射极输出器

知识点
◎ 共集电极放大电路。
◎ 射极输出器的工作原理。
◎ 射极输出器的特点。

技能点
◎ 会分析射极输出器的工作原理。
◎ 会计算射极输出器的放大倍数、输入电阻、输出电阻。
◎ 掌握射极输出器的特点及应用场合。

思政要素   射极输出电路

任务描述

射极输出器（emitter follower）是负反馈放大器中一个重要的特殊电路，它具有许多独特的性能指标，因而在电子技术中的应用十分广泛。

任务分析

要了解射极输出器的组成和工作原理。射极输出器的电路如图 6-36（a）所示。由图可见，它的输出端不是从集电极引出，而是从发射极引出，这就是射极输出器名称的由来。

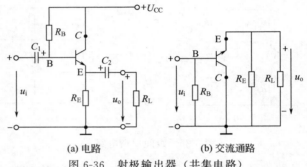

(a) 电路　　　　　　　　　　(b) 交流通路

图 6-36　射极输出器（共集电路）

射极输出器的交流通路如图 6-36（b）所示。由交流通路可见，交流负载电阻 R_L 是接在发射极和地（即集电极）之间，输入信号电压 u_i 加在基极和地之间，而输出信号 u_o 从发射极和集电极两端取出，因此，集电极是输入、输出电路的公共端，故称为共集电极放大电路（common-collector amplification circuit），也可称为射极输出器。

相关知识

一、电路结构及工作原理

1. 电路结构

由电路图可见，输出电压 u_o 全部反馈回输入端，与输入电压 u_i 串联叠加后加到晶体管的基极与发射极之间，反馈电压 u_f 与输出电压 u_o 相等，根据输入回路串联叠加关系，可得净输入电压为

$$u_{be} = u_i - u_f = u_i - u_o \tag{6-26}$$

可见，射极输出器的反馈信号取自输出电压，输入叠加方式为串联关系，引入反馈以后净输入信号减小了，因此可以判定，射极输出器是电压串联负反馈电路。

2. 电路工作原理

（1）静态分析

由图 6-36（a）可知，基极回路电压方程为

$$U_{CC} = I_B R_B + U_{BE} + U_E$$

发射极直流电位 U_E 为

$$U_E = I_E R_E = (1+\beta) I_B R_E$$

故
$$I_B = \frac{U_{CC} - U_{BE}}{R_B + (1+\beta)R_E}$$

当 $U_{CC} \gg U_{BE}$ 时

$$I_B \approx \frac{U_{CC}}{R_B + (1+\beta)R_E}$$
$$I_C = \beta I_B$$
$$U_{CE} = U_{CC} - I_C R_E$$

射极输出器中的 R_E 还具有稳定静态工作点的直流负反馈作用，当温度升高时，晶体管的 I_C 将会增大，R_E 上的压降也将增大，导致 U_{BE} 下降，从而牵制了 I_C 的上升。

（2）动态分析

将图 6-36(a) 用小信号等效法等效为图 6-37 所示电路。令等效负载电阻 $R_L' = R_E /\!/ R_L$，输入电压为

$$u_i = i_b r_{be} + (1+\beta)R_L'$$

而输出电压

$$u_o = i_e R_L' = (1+\beta)i_b R_L'$$

所以电压放大倍数 A_u 为

$$A_u = \frac{u_o}{u_i} = \frac{(1+\beta)R_L'}{r_{be} + (1+\beta)R_L'} \qquad (6-27)$$

通常 $(1+\beta)R_L' \gg r_{be}$，因此式(6-27) 可表示为

$$A_u \approx 1 \qquad (6-28)$$

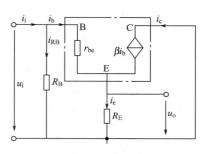

图 6-37 射极输出器
小信号等效电路

式(6-28) 表明，射极输出器的输出电压与输入电压相位相同且大小近似相等。这是射极输出器的一大特点。

式(6-28) 还表明，射极输出器是一个反馈极深的负反馈电路，已不具有电压放大的作用，但它的发射极电流 i_e 仍是基极电流 i_b 的 $(1+\beta)$ 倍，因而仍具有电流放大和功率放大作用。

由以上分析可知，信号从基极输入，几乎不变地从发射极输出，这说明射极输出器具有电压跟随作用，也叫电压跟随器（voltage follower），射极输出器又称为射极跟随器，简称射随器。

因为射随器输入端是串联叠加方式，所以输入电阻必然增大。由如图 6-37 所示的射极输出器小信号等效电路可见，流过 r_{be} 的电流和流过 R_E 的电流不同，经折算为同一电流 i_b 之后，就可将发射极电阻 R_E 折算到基极电路，因为

$$u_i = i_b r_{be} + i_e R_E = i_{be} r_{be} + i_b (1+\beta)R_E$$

所以
$$\frac{u_i}{i_b} = r_{be} + (1+\beta)R_E$$

式中，$(1+\beta)R_E$ 就是折算到 i_{be} 基极回路中的发射极电阻。这就是说，i_b 流过 i_{be}，i_e 流过 R_E，可以等效为 i_b 流过 r_{be} 与 $(1+\beta)$ 串联的电阻。

射极输出器的输入电阻是偏置电阻 R_B 和基极回路等效电阻 $[r_{be} + (1+\beta)R_E]$ 的并联，即

$$r_i = R_B /\!/ [r_{be} + (1+\beta)R_E] \qquad (6-29)$$

通常的 R_E 阻值很大（几百千欧），$[r_{be} + (1+\beta)R_E]$ 也比无反馈时的共射电路的输入电阻 r_{be} 大得多。可见，射极输出器的输入电阻 r_i 是很大的。输入电阻很大的原因在于它采用了很深的串联负反馈。输入电阻大是射极输出器的又一特点。

射极输出器是电压采样，根据负反馈框图分析可知，反馈网络与放大器输出端是并联方式，故放大器的输出电阻必然减小。

　　射极输出器的输出电压相当稳定，$u_o \approx u_i$，具有恒压输出特性，即输出电阻很小。

　　射极输出器的输出电阻估算式为

$$r_o = \frac{r_{be}}{\beta} \tag{6-30}$$

r_o 一般为十几欧到几十欧。输出电阻小是射极输出器的第三个特点。

　　综上所述，射极输出器具有以下特点。

　　① 输出电压与输入电压大小相等，相位相同。虽然没有电压放大作用，但有电流放大和功率放大作用。

　　② 输入电阻大，可减小放大器从信号源（message source）（或前级）所取的信号电流。

　　③ 输出电阻小，可减小负载变动对放大倍数的影响。

二、射极输出器的应用

1. 射极输出器做输入级

　　在要求输入电阻很高的放大器中，经常采用射极输出器做输入级。例如在电子测量仪器的放大器中，用高输入电阻的射极输出器，可以减小仪器对信号源取用的电流，即尽量减小接入仪器对被测电路的影响，提高测量精度。

2. 射极输出器做输出级

　　对放大器来说，都希望输出电阻小一些好，这样就使得放大器带负载的能力较强，当放大器接入负载或负载变化时，对放大器工作的影响就小，所以输出电压就稳定，提高了放大器的带负载能力。这一优点是很突出的，假如输出级不用射极输出器，当负载增大（交流负载电阻减小）时，电压放大倍数下降较多，当加接射极输出器之后，起到了稳定输出电压的作用，使电压放大倍数下降较少，故仍获得了较大的放大倍数。可见，射极输出器本身虽然没有电压放大作用，但在负载变动时，它却能够稳定、增大整个多级放大器的总电压放大倍数。

3. 射极输出器作中间隔离级

　　在阻容耦合的共发射极多级放大电路中，存在着级间阻抗不能很好匹配的缺点。因为前一级的输出电阻较大，后一级的输入电阻较小，这样会对前级的集电极电阻起旁路作用，使放大倍数下降。若在两级共发射极放大电路中，插入一个射极输出器，由于它的输入电阻高，所以对前级的影响小，同时它的输出电阻小，后一级的输入电阻对前级的影响也就大大减小了，这就相当于隔离了两级耦合时的不良影响，提高了前、后级的放大倍数，所以，这种射极输出器常称为中间隔离级（middle insulating stage），或者称为缓冲级。

✳ 任务实施

　　在图 6-36（a）所示电路中，已知 $U_{CC} = 12V$，$R_B = 300k\Omega$，$R_E = 5k\Omega$，$R_L = 0.5k\Omega$，$R_s = 1k\Omega$，$\beta = 80$，$U_{BE} = 0.7V$。试计算静态工作点及电压放大倍数、输入电阻、输出电阻。

　　解　求静态工作点

$$I_B = \frac{U_{CC} - U_{BE}}{R_B + (1+\beta)R_E} = \frac{12 - 0.7}{300 + 81 \times 5} = 0.016mA$$

$$I_C = \beta I_B = 80 \times 0.016 = 1.28mA$$

$$I_E = (1+\beta)I_B = 81 \times 0.016 = 1.3mA$$

$$U_{CE} = U_{CC} - I_E R_E = (12 - 1.3 \times 5) = 5.5V$$

求电压放大倍数

$$r_{be}=300+(1+\beta)\frac{26}{I_E}=\left(300+81\times\frac{26}{1.3}\right)=1.92\text{k}\Omega$$

$$R'_L=R_E//R_L=\frac{5\times0.5}{5+0.5}=0.46\text{k}\Omega$$

$$A_u=\frac{(1+\beta)R'_L}{r_{be}+(1+\beta)R'_L}=\frac{81\times0.46}{1.92+81\times0.46}\approx1$$

求输入电阻和输出电阻

$$r_i=R_B//\left[r_{be}+(1+\beta)R'_L\right]=\frac{300\times(1.92+81\times0.46)}{300+(1.92+81\times0.46)}=34.65\text{k}\Omega$$

$$r_o=\frac{r_{be}+R_s//R_B}{1+\beta}//R_E=35.75\Omega$$

练习与思考七

1. 射极输出器的主要特点是什么？

2. 射极输出器的主要用途是什么？在什么情况下用射极输出器作为输入级或输出级？为什么？

3. 射极输出器的发射极电阻 R_E 可不可以像共射极电路一样，并联一个旁路电容 C_E 以提高其电压放大倍数？为什么？

4. 画出射极输出器的简化微变等效电路，写出 A_u、r_i 的表达式。

任务八　场效应晶体管及放大电路

知识点

◎ 场效应晶体管的结构和类型。

◎ 绝缘栅型场效应晶体管的工作原理。

◎ 场效应晶体管的放大电路。

技能点

◎ 熟悉场效应晶体管的结构、类型和表示符号。

◎ 会分析绝缘栅型场效应晶体管的工作原理。

◎ 掌握场效应晶体管放大电路的基本计算。

思政要素　　　　场效应管

 任务描述

场效应晶体管是一种新型的半导体器件，它具有输入电阻大（可达 $10^6\sim10^{14}\Omega$，而半导体晶体管输入电阻仅 $10^2\sim10^4\Omega$）、噪声低、热稳定性好、抗辐射能力强、耗电少等优点。因此，目前场效应晶体管被广泛地应用于各种电子电路中，作为交流或直流放大、调制用等。

 任务分析

场效晶体管（field-effect transistor）FET 是一种新型的半导体三极管。它与双极型晶体管的主要区别是场效晶体管只靠一种极性的载流子（电子或者空穴）导电，所以有时又称为单极型晶体管。在场效晶体管中，导电的途径称为沟道。场效晶体管的基本工作原理是通过外加电场对沟道的厚度和形状进行控制，以改变沟道的电阻，从而改变电流的大小，场效晶体管也因此而得名。

按结构的不同，场效晶体管可分为结型和绝缘栅型两大类，由于后者的性能更优越，并且制造工艺简单，便于集成化，无论是在分立元件还是在集成电路中，其应用范围远胜于前者，所以本项目只介绍后者。

 相关知识

一、基本结构

场效晶体管是用一块掺杂浓度较低的 P 型硅片［图 6-38（a）］或者 N 型硅片［图 6-38（b）］作衬底，在 P 衬底上制成两个掺杂浓度很高的 N 型区（用 N^+ 表示），或者

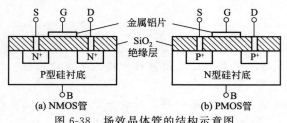

图 6-38　场效晶体管的结构示意图

在 N 衬底上制成两个掺杂浓度很高的 P 型区（用 P^+ 表示）。分别从这两个 N^+ 区或者 P^+ 区引出两个电极，一个称为源极（source）S，一个称为漏极（drain）D。然后在衬底表面生成一层二氧化硅的绝缘薄层，并在源极与漏极之间的表面上覆盖一层金属铝片，引出栅极（grid）G。由于栅极与其他电极是绝缘的，所以称为绝缘栅场效晶体管（insulated gate type FET）。又因为上述结构特点称为金属-氧化物-半导体（metal-oxide-semiconductor）场效晶体管，简称为 MOS 场效晶体管（MOSFET）。图中 B 为衬底引线，通常将它与源极或地相连，以减轻 S 与 B 之间可能出现的电压对管子性能产生不良的影响，分立元件产品有的在出厂时已将 B 与 S 连接好，因而这类产品只有 3 个管脚；有的产品只将 B 引出，有待使用时用户自己连接，因而这类产品有 4 个管脚。

按导电沟道类型的不同，MOS 场效晶体管可分为 N 型沟道（N channel）MOS 管和 P 型沟道（P channel）MOS 管两种，分别简称为 NMOS 管和 PMOS 管。图 6-38（a）（P 型硅衬底）为 NMOS 管，图 6-38（b）（N 型硅衬底）为 PMOS 管。NMOS 管的导电沟道是电子型的，PMOS 管的导电沟道是空穴型的。

按导电沟道形成方式的不同，MOS 场效晶体管又分为增强型（enhancement type）和耗尽型（depletion type）两种。分别简称为 E 型和 D 型。E 型中的二氧化硅薄层中不掺或略掺带电荷的杂质，D 型中的二氧化硅薄层中掺有大量带正电荷（NMOS 管）或负电荷（PMOS 管）的杂质。

可见，MOS 场效晶体管共有 4 种，它们的图形符号见表 6-2。

表 6-2　场效晶体管的图形符号、电压极性和特性曲线

管形	图形符号	电压极性			转移特性	漏极特性
		U_{DS}	U_{GS}	$U_{GS(th)}$ 或 $U_{GS(off)}$		
E 型 NMOS	G ⊢D ⊢B ⊢S	+	+	+	I_D 曲线，横轴 $U_{GS(th)}$、U_{GS}	I_D 曲线，$U_{GS}=+$、$U_{GS}=+$、$U_{GS}=+$，横轴 U_{DS}

续表

管形	图形符号	电压极性			转移特性	漏极特性
		U_{DS}	U_{GS}	$U_{GS(th)}$ 或 $U_{GS(off)}$		
E型 PMOS	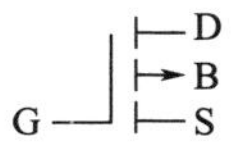 G—D B S 符号	$-$	$-$	$-$	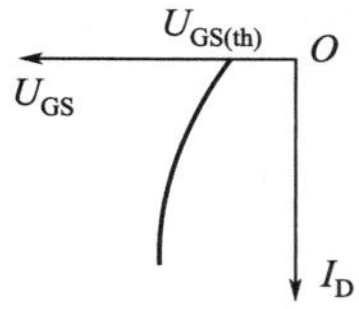 转移特性曲线 $U_{GS(th)}$ O U_{GS} I_D	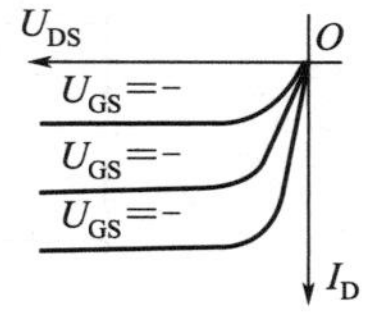 漏极特性 U_{DS} O $U_{GS}=-$ $U_{GS}=-$ $U_{GS}=-$ I_D
D型 NMOS	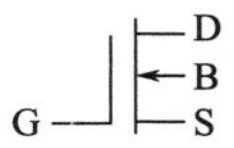 G—D B S 符号	$+$	$\pm$	$-$	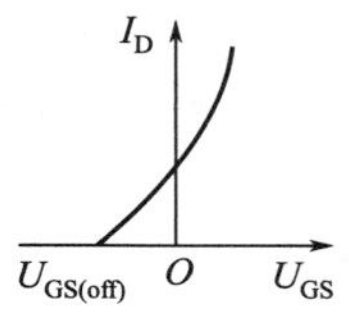 转移特性曲线 I_D $U_{GS(off)}$ O U_{GS}	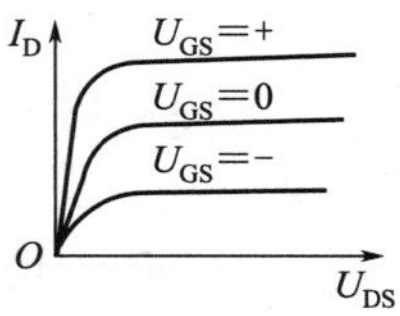 漏极特性 I_D $U_{GS}=+$ $U_{GS}=0$ $U_{GS}=-$ O U_{DS}
D型 PMOS	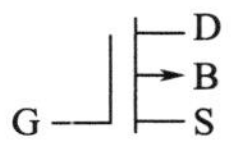 G—D B S 符号	$-$	$\pm$	$+$	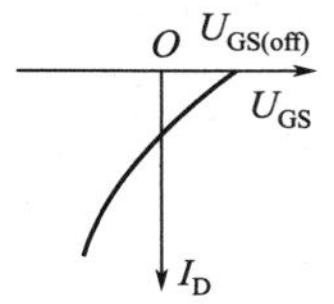 转移特性曲线 O $U_{GS(off)}$ U_{GS} I_D	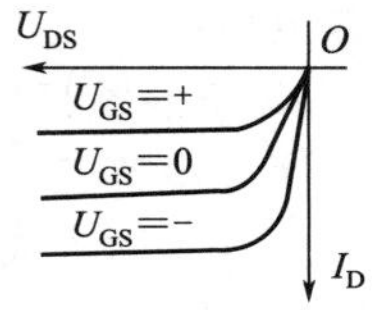 漏极特性 U_{DS} O $U_{GS}=+$ $U_{GS}=0$ $U_{GS}=-$ I_D

二、工作原理

无论是 E 型还是 D 型，它们的 NMOS 管和 PMOS 管的工作原理是相同的，只是工作电压的极性相反而已，因此在讨论工作原理时，都以 NMOS 管为例。

1. 增强型 MOS 场效晶体管

如果在漏极和源极之间加上电压 U_{os}，由图 6-38（a）可知，由于 N^+ 漏区和 N^+ 源区与 P 型衬底之间形成两个 PN 结，无论 U_{DS} 极性如何，两个 PN 结中总有一个因反向偏置而处于截止状态，漏极电流 I_D 几乎为零。

如果在栅极与源极之间加上正向电压 U_{ss}，如图 6-39 所示，由于栅极铝片与 P 型衬底之间为二氧化硅绝缘体，它们构成一个电容器，U_{GS} 产生一个垂直于衬底表面的电场，把 P 衬底中的电子吸引到表面层。当 U_{GS} 小于某一数值 $U_{GS(th)}$ 时，吸引到表层中的电子很少，而且立即被空穴复合，只形成不能导电的耗尽层；当 U_{GS} 大于这一数值时，吸引到表面层的电子，除填满空穴外，多余的电子在原为 P 型半导体的衬底表面形成一个自由电子占多数的 N 型层，故称为反型层。反型层沟通了漏区和源区，成为它们之间的导电沟道。使场效晶体管刚开始形成导电沟道的这个临界电压 $U_{GS(th)}$ 称为开启电压（threshold voltage）。

如果 $U_{GS} > U_{GS(th)}$，$U_{DS} > 0$，如图 6-40 所示，就能产生漏极电流 I_D，U_{GS} 越大，导电沟道越厚，沟道电阻越小，I_D 越大。由于这种 MOS 管必须依靠外加电压来形成导电沟道，故称为增强型。加上 U_{DS} 后，导电沟道会变成如图 6-40 所示那样厚薄不均匀，这是因为 U_{DS} 使得栅极与沟道不同位置间的电位差变得不同，靠近源极一端的电位差最大为 U_{GS}；靠近漏极一端的电位差最小为 $U_{GD} = U_{GS} - U_{DS}$，因而反型层成楔形不均匀分布。

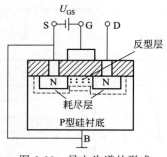

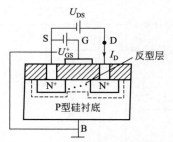

图 6-39　导电沟道的形成　　　　　图 6-40　E 型 NMOS 管导通状态

可见，改变栅极电压 U_{GS}，就能改变导电沟道的厚薄和形状，从而实现对漏极电流 I_{D} 的控制作用。

2. 耗尽型 MOS 场效晶体管

耗尽型 NMOS 管的二氧化硅绝缘薄层中掺入了大量的带正电荷的杂质，当 $U_{\mathrm{GS}}=0$，即不加栅源电压时，这些正电荷产生的内电场也能在衬底表面形成自建的反型层导电沟道。若 $U_{\mathrm{GS}}>0$，则外电场与内电场方向一致，使导电沟道变厚。当 $U_{\mathrm{GS}}<0$ 时，外电场与内电场方向相反，使导电沟道变薄。当 U_{GS} 的负值达到某一数值 $U_{\mathrm{GS(off)}}$ 时，导电沟道消失。这一临界电压 $U_{\mathrm{GS(off)}}$ 称为夹断电压（pinch-off voltage）。可见，这种 MOS 管通过外加 U_{GS} 既可使导电沟道变厚，也可使其变薄，直至耗尽为止，故名耗尽型。只要 $U_{\mathrm{GS}}>U_{\mathrm{GS(off)}}$，$U_{\mathrm{DS}}>0$，都会产生 I_{D}，改变 U_{GS}，便可改变导电沟道的厚薄和形状，实现对漏极电流 I_{D} 的控制。

三、特性曲线

1. 转移特性

在 U_{DS} 一定时，漏极电流 I_{D} 与栅源电压 U_{GS} 之间的关系 $I_{\mathrm{D}}=f(U_{\mathrm{GS}})$ 称为场效晶体管的转移特性（transfer characteristic），四种场效晶体管的转移特性见表 6-2，转移特性可由实验求得，也可由下述的漏极特性求得。

2. 漏极特性

在 U_{GS} 一定时，漏极电流 I_{D} 与漏源电压 U_{DS} 之间的关系 $I_{\mathrm{D}}=f(U_{\mathrm{DS}})$ 称为场效晶体管的漏极特性（drain characteristic）。实验测得四种场效晶体管的漏极特性见表 6-2。

通过转移特性和漏极特性可以更清楚地了解这四种场效晶体管的特点。

四、主要参数

1. 开启电压 $U_{\mathrm{GS(th)}}$ 和夹断电压 $U_{\mathrm{GS(off)}}$

$U_{\mathrm{GS(th)}}$ 和 $U_{\mathrm{GS(off)}}$ 的定义已在前面介绍过了。前者适用于增强型场效晶体管，后者适用于耗尽型场效晶体管。

2. 跨导 g_{m}

跨导（transconductance）是用来描述 U_{GS} 对 I_{D} 的控制能力的，其定义为

$$g_{\mathrm{m}}=\left.\frac{\Delta I_{\mathrm{D}}}{\Delta U_{\mathrm{GS}}}\right|_{U_{\mathrm{DS}}=\text{常数}}$$

式中，g_{m} 的单位是西［门子］（S）。

3. 漏源击穿电压 $U_{\mathrm{DS(BR)}}$

$U_{\mathrm{DS(BR)}}$ 是漏极与源极之间的反向击穿电压。

4. 最大允许漏极电流 I_{DM}

I_{DM} 是场效晶体管在给定的散热条件下所允许的最大漏极电流。

五、场效应管与双极型晶体管的比较

表 6-3 列出场效应管与双极型晶体管的区别，希望有助于学习者以比较的方式掌握二者的主要特点。

表 6-3 场效应管与双极型晶体管的比较

项目	名称	
	双极型晶体管	场效应管
载流子	两种不同极性的载流子(电子与空穴)同时参与导电,故称双极型晶体管	只有一种极性的载流子(电子或空穴)参与导电,故又称单极型晶体管
控制方式	电流控制	电压控制
类型	NPN 型和 PNP 型两种	N 型沟道和 P 型沟道两种
放大参数	$\beta = 20 \sim 100$	$g_m = 1 \sim 5\text{mA/V}$
输入电阻	$10^2 \sim 10^4 \, \Omega$	$10^7 \sim 10^{14} \, \Omega$
输出电阻	r_{ce} 很高	r_{ds} 很高
热稳定性	差	好
制造工艺	较复杂	简单,成本低
对应极	基极—栅极,发射极—源极,集电极—漏极	

可见，场效应管的突出优点是输入电阻高，主要不足之处是跨导低，单级放大倍数不如晶体管。

六、场效应晶体管放大电路

场效应晶体管具有输入电阻大的特点，因此，常用作多级放大电路的输入级，尤其对高内阻信号源，采用场效应晶体管能有效地放大。

和双极型晶体管比较，场效应晶体管的源极、漏极、栅极相当于它的发射极、集电极、基极。两者放大电路也类似，场效应晶体管有共源极放大电路和源极输出器等。

为保证放大电路正常工作，场效应晶体管放大电路也必须设置合适的静态工作点，以保证管子工作在线性区。

场效应晶体管的共源极放大电路和晶体管的共射极放大电路在电路结构上类似，如图 6-41、图 6-42 所示。首先对放大电路进行静态分析，即分析它的静态工作点。

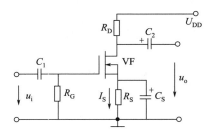

图 6-41 耗尽型绝缘栅场效应晶体管的自给偏压偏置电路

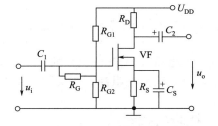

图 6-42 分压式偏置电路

　　场效应晶体管是电压控制元件，当 U_{DD} 和 R_D 选定后，静态工作点是由栅-源电压 U_{GS}（偏压）确定的。

1. 自给偏压偏置电路

图 6-41 为耗尽型绝缘栅场效应晶体管的自给偏压偏置电路。源极电流 I_S（等于 I_D）流经源极电阻 R_S，在 R_S 上产生压降 $I_S R_S$，显然 $U_{GS}=I_S R_S$，它是自给偏压。

电路各元件作用如下。

R_S：源极电阻，静态工作点受它控制，其阻值约几千欧。

C_S：源极电阻上的交流旁路电容，用它来防止交流负反馈，其容量约为几十微法。

R_G：栅极电阻，用以构成栅-源极间的直流通路，R_G 阻值不能太小，否则影响放大电路的输入电阻，其阻值为 $200k\Omega\sim10M\Omega$。

R_D：漏极电阻，它使放大电路具有电压放大功能，其阻值约为几十千欧。

C_1、C_2：分别为输入电路和输出电路的耦合电容，其容量一般为 $0.01\sim0.047\mu F$。

应该指出，由 N 型沟道增强型绝缘栅场效应晶体管组成的放大电路，工作时 U_{GS} 为正，所以无法采用自给偏压偏置电路。

2. 分压式偏置电路

图 6-42 所示为分压式偏置电路，R_{G1} 和 R_{G2} 为分压电阻。这样栅-源电压为（R_G 中并无电流通过）

$$U_{GS}=\frac{R_{G2}}{R_{G1}+R_{G2}}U_{DD}-I_D R_S=U_G-I_D R_S$$

式中，U_G 为栅极电位。对 N 型沟道耗尽型管，U_{GS} 为负值，所以 $I_D R_S>V_G$；对 N 型沟道增强型管，U_{GS} 为正值，所以 $I_D R_S<V_G$。

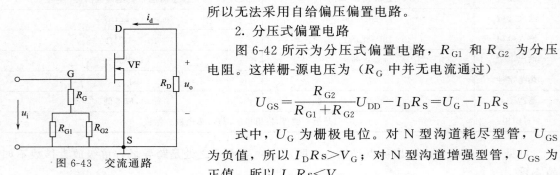

图 6-43　交流通路

当输入端加上交流信号 u_i 时，栅源电压就要发生变化，其变化量 $u_{gs}=u_i$，从而引起漏极电流和输出端的电压发生相应的变化。此时放大电路的交流通路如图 6-43 所示。

当 u_i 作用时，将引起漏极电流增量 i_d。

输出电压

$$u_o=-i_d R_D=-g_m u_i R_D$$

电压放大倍数

$$A_u=\frac{U_o}{U_i}=-g_m R_D$$

综合实训：光敏声光报警电路安装调试

式中，负号表示输出电压与输入电压相位是相反的。

放大电路的输入电阻

$$r_i=R_G+(R_{G1}//R_{G2})$$

通常为使 U_{GS} 的静态值比较稳定，R_{G1} 和 R_{G2} 的阻值取得比较小，所以

$$r_i=R_G+(R_{G1}+R_{G2})\approx R_G$$

选择大阻值（$1M\Omega$ 以上）的 R_G 就不会使输入电阻降低过多。场效应晶体管放大电路的突出优点是输入电阻高。在实际工作中，一般用作输入级。

 练习与思考八

1. 为什么说晶体管是电流控制元件，而场效晶体管是电压控制元件？
2. 试说明 NMOS 管与 PMOS 管，E 型管和 D 型管的主要区别。

3. 某场效晶体管，当 $U_{GS}>3V$，$U_{DS}>0$ 时，才会产生 I_D。试问该管是四种场效晶体管中的哪一种？

知识链接

正弦波振荡器

在模拟信号中，最基本而且应用最广泛的是正弦波信号。所谓正弦波振荡器（sinusoidal oscillator）指的是能够产生正弦波信号的电路，它不需要输入任何其他信号，而由电路自身在一定条件下产生振荡，输出正弦波信号。这种电路在电子测量、自动控制、通信、无线电广播、电视技术等领域中有着广泛的应用。

一、自激振荡

图 6-44 所示电路中，当开关置于位置 1 时，放大器的输入端与信号源连接，输入正弦信号 u_i，输出端是一个放大了的正弦信号 u_o。

$$u_o = A_o u_i$$

这是一个没有反馈的放大器。这时，如果将开关放到位置 2，将反馈电路与输入端连接，即用反馈电路代替信号源，通过反馈电路形成的反馈电压为

$$u_f = F u_o$$

式中　F——反馈系数。

将反馈极性设置成正反馈，并适当调整放大器和反馈电路的参数，使得反馈电压等于输入电压

$$u_f = u_i$$

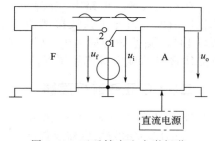

图 6-44　正反馈产生自激振荡

这样，反馈电压 u_f 恰好代替了输入信号 u_i，因而在没有信号源的情况下仍能保持输出电压 u_o 的幅值不变。由于此时已撤除了信号源，所以放大电路处于自激振荡（self-excited oscillation）状态，称为自激振荡器（self-excited oscillator），简称振荡器（oscillator）。

1. 自激振荡的条件

在振荡电路中，由于没有外加信号源提供输入信号，振荡电路的输出信号（频率、幅度）由电路自身的参数决定。

首先，振荡电路中的反馈信号与放大电路的输入信号必须相位相同，也就是要求正反馈。这一要求就是自激振荡的相位条件。

相位条件可表示为

$$\phi_F = 2n\pi + \phi_A$$

式中　ϕ_A——输入信号相位；

　　ϕ_F——同一时刻反馈信号相位。

$\phi_F - \phi_A = 2n\pi$，说明是正反馈。

其次，振荡电路中，反馈信号 u_f 的幅度要求与输入信号 u_i 的幅度相等，这一条件称为自激振荡的幅度条件。

幅度条件可表示为

$$u_f = u_i$$

综上所述，产生自激振荡必须同时满足相位条件和幅度条件。自激振荡器实质上是一个足够强的正反馈放大器。

以上讨论放大电路转变为振荡电路时，是假定输入端先接信号源，然后转接到反馈电路

上进入正常工作的。实际上，振荡器的起振并不需要外加信号电压，因为电路中不可避免地有干扰和噪声存在，例如接通电源瞬间产生的扰动、某些电压或电流的微小波动等。只要满足增幅条件（$u_f > u_i$），这些干扰经过放大和正反馈的多次循环，就会逐渐振起来。这一过程称为电路的"起振"。

在增幅条件下，振荡幅值不会无限增长。当振荡电压增长到一定值时，晶体管的工作状态进入非线性区（饱和或截止），这时输出信号将不再继续增大，振荡器进入稳定工作状态。形成自动稳幅。

2. 选频电路

闭合电路的瞬间引起扰动（disturbance）所产生的信号是频谱很宽的谐波信号。如果其中所有频率的信号都在电路中形成振荡，那么，电路输出端将是杂乱无章的谐波信号，毫无应用价值。

若要得到单一频率的正弦波信号，振荡电路中必须加选频电路。由选频电路选出的频率为 f_0 的信号进入正反馈过程，形成振荡，输出频率为 f_0 的正弦信号。而其他频率的信号则被选频电路衰减，以至消失。

在正弦波振荡电路中，只有选频电路选出的信号才通过正反馈和放大形成振荡，其他频率很快消失，因此正弦波振荡器常根据选频电路（frequency selection circuit）来命名。例如以 LC 回路选频的称为 LC 振荡器，以 RC 选频的称为 RC 振荡器（RC oscillator），以石英晶体选频的称为石英晶体振荡器等。

二、LC 正弦波振荡器

1. 变压器反馈式 LC 振荡器

图 6-45 所示为变压器反馈式 LC 振荡器，这一电路可以分为三个主要组成部分：

① 以晶体管 VT 为核心的放大电路；

② 电感 L 和电容 C 构成的 LC 选频电路；

③ 变压器二次绕组的 L_f 和耦合电容 C_f 构成的正反馈电路。

根据前面介绍过的 LC 谐振电路知识，LC 组成并联谐振电路时，谐振频率 f_0 为

$$f_0 = \frac{1}{2\pi\sqrt{LC}}$$

并联谐振电路的阻抗特性是在 f_0 频率处，电路阻抗最大，且呈纯电阻性。对于较低频率和较高频率，LC 谐振电路阻抗很小。

当振荡电路电源闭合瞬间，电路中产生频谱很宽的扰动信号，由于三极管 VT 集电极带有 LC 并联谐振负载，对 f_0 频率的信号产生较大的放大，对其他频率的信号则无放大。完成了选频放大。

图 6-45 所示电路中，反馈信号由 L_f 经 C_f 引入三极管的基极，根据同名端的极性，用瞬时极性法判别，可知这是正反馈。经过选频放大→正反馈多次循环，信号幅度增大，然后在三极管的非线性作用下稳定幅度，输出电压 u_o 从变压器副绕组 L_2 上取出。

2. 电感三点式振荡器

图 6-46 为电感三点式振荡器（tapped-coil oscillator）电路图。与变压器反馈式的不同之处在于选频回路是由 L_1、L_2 及 C 共同构成，反馈信号 u_f 由 L_2 两端取得。用瞬时极性法可以判定反馈极性为正反馈。

电路的振荡频率（oscillation frequency）为

$$f_0 = \frac{1}{2\pi\sqrt{(L_1 + L_2)C}}$$

由于选频回路中的电感有抽头、首端和末端三个点，故称为电感三点式振荡器。这种电路制作简单，避免了极性可能弄错的问题，而且 L_1 与 L_2 是同一线圈，耦合紧密，因而起振容易。

电感三点式振荡器中，反馈信号取自电感 L_2，其感抗与信号频率成正比，对高频谐波阻抗很大，输出信号含有高次谐波，故输出的正弦波形不十分好。

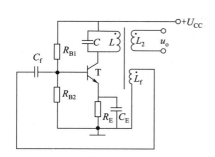

图 6-45　变压器反馈式 LC 振荡器

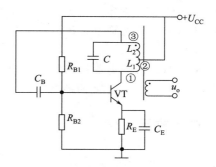

图 6-46　电感三点式振荡器

3. 电容三点式振荡器

如果将反馈信号取自电容，容抗随频率升高而减小，高次谐波就不会出现，输出的正弦波形就好多了。电容三点式振荡器（tapped-condencer oscillator）的电路如图 6-47 所示。

电路中选频回路由电感 L 和电容 C_1、C_2 共同构成，其中 C_2 是反馈电容。用瞬时极性法可以判定这一反馈是正反馈。

电容三点式振荡器的振荡频率为

$$f_0 = \frac{1}{2\pi\sqrt{LC'}}$$

其中 C' 为等效电容，为 C_1 和 C_2 的串联值

$$C' = \frac{C_1 C_2}{C_1 + C_2}$$

4. 石英晶体振荡器

图 6-48 所示电路是一个用石英晶体作选频元件的石英晶体振荡器。

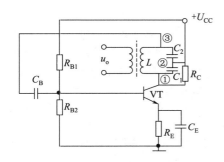

图 6-47　电容三点式振荡器

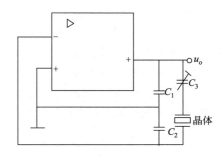

图 6-48　石英晶体振荡器

电路中石英晶体与 C_1、C_2 是并联的，好似电容三点式中的电感 L，但是，振荡频率取决于石英晶体的固有频率，与 C_1、C_2 无关，反馈信号取自 C_2，保持了电容反馈高次谐波少、输出波形好的特点。C_3 可以在小范围内调节输出信号的频率。

石英晶体振荡器的振荡频率极为稳定，常用在一些对振荡频率要求极为严格的场合，比如计算机的时钟信号发生器、标准计时器、数字电路等。

练习与思考九

1. 试说明振荡条件、振荡建立和振荡稳定三个问题。

2. 正弦波振荡电路中为什么要有选频电路？没有它是否也能产生振荡？这时输出的是不是正弦波？

3. 试说明振荡平衡条件 $AF=1$ 与振荡相位平衡条件 $\phi_F + \phi_A = 2n\pi\,(n=0,\ 1,\ 2,\ \cdots)$、幅值平衡条件 $|AF|=1$ 之间的关系。

知识提示

① 晶体管有 NPN 和 PNP 两种基本类型，它们都有三个区（发射区、基区、集电区）、两个 PN 结（发射结、集电结）和三个电极（发射极、基极、集电极）。电极分别用 E、B、C 表示。晶体管工作在放大状态时，其发射结正向偏置，集电结反向偏置，基极电流的微小变化量 ΔI_B 能引起大得多的集电极电流变化量 ΔI_C，这就是晶体管的电流放大作用。ΔI_C 与 ΔI_B 的比值，叫晶体管的电流放大系数，用 β 表示，$\beta = \dfrac{\Delta I_C}{\Delta I_B}$。

② 晶体管的性能可由其输入、输出特性曲线及参数来表示，这是分析晶体管工作状态和选用晶体管的主要依据。由输出特性曲线，根据晶体管不同的工作特点，可划分为饱和、截止、放大三个区，即三种工作状态。晶体管的主要参数有 β、I_{CEO}、I_{CM}、$U_{(BR)CEO}$、P_{CM} 等，后面三个是极限参数，注意使用时不要超过。

③ 对放大电路的基本要求是将输入信号不失真地放大。由于晶体管是单向导电的非线性器件，故在放大交流信号时，必须先设置合适的静态工作点（I_B、I_C、U_{CE}），以使晶体管工作在特性曲线的线性部分，始终处于放大工作状态，才能使信号的正、负波形得到不失真的反应。静态工作点的位置对放大电路的工作性能有很大的影响，位置过高，容易产生饱和失真；过低则易产生截止失真。静态工作点的位置还会受到外界因素的作用，特别是温度变化的影响而改变，使放大电路不能正常工作。常采用分压式偏置共发射极放大电路来稳定静态工作点。

④ 放大电路在放大交流信号时，电路中交、直流共存，其 i_B、i_C 和 u_{CE} 均由直流分量和交流分量两部分组成。直流分量（即 I_B、I_C、U_{CE}）由偏置电路决定，可利用直流通路进行估算，也可用图解法求得。放大电路的动态分析主要是计算电压放大倍数和输入、输出电阻，常用微变等效电路法来进行。所谓微变等效电路法，就是在小信号的情况下，在放大电路的交流通路中，用微变等效电路代替晶体管，然后运用线性电路的计算方法求解。单管共射极放大电路的电压放大倍数 $A_u = \dfrac{U_o}{U_i} = -\beta \dfrac{R'_L}{r_{be}}$，输入电阻 $r_i \approx r_{be}$，输出电阻 $r_o = R_C$。其电压放大倍数较高，常用作电压放大级；输入电阻低、输出电阻高是它的主要缺点。

⑤ 射极输出器是共集电极放大电路，其电压放大倍数小于 1 但近似等于 1，输入电阻高，输出电阻低，有电流放大和功率放大作用，常用作多级放大电路的输入级、输出级，也可用作中间隔离级。

⑥ 功率放大电路的主要任务是获得最大不失真的输出功率和较高的工作效率。它工作在大信号极限工作状态，常用图解法进行分析。目前广泛使用的功率放大电路是甲乙类互补对称射极输出电路，有 OCL（双电源）和 OTL（单电源）等类型。

⑦ 多级放大电路常用的级间耦合方式有两种，即阻容耦合和直接耦合。多级放大电路的总电压放大倍数是各单级电压放大倍数的乘积。在计算各级的电压放大倍数时，应考虑前后级之间的相互影响，即后一级的输入电阻就是前一级的负载电阻。

⑧ 场效应管具有输入电阻高、噪声小、功耗低等优点。常用的有结型场效应管和绝缘栅场效应管两种。场效应管是一种电压控制元件。场效应管按其导电沟道分为 N 型沟道和 P 型沟道两种；它们所加的电源电压极性相反。绝缘栅场效应管按其导电沟道的形成，有耗尽型和增强型两种，后者只有当 $U_{GS} > U_{GS(th)}$ ［$U_{GS(th)}$ 为开启电压］时才形成导电沟道。场效应管的静态工作点是借助于栅极偏压来设置的，常用的电路有分压式偏置电路和自给偏压偏置电路。

⑨ 自激振荡电路实质上是一个满足自激振荡条件的正反馈放大电路。自激振荡的幅值条件是 $|AF| = 1$，即必须有足够强的反馈；自激振荡的相位条件是 $\phi_F - \phi_A = 2n\pi$，即必须是正反馈。正弦波振荡电路是具有选频网络的自激振荡电路，是利用选频网络通过正反馈产生自激振荡的。按选频网络的不同，有 LC、RC 正弦波振荡电路两大类。LC 正弦波振荡电路按反馈元件不同有三种：变压器反馈式、电感、电容三点式振荡电路。它们的振荡频率由 LC 选频回路决定，即 $f_0 = \dfrac{1}{2\pi\sqrt{L'C'}}$，$L'$、$C'$ 分别是选频回路的等效电感和等效电容。

 知识技能

6-1　晶体管用微变等效电路来代替，条件是什么？

6-2　晶体管放大电路如图 6-49(a) 所示，已知 $V_{CC} = 12V$，$R_C = 3k\Omega$，$R_B = 240k\Omega$，$\beta = 40$。

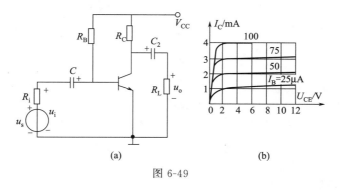

图 6-49

① 试用直流通路估算静态工作点；

② 如晶体管的输出特性如图 6-49(b) 所示，试用图解法求静态工作点；

③ 在静态时（$u_i = 0$）C_1 和 C_2 上的电压各为多少？并标出极性。

6-3　在上题中，如改变 R_B，使 $U_{CE} = 3V$，试用直流通路求 R_B 的大小；如改变 R_S，使 $I_C = 1.5mA$，R_B 又等于多少？并分别用图解法作出静态工作点。

6-4　有一晶体管继电器电路，继电器的线圈作为放大电路的集电极电阻，线圈电阻 $R_C = 3k\Omega$，继电器动作电流为 6mA，晶体管的 $\beta = 50$。问：

① 基极电流多大时，继电器才能动作。

② 电源电压 V_{CC} 至少应大于多少伏，才能使此电路正常工作？

6-5　一单管放大电路如图 6-50 所示，$V_{CC}=15V$，$R_C=5k\Omega$，$R_E=500k\Omega$，可变电阻 R_P 串联于基极电路。晶体管的 $\beta=100$。

① 若要使 $U_{CE}=7V$，求 R_P 的阻值；

② 若要使 $I_C=1.5mA$，求 R_P 的阻值；

③ 若 $R_B=0$，此电路可能发生什么问题？

6-6　如图 6-50 所示电路，实验时用示波器观测波形，输入为正弦波信号时，而输出波形如图 6-51 所示，它们各属于什么性质的失真（饱和、截止）？怎样才能消除失真？

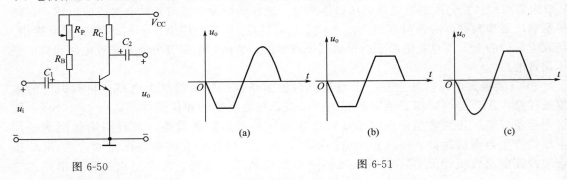

图 6-50　　　　　　　　　　　　　　　　　　　图 6-51

6-7　试判断图 6-52 中各电路能否放大交流电压信号，为什么？

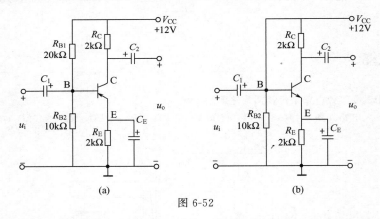

(a)　　　　　　　　　　　　　　(b)

图 6-52

6-8　在如图 6-53 所示放大电路中，已知 $V_{CC}=15V$，$R_C=5k\Omega$，$R_L=5k\Omega$，$R_B=500k\Omega$，$\beta=50$，试估算静态工作点和电压放大倍数；画出微变等效电路。

6-9　如图 6-54 所示放大电路，试求静态工作点、输入、输出电阻和电压放大倍数；画出微变等效电路。

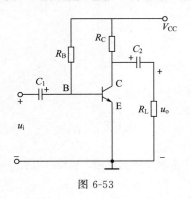

图 6-53

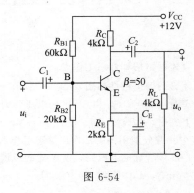

图 6-54

6-10　如图 6-55 所示放大电路，晶体管的 $\beta=60$，试求接入负载电阻 R_L 及 R_L 开路时，电路的电压放大倍数和输入、输出电阻；并画出微变等效电路。

6-11　两级阻容耦合放大电路如图 6-56 所示，已知 $\beta_1=\beta_2=40$，$r_{be1}=1k\Omega$，$r_{be2}=0.6k\Omega$。试分别计算每级的电压放大倍数和总电压放大倍数。

6-12　图 6-57 为两级交流放大电路，晶体管的 $\beta_1=\beta_2=50$，$r_{be1}=r_{be2}=1k\Omega$。

① 画出放大电路的微变等效电路；

② 求各级放大电路的输入、输出电阻；

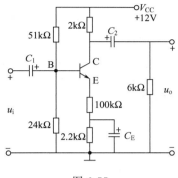

图 6-55

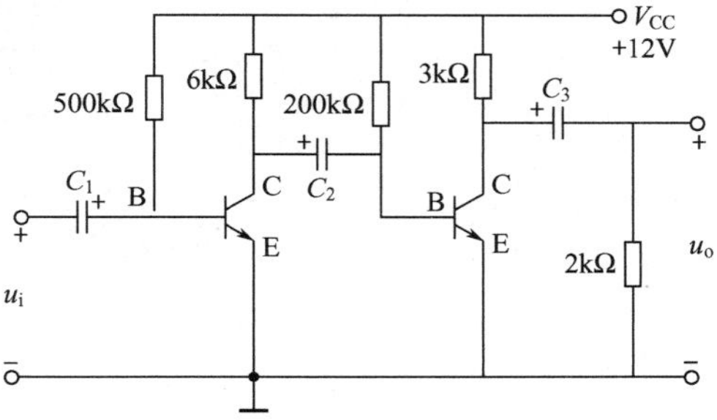

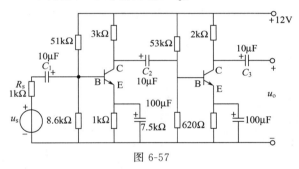

图 6-56

③ 求各级电压放大倍数和总电压放大倍数；

④ 若信号源电压 $u_s=1mV$，内阻 $1k\Omega$，求输出电压 u_o。

图 6-57

6-13　图 6-58 是两级阻容耦合放大电路，已知 $\beta_1=\beta_2=50$。

① 计算前、后级放大电路的静态工作点；

② 画出微变等效电路；

③ 求各级电压放大倍数及总电压放大倍数；

④ 后级采用射极输出器有何好处？

6-14　在图 6-59 的放大电路中，已知 $\beta_1=\beta_2=50$。

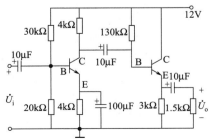

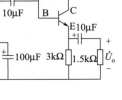

图 6-58

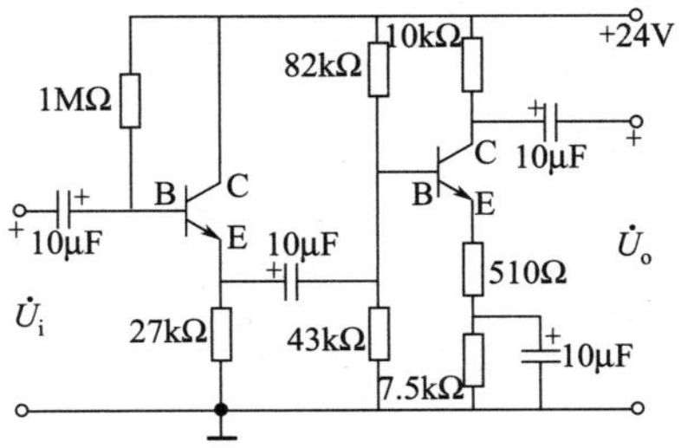

图 6-59

① 计算前、后级放大电路的静态工作点；

② 画出微变等效电路；

③ 求各级电压放大倍数及总电压放大倍数；

④ 前级采用射极输出器有何好处？

6-15　场效应管和双极型晶体管比较有何特点？

6-16　为什么说晶体管是电流控制元件，而场效应管是电压控制元件？

6-17　绝缘栅场效应管的栅极为什么不能开路？

项目六（知识技能）：部分参考答案

哲思语录：勤学如春起之苗，不见其增，日有所长；
辍学如磨刀之石，不见其损，日有所亏。

科学家简介

爱迪生（Thomas Alva Edison，托马斯·阿尔瓦·爱迪生，1847年2月11日～1931年10月18日），世界著名的美国发明家、物理学家、企业家，拥有知名重要的发明专利超过2000项，被传媒授予"门洛帕克的奇才"称号！他是人类历史上第一个利用大量生产原则和电气工程研究的实验室来进行从事发明专利而对世界产生重大深远影响的人。

爱迪生诞生于美国中西部的俄亥俄州（Ohio）的米兰（Milan）小市镇。尽管一生只在学校里读过三个月的书，但通过坚持不懈的努力，发明了电灯、电报、留声机、电影等1000多种成果，成为著名的发明家，为人类的文明和进步做出了巨大的贡献。爱迪生同时也是一位伟大的企业家，1879年，爱迪生创办了"爱迪生电力照明公司"，1890年，爱迪生已经将其各种业务组建成为爱迪生通用电气公司。虽然爱迪生没有纯理论科学家的气质，但是他却奠定了一项重大的科学理论基础。1882年他发现在接近真空的状态下，电流可以在彼此不相接触的电线之间通过，这个现象就叫作爱迪生效应，它不仅有重要的实际意义，而且还有广泛的应用价值，最终导致了电子工业的成立。1931年10月18日，爱迪生在西奥伦治逝世，终年84岁，1931年10月21日，全美国熄灯以示哀悼。

特斯拉（Nikola Tesla，尼古拉·特斯拉，1856年7月10日～1943年1月7日）是世界知名的发明家、物理学家、机械工程师和电机工程师。1893年他展示了无线通讯并成为电流之战的赢家之后，就成了美国最伟大的电子工程师之一，从而备受尊敬。他的许多发现具有开创性。在公元1943年，美国最高法院承认他为无线电的发明者。以他名字而命名的磁力线密度单位（1 Tesla = 10000 Gause）更表明他在磁力学上的贡献。

特斯拉出生于一个名叫斯米连村庄的塞尔维亚人家庭中，这个村庄位于奥地利帝国（今克罗地亚共和国）的利卡区戈斯皮奇附近。他一生的发明数不胜数：1882年，他继爱迪生发明直流电（DC）后不久，即发明了交流电（AC），并制造出世界上第一台交流电发电机，并始创多相传电技术，就是现在全世界广泛应用的50～60Hz传送电力的方法。1895年，他替美国尼加拉瓜发电站制造发电机组，该发电站至今仍是世界著名水电站之一。1897年，他使马可尼的无线传讯理论成为现实。1898年，他又发明无线电遥控技术并取得专利（美国专利号码♯613.809）。1899年，他发明了X光（X-Ray）摄影技术。在使用电的现代世界上到处都可以看见特斯拉的遗产。撇开他在电磁学和工程上的成就，特斯拉也被认为对机器人、弹道学、资讯科学、核子物理学和理论物理学等各种领域有贡献。特斯拉虽然一次都未被授予诺贝尔奖，但在他1931年75岁生日的时候，收到八位诺贝尔物理学奖得主的感谢函，1943年他的葬礼时，有三位诺贝尔物理学奖得主代表诺贝尔团队致辞。

项目七
集成运算放大电路的分析与测试

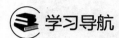 学习导航

学习目标	☆知识目标:①理解集成运算放大器基本结构及主要参数 ②掌握集成运算放大电路的分析方法 ③掌握集成运算放大器的线性应用 ④理解集成运算放大器的非线性应用
	☆技能目标:①掌握集成运算放大器基本结构及主要参数 ②熟练掌握集成运算放大电路的分析方法 ③熟练掌握集成运算放大器的线性应用 ④掌握集成运算放大器的非线性应用 ⑤熟练掌握集成运算放大器的装调方法
	☆思政目标:①培养学生能制订出切实可行的工作计划,提出解决实际问题的方法以及对工作结果进行评估的能力 ②培养学生遵纪守法、爱岗敬业、爱护设备、责任心强、团结合作的职业操守 ③培养学生展示自己技能的能力
知识点	☆集成电路的分类 ☆集成运算放大器的组成 ☆集成运算放大电路的分析方法 ☆集成运算放大器的线性应用——基本运算电路 ☆集成运算放大器的非线性应用
难点与重点	☆集成运算放大电路的分析方法 ☆集成运算放大器的基本应用
学习方法	☆理解相关基本概念 ☆通过做练习题掌握集成运算放大电路的分析方法 ☆通过做实践训练加深对集成运算放大电路的理解

  运算放大器（operational amplifier）是一种高放大倍数的多级直接耦合放大器，简称运放。它因早期用于电子模拟计算机中进行各种数字运算而得名。目前，运算放大器的功能已经远远超出了计算机范围。

  前一项目讲的放大电路，都是由互相分开的晶体管、电阻、电容等元件组成的，称为分立元件电路（discrete circuit）。随着半导体器件制造工艺的发展，在 20 世纪 60 年代初开始出现了将整个电路中的晶体管、电阻、电容和导线集中制作在一小块（面积约 $05mm^2$）硅片上，封装成为一个整体器件，称为集成电路（integrated circuit，IC）。按其功能的不同，集成电路可分为模拟集成电路和数字集成电路两类。

  模拟集成电路种类很多，例如集成运放；集成功放；集成高、中频放大器；集成稳压器；等等。其中应用最广的就是集成运放。它具有体积小、重量轻、造价低、使用可靠、灵活方便、通用性强等优点，在检测、自动控制、信号产生与处理等许多方面获得了广泛应用，有"万能放大器"的美称。

集成运算放大器是一种集成化的半导体器件，它实质上是一个具有很高放大倍数的、直接耦合的多级放大电路，可以简称为集成运放组件。实际的集成运放组件有许多不同的型号，每一种型号的内部线路都不同，从使用的角度看，我们感兴趣的只是它的参数和特性指标，以及使用方法。集成运算放大器的类型很多，电路也各不相同，但从电路的总体结构上看，基本上都由输入级、中间放大级、功率输出级和偏置电路4个部分组成，如图7-1所示。

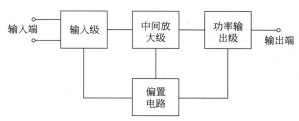

图 7-1　集成运算放大器的组成

输入级一般采用具有恒流源的双输入端的差分放大电路，大部分差分电路是由两个电路结构相同、元件参数一致的共发射极电路组成的，有两个输入端。采用差分电路的目的就是减小放大电路的零点漂移，提高输入阻抗。

中间放大级的主要作用是电压放大，使整个集成运算放大器有足够高的电压放大倍数。

功率输出级一般采用射极输出器构成的互补对称电路，其目的是实现与负载的匹配，使电路有较大的功率输出和较强的带负载能力。

偏置电路的作用是为上述各级电路提供稳定、合适的偏置电流，稳定各级的静态工作点，一般由各种恒流源电路构成。

任务一　直接耦合放大器

知识点
◎ 直接耦合放大器。
◎ 级间互相影响。
◎ 零点漂移。

技能点
◎ 会分析直接耦合放大器的工作特点。
◎ 会分析级间互相影响问题。
◎ 会分析零点漂移问题。

思政要素　　　　集成运算
　　　　　　　放大器概述

 任务描述

交流放大器放大的信号是随时间变化较快的周期性信号。但自动控制系统需要放大的信号往往是一些变化极为缓慢的非周期性信号或某一直流量的变化，这类信号统称直流信号。例如，温度自动控制过程中，先将被测温度的某一变化 ΔT 通过传感器（如热电偶、热敏电阻等，又称变换器）转换为微弱的电压变化 ΔU，被测温度的变化通常是很缓慢、非周期性的，因而电压变化也是很缓慢和非周期性的，需要把这个微弱的电压变化经过多级放大后再推动执行元件去调节温度。显然，对直流信号，不能采用阻容耦合或变压器耦合，因为电容器或变压器都会隔断直流量或变化很缓慢的信号，不能将它传送到下一级。因此，必须采用直接耦合方式，这种直接耦合、能放大直流信号的放大器称为直接耦合放大器（direct coupled amplifier）。

 任务分析

分析直流放大器的基本方法与交流放大器相同，在计算变化量时，二者的小信号等效电路没有什么区别。因此，由交流放大器等效电路推导出来的有关放大倍数、输入电阻、输出电阻的估算公式，对直流放大器仍然适用。不同的是，交流放大器中的变化量是交流量（幅值或有效值），而直流放大器的变化量则是直流量。例如，直流放大器的电压放大倍数是以输出电压的变化量 ΔU_o 与输入电压变化量 ΔU_i 之比来定义的，即

$$A_u = \Delta U_o / \Delta U_i \tag{7-1}$$

直流放大器有两个主要问题：一个是级间互相影响问题；一个是零点漂移问题。

 相关知识

一、级间互相影响

交流放大器级间耦合电容能隔断直流量，使各级的静态工作点互不影响。但在直接耦合放大器中，各级的工作状态不再是独立的，而是互相影响、互相牵制。

在如图 7-2 所示的直接耦合两级放大电路中，前级的集电极电位恒等于后级的基极电位，而且前级的集电极电阻 R_{C1} 同时又是后级的偏流电阻，这就使前、后两级的工作相互影响和牵制。

图 7-2 电路中，VT_2（硅管）发射结正向压降约 0.7V，这就迫使 VT_1 管的 U_{CE1} 也等于此值，如此低的管压降很容易使 VT_1 的工作进入饱和区。但若输入信号 ΔU_1 很小，即 $\Delta U_i \ll 7V$，就可使 VT_1 的工作范围不进入饱和区，所以，这种电路只能用于信号很弱的前置放大级中，例如自动记录仪表中放大器的前置级。

若输入信号不很弱，就需采取适当措施，以保证既能有效地传递直流信号，又使每级都有合适的静态工作点。例如，提高后级 VT_2 的发射级电位，就是兼顾前、后级静态工作点和放大倍数的简单有效措施。

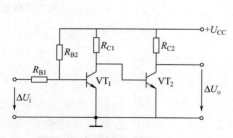

图 7-2　直接耦合两级放大电路

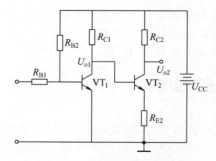

图 7-3　利用发射极电阻提高后级发射极电位的直接耦合电路

在如图 7-3 所示电路中，利用电阻 R_{E2} 上的压降来提高发射极电位。这既能提高 VT_1

的集电极电位，增大其输出电压的幅度；又能使 VT_2 获得合适的静态工作点。R_{E2} 的大小可根据静态时前级的管压降 U_{CE1} 和后级的发射极电流 I_{E2} 来决定，即

$$R_{E2} = \frac{U_{CE1} - U_{BE2}}{I_{E2}} \tag{7-2}$$

电阻 R_{E2} 使后级引进了较深的电流负反馈，这固然有利于该级静态工作点的稳定，同时却降低放大倍数。因此，常采用硅二极管或稳压管代替电阻 R_{E2}，如图 7-4 所示。每只硅二极管的正向压降约 0.7V，可根据需要的 U_{E2} 值，确定其串联个数。图 7-4（b）中，电源和稳压管之间接入一个电阻 R，以调整稳压管的电流，使 VT_2 的静态电流符合要求。

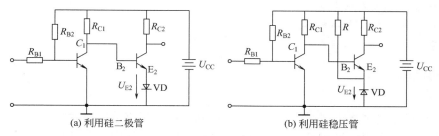

图 7-4　利用硅二极管或稳压管提高后级发射极电位的直接耦合电路

二、零点漂移

实验发现，在直接耦合的多级放大器中，将输入端短路，令输入信号为零（$\Delta U_i = 0$），输出电压并不为零，而是在起始静态电压的基础上出现缓慢的、无规则的、持续的变动。这种现象称为零点漂移（zero drift），简称零漂。

为什么会产生零点漂移呢？内部原因在于级间耦合，外部原因是温度变化、电源电压波动、晶体管老化等，而主要是温度变化，所以零漂又称温漂。当温度变化引起晶体管参数变化时，放大器的静态工作点将随之变动。虽然采取了稳定静态工作点的措施，静态工作点的波动只是减小，并未彻底消除。这在交流放大器中已不成为问题了，但在直接耦合放大器中，各级静态电位的变化都将传送到下一级并被放大，尤其是第一级静态电位的变化将被逐级放大直到末级输出，形成显著的漂移电压，这个漂移电压是由无用的干扰信号被逐级放大而来的，它与有用的输出信号电压混在一起，无法区分。零漂严重时，还可能淹没有用信号，致使放大器无法正常工作。

零漂主要来自第一级静态电位的干扰变动，因此，抑制零漂也应主要从输入级着手。抑制零漂最有效的电路结构就是差动放大电路。

通常将输出电压漂移 ΔU_{oD} 除以放大倍数 A，折合为输入电压漂移 ΔU_{iD}，用来衡量零漂的大小

$$\Delta U_{iD} = \Delta U_{oD}/A \tag{7-3}$$

 练习与思考一

1. 集成运算放大器由哪几部分组成？其特点是什么？

2. 集成电路有何特点？一般将它分成哪几类？

3. 比较阻容耦合放大电路和直接耦合放大电路，直接耦合放大电路能否放大交流信号？

4. 什么是零点漂移？产生零点漂移的主要因素是什么？

任务二　差动放大电路

知识点
- ◎ 差放电路的基本原理。
- ◎ 典型的差放电路。
- ◎ 带恒流源的差动放大电路。

技能点
- ◎ 熟悉基本形式差放电路的组成。
- ◎ 会分析各种差放电路的工作原理。
- ◎ 掌握差放电路的基本计算。

 任务描述

由于在集成电路中无法制作大容量电容，电路只能采用直接耦合方式，因而必须解决温漂问题，电路才能实用。虽然集成电路中元、器件参数分散性大，但是相邻元、器件参数对称性却比较好。

 任务分析

差分放大电路就是利用这一特点，采用参数相同的晶体管来进行补偿，从而有效地抑制温漂的。在集成运放中多以差分放大电路作为第一级，差动放大器是一种可提供两个输入端和两个输出端的放大器，这种电路为系统中的接口提供了方便，同时又具有抑制零漂的能力，因而被广泛地应用在运算放大器等集成电路中。

 相关知识

一、差放电路的基本原理

简单的差放电路如图 7-5 所示。VT_1、VT_2 是两只特性相同的三极管，R_{B1} 是输入回路电阻，R_{B2} 是基极偏流电阻，R 是输入端分压电阻。U_{i1}，U_{i2} 分别为两管的输入信号，输出电压 U_o 由两管的集电极之间取出。

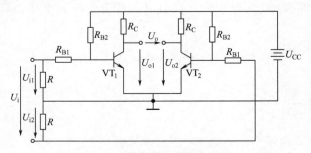

图 7-5　简单的差动放大电路

无任何输入信号时，因电路两边的参数完全对称，静态值完全相同，故两边输出电压 U_{o1}、U_{o2} 相等，总输出电压 $U_o = U_{o1} - U_{o2} = 0$。

将输入直流信号分成以下两类。

一类是 $\Delta U_{i1} = -\Delta U_{i2}$，即输入两管的信号大小相等而极性相反，这类输入称为差模输入（differential-mode input）。例如，一个有用的直流信号 ΔU_{id} 加到串联电阻 $2R$ 的两端，由两个 R 的均压作用，两边各得 ΔU_{id} 的一半，但因中点接地，$2R$ 的上端为正电位，下端为负电位，即

$$\Delta U_{i1} = \frac{1}{2} \Delta U_{id} \qquad \Delta U_{i2} = -\frac{1}{2} \Delta U_{id} \tag{7-4}$$

所以，这个加在 $2R$ 上的有用信号是差模输入。

另一类是 $\Delta U_{i1} = \Delta U_{i2}$，即输入两管的信号大小相等且极性相同，这类输入称为共模输入（common-mode input）。例如，温度升高引起零漂时，因两管特性完全相同，两边电路参数也完全相同，故两管输出的电压漂移相同，折合到输入端的电压漂移也相同，且都为正电位，即

$$\Delta U_{ic1} = \Delta U_{ic2} \tag{7-5}$$

可见，由温度变化等引起的无用干扰信号是共模输入。

差放电路对差模输入信号起放大作用，而对共模输入信号起抑制作用。

1. 对差模输入信号起放大作用

有差模输入时，由式（7-4）可知：

对于 VT_1，因 $\Delta U_{i1} > 0$，I_{B1}、I_{C1} 都增大，输出电压 $U_{o1} = U_{CC} - R_C I_{C1}$ 就要下降，即 ΔU_{o1} 为负值；

对于 VT_2，因 $\Delta U_{i2} < 0$，I_{B2}、I_{C2} 都减小，输出电压 $U_{o2} = U_{CC} - R_C I_{C2}$ 就要上升，即 ΔU_{o2} 为正值。

这时从两管集电极取出的输出电压不再为零，而是有了变化，其变化量为

$$\Delta U_o = \Delta U_{o1} - \Delta U_{o2} \tag{7-6}$$

因为

$$\Delta U_{o1} = A_1 \Delta U_{i1} = A_1 \left(\frac{1}{2} \Delta U_{id} \right)$$

$$\Delta U_{o2} = A_2 \Delta U_{i2} = A_2 \left(-\frac{1}{2} \Delta U_{id} \right)$$

故得 $\quad \Delta U_o = \Delta U_{o1} - \Delta U_{o2} = \frac{1}{2} A_1 \Delta U_{id} + \frac{1}{2} A_2 \Delta U_{id} = \frac{1}{2} (A_1 + A_2) \Delta U_{id}$

式中，A_1、A_2 分别为 VT_1、VT_2 单管放大电路的电压放大倍数。因两管特性相同，两边电路参数对称，故 $A_1 = A_2$。

差放电路的电压放大倍数（differential-model voltage amplification factor）为

$$A = \frac{\Delta U_o}{\Delta U_{id}} = \frac{1}{2} (A_1 + A_2) = A_1 = A_2 \tag{7-7}$$

即与单管放大电路的电压放大倍数相等。

如果忽略偏置电阻 R_{B2} 的影响（因为 $R_{B1} \gg r_{BE}$），则单管输入电压的变化量为

$$\Delta U_{i1} = (R_{B1} + r_{BE}) \Delta I_B$$

单管输出电压的变化量为

$$\Delta U_{o1} = -R_C \Delta I_C = -\beta R_C \Delta I_B$$

所以，电压放大倍数

$$A = A_1 = \frac{\Delta U_{o1}}{\Delta U_{i1}} = \frac{-\beta R_C \Delta I_B}{(R_{B1} + r_{BE}) \Delta I_B} = \frac{-\beta R_C}{R_{B1} + r_{BE}} \tag{7-8}$$

通常 $R_{B1} \gg r_{BE}$，故得

$$A \approx -\frac{\beta R_C}{R_{B1}} \tag{7-9}$$

式中，负号表示 ΔU_o 与 ΔU_{id} 极性相反。

差放电路对差模输入有放大作用，这正是"差放"名称的由来。

2. 对共模输入信号起抑制作用

当温度升高时，相当于两管同时输入同样的干扰信号 $\Delta U_{ic1} = \Delta U_{ic2}$，即共模输入。于是，两管的 I_B、I_C 都增加，因两边完全对称，故 $\Delta I_{B1} = \Delta I_{B2}$，$\Delta I_{C1} = \Delta I_{C2}$，两管的集-射极之间电压的变化量相等（$\Delta U_{o1} = \Delta U_{o2}$），即两管输出电压漂移相等。从两管集电极取出的输出电压变化量为

$$\Delta U_o = \Delta U_{o1} - \Delta U_{o2} = 0$$

可见，虽然电路两边都有零漂，但输出电压 U_o 的变化量为零，即输出电压基本上没有零漂。要使电路完全补偿，则要求电路两边完全对称、两管特性完全相同。但因三极管特性的分散性，做到这一点是很难的（集成电路比较容易做到）。而且，补偿作用是靠两管的漂移电压互相平衡，并不能抑制每只管子的零漂。因此，这种简单差放电路还需要改进。

二、典型的差放电路

为了减小差放电路中每只管子的零漂，通常在简单差放电路中加接电位器 R_P、发射极

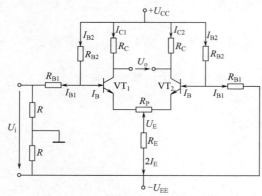

图 7-6 典型的差动放大电路

电阻 R_E 和另一直流电源 U_{EE}，如图 7-6 所示。

1. 电位器 R_P 的作用

R_P 称为调零电位器。如果两只管子的特性不大一致，可调整 R_P，使得 $I_{C1} = I_{C2}$。R_P 的阻值一般取在几百欧以内。

2. 发射极公共电阻 R_E 的作用

R_E 对每只管子的零漂都能起抑制作用。因为 R_E 上的压降

$$U_{RE} = 2R_E I_E = R_E (I_{E1} + I_{E2})$$

两管的基极电位 U_{B1}、U_{B2} 基本不变，故抑制过程大致如下。

$$t\,^{\circ}\!C \uparrow \rightarrow I_{C1} \uparrow, I_{C2} \uparrow \rightarrow (I_{E1} + I_{E2}) \uparrow \rightarrow U_{RE} \uparrow \rightarrow U_{BE1} \downarrow, U_{BE2} \downarrow$$
$$\downarrow I_{C1}, \downarrow I_{C2} \longleftarrow \qquad \downarrow I_B \longleftarrow$$

可见 R_E 对共模输入具有负反馈作用，因此，温升造成每只管子的电压漂移都能得到一定程度的抑制。也就是说，这时即使单端输出（负载接在单管的输出端），零漂也能大大减小。

R_E 对差模输入有没有负反馈作用呢？这个问题留给读者自行分析。不难看出，R_E 对差模输入无负反馈作用，就是说，接入 R_E 对放大倍数没有影响。

3. 负电源 U_{EE} 的作用

电源 U_{EE} 的极性对地为负，故简称负电源。它主要是为了解决静态工作点和抑制零漂之间的矛盾。因为 R_E 越大，其抑制零漂的作用就越强，但 R_E 增大使 U_{RE} 也增大，当 U_{CC} 一定时，这将使 I_C 减小，静态工作点降低，影响放大电路的正常工作；所以，接入负电源 U_{EE} 就可补偿 R_E 上的压降，使 I_E 基本上和未接 R_E 一样，从而获得合适的静态工作点。

上述差放电路的两个输入端都与信号源连接，而负载接在两个输出端之间，称为双端输

入-双端输出。

使用时若遇到一端接地的信号源和一端接地的负载，就得采用如图 7-7 所示的单端输入-单端输出差放电路。

图 7-7(a) 的电路中，输入信号 U_1 从 VT_1 输入，如果 U_1 的极性使 VT_1 的基极电位 U_B 升高，则 I_{B1} 和 I_{C1} 增大，输出电压 $U_o = U_{C1}$ 下降。所以这种电路输出电压 U_o 与输入电压 U_1 是反相的，即 U_i 增加时 U_o 反而减小。

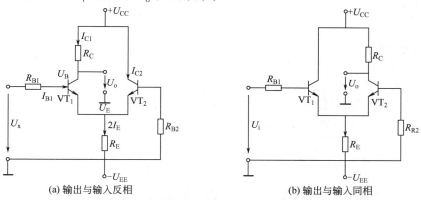

(a) 输出与输入反相　　　　　　　　　(b) 输出与输入同相

图 7-7　单端输入-单端输出差动放大电路

如果要使输出电压与输入电压相同，可将 VT_1 的集电极直接接在电源 U_{CC}，VT_2 的集电极接电阻 R_C，由 VT_2 的集电极输出，输入电路的接法不变，如图 7-7(b) 所示。

显然，因输出电压不是两管输出电压相减，故两管的零漂不能互相抵消。但因 R_E 对共模信号有很强的负反馈作用，仍可使输出端的零漂比单管放大电路减小很多。所以，即使在单管输出的情况下，也常采用差放电路。

此外，当要求输出一端接地时，可采用双端输入-单端输出形式；当要求输入一端接地时，可采用单端输入-双端输出形式。这里不一一讲述。

三、带恒流源的差动放大电路

上述典型差放电路中，R_E 阻值越高，其共模抑制性能越强，但增大 R_E 值，必须相应加大负电源 U_{EE}，而晶体管电路一般电源电压较低，并且集成电路中一般不制作高阻值电阻。为了解决这个矛盾，可采用恒流源电路代替发射极公共电阻 R_E，如图 7-8 所示。

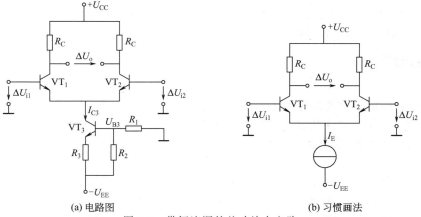

(a) 电路图　　　　　　　　　　(b) 习惯画法

图 7-8　带恒流源的差动放大电路

图中 R_1、R_2 是分压电阻，为三极管 VT_3 提供固定的基极电位 U_{B3}，从而确定了集电极电流 I_{C3}，使 VT_3 具有恒流特性。

当温度变化（例如升高）时，使 I_{C3} 增大，R_3 上的压降增加。因 U_{B3} 固定，故 U_{BE3} 将降低，I_{B3} 也随之减小，从而抑制了 I_{C3} 的上升，使 I_{C3} 趋于恒定。

恒流源电路为差动管 VT_1、VT_2 提供稳定的静态电流，使零漂大大减弱。对于变化的信号，恒流源可等效为一个很高的交流电阻（兆欧数量级）。该电阻对差模信号仍不起作用，而对共模信号却有很强的抑制能力。因此，运放输入级普遍采用带恒流源的差放电路。

练习与思考二

1. 差动放大电路的电路结构有何特点？为什么它能抑制零点漂移？

2. 什么是共模信号、差模信号？差动放大电路对这两种输入信号是如何区别对待的？

3. 典型差动放大电路中，调零电位器 R_P，射极公用电阻 R_E 各有何作用？对它们的阻值应如何考虑？

4. 差动放大电路有几种接线方式？其电压放大倍数如何计算？

任务三　运算放大器的主要参数和工作特点

知识点

◎ 集成运算放大器的外形和图形符号。

◎ 集成运算放大器的主要参数。

◎ 集成运算放大器的工作特点。

技能点

◎ 熟悉集成运算放大器 8 个管脚的用途。

◎ 掌握集成运算放大器主要参数的意义。

◎ 理解并掌握集成运算放大器的工作特点。

任务描述

如前所述，运放输入级均采用差放电路，有对称的两个输入端，输入信号电压 U_i 可加在反相输入端（inverting input terminal），称为反相输入方式；也可加在同相输入端（non-inverting input terminal），称为同相输入方式。输出级一般采用互补对称式电路，有一个输出端，该端对地电压 U_o 就是输出信号电压。

任务分析

图 7-9 是集成运算放大器的外形和图形符号。

图 7-10 为 F007 型通用集成运算放大器的管脚排列和接线图。R_P 为外接调零电阻。有的新系列运放已无此外接电阻。集成运放通常用对称的正、负电源同时供电。F007 的电源电压 $\pm U_{CC} = \pm 5 \sim \pm 18V$，标称值为 $\pm 15V$。

本书不讨论集成运放内部具体电路；后面讨论集成运放组成的电路时，一般不再标出电源端和其他管脚，可使电路更加清晰。

运算放大器做线性运用时，通常都在深度负反馈条件下构成闭环工作状态，简称闭环运用。

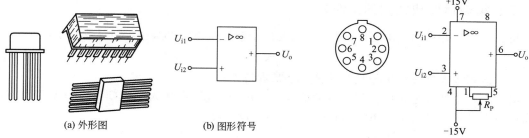

(a) 外形图　　　　　(b) 图形符号

图 7-9　集成运算放大器的外形和图形符号

图 7-10　F007 型通用集成运算放大器管脚
排列和接线图

运算放大器做非线性运用时，常工作在无负反馈的开环工作状态，简称开环运用。

 相关知识

一、集成运算放大器的主要参数

集成运放的参数是反映其性能优劣的指标，是正确选择和使用集成运放的依据。常用的集成运放型号及其参数可参阅附录。这里只介绍几种主要参数。

1. 开环电压放大倍数 A_o

加标称电源电压、无外接反馈电路且输出端开路时，输出电压与两个输入端信号电压之差的比值，称为开环电压放大倍数，也称差模电压放大倍数。即

$$A_o = U_o / (U_{i2} - U_{i1}) \tag{7-10}$$

A_o 值越高，运算精度就越高。集成运放的 A_o 值可达几万至几十万。

2. 开环输入电阻 r_{id}

两输入端之间的差模等效电阻 r_{id} 值越大，表明运算放大器从信号源取用电流越小，运算精度也越高。集成运放的 r_{id} 值一般在几万欧以上。

3. 开环输出电阻 r_o

输出级（互补对称式电路）的输出电阻 r_o 越小，集成运放带负载的能力就越强。r_o 一般为几百欧姆。

4. 共模抑制比 K_{CMR}

差模电压放大倍数 A 与共模电压放大倍数 A_c 之比的绝对值 K_{CMR} 越大，表明运放的共模抑制能力越强。

5. 输入失调电压 U_{IO}

理想的运算放大器，当输入电压为零时，输出电压也应为零。但实际上由于制造工艺等多种原因，致使元件参数不完全对称，故当输入为零时，输出并不为零。这种现象称为静态失调。这时输出电压 U_o 折合到输入端的值就称为输入失调电压（取绝对值）：

$$U_{IO} = \frac{U_o}{A_o} \tag{7-11}$$

U_{IO} 一般为毫伏数量级，它的值反映了运放输入级差动管的失配程度，越小越好。

6. 最大输出电压 U_{OPP}

在额定电源电压和额定输出电流时，运算放大器能输出的基本上不失真的最大峰值电压。

二、集成运算放大器的工作特点

集成运放的开环输入电阻 r_{id} 很大，因此两个输入端电流都很小，可认为近似等于零。

$$I_i \approx 0 \tag{7-12}$$

这是运算放大器线性工作状态的第一个基本特点。

第二个基本特点是，由于开环放大倍数 A_o 很高，此两个输入端之间的电位差很小，可认为近似等于零。这可由以下分析得知。由式（7-10）可得

$$U_o = A_o(U_{i2} - U_{i1})$$

因 A_o 值很高，而输出电压 U_o 是一个有限数值，故

$$U_{i2} - U_{i1} = \frac{U_o}{A_o} \approx 0$$

即

$$U_{i2} \approx U_{i1} \tag{7-13}$$

这就说明运放的两个输入端电位近似相等。

运用上述两个基本特点［式（7-12）与式（7-13）］，就能比较容易分析和理解由运放组成的基本运算电路。

练习与思考三

1. 为什么说运算放大器的两个输入端一个为反相输入端，一个为同相输入端？
2. 运算放大器有哪些主要参数？简述其含义。

任务四　运算放大器的基本运算电路

知识点

◎ 反相运算电路。
◎ 同相运算电路。
◎ 差动运算电路。

技能点

◎ 会分析集成运放电路的工作原理并进行基本计算。
◎ 会用万用表对集成运放进行初步检测。
◎ 会分析集成运放电路非线性应用。

基本运算放大
电路（一）

任务描述

集成运算放大器（简称运放）的应用可分为线性应用和非线性应用两大类。线性应用有：运算电路、信号变换电路、精密放大器、有源滤波器等；非线性应用有：电压比较器、非正弦发生器。

思政元素

任务分析

集成运算放大器外接深度负反馈电路后，便可以进行信号的比例、加减、微分和积分等运算。这是它线性应用的一部分。通过这一部分的分析可以看到，理想集成运放外接负反馈

电路后，其输出电压与输入电压之间的关系只与外接电路的参数有关，而与集成运放本身的参数无关。

相关知识

一、反相运算电路

信号加在反相输入端的电路称为反相运算电路。

1. 反相比例运算电路

图 7-11 是反相比例运算电路。输入信号 U_i 经电阻 R_1 加到反相输入端 a，而同相输入端 b 经电阻 R_2 接地。为使放大器性能稳定，在输出和输入端之间接有反馈电阻 R_f，形成深度并联电压负反馈。

开环放大倍数为

$$A_o = U_o / U_a$$

闭环放大倍数为

$$A_f = U_o / U_i$$

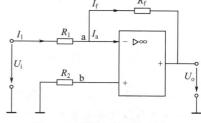

图 7-11　反相比例运算电路

由前述两个基本特点可知

$$U_a \approx U_b = 0$$

与

$$I \approx 0 \ \text{即} \ I_1 \approx I_f$$

由图 7-11 得出

$$I_1 = \frac{U_1 - U_a}{R_1} = \frac{U_1}{R_1}$$

$$I_f = \frac{U_a - U_o}{R_f} = -\frac{U_o}{R_f}$$

所以闭环电压放大倍数为

$$A_f = \frac{U_o}{U_i} = -\frac{R_f}{R_1} \tag{7-14}$$

式(7-14)表明，输出电压 U_o 与输入电压 U_i 之间存在着比例运算关系，比例系数由阻值 R_f 与 R_1 的比值确定，而与放大器本身的参数无关。改变 R_f 与 R_1 的比值，可使 U_o 与 U_i 获得不同的比例，这样就实现了比例运算。式中负号表示 U_o 与 U_i 反相。

如果 $R_f = R_1$，则 $U_o = -U_i$，即

$$A_f = \frac{U_o}{U_i} = -1 \tag{7-15}$$

这时输出电压与输入电压大小相等、相位相反，这种运算称为变号运算，这时运算放大器又称反相器。

反相运算电路中，信号由反相端 a 输入，同相端 b 接地，即 $U_b = 0$，$U_a \approx 0$，说明 a 端电位接近于"地"电位，它是一个不接地的"接地"端，称之为"虚地"（imaginary ground）。

图 7-11 电路中，同相输入端接有电阻 R_2，称为平衡电阻，其作用是使两个输入端的电阻保持平衡，以提高输入级差放电路的对称性。其阻值对运算结果没有影响。通常取 $R_2 = R_1 \| R_f$。

2. 反相加法运算电路

在反相输入端增加若干输入电路，就构成反相加法运算电路，如图 7-12 所示。因 a 端

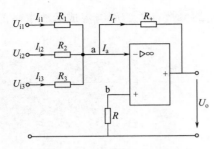

图 7-12　反相加法运算电路

为"虚地"，故得

$$I_{i1} = \frac{U_{i1}}{R_1}, \quad I_{i2} = \frac{U_{i2}}{R_2}, \quad I_{i3} = \frac{U_{i3}}{R_3}$$

而反馈电流

$$I_f = I_{i1} + I_{i2} + I_{i3} = \frac{U_{i1}}{R_1} + \frac{U_{i2}}{R_2} + \frac{U_{i3}}{R_3}$$

于是，输出电压为

$$U_o = -R_f I_f = -\left(R_f \frac{U_{i1}}{R_1} + R_f \frac{U_{i2}}{R_2} + R_f \frac{U_{i3}}{R_3}\right) \tag{7-16}$$

当 $R_1 = R_2 = R_3$ 时，式（7-16）为

$$U_o = -R_f \frac{U_{i1} + U_{i2} + U_{i3}}{R_1} \tag{7-17}$$

当 $R_1 = R_2 = R_3 = R_f$ 时，则

$$U_o = -(U_{i1} + U_{i2} + U_{i3}) \tag{7-18}$$

由以上三式可见，加法运算电路的输出电压与各输入电压之间存在着线性组合关系，与放大器本身参数无关，从而实现了加法运算，称为加法器。

【例 7-1】　在图 7-12 反相加法运算电路中，若 $R_1 = 5\text{k}\Omega$，$R_2 = 10\text{k}\Omega$，$R_3 = R_f = 20\text{k}\Omega$，$U_{i1} = 1\text{V}$，$U_{i2} = 2\text{V}$，$U_{i3} = 3\text{V}$。最大输出电压 $U_{OPP} = \pm 13\text{V}$。求输出电压 U_o。

解　由式（7-16）可求出

$$U_o = -(4U_{i1} + 2U_{i2} + U_{i3}) = -(4 + 4 + 3) = -11\text{V}$$

$|U_o| < 13\text{V}$，电路可实现反相加法运算。

如果在图 7-12 电路的输出端再接一个反相器，就可消去负号，实现加法运算：$U_o = 4 + 4 + 3 = 11\text{V}$。

3. 反相积分电路

把反相比例运算电路中的反馈电阻 R_f 换成电容 C_f，就构成了反相积分电路，如图 7-13 所示。根据"虚地"的特点，分析图 7-13 可知

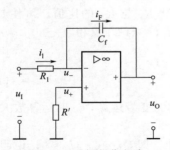

图 7-13　反相积分电路

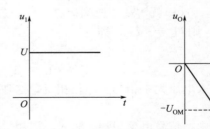

图 7-14　输入、输出电压波形

$$i_1 = \frac{u_i - 0}{R_1} = \frac{u_i}{R_1}$$

$$i_c = i_F = i_1$$

$$u_O = -u_c = -\frac{1}{C_f} \int i_c \, \mathrm{d}t$$

则
$$u_O = -\frac{1}{C_f} \int \frac{u_i}{R_1} dt = -\frac{1}{C_f R_f} \int u_I dt_t \qquad (7-19)$$

式(7-19)表明，u_O 与 u_I，是积分运算关系，式中负号反映 u_O 与 u_I 的相位关系。$C_f R_f$ 称为积分时间常数，它的数值越大，达到某一 u_O 值所需的时间越长。当 $u_I = U$（直流）时，有

$$u_O = -\frac{U}{C_f R_f} t \qquad (7-20)$$

若 u_I 是一个正阶跃电压信号，则 u_O 随时间近似线性关系下降，对于图 7-13 所示的电路输出电压最大数值为集成运放的饱和电压值。输入、输出电压波形如图 7-14 所示。

4. 反相微分电路

如果把反相比例运算电路中的电阻 R_1 换成电容 C_1，则成为微分运算电路，如图 7-15 所示，根据电路可以得到

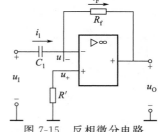

图 7-15 反相微分电路

$$i_1 = i_C = i_F \qquad u_I = u_c$$

$$u_O = -i_F R_F \qquad i_C = C_1 \frac{du_c}{dt}$$

$$u_O = -R_f C_1 \frac{du_c}{dt} = -R_f C_f \frac{du_I}{dt} \qquad (7-21)$$

式中，$R_f C_1$ 称为微分时间常数。由于微分电路对输入电压的突变很敏感，因此很容易引入干扰，实际应用时多采用积分负反馈来获得微分。

二、同相运算电路

输入信号加在同相输入端的称为同相运算电路。

图 7-16 是同相比例运算电路，输入电压和反馈电压经差动放大级比较后再放大，所以是串联电压负反馈。

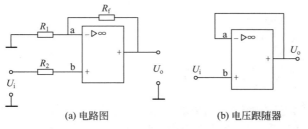

(a) 电路图   (b) 电压跟随器

图 7-16 同相比例运算电路

由图看出，同相输入时，U_o 与 U_i 同相位，U_o 通过 R_f 反馈到 a 端，使 U_a 为某一值，也与 U_o 同相位。因 $U_b \neq 0$，故同相输入时，a 端不再是"虚地"电位。

由运放的第二个基本工作特点可知

$$U_a \approx U_b$$

又因为
$$U_a = \frac{R_1}{R_1 + R_f} U_o, \quad U_b = U_i$$

$$\frac{R_1}{R_1 + R_f} = \frac{1}{A_f}$$

所以 $$A_\mathrm{f}=\frac{U_\mathrm{o}}{U_\mathrm{i}}=1+R_\mathrm{f}/R_1 \tag{7-22}$$

可见，$\frac{U_\mathrm{o}}{U_\mathrm{i}}$ 也与放大器本身参数无关。式中 A_f 为正值，这表明 U_o 与 U_i 同相。A_f 总是大于 1，不会小于 1，这一点与反相比例运算不同。

同相输入时，若反馈电阻 R_f 为零，即将输出端直接连到 a 端，则

$$A_\mathrm{f}=\frac{U_\mathrm{o}}{U_\mathrm{i}}=1 \tag{7-23}$$

这是同相运算电路的一个特例，称为电压跟随器，如图 7-16（b）所示。

三、差动运算电路

如图 7-17 所示，差动运算电路的两个输入端都有信号输入，它在测量和控制系统中应用很广。下面利用叠加原理求输出电压。

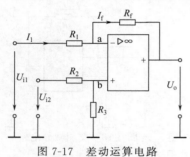

图 7-17　差动运算电路

由图可知

$$U_\mathrm{a}=U_\mathrm{i1}-R_1 I_1=U_\mathrm{i1}-R_1\frac{U_\mathrm{i1}-U_\mathrm{o}}{R_1+R_2}$$

$$U_\mathrm{b}=R_3\frac{U_\mathrm{i2}}{R_2+R_3}$$

因为 $U_\mathrm{a}=U_\mathrm{b}$，故得

$$U_\mathrm{o}=-\frac{R_\mathrm{f}}{R_1}U_\mathrm{i1}+\left(1+\frac{R_\mathrm{f}}{R_1}\right)\left(\frac{R_3}{R_2+R_3}\right)U_\mathrm{i2} \tag{7-24}$$

差动运算电路

当 $R_1=R_2$、$R_\mathrm{f}=R_3$ 时，式（7-24）为

$$U_\mathrm{o}=\frac{R_\mathrm{f}}{R_1}(U_\mathrm{i2}-U_\mathrm{i1}) \tag{7-25}$$

可见输出电压与两个输入电压的差值成正比。

若 $R_\mathrm{f}=R_1$，则

$$U_\mathrm{o}=U_\mathrm{i2}-U_\mathrm{i1} \tag{7-26}$$

成为一个减法器，能进行减法运算。

【例 7-2】 在图 7-17 差动运算电路中，设 $R_1=R_2=R_\mathrm{f}=R_3$，$U_\mathrm{i1}=3\mathrm{V}$，$U_\mathrm{i2}=1\mathrm{V}$。求输出电压 U_o。

解　因有 $R_1=R_\mathrm{f}$，故由式（7-26）得

$$U_\mathrm{o}=U_\mathrm{i2}-U_\mathrm{i1}=3-1=2\mathrm{V}$$

集成运算放大器除能实现比例、加法、减法等运算外，还能实现乘法、除法、指数、对数、微分和积分等多种运算。因此可用来构成模拟电子计算机或实现某种运算关系的控制目前，集成运放已成为电子技术领域中一种通用型器件，只要选择合适的组件，并配以适当的输入和反馈网络，就能用来完成多种功能。例如，可应用于信号的获取、放大、运算和处理；各种波形的产生与变换等；使用起来非常方便。

✴ 任务实施

一、电压测量电路

图 7-18 是利用集成运放测量电压的原理电路图。它有 1V、5V、10V、50V 四种量程。

反馈电阻 $R_f = 1M\Omega$，输出端接有满量程为 5V 的电压表。电压表的极性为上负下正，这样，式(7-14) 中的负号可以去掉，即

$$U_o = \frac{R_f}{R_x}U_i \quad 或 \quad U_i = \frac{R_x}{R_f}U_o$$

若 U_o 为电压表的满量程值（5V），则 U_i 为对应于不同量程的电压。例如，当 $R_x = 2M\Omega$ 时，有

$$U_i = \frac{R_x}{R_f}U_o = \frac{2}{1} \times 5 = 10V$$

U_i 在 $0\sim10V$ 之间变化时，U_o 在 $0\sim5V$ 之间变化，实现了电压测量。这种电压测量电路具有高内阻，从被测电路中取用电流很小，因此精度比普通电压表高得多。

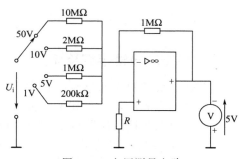

图 7-18　电压测量电路

二、比较器

如图 7-19(a) 所示的电路，集成运放工作于开环状态。输入 u_i 加于同相输入端，反相输入端接地。当 u_i 略高于 0 时，由于运放的开环放大倍数很高，只要输入一个微小的信号，都会放大到极值，输出级将因信号过大而进入饱和状态，这时 u_o 达到它的正极限值 U_o^+，并且在 u_i 继续升高时仍保持这个正极限值。同理，当 u_i 略低于 0 时，u_o 达到它的负极限值 U_o^-，并且在 U_i 继续下降时仍保持这个负极限值。图 7-19(c) 表示上述输入与输出的关系。因此，可根据输出的状态判断输入是大于 0 还是小于 0，这种电路称为过零比较器或检零器。

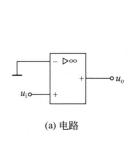

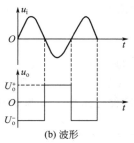

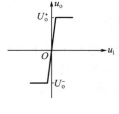

(a) 电路　　　　　　(b) 波形　　　　　　(c) 输入-输出关系曲线　　　　**电压比较器**

图 7-19　过零比较器

检零器输入正弦信号时，u_i 每次过零时都使输出产生突变，形成矩形脉冲波，如图 7-19(b) 所示。这是运算放大器非线性应用的一个典型例子。

如果在图 7-19(a) 电路中，反相输入端也输入一个不变的电压信号 U_R，只要 u_i 略大于 U_R，输出便达到 U_o^+；而 u_i 略小于 U_R 时，输出便达到 U_o^-。因此，根据输出状态便可判断两个输入电压的相对大小，这就是一般意义上的电压比较器。

利用比较器可设计出一种监控报警电路，如图 7-20 所示。

在生产现场，若需对某一参数（如压力、温度、噪声等）进行监控，可将传感器取得的监控信号 u_i 送给比较器，当 $u_i < U_R$ 时，比较器输出负值电压，三极管 VT 截止，指示灯熄灭，表明工作正常。当 $u_i > U_R$ 时，说明被监控的信号超过正常值，这时比较器输出正值，使三极管饱和导通，报警指示灯亮。电阻 R_3 决定于对三极管基极的驱动强度，其阻值应保证三极管进入饱和状态。二极管 VD 起保护作用在比较器输出负值电压时，三极管 BE 结上

加有较高的反向偏压，可能击穿 BE 结，而 VD 能把 BE 结的反向电压限制在 0.7V，从而保护了三极管。

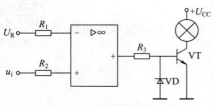

图 7-20　利用比较器监控报警

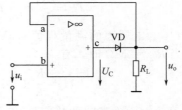

图 7-21　精密二极管半波整流器

三、精密二极管半波整流器

在普通二极管构成的整流电路中，由于二极管正向导通时有 0.6～0.7V（硅管）的压降，会造成一定的误差。尤其是交流电压幅值很小（0.7V 以下）时，整流器无法正常工作。因此，对某些精密仪器可采用由集成运放和普通二极管构成的精密二极管整流器，如图 7-21 所示。运放输出端串联一只二极管，并从输出端（二极管的负极）引一条反馈线到反相输入端，交流信号加在同相输入端。二极管导通时，输出端电位等于输入端电位，所以这时它是一个电压跟随器。

设输入为正弦信号 u_i，正半周内，因为运放的开环放大倍数非常高，只要 u_i 略大于 0，运放输出端 c 点的电位 U_C 就会升高，使二极管导通，输出电压 u_o 便跟随 u_i 即输出正半波电压（$u_o = u_i$）。负半周时，只要 $|U_{i1}|$ 略大于 0，c 点电位就可达负的饱和值 U_o^-，使 VD 反偏截止，整流器的输出端与信号源隔离，无输出电压（$u_o = 0$）。可见这种整流器具有理想二极管整流特性，能对幅值小于 0.7V 的交流电压进行半波整流。

四、有源滤波器

项目五讲过的滤波器是无源滤波器，其缺点是无信号放大，且带负载能力差。

为了能放大信号并增强负载能力，可将 RC 滤波网络接到运算放大器的同相输入端，如图 7-22 所示。因为运放是有源元件，所以这种电路称为有源滤波器。

综合实训：LM358 呼吸灯安装调试

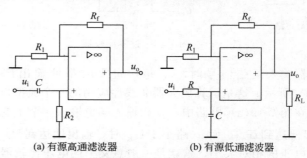

(a) 有源高通滤波器　　　　　(b) 有源低通滤波器

图 7-22　有源滤波器

由图看出，集成运放将负载 R_L 与滤波环节隔开，RC 滤波器的直接负载是运放的输入电阻，因输入电阻非常大，对 RC 滤波器的影响可忽略不计；而运放的输出电阻很小，带负载能力很强。而且，有源滤波器是由 RC 滤波器和同相运放电路串联而成，既能滤波又能放大。

因为滤波电容 C 对低频信号相当于开路，而对高频信号相当于短路，所以在图 7-22（b）

中，低频信号容易进入运放电路被放大，而高频信号则被"滤"出，难以进入运放电路。故称图 7-22（b）的电路为有源低通滤波器。相反地，在图 7-22（a）中，低频信号被阻隔，而高频信号容易通过。故称为有源高通滤波器。

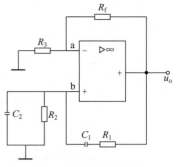

五、集成运放构成的 RC 正弦波振荡器

图 7-23 是用集成运放构成的正弦振荡器，又称文氏电桥振荡器。其中 R_f、R_3 构成负反馈，使放大器获得稳定的放大倍数。设 R_1、C_1 串联等效阻抗为 $|Z_1|$，R_2、C_2 并联等效阻抗为 $|Z_2|$；R_1、C_1 跨接在输出端和同相输入端之间，构成较强的正反馈。反馈系数为

图 7-23　文氏电桥振荡器

$$F = \frac{|Z_2|}{|Z_1| + |Z_2|} \qquad (7\text{-}27)$$

一般取 $R_1 = R_2 = R$，$C_1 = C_2 = C$。可以证明，只要 $R_f \geqslant 2R_3$，就能产生满足频率条件 $f_o = \dfrac{1}{2\pi RC}$ 的正弦波；即当 R、C 值一定时，只能对满足此频率条件的信号产生振荡，此时 u_f 与 u_o 同相，得到足够强的正反馈。可见，RC 网络兼有选频作用。R_3 采用负温度系数的热敏电阻，起振后，随着振幅的增大，流过 R_3 的电流也增大，温度升高，其阻值下降，负反馈加强，FA_o 值下降，从而限制了振幅的增加，起到了稳幅的作用。

练习与思考四

1. 简述加法电路的工作原理，并写出其运算关系式。

2. 简述减法电路的工作原理，并写出其运算关系式。

3. 试比较比例、乘号、加法、减法四种运算电路的主要异同点。

4. 在图 7-19 比较器电路中，反相输入端也输入一个不变的电压信号 U_R，就构成一般意义上的比较器。如果在它的同相输入端输入正弦信号电压 u_i，试画出输出矩形波的波形；它与图 7-19（b）所示比较器输出矩形波的波形有何不同？

5. 文氏电桥振荡器的两个输入端都与输出端接有反馈电路，它们的反馈作用有何不同？

知识提示

① 差动放大电路有效地解决了直接耦合零点漂移问题，因而获得了广泛应用，尤其是集成运算放大电路的输入级都由差动式电路来组成。所以掌握差动放大电路的工作原理、特性及指标是学习和应用集成运算放大电路的基础。

② 差动放大电路是从两个方面来抑制零漂的：电路对称，双端输出时两边的漂移互相抵消；利用发射极公用电阻 R_E 对两管总电流的负反馈作用抑制每管的漂移。而两边管子的特性和元件参数对称，是保证差动放大电路性能的根本保证。

③ 差动放大电路放大差模信号，抑制共模信号，差动放大电路的差模电压放大倍数 A_d 与共模电压放大倍数 A_c 之比称为共模抑制比，用 K_{CMRR} 表示。K_{CMRR} 越大，抑制共模信号的能力越强。利用差动放大电路对共模信号的抑制作用，能够把混杂在各种共模干扰中的微小信号（差模信号）识别出来并将它放大。

　　④ 集成运算放大器是利用集成电路工艺制成的高放大倍数（$10^4 \sim 10^8$）的直接耦合放大器，它主要由输入级、中间级和输出级等部分组成的。输入级是提高运算质量关键性的一级，一般采用差动式放大电路。中间级主要是提供足够大的放大倍数，常采用有源负载的共射或共基极放大电路。输出级主要是向负载提供足够大的输出电压和电流，一般采用甲乙类放大的互补对称射极输出电路。

　　⑤ 在分析运算放大器的各种应用电路时，常把运算放大器理想化，即 $A_o \to \infty$、$r_{id} \to \infty$、$r_o \to 0$、$K_{CMRR} \to \infty$，使之工作于线性区。由此可得出两个重要结论：即 $u_+ \approx u_-$ 和 $i_i \approx 0$。以这两个重要结论为依据将大大简化运算放大器应用电路的分析。

　　⑥ 运算放大器通常与外接反馈电路组成各种放大器，按其信号输入的连接方式有反相比例运算放大电路（与 u_i 反相，闭环电压放大倍数 $A_f = -R_f/R_1$）、反相加法运算电路 $\left[U_o = -R_f I_f = -\left(R_f \dfrac{U_{i1}}{R_1} + R_f \dfrac{U_{i2}}{R_2} + R_f \dfrac{U_{i3}}{R_3} \right) \right]$、同相输入比例运算电路（$u_o$ 与 u_i 同相，闭环电压放大倍数 $A_f = 1 + R_f/R_1$）。后者具有输入电阻高和输出电阻低的特点。此外还有同相输入的特殊形式——电压跟随器。

　　⑦ 目前运算放大电路在各个领域中应用十分广泛，难以一一举例，因此，仅举例说明在信号产生、控制、测量等方面的应用。

 知识技能

　　7-1　差动放大电路如图 7-24 所示，R_s 是信号源内阻，设晶体管 VT_1、VT_2 的 $\beta = 50$，$U_{BE} = 0.7V$。

① 估算电路的静态值 I_C、U_{CE}；
② 求双端输出时的电压放大倍数 A_d（不考虑 R_s）；
③ 从输入端 1、2 看进去的差模输入电阻 r_{id} 应为多少？
④ 双端输出的输出电阻 r_o 应为多少？

　　7-2　图 7-25 所示电路中，设 $\beta_1 = \beta_2 = 50$，$U_{BE1} = U_{BE2} = 0.7V$，输出端接电流表，满偏电流为 $100\mu A$，电流表内阻已包括在负载电阻 $1k\Omega$ 内。

① 计算静态时 U_{C1}、U_{C2} 和 I_{C1}、I_{C2}。
② 要使电流表得到如图所示的正满偏电流 u_i 应为多少？

　　7-3　在图 7-26 的差放电路中，两只管子的 β 均为 100。试估算电压放大倍数。

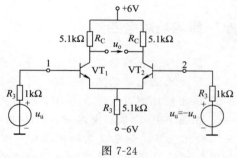

图 7-24

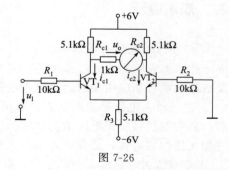

图 7-25　　　　　　　　　　　　　　　　图 7-26

　　7-4　一个控制系统的输出电压 U_o 与温度信号 U_{i1}、流量信号 U_{i2}、压力信号 U_{i3} 的关系是：

$$U_o = -4U_{i1} - 8U_{i2} - U_{i3}$$

试确定反相加法运算电路中各输入电阻的阻值。（设反馈电阻 $R_f = 200k\Omega$）

7-5　试设计一个能进行 $U_o = 0.5U_{i1} + 2U_{i2} - 3U_{i3}$ 的运算电路。

7-6　已知图 7-27 运算放大器及图示参数，试求：

① $U_{i1} = 1V$，$U_{i2} = U_{i3} = 0$ 时，U_o 应为多少？

② $U_{i1} = U_{i2} = 1V$，$U_{i3} = 0$ 时，U_o 应为多少？

③ $U_{i1} = U_{i2} = 0$，$U_{i3} = 1V$ 时，U_o 应为多少？

④ $U_{i1} = U_{i3} = 1V$，$U_{i2} = 0$ 时，U_o 应为多少？

7-7　试设计用集成运放构成的多量程电压表电路，它有 1V、5V、10V、50V、200V 五种量程。设反馈电阻 $R_f = 1M\Omega$，输出端接有满量程为 10V 的电压表。

7-8　图 7-28 所示为应用运算放大器测量小电流的原理电路图。试确定在图示不同量程时的各反馈电阻 $R_1 \sim R_5$，输出端接有满量程为 5V 的电压表。

7-9　设计一个反相比例运算电路，输入端电阻 $R_1 = 10k\Omega$，$|A_f| = 10$。

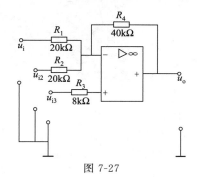

图 7-27

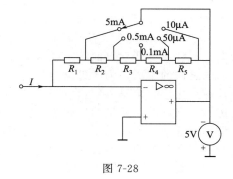

图 7-28

项目七（知识技能）：部分参考答案

科学家简介

亨利（Henry Joseph，约瑟夫·亨利，1797 年 12 月 17 日～1878 年 5 月 13 日），美国科学家。他是以电感单位"亨利"留名的大物理学家。在电学上有杰出的贡献。他发明了继电器（电报的雏形），比法拉第更早发现了电磁感应现象，还发现了电子自动打火的原理。

亨利出生在纽约州奥尔巴尼一个贫穷的工人家庭。1846 至 1878 年间，他是新成立的斯密森研究所的秘书和第一任所长，负责气象学研究。1867 年起，任美国科学院院长，直到在华盛顿逝世。亨利在物理学方面的主要成就是对电磁学的独创性研究。强电磁铁的制成，为改进发电机打下了基础；电磁感应现象的发现，比法拉第早一年；发现了自感现象。实现了无线电波的传播，亨利的实验虽然比赫兹的实验早了 40 多年，但是当时的人们包括亨利自己在内，还认识不到这个实验的重要性。亨利还发明了继电器、无感绕组等，他还改进了一种原始的变压器。亨利曾发明过一台像跷跷板似的原始电动机，从某种意义上来说这也许是他在电学领域中最重要的贡献。因为电动机能带动机器，在启动、停止、安装、拆卸等方面，都比蒸汽机来得方便。亨利的贡献很大，只是有的没有立即发表，因而失去了许多发明的专利权和发现的优先权。但人们没有忘记这些杰出的贡献，为了纪念亨利，用他的名字命名了自感系数和互感系数的单位，简称"亨"。

麦克斯韦（James Clerk Maxwell，詹姆斯·克拉克·麦克斯韦，1831 年 6 月 13 日～1879 年 11 月 5 日）英国物理学家、数学家。经典电动力学的创始人，统计物理学的奠基人之一。科学史上，称牛顿把天上和地上的运动规律统一起来，是实现第一次大综合，麦克斯韦把电、光统一起来，是实现第二次大综合，因此应与牛顿齐名。1873 年出版的《论电和磁》，也被尊为继牛顿《自然哲学的数学原理》之后的一部最重要的物理学经典。没有电磁学就没有现代电工学，也就不可能有现代文明。

麦克斯韦生于苏格兰古都爱丁堡。他依据库仑、高斯、欧姆、安培、毕奥、法拉第等前人的一系列发现和实验成果，建立了第一个完整的电磁理论体系，列出了表达电磁基本定律的四元方程组，这一理论自然科学的成果，奠定了现代的电力工业、电子工业和无线电工业的基础。麦克斯韦的主要贡献是建立了麦克斯韦方程组，创立了经典电动力学，并且预言了电磁波的存在，提出了光的电磁说。物理学历史上认为牛顿的经典力学打开了机械时代的大门，而麦克斯韦电磁学理论则为电器时代奠定了基石。1931 年，爱因斯坦在麦克斯韦百年诞辰的纪念会上，评价其建树"是牛顿以来，物理学最深刻和最富有成果的工作"。麦克斯韦生前没有享受到他应得的荣誉，因为他的科学思想和科学方法的重要意义直到 20 世纪科学革命来临时才充分体现出来。1879 年 11 月 5 日，麦克斯韦因病在剑桥逝世，年仅 48 岁。他光辉的生涯就这样过早地结束了。那一年正好爱因斯坦出生。

项目八
基本数字电路的分析与测试

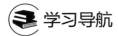 学习导航

学习目标	☆知识目标：①理解数制与编码的知识 ②理解逻辑门电路的原理与特性 ③理解逻辑代数运算规律 ④理解组合逻辑电路的原理与分析方法 ⑤理解时序逻辑电路的原理与分析方法 ☆技能目标：①掌握数制与编码的概念 ②掌握逻辑门电路的原理与分析方法 ③掌握逻辑代数运算规律 ④熟练掌握数字电子电路的原理与分析方法 ⑤熟练掌握数字电子电路的装调方法 ☆思政目标：①培养学生具有综合所学知识编制常用工艺管理基础文件的能力 ②培养学生营造一种"人人积极参与,事事遵守标准"的工作氛围 ③培养学生逐步形成5S(整理、整顿、清扫、清洁、修养)文明生产理念
知识点	☆数制和数制转换、码制 ☆基本逻辑关系 ☆组合逻辑电路的定义和特点 ☆组合逻辑电路的分析和设计 ☆编码器、译码器的概念 ☆译码器与显示译码器的概念 ☆集成触发器 ☆寄存器和计数器
难点与重点	☆基本逻辑关系 ☆逻辑代数的基本定律和规则 ☆组合逻辑电路的设计 ☆数据选择器实现逻辑函数的方法
学习方法	☆理解基本概念 ☆熟记基本逻辑关系 ☆课后加强练习

脉冲数字电路（digital circuit）是指脉冲信号的产生、变换、传送、控制、记忆、计数和运算等电路。本项目主要介绍脉冲数字电路的基本组成部分：基本逻辑门电路、触发器及由它们组成的简单组合逻辑电路和时序电路等。应该说明的是，随着大、中规模集成电路的飞速发展，成本不断降低，通用型大规模功能块已开始大量使用，从而使得数字技术成为一门发展很快的学科。

任务一　基本逻辑门电路

知识点

◎ 数字电路的特点。

◎ 基本逻辑与逻辑门电路。

◎ 复合逻辑门。

技能点

◎ 掌握二进制数与十进制数的相互转换方法。

◎ 熟悉各种基本逻辑门电路的组成及其逻辑功能。

◎ 掌握复合逻辑门的逻辑功能和真值表。

思政要素

基本逻辑门电路

 任务描述

电子电路所处理的信号可以分为两大类，一类是在时间和数值上连续变化的信号，称为模拟信号，如图 8-1(a) 所示。另一类是在时间和数值上间断变化的信号，称为数字信号，如图 8-1(b) 所示。用来处理数字信号的电子电路称为数字电路。由于数字电路具有抗干扰能力强、系统稳定性高、控制功能强大、电路相对简单、信号容易储存和传送等优点，所以在自动化控制技术中数字电路得到了广泛的应用。例如，平时使用的计算机和在工业控制方面广泛使用的单片机、可编程序控制器等都是由数字电路所组成的。

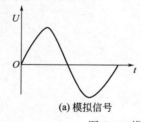
(a) 模拟信号
(b) 数字信号

图 8-1　模拟信号和数字信号的波形

周期性矩形波

 任务分析

数字信号具有不连续和突变的特性，也称脉冲信号，脉冲的含义是指脉动和冲击。脉冲（pulse）信号是指一种跃变的且持续时间极为短暂的电压或电流信号。从广义上讲、凡不具有正弦形状的波形，几乎都可以称为脉冲波形。脉冲波形的种类很多，如矩形波、尖顶波、锯齿波、梯形波等。最常见的波形是矩形波，如图 8-2 所示。其中 A 为脉冲幅度（pulse amplitude）；T 为脉冲信号的周期（pulse period）；τ 为脉冲信号持续时间，又称脉冲宽度（pulse width）简称脉宽。在一个周

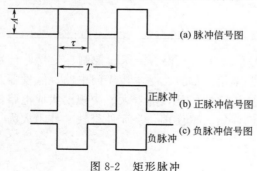
(a) 脉冲信号图
(b) 正脉冲信号图
(c) 负脉冲信号图

图 8-2　矩形脉冲

期中，（$T-\tau$）称为脉冲休止期。如果脉冲跃变后的幅值比起始值大，则称为正脉冲，如图 8-2（b）所示；反之，则为负脉冲，如图 8-2（c）所示。

相关知识

一、数字电路的特点

脉冲数字电路的任务主要是脉冲信号的产生、变换、传送、控制、记忆、计数和运算等。脉冲和数字的联系在于数字电路中的各种信号通常都用最简单的数字"1"与"0"表示，而这两个数字可以用脉冲信号中电压的"高"与"低"来代表。在通常的计数和计算过程中，采用的是十进制（decimal system）计数方法，即"逢十进一"，这样就需要 0～9 十个数码。如果用二进制（binary system）的方法，只需要"0"与"1"两个代码就可以了，十进制与二进制之间的对应关系，可以用表 8-1 表示。只要按照二进制中"逢二进一"的进位原则，两者之间的关系是容易理解的。

表 8-1　十进制与二进制的对应关系

十进制	0	1	2	3	4	5	6	7	8	9	10	11
二进制	0	1	10	11	100	101	110	111	1000	1001	1010	1011

在电子计算机和其他数字设备中广泛地采用二进制的形式，这是由于二进制具有以下一些优点。

① 二进制数容易和电路的开关状态相对应。在电子计算机和数字设备中，任何数字都是通过电路或元件的不同状态来记忆和表示的，由于二进制数每一位只有两个数码 1 和 0，所以凡是有两种不同工作状态的电子元件（双稳元件），都可以用来表示一位二进制数。例如，可以用一个指示灯来表示一位二进制数，灯亮表示"1"，灯灭表示"0"；一只开关也可以用来表示一位二进制数，开关接通表示"1"，断开表示"0"。实际上，有两个稳态的电子元件是很多的，例如二极管、晶体管的导通和截止，电路中电压的高和低，脉冲的有和无等。只要规定其中一种状态为"1"，另一种相反的状态为"0"，就可以用来表示一位二进制数。

② 采用二进制数可以节省电路元件、便于设计计算机和简化机器结构。

③ 识别能力强，抗干扰性能好。由于电子计算机中的数由电子元件的工作状态来决定，所以如果这些电子元件的工作状态不稳定，必然会影响到机器的正常工作或造成动作错误。若选用二进制，每一位二进制相应的两个数码（0 或 1）就可由双稳元件的两个稳态来表示。例如晶体管导通表示"1"，截止表示"0"，只要保证"1"状态时晶体管饱和导通，而"0"状态时晶体管充分截止，就可以防止由于电压波动或外来干扰而引起动作错误，保证了工作的可靠性。

由于数字电路中的信号是靠脉冲的有无、宽度、频率来表达的，各种干扰和噪声只对脉冲的幅值有一定影响，一般不至于影响脉冲的有无。这一特点使得数字电路具有精度高、速度快、抗干扰能力强等优点，因而在工业自动控制、计算机、雷达、电视、遥测遥控等许多方面获得日益广泛的应用。

必须指出，数字电路只能对数字信号进行处理，它的输入和输出均为数字信号，而大量的物理量几乎都是模拟信号。因此，首先必须将模拟信号转换成数字信号，才可送给数字电路处理，然后再把数字结果还原成模拟信号。完成将模拟信号转换成数字信号的电路称为模-数转换（analog-digital converter，简称 ADC）电路；完成数字信号转换成相应模拟信号的电路称为数-模转换（digital-analog converter，简称 DAC）电路。随着中、大规模集成电路的飞速发展，数字电路的应用已极为广泛。例如在数字通讯系统中，在图像及电视信号处理中，数字技术都得到了广泛的应用；在自动控制系统中，可以利用数字电路的逻辑功能，设计出各种各样的数字控制装置；在测量仪表中，可以利用数字电路对测量信号进行处理，并将测试结果用十进制数码显示出来；尤其是在数字计算机中，可以利用数字电路实现各种功能的数字信息处理。所以数字技术是一门发展很快的学科。本章仅介绍数字电路的基础知识。

二、基本逻辑门电路

数字电路的输出和输入信号都是数字信号。通常将数字电路的输出和输入之间的关系称为逻辑关系，基本逻辑关系可以用逻辑符号表示。由一系列符号及它们之间的联系所构成的电路图叫作逻辑图或称为逻辑电路图。逻辑电路（logical circuit）的分析方法，采用的是一套完全不同于模拟电路（analog circuit）的分析方法。由于逻辑电路的输入和输出信号只有两个取值"0"和"1"，因此用"逻辑代数"（logical algebra）这一数学工具来加以描述。

所谓逻辑是指一定的因果关系，组成逻辑电路的基本单元电路是门电路（gate circuit）。门电路是指输入满足某条件时，即可输出相应的结论。基本的门电路有"与"门、"或"门、"非"门等。门电路的输入和输出信号一般是高电平（upper level）（高电位）或低电平（lower level）（低电位），在逻辑电路中，高电平或低电平分别用"1"或"0"表示，若高电平代表"1"，低电平代表"0"，则称这种规定为正逻辑（positive logic），反之，为负逻辑（negative logic）。通常都采用正逻辑。

1. "与"门

举一个例子，图 8-3 中有三个开关 A、B 和 C，只有当 A 与 B 与 C 全合上时，灯泡才亮，否则 A、B、C 中只要有一个断开，灯就不亮。由此，可得出这样一个因果关系：只有当决定某一事件（如灯亮）的条件全部具备时，这一事件（灯亮）才发生。这种因果关系称之为"与"逻辑。

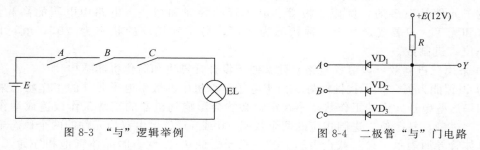

图 8-3　"与"逻辑举例　　　　　　　图 8-4　二极管"与"门电路

实现"与"逻辑功能（logical function）的电路如图 8-4 所示，称为二极管"与"门电路。当 A、B、C 三个输入端中有一个为低电平，例如 A 为低电平，$U_A = 0V$ 时，二极管 VD_1 导通，输出端 Y 点电位受 VD_1 二极管钳位而接近 0V。其余高电平输入的二极管 VD_2 和 VD_3 由于二极管的阴极电平高于阳极电平，都不能导通。当三个输入端中有两个为低电平时，则有两个二极管导通，一个二极管截止，输出为低电平 0.7V；若输入端全为低电平，VD_1、VD_2、VD_3 都导通，输出端 Y 仍为低电平 0.7V。当三个输出端全为高电平时（3V），二极管 VD_1、VD_2、VD_3 都会导通，此时输出端 Y 的电平为高电平（$U_Y = 3.7V$）。从逻辑功能上看，只有条件全具备，A、B、C 均为"1"，输出才为"1"。否则，只要有"0"，输出即为"0"。可见此电路具有"与"的功能，故称为"与"门。"与"门的逻辑关系用下式来表示

$$Y = A \cdot B \cdot C$$

式中,"·"表示"与"逻辑关系。通常"·"号也可省略。"与"逻辑又称为逻辑乘,注意它的意义与普通代数式的乘是截然不同的。A、B、C 为输入条件,Y 为输出结论。

图 8-5 和图 8-6 分别为"与"门输入、输出波形图及逻辑符号。

门电路输入和输出端一般都取高电平或低电平两种数值,在正逻辑系统中把低电平称为逻辑"0",高电平称为逻辑"1",对图 8-5 或图 8-6 所示的门电路输入输出关系可用真值表来表示。如表 8-2 所示。真值表应包含所有的输入组合状态及其对应的输出值。

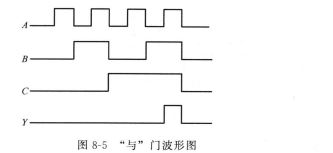

图 8-5 "与"门波形图

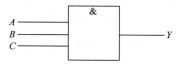

图 8-6 "与"门逻辑符号

表 8-2 "与"门真值表

A	B	C	$Y = A \cdot B \cdot C$	A	B	C	$Y = A \cdot B \cdot C$
0	0	0	0	1	0	0	0
0	0	1	0	1	0	1	0
0	1	0	0	1	1	0	0
0	1	1	0	1	1	0	1

"与"逻辑即逻辑乘的基本运算如下:

$0 \times 0 = 0$,$0 \times 1 = 0$,$1 \times 1 = 1$ 其逻辑关系可总结为"有 0 得 0,全 1 得 1"。

2. "或"门

如图 8-7 电路所示,开关 A、B、C 中只要有一个开关合上,或者两个合上,或者三个都合上,则灯泡就会亮。这里又可以得出另一种因果关系:在决定某一事件(如灯亮)的各种条件中,只要有一个条件或几个条件得到满足,这一事件(灯亮)就会发生,这种因果关系称之为"或"逻辑。

图 8-8 是实现"或"逻辑功能的二极管"或"门电路。图中 A、B、C 为输入端,Y 是输出端。

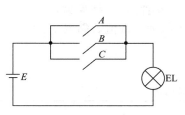

图 8-7 "或"逻辑举例

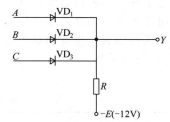

图 8-8 二极管"或"门电路

三个输入端中,只要有一个条件具备,例如 A 端为高电平(3V)时,二极管 VD_1 导通,输出端 Y 的电位即为高电平 U_H,其余低电平输入(0V)的二极管 VD_2 和 VD_3,由于其正极电平低于负极电平，而不能导通。若有二个或三个输入端为高电平 U_H，则输出端都是高电平。只有当三个输入端 A、B 和 C 都处于低电平 0V 时，Y 端才输出低电平 U_L。从逻辑功能上看，图 8-8 电路具有"或"的逻辑功能，称为"或"门。

图 8-9 和图 8-10 分别为"或"门电路的波形图和逻辑符号。

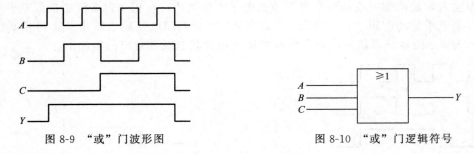

图 8-9　"或"门波形图　　　　　　　　图 8-10　"或"门逻辑符号

"或"门的逻辑关系可用下式来表示

$$Y = A + B + C$$

式中，"+"是表示逻辑"或"关系的，不是一般代数式的相加符号，这点应引起注意。A、B、C 为输入条件，Y 为输出结论。

"或"门的真值表如表 8-3 所示。

"或"逻辑即逻辑加的基本运算如下：

0+0=0，0+1=1，1+1=1

其逻辑关系总结为"有 1 得 1，全 0 得 0"。

表 8-3　"或"门真值表

A	B	C	$Y=A+B+C$	A	B	C	$Y=A+B+C$
0	0	0	0	1	0	0	1
0	0	1	1	1	0	1	1
0	1	0	1	1	1	0	1
0	1	1	1	1	1	1	1

3. "非"门

"非"门电路的逻辑关系是：输入为低电平时，输出为高电平，输入为高电平时，输出为低电平。符合这种逻辑的电路为"非"门电路，如图 8-11 所示。

在实际应用中，由三极管组成的反相器即可实现"非"逻辑功能。其电路如图 8-12 所示。

在反相器电路中，若电路参数选择合适，当基极 A 端输入高电平时，三极管饱和导通，集电极便输出低电平。反之，A 端输入低电平时，三极管因 be 结反偏而截止，集电极便输出高电平。其波形图和逻辑符号如图 8-13 和图 8-14 所示。真值表如表 8-4 所示。

"非"门的逻辑关系式为

$$Y = \bar{A}$$

表 8-4　"非"门真值表

A	$Y=\bar{A}$
0	1
1	0

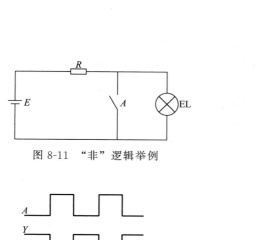

图 8-11　"非"逻辑举例

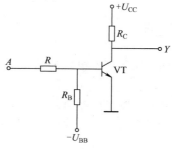

图 8-12　三极管"非"门电路

图 8-13　"非"门波形图

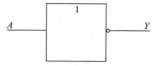

图 8-14　"非"门逻辑符号

4. 复合门

由于反相器具有电流放大能力，带负载能力强，且输出电平比较稳定，因此在实际应用中，为了提高电路工作的可靠性，常把"与"门、"或"门和"非"门结合起来使用，构成"与非"门、"或非"门、"与或非"门等复合门电路。

它们的种类、逻辑符号及真值表如表 8-5 所示。

表 8-5　复合门种类表

复合门种类	逻辑符号	真值表		
"与非"门	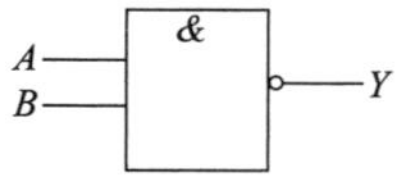	A	B	$Y=\overline{AB}$
		0	0	1
		0	1	1
		1	0	1
		1	1	0
"或非"门	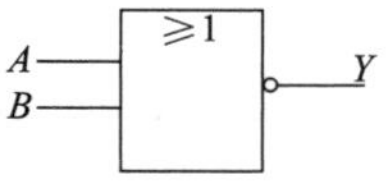	A	B	$Y=\overline{A+B}$
		0	0	1
		0	1	0
		1	0	0
		1	1	0

复合门种类	逻辑符号	真值表			
"与或非"门	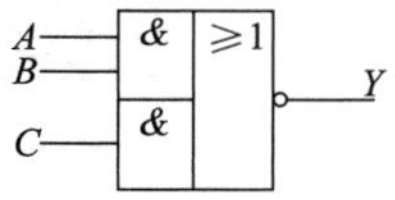	A	B	C	$Y=\overline{AB+C}$
		0	0	0	1
		0	0	1	0
		0	1	0	1
		0	1	1	0
		1	0	0	1
		1	0	1	0
		1	1	0	0
		1	1	1	0

✺ 任务实施

图 8-15(a) 所示逻辑电路的输入信号波形如图 8-15(b) 所示，试画出输出端 Y 的信号波形。

解 根据图示逻辑电路可写出输出端逻辑表达式为 $Y=\overline{A \cdot B} \oplus (B+C)$。根据各段时间内 A、B、C 的状态求出相应 Y 的状态，计入表 8-6，并画出 Y 的波形如图 8-15(b) 所示。

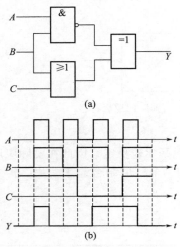

表 8-6　逻辑状态表

A	B	C	Y
0	0	1	0
1	1	1	1
0	1	1	0
1	0	1	0
0	1	0	0
1	1	0	1
0	0	0	1
1	1	1	0
0	1	1	0

图 8-15　逻辑电路及波形图

✎ 练习与思考一

1. 数字电路的特点是什么？什么是正逻辑？负逻辑？
2. 将下列二进制数转换成十进制数：(1)(10110)；(2)(110011)。
3. 将下列十进制数转换成二进制数：(1) 20；(2) 32。
4. 试述与、或、非、与非、或非门电路的逻辑符号和逻辑功能。

任务二　组合逻辑电路

知识点

◎ 组合逻辑电路。

◎ 组合逻辑电路的分析。

◎ 组合逻辑电路的设计。

技能点

◎ 掌握组合逻辑电路的分析。

◎ 会设计基本组合逻辑电路。

◎ 掌握常用的组合逻辑电路。

思政要素

组合逻辑电路

任务描述

组合逻辑电路（combinational logic circuit）是将"与""或""非"等基本逻辑门（logic gate）组合起来，构成各种复杂的组合门电路，以实现各种复杂的逻辑功能。逻辑电路按逻辑功能不同分为两大类，一类称作组合逻辑电路（简称组合电路），其在任何时刻产生的稳定输出和该时刻的输入信号有关，而与该时刻以前的输入信号无关；另一类称作时序逻辑电路（简称时序电路），其在任何时刻产生的稳定输出不仅与该时刻电路的输入信号有关，而且与电路过去的输入信号有关。

组合逻辑电路在逻辑功能上具有如下共同特点。

① 从功能上讲，某时刻电路的输出只决定于该时刻电路的输入信号，而与电路以前的状态无关，即无"记忆"功能；

② 从器件上讲，电路由逻辑门构成，不含记忆元器件（后面讲述）；

③ 从结构上讲，输入信号是单向传输的，不存在输出端到输入端的反馈回路。

 任务分析

组合逻辑电路的分析，是指已知组合逻辑电路，找出输出函数与输入变量之间的逻辑关系，从而了解电路所实现的逻辑功能，并对给定逻辑电路的工作性能进行评价。其基本步骤如下：

已知逻辑图→写出逻辑表达式→化简逻辑式→列出真值表→分析逻辑功能

相关知识

分析组合逻辑电路一般是根据给出的电路，从输入端开始逐级推导出逻辑函数表达式，再根据表达式列出真值表，从而了解该逻辑电路的功能。下面举几个常见的组合电路。

一、"异或"门（exclusive-OR gate）

如图 8-16 所示为两个"非"门、两个"与"门和一个"或"门构成的组合电路。由基本逻辑门的逻辑关系，可得出

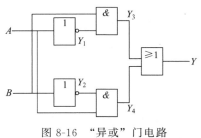

图 8-16　"异或"门电路

$$Y_1 = \bar{A} \qquad Y_2 = \bar{B}$$

$$Y_3 = \bar{A}B \qquad Y_4 = A\bar{B}$$

则

$$Y = \bar{A}B + A\bar{B}$$

由逻辑关系可列出真值表 8-7，由真值表可见，该逻辑电路的逻辑功能是：当输入 A、B 相异时，输出为 1。输入 A、B 相同时，输出为 0。该电路称为"异或"电路，这种"异或"电路在数字电路中经常用到，其逻辑符号如图 8-17 所示。

其逻辑关系也可写成

$$Y = \bar{A}B + A\bar{B} = A \oplus B$$

表 8-7　"异或"门真值表

A	B	$Y=\bar{A}B+A\bar{B}$	A	B	$Y=\bar{A}B+A\bar{B}$
0	0	0	1	0	1
0	1	1	1	1	0

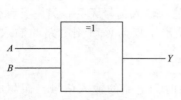

图 8-17　"异或"门逻辑符号

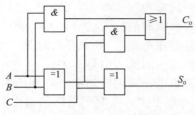

图 8-18　全加器电路

"异或"逻辑关系可总结如下："相同得 0，相异得 1"。

二、全加器

如图 8-18 所示组合电路为全加器电路，它由两个"异或"门、两个"与"门和一个"或"门组合而成。共有三个输入端 A、B、C_i 和两个输出端 S_o、C_o。其中 A、B 为本位二进制数，C_i 为低位进位二进制数，S_o 为本位和，C_o 为向高位进位的二进制数。

由逻辑分析可得

$$S_o = \bar{A}\bar{B}C_i + \bar{A}B\bar{C}_i + A\bar{B}\bar{C}_i + ABC_i$$

$$C_o = (A \oplus B) + AB$$

由二进制加法规则可列出全加器真值表见表 8-8。

全加器是一种算术运算电路，其逻辑符号如图 8-19 所示。

表 8-8　全加器真值表

A	B	C_i	S_o	C_o	A	B	C_i	S_o	C_o
0	0	0	0	0	1	0	0	1	0
0	0	1	1	0	1	0	1	0	1
0	1	0	1	0	1	1	0	0	1
0	1	1	0	1	1	1	1	1	1

综合实训：三人表决器安装调试

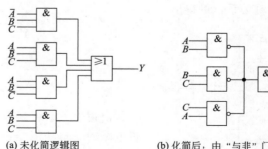

(a) 未化简逻辑图　　　　(b) 化简后，由"与非"门组成逻辑图

图 8-19　三人表决逻辑图

三、组合逻辑电路的设计

组合逻辑电路的设计是根据给定的实际问题找出实现该功能的逻辑电路，其步骤为由实

际问题做真值表，从而写出逻辑函数式，经化简后得出逻辑图。

设计时，注意要按照实际情况，用逻辑语言加以表达。首先要弄清楚在所提出的问题中，什么是逻辑变量，什么是要求的逻辑函数 Y，以及函数 Y 和这些变量之间的关系，根据这些关系列出真值表。这一步是很关键的一步。

【例 8-1】 设计一个多数表决电路，电路有三个输入端，一个输出端，它的功能是输出电平与输入信号的多数电平一致。

解 根据题意，设三个输入变量为 A、B、C，当三个变量中有两个及两个以上为高电平时，输出为高电平；有两个及两个以上为低电平时，输出为低电平。由此可列出真值表，如表 8-9 所示。

表 8-9 例 8-1 真值表

输出变量			输出函数
A	B	C	Y
0	0	0	0
0	0	1	0
0	1	0	0
0	1	1	1
1	0	0	0
1	0	1	1
1	1	0	1
1	1	1	1

由真值表写出函数表达式

$$Y = \overline{A}BC + A\overline{B}C + AB\overline{C} + ABC$$

用逻辑门组成逻辑图如图 8-19(a) 所示。

还可化简为 $Y = AB + BC + CA$

将上述函数由门电路实现，如图 8-19(b) 所示。

【例 8-2】 设计一个楼梯开关系统，装在一楼、二楼、三楼的三个开关都能对楼梯上同一电灯进行控制。

解 首先根据题意设置逻辑变量和函数。令 A、B、C 分别代表装在一楼、二楼、三楼上的开关，并假定开关向上为 1，向下为 0。这样，$A = 1$ 表示 1 楼的开关拨向上，$C = 0$ 表示三楼开关拨向下……

Y 表示电灯亮、灭的情况，并假定 $Y = 1$ 表示灯亮，$Y = 0$ 表示灯灭。

在做了上述规定后，再把一个具体问题抽象为逻辑语言。

假定在初始状态 $A = B = C = 0$，即三个开关全拨向下时，电源接通，电灯亮，$Y = 1$，那么，只要一个开关改变状态，其余两个不变，则电灯应灭，$Y = 0$。如果再有一个开关改变状态，即两个开关改变状态，电灯应亮，$Y = 1$。依此类推，对三个开关八种可能情况作出正确判断，列出其真值表，如表 8-10 所示。

表 8-10 例 8-2 真值表

A	B	C	Y
0	0	0	1
0	0	1	0

续表

A	B	C	Y
0	1	0	0
0	1	1	1
1	0	0	0
1	0	1	1
1	1	0	1
1	1	1	0

由真值表可写出函数表达式

$$Y=\overline{A}B\overline{C}+\overline{A}BC+A\overline{B}C+AB\overline{C}$$

由函数表达式，可画出逻辑电路，如图 8-20 所示。

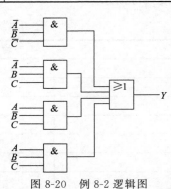

图 8-20　例 8-2 逻辑图

四、编码及译码显示电路

1. 编码器

用若干位二进制代码，按一定规律排列在一起，组成不同的码字，并且赋予每个码字以固定的含义（如表示十进制、字符等），称为编码。完成编码工作的数字电路称为编码器。

编码器有 M 个输入端，N 个输出端。在任意时刻，M 个输入端中只要有 1 个为 1，其余均为 0（或者反过来，只要有一个输入端为 0，其余均为 1）。N 个输出端的输出则构成与该输入相对应的二进制码字。

下面通过 8421BCD 编码器的例子，说明编码器的设计方法。

数码 0～9 通常用十条数据线表示，在计算机或数据处理装置中，希望由编码器输出相应的 8421BCD 码。根据以上想法，可列出真值表，如表 8-11 所示。

表 8-11　8421BCD 编码器真值表

输				入						输		出	
0	1	2	3	4	5	6	7	8	9	A	B	C	D
0	1	1	1	1	1	1	1	1	1	0	0	0	0
1	0	1	1	1	1	1	1	1	1	0	0	0	1
1	1	0	1	1	1	1	1	1	1	0	0	1	0
1	1	1	0	1	1	1	1	1	1	0	0	1	1
1	1	1	1	0	1	1	1	1	1	0	1	0	0
1	1	1	1	1	0	1	1	1	1	0	1	0	1
1	1	1	1	1	1	0	1	1	1	0	1	1	0
1	1	1	1	1	1	1	0	1	1	0	1	1	1
1	1	1	1	1	1	1	1	0	1	1	0	0	0
1	1	1	1	1	1	1	1	1	0	1	0	0	1

输入编码器的是十条数据线，输出为四条编码线。各个输入变量之间存在这样的约束条件：一条数据线即一个输入变量为 0 时，其余输入变量一定为 1。因此表中只有十种变量组合情况，而其余组合均为约束项。

由编码表，可以写出编码器的四条输出线 A、B、C、D 的表达式分别为

$$A=\overline{8}+\overline{9}=\overline{8 \cdot 9}$$

$$B=\overline{4}+\overline{5}+\overline{6}+\overline{7}=\overline{4 \cdot 5 \cdot 6 \cdot 7}$$

$$C=\overline{2}+\overline{3}+\overline{6}+\overline{7}=\overline{2 \cdot 3 \cdot 6 \cdot 7}$$

$$D=\overline{1}+\overline{3}+\overline{5}+\overline{7}+\overline{9}=\overline{1 \cdot 3 \cdot 5 \cdot 7 \cdot 9}$$

由此，得逻辑图如图 8-21 所示。

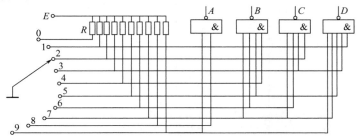

图 8-21　二-十进制编码器逻辑图

2. 译码器与数码显示

译码是编码的逆过程，译码器（decipherer，decoder，code-translator）是一种能把二进制代码转换成特定信息的电路系统；它将给定的数码翻译成相应的状态，并使输出通道中相应的一路有信号输出，用以控制其他部件或驱动数码显示器（digital display）工作。

按输出端功能的区别，译码器可分为二进制译码器和显示译码器两种。下面先讨论二进制译码器。

图 8-22 是译码器的框图，输入信号有 N 个，N 个信号共同表示输入为某种编码；输出信号有 M 个，当在输入端出现某种编码时，译码后，相应的输出端为高电平，而其余的输出端为低电平。

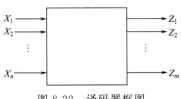

图 8-22　译码器框图

在二进制译码器中，输入的是二进制代码，而输出把每组代码翻译成不同的码制。一般地说，N 位二进制译码器应有 N 组输入，2^N 根输出线，所以实际中常有 2 线-4 线译码器、3 线-8 线译码器、4 线-16 线译码器等，其原理都相同。此外，还有输入 BCD 码 4 线-10 线译码器。二进制译码器又称通用译码器，除用于译码外，也广泛用于脉冲分配，数据的选择和分配等。

现以 8421BCD 译码器为例，这是一种 4 线输入 10 线输出的译码器，也称为 4 线-10 线译码器，输入的是四位二进制代码，它表示某个十进制数，输出的 10 条线分别代表 0～9 十个数码。例如，当输入为 0000（$\overline{ABCD}$）时，译码器 0 输出线为低电平，其他输出线为高电平，表示输出为 0；又如当输入为 0111（$\overline{A}BCD$）时，7 输出线为低电平，其他输出线为高电平，表示输出为 7。

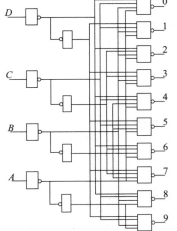

图 8-23　4 线-10 线译码器逻辑图

上述译码器的设计是比较简单的，可以很容易地画出译码器逻辑图，如图 8-23 所示，列出真值表，如表 8-12 所示。

表 8-12　8421BCD 译码器真值表

序号	BCD 输入				十进制输出									
	A	B	C	D	0	1	2	3	4	5	6	7	8	9
0	0	0	0	0	0	1	1	1	1	1	1	1	1	1
1	0	0	0	1	1	0	1	1	1	1	1	1	1	1
2	0	0	1	0	1	1	0	1	1	1	1	1	1	1
3	0	0	1	1	1	1	1	0	1	1	1	1	1	1
4	0	1	0	0	1	1	1	1	0	1	1	1	1	1
5	0	1	0	1	1	1	1	1	1	0	1	1	1	1
6	0	1	1	0	1	1	1	1	1	1	0	1	1	1
7	0	1	1	1	1	1	1	1	1	1	1	0	1	1
8	1	0	0	0	1	1	1	1	1	1	1	1	0	1
9	1	0	0	1	1	1	1	1	1	1	1	1	1	0
无效	1	0	1	0	×	×	×	×	×	×	×	×	×	×
	1	1	1	1	×	×	×	×	×	×	×	×	×	×

根据真值表，便可以写出译码器各输出线的表达式。

$\overline{0}=\overline{A}\,\overline{B}\,\overline{C}\,\overline{D}$　　　　　　　　　$\overline{5}=\overline{A}\,B\,\overline{C}\,D$

$\overline{1}=\overline{A}\,\overline{B}\,\overline{C}\,D$　　　　　　　　　$\overline{6}=\overline{A}\,B\,C\,\overline{D}$

$\overline{2}=\overline{A}\,\overline{B}\,C\,\overline{D}$　　　　　　　　　$\overline{7}=\overline{A}\,B\,C\,D$

$\overline{3}=\overline{A}\,\overline{B}\,C\,D$　　　　　　　　　$\overline{8}=A\,\overline{B}\,\overline{C}\,\overline{D}$

$\overline{4}=\overline{A}\,B\,\overline{C}\,\overline{D}$　　　　　　　　　$\overline{9}=A\,\overline{B}\,\overline{C}\,D$

在这种译码器中，输入端不能出现 $1010\sim1111$ 六种组合，把 $ABCD$ 的六种组合 $1010\sim1111$ 称为约束项。当输入端出现约束项时，会导致错误译码，所以在电路中要增加禁止电路，禁止电路的输出为

$$H=\sum m(10,11,12,13,14,15)$$

在数字系统中，常常需要将测量或处理的结果显示成十进制数字。为此，首先要把以 BCD 码表示的测量或处理的结果送译码器译码，然后用译码器的输出去驱动十进制数的显示器件（indicator display equipment）。

由上述 $\overline{0}\sim\overline{9}$ 的表达式可画出译码器逻辑图，如图 8-23 所示。

目前使用的数码显示器件有荧光数码管、半导体发光数码管和液晶显示器等三种。它们大都设计成如图 8-24（a）所示七段笔画形状显示数码。七段笔画同七个数码的关系如图 8-24（b）所示。例如 a、b、c 三段亮显示数码 7 等。

（1）荧光数码管

它是一种真空电子管，其外形如图 8-25（a）所示，由灯丝（阴极），网

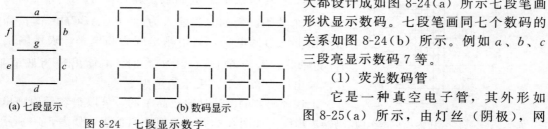

(a) 七段显示　　　　　　(b) 数码显示

图 8-24　七段显示数字

状栅极和七段阳极组成。在栅极和需要显示的阳极段加 20V 正向电压，同时灯丝加 1.5V 额定电压使阴极被加热后发射电子，在栅极加速电场作用下电子高速轰击涂有荧光粉的阳极表面，发出绿色的荧光。阳极电流约为 2～3mA，采用 CMOS 译码器可以直接驱动数码管。如果译码器采用 TTL（transistor-transistor logic 晶体管-晶体管逻辑）的与非门，必须用反相器进行电平转换后驱动数码管。如图 8-25（b）所示。它是低电平激励。

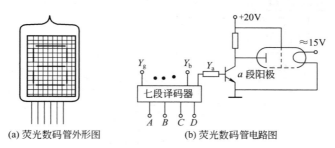

(a) 荧光数码管外形图　　(b) 荧光数码管电路图

图 8-25　荧光数码管

（2）半导体发光数码管

半导体发光数码管通常用特殊的半导体材料，如磷化镓和镓铝砷等化合物制成 PN 结，当 PN 结正向偏置导通时，由于载流的注入及随后的复合而辐射发光，辐射波长决定了发光颜色。它能发出红、绿、黄等不同颜色的光。图 8-26（a）为磷砷化镓数码管 BS202 的管脚排列图。它的工作电压为 1.5～3V，电流为 5～25mA，可直接用 TTL 驱动，它是高电平激励。如果译码器采用 CMOS 电路，往往加三极管驱动电路，如图 8-26（b）所示，使半导体数码管获得较大的驱动电流，至于哪几段亮则取决于译码器相应输出电平的高低。

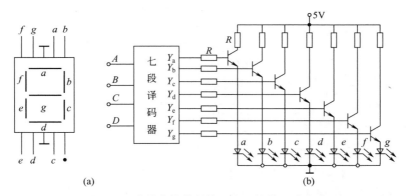

图 8-26　磷砷化镓数码管 BS202 及其驱动电路

（3）液晶数码显示器

液晶是一种介于液态和固态之间的有机化合物。它既有液体的流动性，又具有固态晶体的某些光学特性。液晶对电场、磁场、光、温度、力等外界条件变化特别敏感。并可以把上述外界信息转变为可视信号。液晶在电场作用下会产生各种电光效应。由此制成的液晶显示器件，其优点是对比度高、阈值电压低、功耗低；另外还有工艺简单、结构紧凑、体形薄等。然而液晶本身不发光，这是一种被动的显示器件。它借助自然光和外来光显示数码，尚存在不够清晰、响应速度低等问题。目前广泛应用于电子钟表、数字仪表及数字计算器中。

目前数字系统中广泛使用中规模数码显示译码器（decoder for display）。它的种类很多，图 8-27 为 T1048 的逻辑电路图。

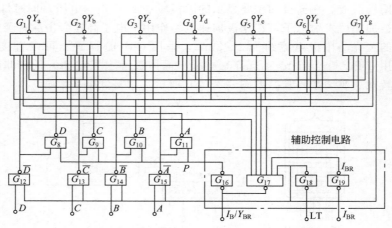

图 8-27　T1048 逻辑电路图

对该组合逻辑电路的分析任务是找出输出变量与输入变量的逻辑函数关系，从而了解该电路的逻辑功能。一般分析方法为：

① 用文字或符号标出各门的输入和输出端。

② 按照电路内的连线，由输入至输出依次写出每个门的输出变量与输入变量间的表达式。各个输出端所得到的表达式即为整个电路的逻辑函数。在该电路中，当辅助控制变量 $\overline{LT}$、$\overline{I}_{BR}$、$\overline{I}_B/Y_{BR}$ 均为 1 时，写出各字段逻辑表达式为

$$Y_a = \overline{B\overline{D} + \overline{A}\ \overline{B}\ \overline{C}D + AC}$$

$$Y_b = \overline{BC\overline{D} + B\overline{C}D + AC}$$

$$Y_c = \overline{\overline{B}\overline{C}\ \overline{D} + AB}$$

$$Y_d = \overline{B\overline{C}\ \overline{D} + \overline{B}\ \overline{C}D + BCD}$$

$$Y_e = \overline{D + B\overline{C}}$$

$$\dot{Y}_f = \overline{CD + \overline{A}\ \overline{B}D + \overline{B}C}$$

$$Y_g = \overline{BCD + \overline{A}\ \overline{B}\ \overline{C}LT}$$

③ 若由最简逻辑函数仍不易直接看电路的逻辑功能时，可将输入变量各种可能取值代入表达式中进行计算，求出相应的输出变量值 1 列出真值表后便能一目了然。表 8-13 为 T1048 的真值表。表中输出变量 1 表示相应字段亮，0 表示灭。显示器为高电平激励。当 $ABCD$ 为 0000～1001 时，Y_a～Y_g 七个字段输出符合 0～9 十个数码显示的要求。可见 T1048 具有将 8421BCD 码译成七个字段输出的译码功能。

表 8-13　T1048 真值表

数字功能	输入							输出							显示字形
	$\overline{LT}$	$\overline{I}_{BR}$	A	B	C	D	$\overline{I}_B/\overline{Y}_{BR}$	Y_a	Y_b	Y_c	Y_d	Y_e	Y_f	Y_g	
0	1	1	0	0	0	0	1	1	1	1	1	1	1	1	8
1	×	1	0	0	0	1	1	0	1	1	0	0	0	0	1
2	×	1	0	0	1	0	1	1	1	0	1	1	0	1	2
3	×	1	0	0	1	1	1	1	1	1	1	0	0	1	3

续表

数字功能	输入							输出							显示字形
	$\overline{LT}$	$\overline{I}_{BR}$	A	B	C	D	$\overline{I}_B/\overline{Y}_{BR}$	Y_a	Y_b	Y_c	Y_d	Y_e	Y_f	Y_g	
4	×	1	0	1	0	0	1	0	1	1	0	0	1	1	4
5	×	1	0	1	0	1	1	1	0	1	1	0	1	1	5
6	×	1	0	1	1	0	1	0	0	1	1	1	1	1	6
7	×	1	0	1	1	1	1	1	1	1	0	0	0	0	7
8	×	1	1	0	0	0	1	1	1	1	1	1	1	1	8
9	×	1	1	0	0	1	1	1	1	1	0	0	1	1	9
$\overline{I}_B$	×	×	×	×	×	×	0	0	0	0	0	0	0	0	0
$\overline{I}_{BR}$	1	0	0	0	0	0	0	0	0	0	0	0	0	0	0
$\overline{LT}$	0	×	×	×	×	×	1	1	1	1	1	1	1	1	8

　　T1048 中规模集成电路为了增加器件功能，扩大应用，在数码显示译码电路的基础上又增加了由 G16～G19 组成的辅助控制电路及信号端 $\overline{LT}$、$\overline{I}_{BR}$、$\overline{I}_B/\overline{Y}_{BR}$。各辅助控制信号均为低电平激励。当它们接高电平或悬空时，不影响译码电路的正常工作。

　　$\overline{LT}$ 为试灯输入端。当强制输入 $\overline{LT}=0$，$\overline{I}_B/\overline{Y}_{BR}=1$ 时，不管 $\overline{I}_{BR}$、$ABCD$ 为何状态，$Y_a～Y_g$ 七段全为 1，所有字段全亮，应显示 8。因此，它可以作为检验数码管好坏用。

　　$\overline{I}_B$ 为灭灯输入端。当 $\overline{I}_B=0$，七段输出全为 0，实现了灭灯（又称消隐）。

　　$\overline{I}_{BR}$ 为动态灭灯输入端。用于输入数码为 0 而又不需要显示 0 的场合。例如，一个六位数码显示器要显示 1988，若不消去前面的 0，则显示 001988。

 练习与思考二

1. 组合逻辑电路有什么特点？分析组合逻辑电路的目的是什么？
2. 什么是编码？什么是译码？
3. 试述全加器的逻辑功能，写出其逻辑表达式，画出其逻辑电路图。

任务三　集成触发器

知识点

◎ 时序逻辑电路的概念。

◎ 触发器的类型。

◎ 触发器的工作原理。

技能点

◎ 掌握触发器的特性和逻辑符号。

◎ 会分析触发器的逻辑功能。

◎ 掌握简单触发器的制作。

思政要素　　　　集成触发器

 **任务描述**

　　处理数字信息时，往往需要将信息保存、记忆。但前面讨论的组合逻辑电路，都没有记忆功能，即逻辑输出只取决于该时刻的输入信号，而与电路的原有状态无关。一旦撤除输入

信号相应的输出也消失，不能保存其状态。如果在组合逻辑电路中接入具有记忆功能的触发器（flip-flop trigger），电路的输出就不仅与输入有关，而且与电路的原有状态有关。这样的电路称为时序逻辑电路（sequential logic circuit）。

 任务分析

常用的触发器是双稳触发器（bistable flip flop），它具有 0 或 1 两种稳定输出状态，当输入为某一触发信号时，可以从原来的一种状态翻转为另一稳态。在无信号输入时，将保持原稳态。可见触发器可用来存储数字信号，是时序电路的基本单元电路。

 相关知识

一、基本 RS 触发器

基本 RS 触发器，又简称基本触发器，如图 8-28（a）、（b）所示为基本 RS 触发器（basic R-S flip-flop）的逻辑图和逻辑符号，它由两个"与非"门 A、B 相互交叉耦合组成。图中 R、S 为输入端，Q、$\overline{Q}$ 为输出端，正常情况下，

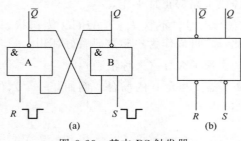

图 8-28　基本 RS 触发器

两个输出端总是一个为 1（高电平），另一个为 0（低电平），保持互补状态，规定输出端 Q 的状态为触发器的状态。输入端 R 又称置 0 端或复位端（reset terminal），S 称置 1 端或置位端（set terminal）。

R、S 的输入共有四种情况。

① 当 $R=0$，$S=1$ 时，A 门的一个输入为 0，故输出 $\overline{Q}=1$，而 B 门的输入全为 1，所以输出 $Q=0$，则触发器处于 0 态，称为置 0 或复位。

② 当 $R=1$，$S=0$ 时，B 门有一输入为 0，故输出 Q 为 1，而 A 门的输入全为 1，故输出 $\overline{Q}=0$，则触发器处于 1 态，称为置 1 或置位。

③ 当 R、S 全为 1 时，输出将与触发器的原有状态有关，如触发器原有状态为 1 态（$Q=1$，$\overline{Q}=0$），则 A 门输入全为 1，输出 $\overline{Q}=0$，使 $Q=1$；如触发器原有状态为 0 态（$Q=0$，$\overline{Q}=1$），则 B 门输入全为 1，输出 $Q=0$，$\overline{Q}=1$。可见这种输入情况，触发器保持了原有状态，体现了触发器的记忆功能。

④ 当 R、S 全为 0 时，A、B 门都有 0 的输入，可见它们的输出 Q、$\overline{Q}$ 全为 1。这种状态称为一种暂态或不稳定状态，当信号消除时，触发器的状态取决于偶然因素，不可确定，这种情况是要求避免出现的，综上分析可列出基本 RS 触发器的逻辑状态（logical state table）如表 8-14 所示。

表 8-14　基本 RS 触发器逻辑状态表

R	S	Q	逻辑功能	R	S	Q	逻辑功能
0	1	0	置 0	1	1	保持	保持
1	0	1	置 1	0	0	不定	不允许

同步 RS 触发器

因为 R、S 全为 0 时，触发器处于要避免的不稳定状态，故在无信号输入时，R、S 平时都应接在高电平上（通常情况电路内部已接电源、输入端不接地就相当于接高电平，称为悬空），所以有信号输入时，应采用负脉冲（低电平 0），称为低电平触发（或负脉冲触发），为反映这一特点，在逻辑符号图中，输入端靠方框处画一小圈，表示该触发器要求用负脉冲触发。

二、同步 RS 触发器

基本 RS 触发器直接受触发脉冲的控制，只要在 R 或 S 端出现置 0 置 1 信号，输出状态就随之改变。实用上往往要求触发器状态不仅单纯地受 R、S 输入端信号控制，而且要求按一定时间节拍把 R、S 端的状态反映到输出端。这就要求再加一个控制端。只有在控制端出现脉冲信号时，触发器才动作，至于触发器变换到什么状态，仍由 R、S 端信号决定。采用这种触发方式的触发器如图 8-29 所示，称同步 RS 触发器。

同步 RS 触发器由两个"与非"门做引导门，R、S 称为数据输入端；CP 端称为时钟脉冲，作为控制信号，又称控制脉冲，它是由一个标准脉冲信号源提供的。所谓同步是指触发器状态的改变是在时钟脉冲 CP 作用下进行的。

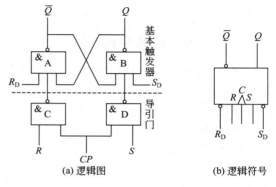

图 8-29 同步 RS 触发器

当 $CP=0$ 时，C、D 门被封锁，其输出 $Q_C=1$，$Q_D=1$，不论 R、S 端信号电平如何变化，触发器均保持原态不变。

当 $CP=1$ 时，C、D 门打开，触发器接收输入信号 R、S，并按 R、S 端电平输入而变化。不难看出，如果 $R=0$，$S=1$，则 $Q_D=0$，触发器置 1 态；反之，$R=1$，$S=0$，则 $Q_C=0$，触发器置 0 态；若 $R=S=0$，$Q_C=Q_D=1$，触发器保持原态不变；若 $R=S=1$，$Q_C=Q_D=0$，显然导致 $Q=\overline{Q}=1$，破坏输出互补状态，这是正常工作不允许出现的情况。综上所述，同步 RS 触发器的逻辑状态归纳如表 8-15 所示。

表 8-15 同步 RS 触发器逻辑状态表

R	S	Q^{n+1}	逻辑功能	R	S	Q^{n+1}	逻辑功能
0	1	1	置 1	0	0	Q^n	保持
1	0	0	置 0	1	1	不定	不允许

同步 RS 触发器中的基本触发器通常仍设有直接置位端（direct-set terminal）S_D 和直接复位端（direct-reset terminal）R_D，也称它们为异步输入端（RS 也称为同步输入端）。

【例 8-3】已知同步 RS 触发器输入信号 R、S 及 CP 的波形如图 8-30 所示。设触发器初始状态为 0，试画出 Q 与 $\overline{Q}$ 输出端的波形。

解 第一个 CP 脉冲到来时，$R=S=0$，触发器保持原状态 0。第二个 CP 到来时，$R=0$，$S=1$，触发器状态翻转为 1。第三个 CP 到来时，$R=1$，$S=0$，触发器状态翻转为 0。第四个 CP 到来时，$R=S=1$，触发器的输出端 $Q=\overline{Q}=1$，在此情况下，当 CP 过去

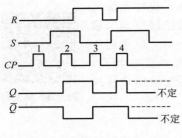

图 8-30　RS 触发器波形图

后，触发器状态可能为 1，也可能为 0，这要由 C 门和 D 门的翻转速度来决定。

由以上分析，画出 Q 和 $\overline{Q}$ 输出端的波形如图 8-30 所示。图中虚线表示状态不定。

RS 触发器虽然结构简单，但有两个严重缺点：其一是有不确定状态；其二是触发器在 CP 持续期间有可能发生多于一次的翻转，造成的错误是触发器翻转后，CP 脉冲如不及时撤除，关闭引导门，它将会引进新的输入状态，使触发器再次翻转，假如 CP 脉冲较宽，此翻转可能进行多次，使得触发器的最后状态无法确定。为克服上述缺点，产生了另一种常用的 JK 触发器。

三、主从 JK 触发器

主从 JK 触发器（J-K flip-flop）如图 8-31 所示，由两级同步 RS 触发器组成，其中 EFGH 为主触发器，ABCD 为从触发器，并将后级输出反喷到前级输入，显然可以避免在 GH 门的出端出现全 1 不确定的情况，从而解决了约束问题。在两级时钟输入端之间接一个非门 I，其作用是使主、从触发器（master-slave flip-flop）的时钟脉冲（clock pulse）极性相反。CP 为时钟脉冲输入端，J、K 为控制输入端。主触发器的输入和 RS 触发器相比较，输入分别为

$$R = KQ^n$$
$$S = J\overline{Q}^n$$

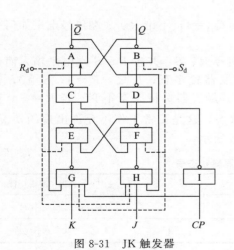

图 8-31　JK 触发器

仿真：JK 触发器实现彩灯

主从结构 RS 触发器

JK 触发器的特征方程为

$$Q^{n+1} = J\overline{Q}^n + \overline{K}Q^n$$

该特征方程全面反映了 Q^{n+1} 与 Q^n、J、K 三者间的逻辑关系，此关系为

当 $J=0$、$K=0$ 时，CP 下降沿到来后，$Q^{n+1}=Q^n$，即保持。

当 $J=0$、$K=1$ 时，CP 下降沿到来后，$Q^{n+1}=0$，即置 0。

当 $J=1$、$K=0$ 时，CP 下降沿到来后，$Q^{n+1}=1$，即置 1。

当 $J=1$、$K=1$ 时，CP 下降沿到来后，$Q^{n+1}=Q^n$，即翻转一次。

最后一种情况说明，不论触发器原状态如何，送进一个时钟脉冲 CP，触发器状态变换一次。触发器翻转次数正好反映 CP 脉冲的个数。可见，触发器在JK端均接高电平或悬空情况下具有计数逻辑功能，所以时钟脉冲 CP 又常称为计数脉冲。

JK触发器的波形图如图 8-32 所示，状态表如表 8-16 所示。

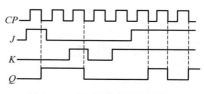

图 8-32 JK触发器波形图

表 8-16 JK触发器状态表

J	K	Q^n	Q^{n+1}	逻辑功能
0	0	0	0	保持
0	0	1	1	
0	1	0	0	置0
0	1	1	0	
1	0	0	1	置1
1	0	1	1	
1	1	0	1	计数
1	1	1	0	

四、D 触发器

将 JK 触发器的 J 端通过与非门接 K 端，即 $K = \bar{J}$，就构成了 D 触发器，如图 8-33 所示。其输入端改用 D 表示。

若 $D=0$，相当于 JK 触发器 $J=0$、$K=1$ 的情况，无论原状态 Q^n 为何态，触发器都置 0。如果 $D=1$，则相当于 $J=1$、$K=0$ 的情况，无论原状态 Q^n 为何状态，触发器都置 1。由此可得 D 触发器的特征方程为

$$Q^{n+1} = D$$

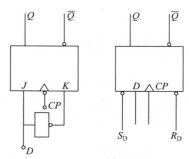

图 8-33 D 触发器逻辑图

可见 D 触发器在 CP 控制下具有置 0、置 1 逻辑功能。D 触发器的状态表如表 8-17 所示。

表 8-17 D 触发器状态表

D	Q^n	Q^{n+1}	逻辑功能
0	0	0	置0
0	1	0	
1	0	1	置1
1	1	1	

✳ 任务实施

将 D 触发器的输入端 D 接到输出端 $\bar{Q}$，就构成一种计数触发器，称为 T 触发器，如图 8-34 所示。试分析其逻辑功能。

解 若状态为 0，即 $Q=0$，$\bar{Q}=1$，则当 CP 上升沿来到时，Q 翻转为 1，$\bar{Q}$ 翻转为 0；下一个 CP 上升沿来到时，Q 翻转为 0，$\bar{Q}$ 翻转为 1。可见，每来一个 CP 脉冲，它翻转一次，具有计数功能，即 $Q^{n+1} = \overline{Q^n}$。

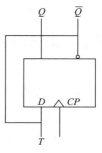

图 8-34 T 触发器

　　T 触发器又称计数型触发器。

 练习与思考三

1. 什么是时序逻辑电路？
2. 试说明 RS、JK、D 触发器的逻辑功能和逻辑符号，并比较其优缺点。
3. JK 触发器和 D 触发器的计数触发方式应如何连接？

任务四　寄存器和计数器

知识点
◎ 寄存器和计数器的概念。
◎ 寄存器的工作原理。
◎ 计数器的工作原理。

技能点
◎ 会分析寄存器的工作原理。
◎ 会分析计数器的工作原理。
◎ 掌握寄存器和计数器的逻辑功能。

思政要素　　　寄存器与计数器

 任务描述

　　寄存器（register）和计数器是计算机和数字系统中不可缺少的重要部件，它们主要由触发器和门电路组成，寄存器用于对数据、信息的暂时存放，计数器是对脉冲信号进行计数，也用来计时和分频（frequency division）。

 任务分析

　　在数字电路中，用来存放二进制数据或代码的电路称为寄存器。寄存器是由具有存储功能的触发器组合构成的。一个触发器可以存储 1 位二进制代码，存放 n 位二进制代码的寄存器，需用 n 个触发器来构成。常用的有 4 位、8 位、16 位等寄存器。在数字电路中，能够记忆输入脉冲个数的电路称为计数器，它由触发器组合构成。计数器的种类很多，按触发器的状态转换与计数脉冲是否同步，分为同步计数器和异步计数器；按进位制不同，分为二进制计数器、十进制计数器和任意进制计数器（N 进制计数器）；按数值的增减，分为加法计数器、减法计数器和可逆计数器。计数器是数字系统的重要组成部分，主要用于计数，也可用于分频和定时。下面介绍一些常用的寄存器和计数器。

相关知识

一、寄存器

　　一个触发器可以寄存一位二进制代码，如要寄存 N 位二进制码，就要有 N 个触发器，如图 8-35 所示为三位代码寄存器（register）的逻辑图，它由 D 触发器和与门组成。触发器 F_1、F_2、F_3 是用来寄存二进制代码的，与门 1、2、3 是代码接收控制门，与门 4、5、6 是代码输出控制门。现以寄存 110 这个代码为例说明代码寄存器的工作过程。

第一步是消除原有代码，即将寄存器清零（clear）。根据触发器的功能，当直接置 0 端 R_D 为低电平时，触发器便被置于 0 态，因此，当清除信号到来时，三个触发器均处于 0 态。触发器为 000 状态。

第二步接收代码，三个欲寄存的代码 110 以高、高、低电平的形式送至接收控制门的三个输入端 A_1、A_2、A_3 上，当接收控制门出现高电平 1 时，三个接收控制门的输出分别是 110。

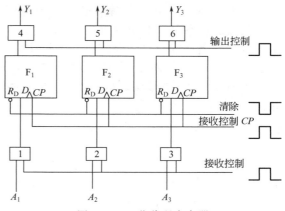

图 8-35 三位代码寄存器

由 D 触发器的功能，当 CP 端出现正脉冲时，便把 D 输入端的信号存入触发器，因此，CP 到来后，触发器 F_1、F_2 被置于 1 态，F_3 保持 0 态。寄存器便成了 110 状态，即代码 110 被存入寄存器内，当寄存器变为 110 状态后，各触发器输出端 Q_1、Q_2、Q_3 电位分别为高、高、低，只要不出现清除信号，寄存器将总保持这一状态。

第三步输出代码，当输出控制端出现高电平时，输出控制门 4、5、6 输出端分别给出了高、高、低电平，即以电平的形式将寄存器所寄存的代码 110 发送出去。

二、计数器

二进制计数器（binary counter）是按照二进制计数规律计数的，图 8-36 为一个三位二进制计数器的逻辑图。它由三个 D 触发器组成，每一个触发器均接成计数状态。最低位触发器的 CP 端是计数脉冲输入端，其他位触发器的 CP 端接到它所对应的低位触发器的 $\overline{Q}$ 端。

下面结合图 8-37 的波形图来分析计数器（counter）的计数过程。

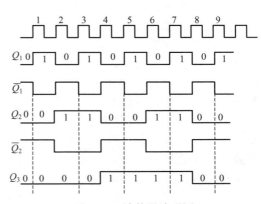

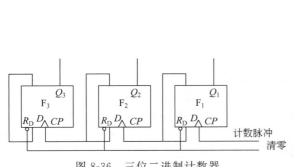

图 8-36 三位二进制计数器

图 8-37 计数器波形图

首先，清除信号将计数器置于初始状态"000"。第一个计数脉冲到来时，F_1 翻转，计数器翻转成"001"状态。第二个计数脉冲到来时，F_1 由 1 翻转为 0，此时，F_1 的输出端 $\overline{Q_1}$ 由低电位跳变为高电位，相当于有一个进位信号加在 F_2 的 CP 端，作为 F_2 的 CP 脉冲，于是 F_2 也翻转一次，由 0 变 1，计数器的状态由 001 变为了 010。当第三个计数脉冲输入时，F_1 又由 0 翻转为 1，计数器的状态由 010 变为 011。之后，计数脉冲不断输入，计数器的状态按表 8-18 中所示的规律变化。其波形图则如图 8-37 所示。到第八个计数脉冲输入时，计数器的状态由 111 变为 000，完成一个计数周期，后续的计数脉冲到来时，计数器重复上述过程。上述表明，一个三位二进制计数器，每隔 $2^3 = 8$ 个计数脉冲，计数器完成一个计数周期。第三级触发器输出信号的频率为计数脉冲的八分之一，所以这种计数器可以用来作为 8：1 的分频器，四位二进制计数器可以作为 16：1 的分频器（divider），其余类推。

表 8-18 二进制计数器状态表

计数脉冲	计数器状态		
	F_1	F_2	F_3
初态	0	0	0
1	0	0	1
2	0	1	0
3	0	1	1
4	1	0	0
5	1	0	1
6	1	1	0
7	1	1	1
8	0	0	0

可见计数器的输出有两种情况：一种是计数状态输出，由各级触发器的 Q 端引出，另一种是分频输出，由最高位触发器的 Q 端输出。

✖ 任务实施

十进制计数器

在二进制计数器中，若触发器的级数为 n，则计完 2^n 个计数脉冲后，完成一个计数周期。十进制计数器（decimal counter）是计完 10 个计数脉冲后，完成一个计数周期。

十进制计数器有十个计数状态，需采用四级触发器，四级触发器可以出现十六种状态，其中六种状态是多余的，在计数过程中不允许出现，应予禁止，当计数脉冲以第一到第九依次输入时，对应于 8421BCD 码计数器状态从 0001 变到 1001，这与二进制计数器完全相同。但当第十个计数脉冲输入时，计数器应恢复到起始状态 0000，并向前产生一个进位脉冲，所以 1010～1111 这六种状态是多余状态。十进制计数器与二进制计数器的主要区别就在于要清除这些多余状态。为此，可以在四位二进制计数器的基础上，加上适当的控制门电路，当第十个计数脉冲到来时，使计数器跳过多余状态，返回起始状态，并产生进位脉冲。控制门电路的形式很多，下面举例说明。

图 8-38 为十进制计数器的逻辑电路图，其基本部分是按二进制计数器连接的四个 D 触发器，计数脉冲经过反相后加到 F_1 的 CP 端，与非门 1 构成控制电路。图中的触发器都有两个置 0 端，只要其中有一个清零信号，触发器就被清除为 0。现结合图 8-38 的波形图 8-39 说明计数器的工作情况。

综合实训：触摸式
延时灯安装调试

计数器清零后到第九个计数脉冲到来之前，计数器的状态是按二进制计数规律变化的。在此期间，F_4、F_1 不同时出现 1 态，总有一个为 0 态，故门 1 输出总为高电平，对各触发器不发生影响。第九个计数脉冲到来后，计数状态变为1001，Q_4、Q_1 均为高电平，当第十个计数脉冲到来时，门 1 输出一个负脉冲，加到各触发器的直接置 0 端，将触发器置 0，于是计数器返回到起始状态，第十一个计数脉冲又是 0001 输出。这样就可以使计数器的计数规律符合十进制计数的要求。计数情况如表 8-19 所示。

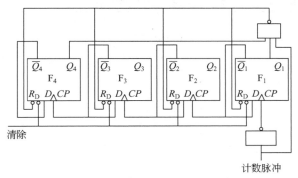

图 8-38　十进制计数器逻辑电路图

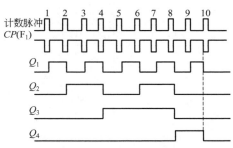

图 8-39　十进制数计数器波形图

表 8-19　十进制计数器状态表

计数脉冲	计数器状态				计数脉冲	计数器状态			
	C_4	C_3	C_2	C_1		C_4	C_3	C_2	C_1
初态	0	0	0	0	6	0	1	1	0
1	0	0	0	1	7	0	1	1	1
2	0	0	1	0	8	1	0	0	0
3	0	0	1	1	9	1	0	0	1
4	0	1	0	0	10	0	0	0	0
5	0	1	0	1					

 知识链接

一、数/模和模/数转换

模拟信号是无法直接用数字电路进行处理的，而数字信号在模拟电路中也不能直接应用，将连续变化的模拟信号转换成数字信号称为模/数（A/D）转换；将数字信号转换成模拟信号称为数/模（D/A）转换。A/D 转换器和 D/A 转换器的用途非常广泛，它是数字计算机应用于生产过程控制的桥梁；是数字通信和遥测系统中不可缺少的组成部分；所有数字测量仪器的核心都是 A/D 转换器。下面我们以 DAC0832 和 ADC0809 为例简述 D/A 和A/D 转换的思想及其原理。

1. D/A（digital to analog converter）转换器

D/A 转换器接收数字信号，输出一个与输入数字量成正比的模拟电压或电流。D/A 转换输入数字量一般为 n 位二进制代码，并且需要一个参考电源 U_{REF}。将参考电压进行 2^n 等分，即 $\Delta = \dfrac{U_{REF}}{2^n}$，输入数字量乘以 Δ 就是 D/A 转换器的输出。例如四位 D/A 转换器，在参考

综合实训：555 变音门铃安装与调试

电压为 8V 时，$\Delta = \dfrac{U_{REF}}{2^n} = \dfrac{8}{2^4} = 0.5V$，表 8-20 是输入数字量与输出模拟电压之间的对应关系。

表 8-20   四位 D/A 转换器输入数字量与输出模拟电压之间的对应关系

数字输入	模拟输出/V	数字输入	模拟输出/V
0000	$0 \times 0 = 0$	1000	$8 \times 0.5 = 4.0$
0001	$1 \times 0.5 = 0.5$	1001	$9 \times 0.5 = 4.5$
0010	$2 \times 0.5 = 1.0$	1010	$10 \times 0.5 = 5.0$
0011	$3 \times 0.5 = 1.5$	1011	$11 \times 0.5 = 5.5$
0100	$4 \times 0.5 = 2.0$	1100	$12 \times 0.5 = 6.0$
0101	$5 \times 0.5 = 2.5$	1101	$13 \times 0.5 = 6.5$
0110	$6 \times 0.5 = 3.0$	1110	$14 \times 0.5 = 7.0$
0111	$7 \times 0.5 = 3.5$	1111	$15 \times 0.5 = 7.5$

n 位 D/A 转换器输出电压为

$$\Delta = \frac{U_{REF}}{2^n}(2^{n-1}d_{n-1} + 2^{n-2}d_{n-2} + \ldots 2^1 d_1 + 2^0 d_0)$$

式中，d_i 是输入二进制数字量中对应的 0、1 值。

DAC0832 使用 CMOS 工艺制造的单片 8 位 D/A 转换集成电路，是电流输出，使用时需要外加运算放大器，集成片内已设置了反馈电阻，使用时将 R_f 输出端（9 端）接到运算放大器输出端即可。若运算放大器增益不够时，仍需外部串联反馈补偿电阻。

$D_7 \sim D_0$ 是 8 位数字信号输入端，D_7 是最高位（MSB），D_0 是最低位（LSB）。

I_{o1}、I_{o2} 是模拟电流输出端，I_{o1} 一般接运算放大器的反相输入端，I_{o2} 一般接地。

U_{REF} 是参考电源输入端。

Cs、W_{R1}、W_{R2} 和 X_{FER} 是数字信号控制端。

图 8-40 是将 DAC0832 接为直通形式。

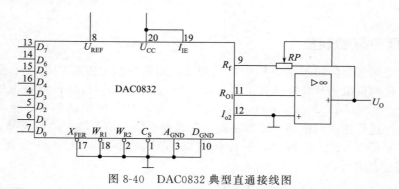

图 8-40   DAC0832 典型直通接线图

2. A/D（analog to digital converter）转换器

A/D 转换器是用以将模拟信号转换成数字信号的电路。例如，需要把 $0 \sim V_{ref}$ 之间的模拟电压信号进行 4 位 A/D 转换时，将参考电压 U_{REF} 进行 2^n 等分，即 $\Delta = \dfrac{U_{REF}}{2^n}$，凡是在 $0 \sim 1\Delta$ 内的输入模拟电压都转换为 0，输出二进制代码 0000；凡是在 $1 \sim 2\Delta$ 内的输入模拟电压都转换为 1，输出二进制代码 0001；凡是在 2～3Δ 内的输入模拟电压都转换为 2，输出二进制代码 0010；……凡是在 15～16Δ 内的输入模拟电压都转换为 15，输出二进制代码 1111。通过这样的转换，连续变化的模拟信号就被转换输出为一串 4 位二进制代码表示的数字信号。

　　输入的模拟信号是连续变化的电压或电流，通过 A/D 转换后，输出的数字代码信号是在时间上不连续的信号，因此，在进行 A/D 转换时，需要在一个采样时钟信号控制下，按一定的时间间隔抽取模拟信号，称为采样。为了正确无误（不失真）地用采样信号来反映输入模拟信号的变化，必须满足采样频率 f_s（采样周期 T_s 的倒数）大于或等于输入模拟信号最高频率分量的频率 f_{imax} 的 2 倍，即

$$f_s \geq 2f_{imax}$$

　　这就是采样定理，它规定了 A/D 转换频率的下限。

　　ADC0809 是 8 位 8 路 CMOS 集成 A/D 转换电路，共有 28 个端子，其引线排列如图 8-41 所示。

　　ADC0809 虽然可以输入 8 路模拟信号，但某一时刻只能对其中一路模拟输入进行转换，当 ALE 为低电平时，由 ADD2、ADD1、ADD0 经过译码选择其中一路进行转换，选通关系见表 8-21。

　　启动信号输入端（START）输入启动脉冲，表示 A/D 转换开始，在由 CLOCK 端输入的时钟脉冲作用下，对被选中的一路模拟信号进行转换。转换结束时，结束标志输出端（EOC）输出一个高电平，表示 A/D 转换结束。只有在输出允许控制端（EOUT）加高电平时，才能从 8 位输出端 $D_7 \sim D_0$ 得到转换的二进制结果。

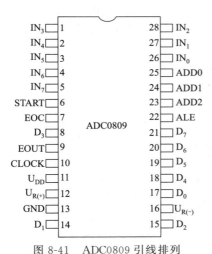

图 8-41　ADC0809 引线排列

表 8-21　ADC0809 的选通关系

地址			被选模
ADD2	ADD1	ADD0	拟通路
0	0	0	IN_0
0	0	1	IN_1
0	1	0	IN_2
0	1	1	IN_3
1	0	0	IN_4
1	0	1	IN_5
1	1	0	IN_6
1	1	1	IN_7

　　至此，已经介绍了数字电路中的各种主要单元电路，可以利用它们组成某种数字装置。

　　例如，数字钟表可用石英晶体振荡器产生 2^{15} Hz 基准信号，整形后经 15 级二分频电路得到 1Hz 秒脉冲，输入到 60 进制计数器计秒；再进位到另一个 60 进制计数器计分；再进位到 24 进制计数器计时。把时、分、秒都译码、显示，即可读出时间。

　　数字电路随着集成电路制作技术的发展一日千里。通常把集成几十个元件的集成电路称小规模集成电路；集成几百个元件的电路称为中规模集成电路；集成一千个以上元件的电路称为大规模集成电路。现代集成电路技术已能做到在一个芯片集成几百万个甚至上亿个元件。在实际应用中，往往可采用集成规模较大的芯片一次完成所需的功能而无须自行组合。

了解和掌握各类集成电路产品的功能并能正确选择和应用，能给工作带来很大的方便。

二、EDA 技术概述

电子设计自动化（Electronics Design Automation，简称 EDA）技术是以计算机科学和微电子技术发展为先导，汇集了计算机图形学、拓扑逻辑学、微电子工艺与结构学和计算数学等多种计算机应用学科最新成果的先进技术，它是在先进的计算机工作平台上开发出来的一整套电子系统设计的软件工具。

EDA 技术伴随着计算机、集成电路、电子系统设计的发展，经历了计算机辅助设计（Computer Assist Design，简称 CAD）、计算机辅助工程设计（Computer Assist Engineering，简称 CAE）和电子设计自动化（Electronic Design Automation，简称 EDA）三个发展阶段。

1. 20 世纪 70 年代的计算机辅助设计（CAD）阶段

早期的电子系统硬件设计采用的是分立元件，随着集成电路的出现和应用，硬件设计进入到发展的初级阶段，初级阶段的硬件设计大量选用中小规模集成电路，人们将这些器件焊接在电路板上，做成板级电子系统，对电子系统的调试是在组装好的印制电路板（Printed Circuit Board，简称 PCB）上进行的。与分立元件为基础的早期设计阶段不同，初级阶段硬件设计的器件选择是各种逻辑门、触发器、寄存器和编码译码器等集成电路，设计师只要熟悉各种集成电路制造厂商提供的标准电路产品说明书，并掌握 PCB 布图工具和一些辅助性的设计分析工具，就可从事设计活动。

传统的手工布线无法满足产品复杂性的要求，更不能满足工作效率的要求。这时，人们开始将产品设计过程中高重复性的繁杂劳动，如布图布线工作用二维图形编辑与分析的 CAD 工具替代，最具代表性的产品就是美国 ACCEL 公司开发的 Tango 布线软件。EDA 技术发展初期，PCB 布图布线工具受到计算机工作平台的制约（计算机性能的限制），能支持的设计工作有限且性能比较差，效率较低。

2. 20 世纪 80 年代的计算机辅助工程设计（CAE）阶段

初级阶段的硬件设计是用大量不同型号的标准芯片实现电子系统设计，随着微电子工艺的发展，相继出现了集成上万只晶体管的微处理器、集成几十万直到上百万存储单元的随机存取存储器（RAM）和只读存储器（ROM）。此外，支持定制单元电路设计的硅编辑、掩膜编程的门阵列，如标准单元的半定制设计方法以及可编程逻辑器件等一系列微结构和微电子学的研究成果都为电子系统的设计提供了新天地。

20 世纪 80 年代初的 EDA 工具主要以逻辑模拟、定时分析、故障仿真、自动布局和布线为核心，重点解决电路设计没有完成之前的功能检验等问题。到了后期，EDA 工具已经可以进行设计描述、综合与优化和设计结果验证。如果说 20 世纪 70 年代的自动布局布线的 CAD 工具代替了设计工作中绘图的重复劳动，那么 20 世纪 80 年代出现的具有自动综合能力的 CAE 工具则代替了设计师的部分设计工作，为成功开发电子产品创造了有利条件。但是，大部分从原理图出发的 EDA 工具仍然不能适应复杂电子系统设计的要求，而且具体化的元件图形制约着优化设计。

3. 20 世纪 90 年代的电子设计自动化（EDA）阶段

为了满足不同的系统用户提出的设计要求，最好的办法是由用户自己设计芯片，让他们把想设计的电路直接设计在自己的专用芯片上。微电子技术的发展，特别是可编程逻辑器件的发展，微电子厂家可以为用户提供各种规模的可编程逻辑器件，使设计者通过设计芯片实现电子系统功能。EDA 工具的发展，又为设计师提供了全线电子系统设计自动化工具。这个阶段发展起来的 EDA 工具，目的是在设计前期将设计师从事的许多高层次设计由工具来做，如可以将用户要求转换为设计技术规范，有效地处理可用的设计资源与理想的设计目标之间的矛盾，按具体的硬件、软件和算法分解设计等。由于微电子技术和 EDA 工具的发展，设计师可以在不太长的时间内使用 EDA 工具，通过一些简单标准化的设计过程，利用微电子厂家提供的设计库完成数万门专用集成电路（ASIC）系统的设计与验证。

20 世纪 90 年代，设计师逐步从使用硬件转向设计硬件，从电路级电子产品开发转向系统级电子产品开发（即片上系统集成——system on a chip），因此 EDA 工具是以系统级设计为核心，包括系统行为级描述与结构级综合，系统仿真与测试验证，系统划分与指标分配，系统决策与文件生成等一整套的电子系统设计自动化工具。EDA 工具不仅具有电子系统设计的能力，而且能提供独立于工艺和厂家的系统级设计能力，具有高级抽象的设计构思手段。例如：提供方框图、状态图和流程图的编辑能力，具有适合层次描述和混合信号描述的硬件描述语言（如 VHDL、AHDL 或 Verilog-HDL），同时含有各种工艺标准元件库。只有具有上述功能的 EDA 工具，才有可能使电子系统工程师在不熟悉各种半导体厂家和各种半导体工艺的情况下，完成电子系统的设计。

随着人们面对的电子系统的规模越来越大，EDA 技术中采用的自上而下（top-down）的设计方法给电子设计注入了新的活力。但是就 EDA 发展的现状来说，数字系统的设计基本实现了设计自动化的要求，模拟电路因其复杂性，全自动化设计还需从事 EDA 技术的研究人员和从事集成电路工艺制造设计师们继续不懈的努力。

练习与思考四

1. 简述寄存器的工作原理。
2. 简述计数器的工作原理。
3. 二进制计数器与十进制计数器有何异同，试简述之。

知识提示

① 数字电路是以不连续变化的矩形脉冲作为数字信号，进行存储、传递和处理的电子电路。矩形脉冲有两个状态，即高电平和低电平，它们可以代表两种对立的逻辑状态或二进制数的两个数码。一般数字电路均采用正逻辑，规定 1 代表高电平，0 代表低电平。数字电路的入、输出信号只有 1 和 0 两种状态，它们之间有一定的逻辑关系，故数字电路也称为逻辑电路。

② 逻辑门电路是数字电路的基本单元。基本逻辑门电路有与门、或门、非门，以及各种复合门电路，如与非门、或非门、与或非门等。应掌握它们的逻辑功能、逻辑状态表、逻辑表达式和逻辑符号。了解正逻辑与负逻辑的基本概念。

③ 由于半导体技术的飞速发展，目前分立元件数字电路已被集成数字电路所取代。集成数字电路中应用最广的是 TTL 电路和 CMOS 电路。集成门电路中应用最多的是 TTL 与非门。本章介绍了 TTL 与非门的电压传输特性、主要参数和应用。CMOS 集成电路是电压控制器件，其功耗极低，集成度很高，电源电压范围宽，抗干扰能力强，受到用户的普遍重视与欢迎。

④ 组合逻辑电路是由各种逻辑门组成，其特点是：电路在任一时刻的输出状态只决定于该时刻的输入状态，而与电路原来的状态无关。应用逻辑代数可分析组合逻辑电路的逻辑功能。

⑤ 加法器是数字电子计算机中最基本的运算单元，半加器、全加器都是典型的、普遍

应用的组合逻辑电路。应了解二进制数的基本概念，半加器和全加器的电路组成、逻辑功能，并通过它了解和掌握组合逻辑电路的设计步骤与方法。

⑥ 集成触发器是数字电路的另一种基本逻辑单元，按逻辑功能分类，有 RS、JK、D 等类型的触发器。它们都有两个稳态，即 0 态和 1 态，在输入信号作用下，可以从一个稳态翻转到另一个稳态，输入信号作用后能保持其状态不变。因此，触发器具有记忆的功能，能存储二进制信息。以触发器为基本单元可组成各种具有记忆功能的逻辑电路，如寄存器、计数器等，这些称为时序逻辑电路。其特点是：其输出不仅与当时输入变量的状态有关，还决定于电路原来的状态。学习触发器应注意掌握各种触发器的特点、逻辑功能与应用。

⑦ 计数器是用来累计输入脉冲数目的基本逻辑电路，它由触发器与门电路组成，是应用最广的时序逻辑电路。计数器有多种类型，如二进制、二-十进制、加法、减法、同步、异步等。分析计数器的逻辑功能时，可按输入计数脉冲的顺序，逐个确定每个输入脉冲作用后计数器中各个触发器的翻转状况，从而可确定对应于每个输入脉冲，计数器的相应输出状态，写出它的状态表。

⑧ 译码器是有多个输入端和多个输出端的组合逻辑电路，它可将输入代码"翻译"成表示代码含义的特定信号。译码器按其功能的不同可分为通用译码器和显示译码器。通用译码器除用来译码外，还广泛应用于数码选择、数据分配等技术领域。

⑨ 在数字电路中常要把测量和运算的结果直接用十进制数字显示出来，以便于观察，这就需使用显示器件。常用的显示器件有荧光数码管、辉光数码管、液晶显示器及发光二极管（LED）显示器等。不同的显示器对译码器的要求也各不相同。本章以 LED 显示器为例，说明它的显示原理和它所需要的 BCD-七段译码器的工作原理和使用方法。

 知识技能

8-1　判别图 8-42 所示电路是什么逻辑关系？并将 F 的状态填在表中。

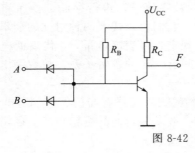

A	B	C
0	0	
0	1	
1	0	
1	1	

图 8-42

8-2　试画出图 8-43 所示各个门电路的输出信号 $F_1 \sim F_6$ 的波形，设输入信号 A、B、C、D 的波形如图 8-43 所示。

8-3　什么叫逻辑"非"？逻辑"非"、逻辑"或"和逻辑"与"各用什么门电路进行逻辑运算？

8-4　何谓真值表？列出逻辑函数 $F = A + AB$ 的真值表。

8-5　画出有三个输入端的二极管"与"门电路和二极管"或"门电路的基本电路图，并画出它们常用的逻辑符号。

8-6　什么叫"异或"门？写出其逻辑表达式，并画出逻辑符号和列出真值表。

8-7　什么叫组合逻辑电路？常用的有哪些组合逻辑电路？各有何用途？

8-8　试概要地叙述组合逻辑电路一般的分析方法。

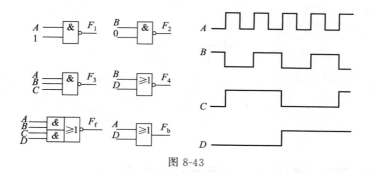

图 8-43

8-9　什么叫触发器？它有什么用途？

8-10　常见的触发器有哪几种？画出它们的逻辑符号，列出真值表、状态转换表。

8-11　何谓计数器？它有什么用途？怎样分类？

附　录

附录一　常用电气图形符号和文字符号

名称	图形符号	文字符号	名称	图形符号	文字符号
直流	——	DC	铁芯电感器		L
交流	~	AC	双绕组变压器	或	T
接地			三相自耦变压器		T
接机壳或底板	或		电流互感器		TA
导线连接	或		直流发电机	G	GD
导线不连接			直流电动机	M	MD
电阻			交流发电机	G	GA
电位器			交流电动机	M	MA
电容器		C	三相笼型异步电动机	M 3~	M
可变电容器		C	三相绕线转子异步电动机	M 3~	M
极性电容	+	C	单极刀开关		QS
电感器		L			

名称	图形符号	文字符号	名称	图形符号	文字符号
三极刀开关		QS	热继电器动断触点		FR
手动三极开关一般符号		QS	行程开关动合触点		SQ
三极断路器		QF	行程开关动断触点		SQ
组合开关		QS	通电延时动合触点		KT
接触器主触点	KM	KM	通电延时动断触点		KT
			断电延时动合触点		KT
继电器瞬动触点接触器辅助触点		符号同操作器件	断电延时动断触点		KT
			电磁线圈（操作器件）		
动合按钮		SB	热继电器热元件		FR
动断按钮		SB	熔断器		FU
			灯		HL
复合按钮		SB	电磁阀		YV

附录二　半导体器件命名方法

本方法适用于无线电电子设备用半导体器件的型号命名。型号组成部分的符号及其意义如下表。

第一部分		第二部分		第三部分		第四部分
用数字表示 器件电极数目		用汉语拼音字母表示 器件的材料和极性		用汉语拼音字母 表示器件类型		用数字表示 器件序号
符号	意义	符号	意义	符号	意义	
2	二极管	A	N 型锗材料	P	普通管	
		B	P 型锗材料	V	微波	
		C	N 型硅材料	W	稳压管	
		D	P 型硅材料	C	参量管	
3	三极管	A	PNP 型锗材料	Z	整流管	
		B	NPN 型锗材料	L	整流堆	
		C	PNP 型硅材料	S	隧道管	
		D	NPN 型硅材料	U	光电管	
				K	开关管	
				X	低频小功率管 截止频率＜3MHz 耗散功率＜1W	—
				G	高频小功率管 截止频率≥3MHz 耗散功率＜1W	
				D	低频大功率管 截止频率＜3MHz 耗散功率≥1W	
				A	高频大功率管 截止频率≥3MHz 耗散功率≥1W	
				T	可控整流器	

附录三　常用半导体器件的参数

一、二极管

（1）检波与整流二极管

参数	最大整流电流	最大整流电流时的正向压降	最高反向工作电压
符号	I_{OM}	U_F	U_{RM}
单位	mA	V	V

型号			
2AP1	16		20
2AP2	16		30
2AP3	25		30
2AP4	16	≤1.2	50
2AP5	16		75
2AP6	12		100
2AP7	12		100

参数	最大整流电流	最大整流电流时的正向压降	最高反向工作电压
型号 2CP10			25
2CP11			50
2CP12			100
2CP13			150
2CP14			200
2CP15			250
2CP16	100		300
2CP17			350
2CP18			400
2CP19		≤1.5	500
2CP20			600
2CP21	300		100
2CP21A	300		50
2CP22	300		200
2CP31	250		25
2CP31A	250		50
2CP31B	250		100
2CP31C	250		150
2CP31D	250		250
2CZ11A			100
2CZ11B			200
2CZ11C			300
2CZ11D	1000	≤1	400
2CZ11E			500
2CZ11F			600
2CZ11G			700
2CZ11H			800
2CA12A			50
2CA12B			100
2CA12C			200
2CA12D	3000	≤0.8	300
2CA12E			400
2CA12F			500
2CA12G			600

（2）稳压二极管

参数	稳定电压	稳定电流	耗散功率	最大稳定电流	动态电阻
符号	U_Z	I_Z	P_Z	I_{ZM}	r_z
单位	V	mA	mW	mA	Ω
测试条件	工作电流等于稳定电流	工作电压等于稳定电压	$-60℃\sim+50℃$	$-60℃\sim+50℃$	工作电流等于稳定电流

续表

参数		稳定电压	稳定电流	耗散功率	最大稳定电流	动态电阻
型号	2CW11	3.2～4.5	10		55	≤70
	2CW12	4～5.5	10		45	≤50
	2CW13	5～6.5	10		38	≤30
	2CW14	6～7.5	10		33	≤15
	2CW15	7～8.5	5	250	29	≤15
	2CW16	8～9.5	5		26	≤20
	2CW17	9～10.5	5		23	≤25
	2CW18	10～12	5		20	≤30
	2CW19	11.5～14	5		18	≤40
	2CW20	13.5～17	5		15	≤50
	2DW7A	5.8～6.6	10		30	≤25
	2DW7B	5.8～6.6	10	200	30	≤15
	2DW7C	6.1～6.5	10		30	≤10

（3）开关二极管

参数		反向击穿电压	最高反向工作电压	反向压降	反向恢复时间	零偏压电容	反向漏电流	最大正向电流	正向压降
单位		V	V	V	ns	pF	μA	mA	V
型号	2AK1	30	10	≥10	≤200			≥100	
	2AK2	40	20	≥20	≤200			≥150	
	2AK3	50	30	≥30	≤150	≤1	—	≥200	
	2AK4	55	35	≥35	≤150			≥200	
	2AK5	60	40	≥40	≤150			≥200	
	2AK6	75	50	≥50	≤150			≥200	
	2CK1	≥40	30	30					
	2CK2	≥80	60	60					
	2CK3	≥120	90	90					
	2CK4	≥150	120	120	≤150	≤30	≤1	100	≤1
	2CK5	≥180	180	180					
	2CK6	≥210	210	210					

二、半导体三极管

（1）3DG6

参数符号		单位	测试条件	型号			
				3DG6A	3DG6B	3DG6C	3DG6D
直流参数	I_{CBO}	μA	$U_{CB}=10V$	≤0.1	≤0.1	≤0.1	≤0.1
	I_{EBO}	μA	$U_{EB}=1.5V$	≤0.1	≤0.1	≤0.1	≤0.1
	I_{CEO}	μA	$U_{CE}=10V$	≤0.1	≤0.1	≤0.1	≤0.1
	U_{BES}	V	$I_B=1mA$　$I_C=10mA$	≤1.1	≤1.1	≤1.1	≤1.1
	h_{FE}		$U_{CB}=10V$　$I_C=3mA$	10～200	20～200	20～200	20～200

参数符号		单位	测试条件	型号			
				3DG6A	3DG6B	3DG6C	3DG6D
交流参数	f_T	MHz	$U_{CE}=10V$ $I_C=3mA$ $f=30MHz$	$\geqslant100$	$\geqslant150$	$\geqslant200$	$\geqslant150$
	G_P	dB	$U_{CE}=10V$ $I_C=3mA$ $f=100MHz$	$\geqslant7$	$\geqslant7$	$\geqslant7$	$\geqslant7$
	C_{od}	pF	$U_{CE}=10V$ $I_C=3mA$ $f=5MHz$	$\leqslant4$	$\leqslant3$	$\leqslant3$	$\leqslant3$
极限参数	BU_{CBO}	V	$I_C=100\mu A$	30	45	45	45
	BU_{CEO}	V	$I_C=200\mu A$	15	20	20	30
	BU_{EBO}	V	$I_E=100\mu A$	4	4	4	4
	I_{CM}	mA	—	20	20	20	20
	P_{CM}	mW	—	100	100	100	100
	T_{lm}	℃	—	150	150	150	150

（2）3DK4

参数符号		单位	测试条件	型号			
				3DK4A	3DK4B	3DK4C	3DK4D
直流参数	I_{CBO}	μA	$U_{CB}=10V$	$\leqslant1$	$\leqslant1$	$\leqslant1$	$\leqslant1$
	I_{EBO}	μA	$U_{EB}=10V$	$\leqslant10$	$\leqslant10$	$\leqslant10$	$\leqslant10$
	I_{CES}	V	$I_B=50mA$ $I_C=500mA$	$\leqslant1$	$\leqslant1$	$\leqslant1$	$\leqslant1$
	U_{BES}	V	$I_B=500mA$ $I_C=500mA$	$\leqslant1.5$	$\leqslant1.5$	$\leqslant1.5$	$\leqslant1.5$
	h_{FE}		$U_{CB}=10V$ $I_C=3mA$	$20\sim200$	$20\sim200$	$20\sim200$	$20\sim200$
交流参数	f_T	MHz	$U_{CE}=1V$ $I_C=50mA$ $f=30MHz$ $R=5\Omega$	$\geqslant100$	$\geqslant100$	$\geqslant100$	$\geqslant100$
	C_{od}	pF	$U_{CE}=10V$ $I_C=0$ $f=5MHz$	$\leqslant15$	$\leqslant15$	$\leqslant15$	$\leqslant15$
开关参数	t_{on}	ns	$U_{CE}=26V$ $U_{EB}=1.5V$ 脉冲幅度 7.5V 脉冲宽度 1.5μs 脉冲重复频率 1.5kHz	50	50	50	50
	t_{off}	ns		100	100	100	100
极限参数	BU_{CBO}	V	$I_C=100\mu A$	20	40	60	40
	BU_{CEO}	V	$I_C=200\mu A$	15	30	45	30
	BU_{EBO}	V	$I_E=-100\mu A$	4	4	4	4
	I_{CM}	mA	—	800	800	800	800
	P_{CM}	mW	不加散热板	700	700	700	700
	T_{lm}	℃	—	175	175	175	175

三、绝缘栅场效晶体管

参数	符号	单位	符号			
			3DO4	3DO2	3DO6	3DO1
饱和漏极电流	I_{DSS}	μA	$0.5\times10^3\sim15\times10^3$	—	$\leqslant1$	$\leqslant1$
栅源夹断电压	$U_{GS(off)}$	V	$\leqslant\lvert-9\rvert$	—	—	—
开启电压	$U_{QS(th)}$	V	—	—	$\leqslant5$	$-3\sim-2$
栅源绝缘电阻	R_{GS}	Ω	$\geqslant10^9$	$\geqslant10^9$	$\geqslant10^9$	$\geqslant10^9$
共源小信号低频跨导	g_m	$\mu A/V$	$\geqslant2000$	$\geqslant4000$	$\geqslant2000$	$\geqslant500$
最高振荡频率	f_M	MHz	$\geqslant300$	$\geqslant1000$	—	—
最高漏源电压	$U_{DS(BR)}$	V	20	12	20	—
最高栅源电压	$U_{GS(BR)}$	V	$\geqslant20$	$\geqslant20$	$\geqslant20$	$\geqslant20$
最大耗散功率	P_{DSM}	mW	1000	1000	1000	1000

四、单结晶体管

参数	符号	单位	测试条件	符号			
				BT33A	BT33B	BT33C	BT33D
基极电阻	R_{BB}	$k\Omega$	$U_{BB}=3V$ $I_E=0$	$2\sim4.5$	$2\sim4.5$	$>4.5\sim12$	—
分压比	η	—	$U_{BB}=20V$	$0.45\sim0.9$	$0.45\sim0.9$	$0.3\sim0.9$	$0.3\sim0.9$
峰点电流	I_P	μA	$U_{BB}=20V$	<4	<4	<4	<4
谷点电流	I_V	mA	$U_{BB}=20V$	>1.5	>1.5	>1.5	>1.5
谷点电压	U_V	V	$U_{BB}=20V$	<3.5	<3.5	<4	<4
饱和压降	U_{ES}	V	$U_{BB}=20V$ $I_E=50mA$	<4	<4	<4.5	<4.5
反向电流	I_{EO}	Ma	$U_{EBO}=60V$	<2	<2	<2	<2
E、B_1 间反向电压	U_{EBIO}	V	$I_{EO}=1\mu A$	$\geqslant30$	$\geqslant60$	$\geqslant30$	$\geqslant60$
耗散功率	P_{B2M}	mW	—	300	300	300	300

五、晶闸管

参数	符号	单位	测试条件				
			KP5	KP20	KP50	KP200	KP500
正向重复峰值电压	U_{FRM}	V	$100\sim3000$	$100\sim3000$	$100\sim3000$	$100\sim3000$	$100\sim3000$
反向重复峰值电压	U_{RRM}	V	$100\sim3000$	$100\sim3000$	$100\sim3000$	$100\sim3000$	$100\sim3000$
导通时平均电压	U_F	V	1.2	1.2	1.2	0.8	0.8

参数	符号	单位	测试条件				
			KP5	KP20	KP50	KP200	KP500
正向平均电流	I_F	A	5	20	50	200	500
维持电流	I_H	mA	40	60	60	100	100
控制极触发电压	U_G	V	$\leqslant 3.5$	$\leqslant 3.5$	$\leqslant 3.5$	$\leqslant 4$	$\leqslant 4$
控制极触发电流	I_G	mA	$5 \sim 70$	$5 \sim 100$	$8 \sim 150$	$10 \sim 250$	$20 \sim 300$

附录四 国际半导体集成电路型号命名方法

国标半导体集成电路的型号由五个部分组成，各组成部分的符号及意义如下：

第零部分		第一部分		第二部分		第三部分		第四部分	
用字母表示器件符合国家标准		用字母表示器件的类型		用阿拉伯数字表示器件的系列和品种代号		用字母表示器件的工作温度范围		用字母表示器件的封装	
符号	意义	符号	意义	符号	意义	符号	意义	符号	意义
C	中国制造	T	TTL			C	0℃～70℃	W	陶瓷扁平
		H	HTL			E	−40℃～85℃	B	塑料扁平
		E	ECL			R	−55℃～85℃	F	全密封扁平
		C	CMOS			M	−55℃～125℃	D	陶瓷直插
		F	线性放大器					P	塑料直插
		D	音响、电视					J	黑陶瓷直插
			电路					K	金属菱形
		W	稳压器					T	金属圆形
		J	接口电路						
		B	非线性电路						
		M	存储器						
		μ	微型机电路						

附录五 部分集成运算放大器主要技术指标

参数 ＼ 类型 型号	通用型 CF741	高速型 CF715	高阻型 CF3140	高精度型 CF7650	低功耗型 CF253
电源电压/V	±15	±15	±15	±5	±36 或 ±18
开环差模增益/dB	106	90	100	134	90
输入失调电压/mV	1	2	5	$\pm 7 \times 10^{-4}$	1
输入失调电流/nA	20	70	5×10^{-4}	5×10^{-4}	50
输入偏置电流/nA	80	400	10^{-2}	1.5×10^{-3}	20

续表

类型 参数　　　型号	通用型 CF741	高速型 CF715	高阻型 CF3140	高精度型 CF7650	低功耗型 CF253
最大共模输入电压/V	±15	±12	+12.5 −15.5	+2.6 −5.2	±13.5
最大差模输入电压/V	±30	±15	±8		±30
共模抑制化/dB	90	92	90	130	100
差模输入电阻/MΩ	2	1	1.5×10^6	10^6	6

参 考 文 献

[1]　秦曾煌.电工学.7版.北京：高等教育出版社，2019.

[2]　唐庆玉.电工技术与电子技术.北京：清华大学出版社，2020.

[3]　席时达.电工技术.4版.北京：高等教育出版社，2019.

[4]　吕国泰.电子技术.4版.北京：高等教育出版社，2019.

[5]　邱关源.电路.6版.北京：高等教育出版社，2022.

[6]　林平勇.电工电子技术（少学时）.4版.北京：高等教育出版社，2020.

[7]　陈小虎.电工电子技术（多学时）.4版.北京：高等教育出版社，2020.

[8]　王俊鹍.电路基础.4版.北京：人民邮电出版社，2020.

[9]　石生.电路基本分析.4版.北京：高等教育出版社，2020.

[10]　唐介，王宁.电工学（少学时）.5版.北京：高等教育出版社，2020.

中英文名词对照

一画、二画

一阶电路 first-order circuit
二端网络 two-terminal network
PN 结 PN junction
P 型半导体 P-type semiconductor
PNP 型晶体管 PNP transistor
二极管 diode
乙类工作状态 class B operational state
LC 振荡器 LC oscillator
二进制 binary system
二进制译码器 binary decipherer
二-十进制 binary coded decimal decipherer
十进制 decimal system
D 触发器 D flip-flop
J-K 触发器 J-K flip-flop
二进制计数器 binary counter
十进制计数器 decimal counter
T 触发器 T flip-flop
刀开关 knife switch

三画

三相电路 three-phase circuit
三相三线 three-phase three-wire system
三相四线制 three-phase four-wire system
三相对称 three-phase symmetrical
三相变压器 three-phase transformer
三角形联接 triangular connection
三相异步电动机 three-phase induction motor
N 型半导体 N-type semiconductor
NPN 型晶体管 NPN transistor
工作点 operating point
工作特性 operating characteristic
小信号模型 small signal model
RC 振荡器 RC oscillator
门电路 gate circuit

四画

支路 branch
支路电流法 branch current method
中点 neutral point
中线 neutral conductor
中线电流 neutral wire current
内电阻 internal resistance
开路 open circuit
开路电压 open-circuit voltage

开关 switch
瓦特 watt
无功功率 reactive power
韦伯 weber
反相 opposite in phase
反转 reverse rotation
反向电压 reverse voltage
反向漏电流 reverse drain current
反向击穿 reverse breakdown
反向偏置 backward bias
少数载流子 minority carrier
反馈 feedback
反馈电路 feedback circuit
反馈信号 feedback signal
反馈系数 feedback coefficient
方框图 block diagram
分压式偏置电路 voltage divider type bias circuit
互补对称电路 complementary symmetry circuit
无输出变压器功率放大器 output transformerless （OTL）power amplifier
无输出电容器功率放大器 output capacitor less （OCL）power amplifier
中间隔离级 middle insulating stage
比较器 comparator
比例运算 propotional operation
反相输入端 inverting input terminal
反相输入方式 inverting configuration
分立电路 discrete circuit
双端输入 two-terminal input
双端输出 two-terminal output
与门 AND gate
与非门 NAND gate
与或非门 AND -OR-INVERT （AOI）gate
分频 frequency division
分频器 divider
计数器 counter
双稳态触发器 bistable flip flop

五画

功 work
功率 power

功率因数　power factor
功率三角形　power triangle
电能　electric energy
电荷　electric charge
电场　electric field
电位　electric potential
电位差　electric potential difference
电压　voltage
电压三角形　voltage triangle
电动势　electromotive force（emf）
电源　source
电压源　voltage source
电流源　current source
电路　circuit
电路分析　circuit analysis
电路元件　circuit element
电路模型　circuit model
电流　current
电阻　resistance
电阻器　resistor
电阻性电路　resistive circuit
电阻率　resistivity
电导　conductance
电导率　conductivity
电容　capacitance
电容器　capacitor
电容性电路　capacitive circuit
电感　inductor
电感性电路　inductive circuit
电抗　reactance
电压谐振　voltage resonance
电流谐振　current resonance
电磁铁　electromagnet
电流互感器　current transformer
电压互感器　voltage transformer
电机　electric machine
电磁转矩　electromagnetic torque
电枢　armature
平均值　average value
平均功率　average power
正极　positive pole
正方向　positive direction
正弦量　sinusoid
正弦电流　sinusoidal current
正弦交流电路　sinusoidal a. c circuit
节点　node
对称负载　symmetrical load
对称三相电路　symmetrical three-phase

circuit
主磁通　main flux
主电路　main circuit
发热元件　sending heat element
外特性　external characteristic
半导体　semiconductor
本征半导体　intrinsic semiconductor
电子　electron
电流放大系数　current amplification
coefficient
发射极　emitter
发射区　emitter region
功耗　power depletion
击穿　breakdown
正向偏置　forward bias
电压放大器　voltage amplifier
电压放大电路　voltage amplification circuit
电压放大倍数　voltage gain，voltage amplification
factor
电压负反馈　voltage negative feedback
电压跟随器　voltage follower
电流负反馈　current negative feedback
功率放大器　power amplifier
甲类工作状态　class A operational state
失真　distortion
正反馈　positive feedback
电压比较器　voltage comparater
电感三点式振荡器　tapped-coil oscillator
电容三点式振荡器　tapped-condencer
oscillator
正弦波振荡器　sinusoidal oscillator
正逻辑　positive logic
主从型触发器　master-slave flip-flop
电感滤波器　inductance filter
电容滤波器　capacitor filter
平均值　average value
可控硅　silicon controlled rectifier（SCR）

六画

安培　ampere
伏特　volt
伏安特性曲线　volt-ampere characteristic
有效值　effective value
有功功率　active power
交流电路　alternating current circuit（a-c
circuit）
自感电动势　self-induced emf
自耦变压器　autotransformer
自锁　self-locking

负极　negative pole
负载　load
并联　parallel connection
并联谐振　parallel resonance
同步转速　synchronous speed
同相　in phase
机械特性　torque-speed characteristic
回路　loop
网络　network
网孔　mesh
导体　conductor
地线　groundwire
过载　overload
过载保护　overload protection
过渡过程　transient state
励磁电流　exciting current
异步电动机　asynchronous motor
行程控制　travel control
行程开关　travel switch
导通　on, turn-on
多数载流子　majority carrier
光电二极管　photodiode
共发射极接法　common-emitter
　　　　　　　configuration
扩散　diffusion
死区　dead zone
阳极　anode
阴极　cathode
杂质　impurity
自由电子　free electron
并联负反馈　parallel negative feedback
闭环放大电路　closed-loop amplification
　　　　　　circuit
闭环放大倍数　closed-loop amplification
　　　　　　　factor
多级放大器　multistage amplification
多级放大电路　multistage amplification circuit
动态　dynamic
负反馈　negative feedback
共发射极放大电路　common-emitter
　　　　　　　　amplification circuit
交流分量　alternating current component
交越失真　cross-over distortion
共模输入　common-mode input
共模抑制比　common-mode rejection ratio
　　　　　（CMRR）
同相输入端　noninverting input terminal
同相输入方式　noninverting configuration

自激振荡　self-excited oscillation
自激振荡器　self-excited oscillator
负逻辑　negative logic
全加器　full adder
导通角　turn-on angle

七画

库仑　Coulomb
亨利　Henry
角频率　angular frequency
串联　series connection
串联谐振　series resonance
阻抗变换　impedance transformation
阻抗　impedance
阻抗三角形　impedance triangle
初相位　initial phase
时间常数　time constant
时间继电器　time-delay relay
均方根值　root-mean-square（r. m. s）
吸引线圈　holding coil
阻挡层　barrier
低频放大器　low-frequency amplifier
串联负反馈　series negative feedback
阻容耦合放大器　resistance-capacitance
　　　　　　　coupled amplifier
运算放大器　operational amplifier
扰动　disturbance
译码器　decipherer, decoder, code-translator
时序逻辑电路　sequential logic circuit
时钟脉冲　clock pulse
阻断　interception

八画

欧姆　Ohm
欧姆定律　Ohm's law
直流电路　direct current circuit（d-c circuit）
直流　direct current
直流电动机　direct current motor
直接启动　direct starting
法拉　Farad
空载　no-load
空气隙　air gap
非正弦周期电流　nonsinusoidal periodic current
非正弦交流电路　nonsinusoidal current circuit
变压器　transformer
变比　ratio of transformation
变阻器　rheostat
线电压　line voltage
线电流　line current
线圈　coil

线性电阻　linear resistance

线性电路　linear circuit

周期　period

参考电位　reference potential

参数　parameter

视在功率　apparent power

定子　stator

定子绕组　stator winding

转子　rotor

转子电流　rotor current

转差率　slip

转速　speed

转矩　torque

软特性　soft characteristic

制动　braking

单相异步电动机　single-phase induction
motor

饱和　saturation

饱和区　saturation region

饱和管压降　saturation voltage drop
of transistors

单向导电　unidirectional conduction

放大区　amplification region

空穴　hole

空间电荷区　space-charge layer，Space charge re-
gion

饱和失真　saturation distortion

放大器　amplifier

非线性失真　nonlinear distortion

固定偏置电路　fix-bias circuit

净输入信号　net input signal

受控源　controlled source

受控电流源　controlled current source

直流分量　direct current component

直流通路　direct current path

单端输入　one-terminal input

单端输出　one-terminal output

直接耦合放大器　direct-coupled amplifier

非门　NOT gate

或门　OR gate

或非门　NOR gate

组合逻辑电路　combination logie circuit

定时器　timer

直接复位端　direct-reset terminal

直接置位端　direct-set terminal

单相桥式整流电路　single-phase bridge
rectification circuit

变频　frequency conversion

九画

相位　phase

相电压　phase voltage

相电流　phase current

相位差　phase difference

相位角　phase angle

相序　phase sequence

相量　phasor

相量图　phasor diagram

响应　response

星形连接　star connection

复数　complex number

品质因数　quality factor

绝缘　insulation

绝缘体　insulator

绕组　winding

绕线转子　wound rotor

绕线转子异步电动机　wound rotor
asynchronous motor

按钮　push button，button

点接触型二极管　point-contact diode

穿透电流　penetration current

复合　recombination

面接触型二极管　junction diode

信号源　message source

差动放大器　differential amplifier

差模输入　differential-mode input

差模电压放大倍数　differential-mode voltage am-
plification factor

选频电路　frequency selection circuit

脉冲　pulse

脉冲幅度　pulse amplitude

脉冲宽度　pulse width

脉冲周期　pulse period

显示器　indicator，display equipment

显示译码器　decoder for display

总线　bus

复位端　reset terminal

十画

容抗　capacitive reactance

原绕组　primary winding

铁心　core

铁损　core loss

铁磁材料　ferro-magnetic material

涡流　eddy current

涡流损耗　eddy current loss

效率　efficiency

热继电器　thermal overload relay（OLR）
换路定律　law of switching
调整　speed regulation
继电器　relay
启动　starting
启动电流　starting current
启动转矩　starting torque
启动按钮　start button
耗尽层　depletion layer，depletion region
钳位　clamping，clamp
特性曲线　characteristic curve
载流子　carrier
倒相作用　inverting action
旁路电容　bypass capacitor
射极输出器　emitter follower
通频带　transmission frequency band，pass band
积分运算　integrated operation
振荡频率　oscillation frequency
振荡器　oscillator

十一画

基尔霍夫电流定律　Kirchhoff's current law（KCL）
基尔霍夫电压定律　Kirchhoff's voltage law（KVL）
副绕组　secondary winding
谐波　harmonic
谐振频率　resonant frequency
理想电压源　ideal voltage source
理想电流源　ideal current source
常开触点　normally open contact
常闭触点　normally closed contact
停止按钮　stop button
接触器　contactor
接地　earthing，grounding
控制电路　control circuit
旋转磁场　rotating magnetic field
硅　silicon
硅稳压二极管　Zener diode
基极　base
基区　base region
减法运算　substraction operation
虚地　imaginary ground
逻辑　logic
逻辑代数　logical algebra
逻辑电路　logical circuit
逻辑功能　logic function
逻辑门　logic gate
逻辑状态表　logical state table
基本 R-S 触发器　basic R-S flip-flop
寄存器　register

清零　clear
控制极　control grid
控制角　control angle
维持电流　holding current
笼型转子　squirrel-cage rotor
笼型异步电动机　squirrel-cage asynchronous motor

十二画

焦耳　Joule
幅值　amplitude
最大值　maximum value
最大转矩　maximum（breakdown）torque
滞后　tag
超前　lead
傅里叶级数　Fourier series
暂态　transient state
等效电源定理　equivalent source theorem
硬特性　hard characteristic
短路　short circuit
短路电流　short circuit current
短路保护　short-circuit protection
剩磁　residual magnetism
集电极　collector
集电区　collector region
晶体　crystal
晶体管　transistor
集成电路　integrated circuit（IC）
编码器　encoder
晶体管—晶体管逻辑电路　transistor-transistor Logic（TTL）circuit
集成稳压电源　integrated regulated power supply
晶闸管　thyristor

十三画

感抗　inductive reactance
感应电动势　induced emf
频率　frequency
输入　input
输出　output
微法　microfarad
叠加原理　superposition theorem
罩极式电动机　shaded-pole motor
滑环　slip ring
触点（触头）　contact
满载　full load
输入特性　input characteristic
输出特性　output characteristic
锗　germanium
输入电阻　input resistance
输入级　input stage

输出电阻　output resistance
输出级　output stage
零点漂移　zero drift
微分运算　differential operation
输出低电压　output lower level
输出高电压　output upper level
数码显示　digital display
数字电路　digital circuit
触发器　flip-flop trigger
数—模转换器　digital-analog converter（DAC）
置位端　set terminal
滤波　filtration
触发电路　trigger circuit
触发脉冲　trigger pulse

十四画

磁场　magnetic field
磁路　magnetic circuit
磁路欧姆定律　ohm's law of magnetic circuit
磁通　flux
磁感应强度　flux density，magnetic induction density
磁动势　magnetomotive force（mmf）
磁阻　reluctance
磁导率　permeability
磁化　magnetization
磁化曲线　magnetization curve
磁滞　hysteresis
磁滞回线　hysteresis loop
磁滞损耗　hysteresis loss
磁极　pole
漏磁通　leakage flux

漏磁电感　leakage inductance
漏磁电动势　leakage emf
赫兹　Hertz
稳态　steady state
熔断器　fuse
截止　cut-off
截止区　cut-off region
漂移　drift
截止失真　cut-off distortion
静态　statics
静态工作点　quiescent point
模拟电路　analog circuit
模-数转换器　analog-digital converter（ADC）
稳压电路　regulating circuit，Stabilized voltage circuit

十五画及以上

瞬时值　instantaneous value
瞬时功率　instantaneous power
额定值　rated value
额定电压　rated voltage
额定电流　rated current
额定功率　rated power
额定转差率　rated slip
额定转矩　rated torque
激励　excitation
戴维南定理　Thevenin's theorem
激发　excitation
耦合　couple
耦合电容　coupled capacitor
整流　rectification